机电设备检测与诊断技术

王旭平　张金玉　袁晓静　曾繁琦　主编

西北工业大学出版社

西安

【内容简介】本书从适应教学,适时反映机电设备检测与诊断技术发展的角度出发进行编写。全书分为三部分共 14 章,主要内容包括检测诊断的基础理论、典型的检测诊断技术以及典型设备的故障诊断与排除。本书适合从事机电设备检测诊断等方面科研、教学人员和工程技术人员阅读参考。

图书在版编目(CIP)数据

机电设备检测与诊断技术/王旭平等主编. —西安:
西北工业大学出版社,2021.7
ISBN 978 - 7 - 5612 - 7817 - 8

Ⅰ.①机… Ⅱ.①王… Ⅲ.①机电设备-检测 ②机电设备-故障诊断 Ⅳ.①TM07

中国版本图书馆 CIP 数据核字(2021)第 144433 号

JIDIAN SHEBEI JIANCE YU ZHENDUAN JISHU
机 电 设 备 检 测 与 诊 断 技 术

责任编辑:华一瑾		策划编辑:华一瑾	
责任校对:胡莉巾		装帧设计:李 飞	
出版发行:西北工业大学出版社			
通信地址:西安市友谊西路 127 号		邮编:710072	
电　话:(029)88491757,88493844			
网　址:www.nwpup.com			
印　刷　者:陕西向阳印务有限公司			
开　本:787 mm×1 092 mm		1/16	
印　张:22.625			
字　数:565 千字			
版　次:2021 年 7 月第 1 版		2021 年 7 月第 1 次印刷	
定　价:98.00 元			

前　言

目前,中国正处于从工业大国向工业强国迈进的过程中,现代化的机电设备是工业发展的重要基石。而机电设备在整个寿命周期内,由于各种因素的影响,总会发生不同程度的故障,如何完成机电设备的故障检测与诊断,使之处于正常状态,从而发挥机电设备的最大效能,对机电设备尤其是大型机电设备而言,具有重要意义。

基于此,笔者编撰了这部教材。本书是笔者在多年课堂教学经验总结以及实际工程项目需求的基础上编写而成的。然而,机电设备检测与诊断是一门综合性学科,关于它的内涵与外延至今还没有形成统一的观点。本书在内容安排上,考虑到既要适应于教学,又要适时反映机电设备检测与诊断技术的最新进展情况,以便通过本书的学习,读者既能了解到机电设备检测与诊断技术的概貌及其基本知识,掌握一些必备的实际技能,同时还对机电设备故障诊断技术的未来发展趋势有所认识。

全书共分为 3 部分 14 章,内容包括检测诊断的基础理论(第一章至第五章)、典型的检测诊断技术(第六章至第八章)、典型设备的检测诊断(第九章至第十四章)等 3 部分构成,本书适合于作为高等学校机械类专业本科和研究生的教材,也适合作为高等机械工程技术人员的学习参考资料。

本书由王旭平副教授担任主编,并负责全书体系构建和统稿工作,具体编写分工为:王旭平负责第一章、第四章、第六章、第七章、第九章至第十一章的编写;张金玉负责第二章、第五章、第八章的编写工作;袁晓静负责第十二章、第十三章的编写工作;曾繁琦负责第三章、第十四章的编写工作。

本书只是学习机电设备检测与诊断的一本入门书籍,更多的技术还有待大家到实践中去学习,去提高。

本书在编写过程中,曾参阅了大量有关文献资料,在此谨向其作者一并致谢。

由于水平所限,书中错误与不妥之处在所难免,还望各位读者批评指正,更希望各位同行不吝赐教。

编　者

2020 年 9 月

目　录

第一部分　检测诊断的基础理论

第二部分　典型的检测诊断技术

第三部分　典型设备的故障诊断与排除

第一部分　检测诊断的基础理论

第一章 绪 论

第一节 设备故障诊断的意义

机电设备是制造业的重要装备,是企业生产的重要手段和物质基础。马克思曾经说过:"劳动生产率不仅取决于劳动者的技艺,而且也取决于他的工具的完善程度。"我国也有"工欲善其事,必先利其器"的古语。从中可以得到这样的启示:在装备现代化设备的企业中,要做到"利好器",才能"善好事",本固而后枝荣。

现代企业资产管理(Enterprise Asset Management,EAM)的重要内容之一是设备资产管理。在 EAM 系统中设备资产管理由三部分组成,即故障诊断、质量诊断和维修决策。因此,设备管理是现代工业企业管理的重要工作内容,是企业开展正常生产经营活动的重要保障,而设备状态监测与故障诊断技术则是保证设备正常运行的重要手段。

设备管理与维修工作水平是企业管理水平的重要标志,它与企业生产经营活动紧密相关,涉及企业生产活动的各方面,是影响经济效益的重要因素。特别是在现代化工业中,由于机电设备高技术化、高智能化、精密化、自动化等特点更加突出,产品生产对设备资产的依赖性更强,对设备运行的可靠性要求更高。同时,由于现代工业生产设备本身的价值较高,设备资产对企业经济效益影响的权重也随之增加。从宏观上看,在经济全球化的大趋势下,企业在产品质量、成本、交货期等方面的竞争更加激烈,搞好设备管理与维修工作,有利于提高产品质量,降低物质消耗,增进企业经济效益,促进企业竞争力的生长。从微观上看,设备管理与维修做得好,就能使设备处于良好的技术状态,不发生故障或少发生故障,确保生产秩序的正常进行,从而保证产品产量、质量指标的完成;设备维修及时,就可以减少故障停机时间,减少跑、冒、滴、漏造成的能源、资源浪费,节省维修费用,减少环境污染;利用诊断技术早期发现设备故障,可以有效地避免设备事故和由此引起的人身安全事故。因此,搞好设备管理与维修工作对企业有十分重要的意义。

设备故障诊断技术是通过获取设备在运行中或者相对静态条件下的状态信息,再通过对所测得信号进行分析和处理,并结合诊断对象的历史状态,来定量识别设备及其零部件的实时技术状态,并预知有关异常故障和预测未来的技术状态,从而确定必要对策的技术。

当前,在我国机械制造企业中,现代化制造装备的数量越来越多,特别是以数控机床为代表的高自动化、高集成化、高生产率设备的广泛应用,使企业在生产方式、管理理念等方面发生了脱胎换骨的变化,从而也带来了设备维修技术与方式的革命。由于现代化制造装备综合应用光、机、电和人工智能等先进技术,在生产过程中运用计算机或各种仪器实现了各种参数的自动测量、采集和控制,有较高的自动化程度。因此,从某种意义上讲,现代化加工设备对操作人员的技能要求降低了,而对维修工作却提出了更新、更高的要求。其原因如下:①因为这些设备发生故障后,对生产的影响很大,给企业造成的经济损失较大,因而对故障要求早发现、早处理,尽量避免设备故障停机。要达到这个要求,依靠传统的维修技术是不可能的。因此,就要在设备管理与维修工作中,采用新技术,故障诊断就是保障这一目标实现的重要手段之一。②由于现代化设备综合应用了多种新技术,因此设备维修工作的内容也由单一的机械、电气维修转向了复杂的机、电、液一体化维修。要求维修人员的技术要全面,业务素质要高。不但要懂得机械、液压等系统的维修知识,而且要掌握电气系统的维修技术;不但能通过自己的维修工作经验排除设备故障,而且要善于从书本上、从他人的经验中获取知识提高自己。

设备故障诊断技术的发展,一方面,使设备在运行过程中的安全性得到了一定的保证,有可能在设备发生故障前即能得到预报,及时采取措施,防患于未然;另一方面,设备故障诊断技术的发展有可能完善设备的维修制度,这具有十分重大的经济意义。

在现代化生产中,设备的故障诊断技术越来越受到重视。如果某台设备出现故障而又未能及时发现和排除,不仅会导致设备本身损坏,甚至可能造成机毁人亡的严重后果。在大型复杂设备中,如果某台关键设备因故障而不能继续运行,往往会涉及整个设备系统的运行,而造成巨大的经济损失。因此,对于连续生产系统(例如电力系统的汽轮发电机组、冶金过程及化工过程的关键设备等等),故障诊断具有极为重要的意义。在机械制造领域中,如柔性制造系统(Flexible Manufacture System,FMS)、计算机集成制造系统(Computer/Contemporary Integrated Manufacturing System,CIMS)等,故障诊断技术也具有相同的重要性。虽然,在传统的机械制造工业中,大量的是单件、小批量生产,一般机床设备操作与质量控制主要靠人进行,这时故障诊断技术的地位就没有前述连续生产系统显得那么重要,但对于某些关键设备,因故障存在而导致加工质量降低,使整个机械产品质量不能保证,这时故障诊断技术也不容忽视。

总体来讲,设备故障诊断技术的发展,归纳起来大致经历了以下4个阶段。

(1)事后维修。在工业化开始的18—19世纪,当时工业规模小,设备比较简单,本身的技术水平很低,对设备的故障也缺乏认识,只能采取不坏不修、坏了再修的事后维修方式。

(2)定期维修(计划维修)。20世纪初到20世纪50年代,随着社会化大生产的发展,生产方式有了很大的变化,设备本身复杂程度及技术水平也提高了,设备故障对生产影响也明显增加,在这种情况下出现了定期维修方式,可使设备在停机事故出现前进行检修。这种维修方式较前一种事后维修有了很大进步,使设备寿命延长,提高了生产率。但这种方式也有不少缺点,有的设备可能不到检修期就有故障,应该提前检修,造成维修不足;而有的设备虽到检修期但并无任何故障仍能继续正常运行,会造成维修过剩现象。

(3)状态维修(或视情维修、预知维修)。为了解决定期维修的不足,20世纪60—70年代,随着现代计算机技术、数据处理技术等的发展,设备诊断技术在欧美一些国家得到了发展,出现了更科学的按设备状态进行维修的方式。设备检修周期长短根据设备状况来定,这样可以充分发挥设备的潜力,可以做到根据实际情况进行维修,有可能制定恰当的设备订货周期和贮备量,因而可缩短维修时间和节省维修费用。显然,状态维修是一种更科学、更合理的维修方式,既可避免维修过剩又可防止维修不足。这种维修方式的出现,受到各国有关部门的重视,目前都在大力推广这一维修方式。但要做到这一点,必须大力开展设备检测与诊断技术,这也是十多年来国内外对故障诊断技术如此重视的原因。

(4)智能维修。进入 20 世纪 80 年代以后,人工智能技术和专家系统、神经网络等开始发展,并在实际工程中应用,使设备诊断技术到达了智能化的程度。虽然这个阶段发展时间并不长,但是已有研究结果表明,其具有十分广阔的应用背景。

第二节 设备故障诊断的基本概念

故障诊断是一门发展中的新兴学科,还没有形成完整的学科体系。对其研究目的和研究内容范畴的理解,往往因工程应用背景乃至工程技术人员的专业特长不同而有很大差异。因此,正确理解故障诊断的研究目的和研究内容范畴,是涉及本学科指导思想和发展策略的关键。为此现介绍下述 6 个基本概念。

一、设备故障

从系统的观点来看,设备的故障包括两层含义:①系统偏离正常功能,它的形成原因主要是系统的工作条件(含零部件)不正常,通过参数调节,或零部件修复就可恢复到正常功能;②功能失效,它是指系统连续偏离正常功能,且其程度不断加剧,使系统基本功能不能保证。一般零件失效可以更换,关键零件失效,往往导致整机功能丧失。

设备故障的特点可以归纳为以下两点。

(1)随机特性。设备故障种类很多,但具有共同的基本特点。即设备故障现象大部分具有随机特性。此处,"随机"一词包括两层含义:一是在不同时刻的观察数据是不可重复的,我们说当前时刻机器的工况状态相对过去某时没有变化(或者相同),只能理解为其观测值在统计意义上没有显著差别;二是表征机器工艺状态的特征值不是不变的,而是在一定范围中变化,机器的运行过程是一个动态过程,不同的机器描述它的动态特性的模型参数和特征方程不同,因而描述工况状态的特征值就有差异,即使是同型号机械设备,由于装配、安装及工作条件上的差异,也往往会出现机器的工况状态及故障模式改变。因此,在研究机械系统的实际工况状态时,相关文献资料上所提供的有关数据和图表等可以作为重要参考,但如果仅仅依据这些数据和图表进行工况状态判断,往往达不到满意的效果。故障诊断的出发点应立足于对具体诊断对象的实际运行状态进行分析,参考该诊断对象的历史资料及其他有关文献资料,结合专家的知识和经验,并运用相应的诊断技术,进行综合判断。

(2)多层次性。从系统特性来看,除了诸如连续性、离散性、间歇性、缓变性、突发性、随机性、趋势性和模糊性等一般特性外,设备都是由成百上千个零部件装配而成的,零部件间的相互耦合、相互作用,这就决定了设备故障的多层次性。一种故障由多层次的故障原因所导致,故障与现象之间没有一一对应的因果关系。如果仅仅从设备的某一个侧面去进行故障分析,往往难于做出正确的判断。

因此,故障诊断应从随机性出发,运用各种现代科学方法、技术和分析工具,综合判断设备故障的属性、形成和发展。

二、故障分类

故障可按其故障性质、状态的不同而分为以下 7 种类型。

(1)按工作状态分有间歇性故障和永久性故障。间歇性故障是有时发生,有时又消失。永久性故障是故障出现后,除非经人工修理,不然就一直存在。

(2)按故障程度分有局部功能失效的故障和整体功能失效的故障。局部功能失效的故障是该设备某一部分存在故障,使这部分功能不能实现,而其他部分功能仍可实现。整体功能失效的故障,虽然也可能是设备某一部分出现故障,但使整机功能不能实现。

(3)按故障形成速度分有急剧性故障和渐进性故障。急剧性故障是故障一经发生就使工况状态急剧恶化,若不停机修理,机器就不能继续运行。渐进性故障发展缓慢,可以继续运行一定时间后再修。

(4)按故障形成的原因及形成速度分有突发性故障和缓变性故障。突发性故障发生在瞬间,它和急剧性故障不同之处是没有明显的征兆,往往导致整机功能失效,甚至危及人身、设备安全,难以预测。缓变性故障具有渐进性和局部功能失效的特点,可以预测。

(5)按故障形成的原因分有操作管理失误形成的故障和机器内在原因形成的故障。操作或管理失误形成的故障是人为的外在因素造成的,主要是要求操作人员思想集中,提高工作责任心。机器内在原因形成的故障一般是由厂家设计、制造遗留的缺陷(如残余应力)或材料内部潜在的缺陷造成的,无法检测,是突发性故障的重要原因。

(6)按故障形成的后果分有危险的故障和非危险的故障。突发性故障和急剧性故障属于危险性故障,常导致整机损坏、车间破坏,乃至人身事故和灾难性后果,是设备故障诊断重点预防的问题。非危险的故障一般是指可修复的故障。

(7)按故障形成的时间分有早期故障、随时间变化的故障和随机性故障。早期故障是有征兆的,可早期发现,一般不影响机群的继续运行,但应注意其发展趋势,防止故障扩大。随时间变化的故障为渐进性故障,如轴承磨损等。随机性故障没有明显的规律,大部分故障的特征值都具有随机性,不可重复。

上述故障类型是相互交叉的,随着故障的发展,可从一种类型转移到另一种类型。

三、故障机理

设备及其各分系统、各部件、各元器件的故障种类繁多,表现形式多样。深入研究设备的故障模式及其相应的故障机理是必要的。设备的故障有多种模式或类型,有结构型故障(如裂纹、磨损、腐蚀和配合松动等)和参数型故障(如共振、流体涡动、过热等)。若按故障的机理来细分,则常见的故障模式有磨损(摩擦磨损、黏着磨损、磨黏磨损、腐蚀磨损、微动磨损、冲蚀和气蚀及接触疲劳磨损等)、腐蚀(如气液腐蚀、化学腐蚀、应力腐蚀等)、老化(如变脆、变软或软化发黏等)、结构失效(如失稳、断裂、疲劳、变形过大等)、系统失效(如机械装备中的松、堵、挤、漏、不平衡、不对中,电气系统中的失灵、失控、接触不良等)、污染(如燃烧剂、毒气、放射性等)等。与设备故障机理相关的主要有故障模式、故障机理和故障模型 3 个典型概念。

（1）故障模式是故障发生的具体表现形式，是故障形式上的分类，但并不揭示故障的实质原因。通过故障机理的研究，才有可能从根本上找到提高元、部件可靠性的有效方法。故障模式并不解决产品为何发生故障的问题，为提高产品的可靠性，还必须分析故障机理。

（2）故障机理是引起故障的物理、化学或其他过程，是故障的内因。虽然故障模式因产品的种类、使用条件的不同而各有差异，不能一概而论，但不同的故障模式往往以磨损、疲劳、腐蚀、氧化等单一形式的故障机理表现出来或者是以两种以上的故障机理交织影响后一起表现出来，最后设备宏观地显现出若干故障现象。

（3）上述故障模式发生的机理多种多样，可概括为不同的故障模型。如果已知故障模式的故障模型，就可对设备在给定层次上的子系统的故障进行预测。常用的故障模型有界限模型与耐久模型、应力-强度模型、反应论模型、故障率模型、最弱环模型与串联模型、指数分布与正态分布模型、极值分布与威布尔分布模型、绳子模型与伽马分布模型、比例效应模型与对数正态分布模型、退化模型与损伤积累模型等。

四、故障诊断方法

目前人们对故障诊断问题的理解不同，各工程领域都有其各自的方法和手段，可以概括为以下四方面。

1.按诊断模式分

按诊断模式分，有离线人工分析诊断、在线监测诊断和远程监测诊断3种，三者要求有很大差别。

2.按检测手段分

（1）振动检测诊断法。以机器振动作为信息源，在机器运行过程中，通过振动参数的变化特征来判别机器的运行状态。

（2）噪声检测诊断法。以机器噪声作为信息源，在机器运行过程中，通过噪声参数的变化特征来判别机器的运行状态。此方法的本质与振动检测诊断法是一致的，因为噪声的形成源主要是振动。虽检测简便，但易受环境噪声影响，不如振动检测诊断法准确。

（3）温度检测诊断法。以设备中可观测的温度（如轴瓦、润滑油等的温度）作为信息源，在机器运行过程中，通过温度参数的变化特征来判别机器的运行状态。

（4）压力检测诊断法。以设备中的气体、液体的压力作为信息源，在机器运行过程中，通过压力参数的变化特征来判别机器的运行状态。

（5）声发射检测诊断法。以金属零件在磨损、变形、破裂过程中产生的弹性波作为信息源，在机器运行过程中，通过分析弹性波的频率变化特征来判别机器的运行状态。

（6）铁谱分析诊断法。在机器运行过程中，通过分析润滑油或切削液中金属含量、颗粒大小和形状、导磁性等的变化，来判别机器的运行状态。

（7）金相分析诊断法。通过对某些运动零件的表面层金属纤维组织、残余应力、裂纹及物理性质进行检查，研究其变化特征，来判别机器设备存在的故障及形成原因。

3.按诊断方法的原理分

（1）频域诊断法应用频谱分析技术，根据频谱特征变化，判别机器的运行状态及故障形成原因。

（2）时域分析法应用时间序列模型及有关的特性函数,判别机器工况状态的变化。

（3）统计分析法应用概率统计模型及其有关的特性函数,实现机器的工况状态监视与故障诊断。

（4）非平稳信号分析法主要针对设备的测试信号（常常是非平稳的）,可应用 Wigner 分布、小波变换和时频分析等方法进行研究并提取特征量,判别故障性质。

（5）信息理论分析法应用基于信息理论建立的某些特性函数,如 Kullback 信息数、J 散度等在机器运行过程中的变化,进行机器的工况状态分析与故障诊断。

（6）人工智能方法,如模式识别、人工神经网络、专家系统等,是由人工智能技术的发展而提出来的诊断方法。随着计算机和网络技术的发展,人们提出了分布式人工智能方法,近年来又提出多代理协作诊断方法等。

以上仅是从诊断模式、检测手段和方法原理出发进行了归纳,而从检测诊断学科内涵和工程实践应用角度而言,这些方法往往是相互交叉、相互融合的,例如许多统计分析方法都融于模式识别方法之中,不少时域和频域分析方法都与计算机人工智能方法相融合等。

4.按诊断对象分

按诊断对象分,可分为有旋转机械故障诊断、往复机械故障诊断、机械零部件故障诊断、电气设备故障诊断、液压系统故障诊断等。从故障诊断原理来看,不同诊断对象的动态性能和外部表征各具特点,但诊断的策略和方法却具有基本的共性。

五、故障诊断系统

随着对设备性能要求的提高,反映设备健康状态的信号越来越受到人们的重视,为了能够利用此信号实现对设备状态的监测、诊断和控制,就需要引入故障诊断系统来完成此目的。一般的故障诊断系统由信号采集系统、信号分析系统和结果显示系统三部分组成。信号采集系统主要利用传感器将反映被测对象特性的物理量（如压力、加速度、温度等）检出并转换为电量,然后传输给信号分析系统;信号分析系统对接收到的电信号进行分析处理或转换计算,再将处理结果传输给结果显示系统;最后由结果显示系统将代表设备健康状态的分析结果显示出来,提供给观察者或其他自动执行装置。系统简图如图 1-1 所示。

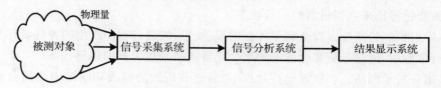

图 1-1 故障检测系统简图

根据故障诊断任务复杂程度的不同,系统中的每个环节又可由多个模块组成。例如,图 1-2 所示的轴承振动诊断系统中的信号分析系统由带通滤波器、A/D 变换和计算机中的 FFT 分析软件三部分组成。信号采集系统中传感器为振动加速度计,结果显示系统主要由计算机显示器对频谱分析结果进行显示。

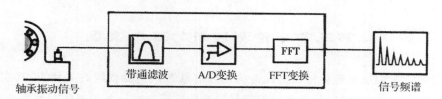

图 1-2　轴承振动诊断系统

六、其他

1.状态监测与故障诊断

从系统分析的观点出发,状态监测与故障诊断可以理解为识别设备运行状态的科学。即利用相关的检测方法和诊断手段(包括不断发展的信息科学与系统辨识的新方法),从所检测的信息特征判别系统的工作状态,分析故障形成原因和发展趋势,以防患于未然。状态监测与故障诊断的最终目的是保证设备运行的可靠性,提高设备使用效率和产品质量。它是大型复杂设备稳定可靠运行的关键技术之一,也是各种自动化系统及一般设备提高运行效率及可靠性、运行预知维修及科学管理的重要基础。

状态监测与故障诊断不是等同的概念,但是它们统一于动态系统的监测与诊断过程之中。状态监测的任务是判别系统是否偏离正常功能,监测各类故障的征兆、发生及发展趋势,预防突发性故障产生。一旦偏离正常功能,如系统有可调参数,应迅速做出调整,使工况恢复到正常。故障诊断的任务则是,针对系统某个环节存在的故障,进一步查明故障原因及其部位。因此,状态监测是故障诊断的基础。很多文献、资料中有时只提故障诊断,而实际内容已经蕴含了状态监测的概念。

2.实验室条件下的故障诊断技术

实验室研究在故障诊断技术研究中占有重要地位,其主要任务是研究故障形成机理及其一般规律,以及对监测与诊断方法进行模拟和仿真研究,它是实现故障诊断的重要前提,但应注意以下两个问题。

(1)即使是同一型号的设备,在实验室与在实际生产环境中的工况条件也是不相同的。研究证明:在实验室用模拟故障得到的特征信息的模式样本在模式空间中的类聚性,与实际生产中所得到的模式样本的类聚性有着很大的差别性,因为从统计角度讲它们不属于同一个母体。因此,不能将实验室所得到的量化的数据直接用作实际生产中监测诊断的判别依据,而需要根据现场实际的检测结果,确定判别函数,且需要经过学习,不断修正判别函数的参数,以保证故障诊断的正确性。

(2)在实验室条件下研究动态过程故障现象的一般规律时,要考虑所用的测试方法是否可以在实际生产条件下应用。例如,传统的温度测量法是热电偶测量,在生产条件下,将它用于测量轴承温度,可得到良好的测量效果;而对于切削、磨削温度,在生产条件下就不可能用热电偶测量,因为一般在许多零件上都不允许钻孔、开槽来埋置热电偶。

第三节　检测诊断的基本流程

设备故障诊断的根本任务是根据设备的运行信息来识别设备的有关状态,其实质是状态识别,也就是状态分类问题。从设备运行信号的变化特征判断设备工况状态的属性变化,是检测诊断的主要任务。在此基础上采用各种方法研究状态变化的主要原因,提出合适的维修措施,是检测诊断的最终目的。

一、检测诊断的本质问题

由于设备自身机构和运行过程及环境的复杂性,其运行特征参数与状态之间一般并无一一对应的关系,因此检测诊断的方法十分复杂。状态识别,也就是状态分类的问题,是根据设备运行的信号来识别设备的状态或故障。从模式识别的角度看,状态识别是由信号空间到类型空间的演化过程,如图 1-3 所示。

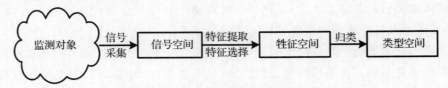

图 1-3　状态识别的演化过程

在可测数据的集合中,适当选择一些能反映设备运行状态的测量参数,这些测量数据构成了观察样本,这些样本就是信号,所有的观察样本数据构成信号空间。显然,信号空间的大小与选择的样本和测量的方法有关,也与特定的应用有关。从监测对象到信号空间的样本获取过程,称为信号采集。

信号空间的信号虽多,但有些并不能揭示设备故障的实质。对信号空间里的各样本数据进行综合分析,获取最能揭示设备状态的观测量作为主要特征,这些主要特征就构成了特征空间。显然特征的数据量大大压缩,由信号空间到特征空间所需的综合分析往往包含了适当的变换和选择,称之为特征提取和选择。

由某些知识和经验可以确定分类准则,称之为判决规则。根据适当的判决规则,把特征空间里的样本区分成不同的类型,从而把特征空间映射到代表设备不同运行状态的类型空间。类型空间里不同的类型之间的分界面,常称为决策面。

从被监测对象出发,通过信号空间、特征空间到类型空间,经历了信号采集、特征提取和选择,以及分类判决等完整的模式识别过程,此过程也就是故障诊断系统的实现过程。

二、检测诊断过程的主要环节

由于诊断方法和诊断对象的不同,在工程实际中设备检测诊断系统的结构也有所差别,但是检测诊断过程的基本原理和主要环节是一致的。检测诊断的基本流程是一个以诊断对象(机电设备)为中心的闭环过程,主要由状态监测、故障诊断和维修决策 3 个层次构成,并可细化为 6 个主要环节。其基本流程如图 1-4 所示。

(1)信号采集。设备状态信号是设备异常或故障的信息载体,选用一定的方法和检测系统采集最能反映诊断对象状态特征的信号,是故障诊断技术实施过程中不可缺少的环节。能够真实、充分地采集到足够数量而且客观反映诊断对象状况的状态信号,是检测诊断技术成功与否的关键,否则,其他部分再完善也将是无效的。获取设备状态信号的途径主要有振动、油液、温度、压力、流量、转速、电压、电流、声发射、超声、红外辐射和电磁阀状态等。

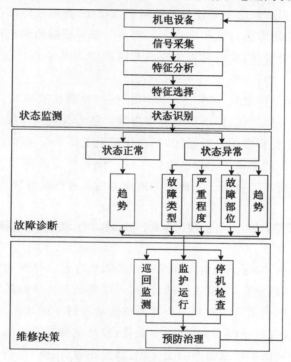

图 1-4 检测诊断的基本流程

(2)特征分析。直接采集得到的信号大都是随机信号,其中包含了大量的噪声,一般不宜直接用作判别量。因此,需要用现代信号分析和数据处理方法把信号转换成为能表达设备运行状态的特征量;对于某些具有规律性的信号,也可从波形结构上提取特征量。特征分析的目的是运用各种信号分析和数据处理方法,找寻运行状态与特征量之间的关系,把能反映故障的特征信息和与故障无关的特征信息分离开来,达到"去伪存真"的目的。因此,信号处理是特征分析的重要工具之一。常用的特征分析方法有频域分析、时域分析和时频域分析等。

(3)特征选择。用上述特征分析方法可以得到很多能够表达系统动态行为的特征量,但既无必要也没有可能利用所有特征量来判别设备的运行状态。在实际生产中,各个特征量对运行状态变化的敏感程度不同,应当选择敏感性强、规律性好的特征量,达到"去粗存精"的目的。因此,应该结合设备的实际运行做试验,进行特征分析,同时参考实验室试验所得到的一般规律进行特征量选择,提取出对具体设备状态反应最敏感的特征量,才能提高监测与诊断的针对性,保证诊断的准确性。另外,特征量的选择还要考虑在线判别的实时性,要求计算简单快捷,如能在一定程度上表达运行状态的物理含义,则更有利于运行状态变化原因的分析。

(4)状态识别。故障诊断(设备工况识别)的实质是状态识别(状态分类)问题。分类与诊断在概念上是一致的,但从设备检测与诊断过程中的不同侧重点考虑,往往把"分类"问题分成监测与诊断两个问题。状态监测的目的是区分运行状态正常还是异常(或者哪一部分不正常),以便于进行运行管理,强调在线和实时性。对于正常和异常两类状态的识别问题,运用模式识别及模型参数判别等方法都很有效。

(5)故障诊断。故障诊断首先需要根据监测系统提供的信息,对当前运行状态及其发展趋势做出确切的判断。故障诊断的主要任务是针对异常状态,查明故障部位、性质、程度和原因,并"对症下药",给出排除故障的对策和措施。这就不仅需要根据当前机组的实际运行工况,而且还需要考虑机组的历史资料,并参考相关领域专家的知识和经验,进行综合分析,做出精确诊断。

(6)维修决策。识别故障之后,必须进一步对设备的异常或故障及其危险程度做出评价,以便研究和确定维修的具体形式,即所谓的维修决策。随着现代科学技术的发展,机械设备的精密化、自动化以及复杂化程度的日益增加,当初仅仅用于简单技术和工艺的维修技术渐渐发展成一门跨学科的系统化的学科——设备维修工程。随着经济的发展,维修工程日益受到各行各业管理者和科学研究者的重视。维修技术被作为当前可持续发展战略的关键技术。

第四节 检测诊断技术的发展现状

对设备的检测与诊断,实际上自有工业生产以来就已存在。早期人们依据对设备的触摸,对声音、振动等状态特征的感受,凭借工匠的经验,可以判断某些故障的存在,并提出修复的措施。例如有经验的工人常利用听棒来判断旋转机械轴承及转子的状态。随着科学技术与现代工业技术的迅速发展,现代设备朝着大型化、复杂化、自动化和连续化的方向发展,人们对设备运行的安全性和可靠性提出了越来越高的要求,尤其是在航天、航空、核工业、军事、电力、石化等领域,其相关设备或装备的可靠性和安全性至关重要。多年来,因为设备故障而造成的灾难性事故时有发生,例如,1979 年美国三里岛核电站泄漏事件,1985 年日本波音 747 飞机失事事故,1986 年苏联切尔诺贝利核电站的放射性元素外泄事故,1986 年美国"挑战者"号航天飞机爆炸事故,1988 年中国秦岭电厂的大型汽轮发电机组发生的严重断轴、造成机毁人亡的事故,等等。这些事故的发生,不仅带来了重大的经济损失,而且往往伴随重大的人员伤亡,造成重大的社会影响。在军事装备领域,尤其是像导弹武器这样复杂而重要的装备,一个小小的设备故障可能造成整个武器系统无法正常使用,如果不能即时排除,就有可能引起非战场因素的装备损失,小则造成人员伤亡,大则有可能影响到整个战局的发展。因此,人们已经认识到需要迫切研究、发展和应用先进的检测诊断技术。

检测诊断技术首先来自军事上的需要,并在第二次世界大战初期问世,当时能用仪器进行设备参数的测定,然后相继开发了快速多功能自动监测仪器。最初主要是以振动法诊断旋转机械,后来,依次用声发射法(Acoustic Emission,AE)诊断静止设备,用红外线法诊断热态设备,用油液分析法诊断润滑系统和液压系统,用电流、电压法诊断电缆,用气体分析法诊断变压器等,于是诞生了多种诊断技术。但是不管是哪一种诊断方法都包括设备状态监测和故障诊断两个过程,两者既有密切联系又有区别。设备状态监测是指对设备某些特征参数(如振动、噪声、温度、压力等)进行测取,将测定值和规定的门限值进行比较,以便判别设备的工作状态是否正常。设备故障诊断不仅要对设备是否正常做出简单诊断,还要对设备产生故障的原因、部位和严重程度作出判断,为设备管理维修决策提供依据。从设备管理全过程来看,状态监测是基础,所采集的数据应该是准确、可靠的,而故障诊断是在状态监测基础上的深入和发展。

检测诊断技术是建立在多种基本技术的基础上,并融合多种学科理论的新兴综合性学科。因此,该学科具有基础理论较新、体系边界模糊、实施技术繁多、工程应用广泛、发展日趋迅速以及与高新技术发展密切相关等特点。

在国内外对检测故障诊断技术理论基础、技术方法及诊断装置大量研究开发的基础上,随着电子计算机技术、现代测试技术、信号处理技术以及信号识别技术等不断向检测诊断领域渗透,检测诊断技术逐渐跨入实用系统化的时代。20 世纪 80 年代开始,利用计算机对设备故障进行有效的辅助监测和辅助诊断已成为重要的诊断手段,国内外对计算机检测与诊断系统都积极地进行研制并应用于实际机组。

一、国外检测诊断技术的发展现状

检测诊断技术是现代化生产发展的产物。早在 20 世纪 60 年代末,美国国家宇航局(National Aeronautics and Space Administration,NASA)就创立了美国机械故障预防小组(Machinery 检测诊断技术 Fault Prevention Group,MFPG)。其后,基于诊断技术应用所产生的巨大的经济效益,检测诊断技术得到迅速地发展。如:美国 Bechtel 电力公司开发了火电厂机械设备诊断用的专家系统(SCOPE,1987);美国 Radial 公司也在此时开发了汽轮发电机组振动诊断用的专家系统(Turbomac,1987);美国西屋电气公司(Westinghouse Electric Corporation,WHEC)首先将网络技术应用于汽轮机故障诊断,建立了故障诊断中心,对分布在各地电站的多台机组实行远程诊断;美国 Bently 公司对旋转机械故障诊断及传感器的研制都进行了比较深入地研究。

检测诊断技术在美国迅速发展的同时,在西欧国家也得到了相应的发展。如:英国在 1971 年成立了机械保健中心(Mechanical Health Monitoring Center),促进了各类机械工厂机械设备性能检测和维修水平的提高;法国电力部门从 1978 年起就在汽轮发电机组上安装了离线振动监测装置,20 世纪 90 年代又提出了监测与振动支援站的设想;瑞士的 ABB 公司、德国的西门子公司、丹麦的 B&K 公司等都开发了有关诊断系统及信号检测装置。西欧国家在广度上虽不大,但都在某一方面具有特色或占领先地位,如瑞典的冲击脉冲(Shock Pulse Method,SPM)轴承监测技术,挪威的船舶诊断技术,丹麦的振动和声发射技术,等等。

在亚洲,日本针对汽轮发电机组寿命监测和故障诊断进行了很多研究。如:1987 年东芝电气公司开发了大功率汽轮机轴系诊断系统,20 世纪 90 年代又开发了机器寿命诊断的专家系统;日立公司于 1982 开发了汽轮机组寿命诊断装置,并逐步形成了一套完整的机器寿命诊断方法;三菱公司在 20 世纪 80 年代也研制了能自动进行异常征兆检测并能诊断其原因的诊断系统。

由上述分析可知,各个国家有关设备检测诊断技术的研究和检测与诊断系统的研制大多是从汽轮发电机开始的,其原因是:①电力系统对国民经济建设和人民生活均十分重要,影响面广;②在连续生产系统中,发电机、空气压缩机都是动力源,如果一台机组产生故障,不仅影响其本身效率的发挥,还会影响整个生产系统的正常运行;③汽轮发电机组的生产过程是连续的旋转过程,振动信号拾取和信号处理的方法相对其他方法而言比较成熟,在生产条件下容易实现。

国外检测诊断方法与技术的发展主要集中在以下三方面:①故障诊断策略与模式的研究,如分布式监测诊断模式、基于 Internet 的远程分布式监测诊断模式等;②智能诊断方法与技术的研究,如基于行为的神经网络诊断方法、基于多智能体(即多代理)的诊断方法等;③故障特征分析与特征量提取的研究,如小波分析和时频分析方法的应用等。

二、我国检测诊断技术的发展现状

我国检测诊断技术的研究起步较晚,大致可以分为以下 3 个阶段。

(1)第一阶段。20 世纪 80 年代前即使是在电力、化工等连续生产系统中也只有简单的读数仪表,现场实时检测主要靠工人的经验,凭眼看、手摸、耳听监视设备的运行状态是否正常,技术人员凭值班记录分析设备运行的规律。20 世纪 70 年代后期起,随着改革开放的进程,开始引进一些检测仪表(工厂称表盘),如本特利(Bently)公司和飞利浦(Philips)公司的系列产品,它的主要构成部件是传感器和指示仪表箱,有用于测温度的,但大多数是用于测振动的。这对提高当时国内故障诊断技术的水平起到了促进作用,但这类产品的主要缺点是:检测信号是随机的,仅监测幅值(如峰峰值),并不能全面表达动态过程的特性;机组在强烈振动之前,故障征兆并不很明显,有时振幅变化并不大,但机组确有故障。如半倍频是故障的重要特征信息之一,但检测仪表并无此功能,而一旦振幅突然增大,则为时已晚,不能防止突发性故障;读数式检测仪表本身并无分析功能,还要依赖于人的经验判断。

(2)第二阶段。20 世纪 80 年代中至 90 年代末是我国检测诊断技术研究和系统研制快速发展的时期,许多工厂已经不满足只有读数功能而没有分析功能的表盘,注意到在引进检测仪表的同时引进相应的软硬件分析装置。这种系统所用的分析装置主要是频谱分析仪,也有部分分析功能是用计算机软件实现的。如本特利公司的 ADRE3 及恩特克(Entek)公司的 PM等系统就具有频谱分析、谱阵、波特图(Bode Plot)、轴心轨迹图等功能,这有助于提高诊断的准确性。但其存在以下缺点:分析装置不具备自动判断功能,诊断决策仍需依赖领域专家;不能连续地自动分析,容易丢失故障信息,不能预防突发性故障;大型复杂设备的结构复杂,故障与征兆之间并无一一对应的因果关系,难免有误诊。

自 20 世纪 80 年代中期起,我国派往美国和西欧的一批留学人员陆续回国,他们带回了国外许多先进方法与技术,结合国内生产实际积极开展检测诊断技术的研究。这种研究的特点:一是起点高,一开始就以计算机为主体,从系统入手,结合生产实际研究监视与诊断问题;二是方法新,把当时正在发展之中的人工智能、远程控制等方法和技术直接应用于检测诊断系统;三是重应用,将研究工作与企业需求紧密结合,开发了一批实用性强的检测诊断系统。

这就大大缩短了我国检测诊断技术和国外的差距,推动了我国检测诊断技术的发展。与此同时,在理论与方法研究方面也取得了一批研究成果,并且结合科学研究和工程项目为国家培养了大批研究生。

（3）第三阶段。进入 21 世纪以来,检测诊断技术进入了一个相对平稳的发展时期,这是符合科学技术发展规律的正常现象。前一阶段的迅速发展,必然会在理论和实践方面留下许多问题。如故障形成机理(故障的生成、发生与发展规律)、生产条件下信号的实时采集和全方位测试、小样本的信号处理、动态系统的适用模型及参数估计、多变量非线性系统建模、系统知识获取和机器自学习、系统的综合识别、远程监测与综合诊断、产品生命周期内检测诊断技术与CAD、CAM 的集成一体化研究等等,在近年来都有学者进行了卓有成效的研究。可以预期,随着时间的推移,故检测诊断技术又将迎来着新的突破。

第五节　检测诊断技术的发展趋势

检测诊断技术是设备维修方式不断发展的产物。维修方式的发展阶段可以概述为:从事后维修逐步发展到定时的预防维修;再从预防维修发展到有计划的定期检查以及按检查发现的问题安排近期的预防性计划修理。维修方式的最新发展是预测维修,即通过对设备状态进行检测,获得相关的设备状态信息,根据这些信息判断出故障发生的时间、部位和形式,从而在故障发生前对设备进行维修,以消除故障隐患,做到防患于未然。显而易见,预测维修方式特别适合于高自动化、高技术、结构复杂的现代化设备,它可以有效地减少设备的停机时间,从而实现以最小的维修投入和经济损失获取最大的效益。

实现预测维修的核心技术是设备检测诊断技术。目前,检测诊断技术在与信息有关的检测功能发展上,主要包括六方面:①状态监视功能;②精密诊断功能;③便携和遥控点检功能;④过渡状态监视功能;⑤质量及性能监测功能;⑥控制装置的监视功能。另外,电动机、电器诊断技术与仪器的研究将受到更多的重视,以改变过去在该方面投入较少的局面;设备的无损检测方式也将在今后有所突破。

一、检测诊断技术的新发展

目前设备检测诊断的最新理论认为,对检测诊断技术应在下述几方面进一步转变观念:

（1）应更加重视现场设备简易诊断方式的应用,应根据现场工作经验尽可能多地制订简易诊断标准。一些设备诊断专家的最新观点是,精密诊断是重要的,而简易诊断更为重要。因为简易诊断方法容易掌握,便于推广应用,日常维修人员只要懂得一些基本方法即可开展对设备状态的监测。例如,日本有一个企业将使用的设备根据功率大小分为小型(功率<10 kW)、中型(功率为 $10\sim100$ kW)及大型(功率>100 kW)三类,实际工作中,状态检测人员只要记下设备正常工作时的振动平均幅值 X,根据 2×10 法则,就可以确定各型设备的注意值为 $2X$,报警值为 $10X$。这样就大大提高了监测效率,减少了监测仪器的投入费用。

（2）设备精密诊断技术向多变量参数综合监测分析方向发展。鉴于现代生产企业对故障停机时间的要求越来越严格,为进一步提高故障诊断的准确性,设备精密诊断技术开始向多变量参数综合监测分析方向发展。例如,对于轴承旋转的振动监测,采用多变量综合分析时,对一个测点要测 3 个方向(水平、垂直和纵向)。过去由此造成的数据量增大,存在劣化趋势管理图中趋势曲线的互相重叠等问题,解决起来比较困难,现在可以充分利用现代化技术的各项成果来解决它。如采用神经网络、遗传算法或主分量分析法等处理复杂的数据。

（3）人工智能应用于设备检测诊断。人工智能（Artificial Intelligent，AI）是计算机学科中研究、设计和应用计算机去模仿和执行各种拟人任务的一个分支。人工智能在维修领域中主要应用在故障诊断、维修训练、维修管理、维修评估等方面。如具有人工智能的诊断系统，在监测的基础上，可以对复杂系统的故障进行分析和判断，确定出故障位置、原因等，并给出解决方法。目前，人工智能最活跃的研究领域主要有自然语言理解、机器人、自动智能程序设计、人工神经网络以及专家系统等。其中专家系统是其最成功、实用性最强的一个领域。

专家系统是一类包含知识和推理的智能计算机程序。设备故障诊断专家系统是将人类在设备故障诊断方面的多位专家具有的知识、经验、推理、技能综合后编制成的大型计算机程序。它利用计算机系统帮助人们分析、解决只能用语言描述、思维推理的复杂问题，扩展了计算机系统原有的工作范围，使计算机系统有了思维能力，能够与决策者进行"对话"，并应用推理方式提供决策建议。专家系统还能通过不断学习、提高，丰富其知识库，提高故障诊断的准确率。

（4）设备诊断应向更广更深的领域发展。当前，设备诊断除包括故障、过程和质量诊断外，国外还盛行设备的效率诊断。以通用水泵为例，水泵的寿命一般为 10 年，在此 10 年的费用中，能源消耗约占 95％，维修费用约占 4％，购置费约占 1％。由此可见，要降低生产成本必须抓 95％的能耗成本，方法就是及时进行设备效率诊断。水泵效率诊断的基本思想是，测量液体的压力、温度，进行效率计算分析，确保水泵以最高效率运行。具体做法是：通过水泵上的压力表、温度计、电动机功率计等仪表，将测量到的动态数据输出到一台泵效分析仪进行集成，并在微机上将结果显示出来。通过对水泵效率进行监测，及时对其进行必要的维修调整，保证其一直以最高效率运行。在水泵的全部工作期中，一般可降低 10％的能耗，其节约价值相当于 2 倍的维修费用。

（5）远程诊断是诊断技术的发展趋势。基于 Internet 的远程诊断技术将设备诊断技术和计算机网络技术、信息技术、数据库与决策支持技术相结合，使用多台计算机监测仪器监测设备运行状态，采集状态信号，然后利用网络化的远程设备故障诊断系统中储存的多种设备的故障诊断知识和经验，对设备状态实施监测和故障分析。基于网络的远程设备诊断专家系统将管理部门、监测现场、诊断专家、设备供应商联系起来，充分利用多方面的技术经验，实现了多方数据共享，从而提高故障诊断的效率和准确性，有效地减少设备故障停机时间。

二、维修技术与方式的新发展

先进的维修技术，是以现代维修理论为指导，以信息技术、仿真技术和材料技术等为支撑，保持和恢复机械设备良好技术状态、最大限度地发挥其效能的综合性工程技术。它移植了"并行工程"等理论，深化了"以可靠性为中心的维修"理论，并且基于信息、网络等技术的发展，提出适用于满足分散性和机动性越来越强的"精确保障""敏捷保障"等维修保障新理论。未来维修技术和方式的发展，将主要呈现出以下特点和趋势。

（1）预测维修广泛应用。美国航空航天局（NASA）的相关研究表明，设备的故障概率曲线为 6 种，其中第 F 类适用于一些复杂的设备，如发电机、汽轮机、液压气动设备及大量的通用设备，而该类设备故障概率曲线表明，在整个工作期内，设备的随机故障是恒定不变的。这说明对大多数设备采用以时间为基础的维修（Time Based Maintenance,TBM）是无效的。日本的研究还发现,对设备每维修一次,故障率都会相应升高,在维修后一周之内发生故障的设备占 60%,此后故障率虽有所下降,但在一个月后又开始上升,总计可达 80%左右。从这个意义上来讲,以时间为基础的维修对相当一部分设备来说不仅无益,反而有害。对于结构复杂、故障发生随机性很强的现代化设备,就更不宜采用以时间为基础的维修方式了。因此,随着企业中现代化设备的迅速增加,要大力倡导预测维修方式。

（2）大力发展基于风险的维修。在美国一些企业中,倡导"最好的维修就是不要维修"。因此,他们推出了基于风险的维修方式（Reliability Based Maintenance,RBM）,这种维修方式是与设备故障率及损失费用相关联的。作为风险维修应考虑 3 个权重因子,它们分别是偶发率（O）、严重度（S）及可测性（D）,合成为 RBM＝S×O×D,其中每个分项都有其相关参数及计算方法。基于风险的维修实践同样表明:严重的故障并不多见,而一般不严重的故障却经常发生。在 RBM 中有两个指标,即安全因数（safety factor）和安全指数（safety index）来反映这一情况。

（3）基于绿色制造的设备维修技术发展越来越受到重视。目前,造成全球环境污染的排放物有 70%以上来自制造业,它们每年产生 55 亿吨无害废物和 7 亿吨有害废物,人类生存环境面临日益增长的机电产品废弃物压力及资源日益缺乏问题。例如,1996 年,全球 2 400 万辆汽车报废;2000 年,2 000 万台计算机淘汰;机电产品日益增长的报废品数量使人们进一步认识到了机电产品维修方式变革的必要性和重要性,因此支持可持续发展的再造工程（Re - engineering）技术和能够减少机电产品废弃物对环境污染的绿色维修（green mainternance）技术应运而生,并将成为 21 世纪机电设备维修技术的发展方向。

基于绿色制造的设备维修技术以最少的资源消耗,保持、恢复、延长和改善设备的功能,实现材料利用的高效率,减少材料和能源消耗,从而提升经济运行质量和效益。一般说来,通过维修恢复一种产品的性能所消耗的劳动量和物质资源,仅是制造同一产品的几分之一甚至十几分之一,这种消耗的减少就意味着对环境污染的减少,有利于社会的持续发展。

基于绿色制造的维修技术包括故障诊断技术、表面工程技术、再制造工程、清洁维修工艺等,还包括面向绿色维修的产品设计和材料的绿色特性选择等。

（4）信息技术的带动作用更加突出。信息技术以其广泛的渗透性、功能的整合性、效能的倍增性,在维修的作业、管理、训练、指导等诸多方面都有着非常广泛的应用。已经衍生了全部资源可视化、虚拟维修、远程维修、交互式电子技术手册等技术,促进了传统监测与诊断技术进步,产生了基于虚拟仪器的监测与诊断等新仪器及系统,推动了维修决策支持系统的智能化发展,提高了从各种完全不同的、分布极为分散的系统和数据库中检索信息的能力,加速了维修信息系统与维修保障等系统的融合。

（5）多学科综合交叉发展趋势明显。维修技术是一门典型的综合性工程技术,其发展和创新越来越依赖多学科的综合、渗透和交叉。如故障诊断系统已经逐步发展成为一个复杂的综合体,其中包含模式识别技术、形象思维技术、可视化技术、建模技术、并行推理技术和数据压缩等技术。这些技术的综合有效地改善了故障诊断系统的推理、并发处理、信息综合和知识集成的能力,推动故障诊断技术向着信息化、网络化、智能化和集成化的方向发展。

三、检测诊断技术的发展趋势

尽管设备故障诊断技术已取得了长足的发展,但它是一门正在发展的新型学科,还没有达到完善的水平,主要表现在理论与实际相脱离。设备检测诊断是一门实践性极强的技术,目前从事设备检测诊断研究人员多在高校或研究单位,他们对现场设备缺乏深入研究,而现场技术人员又没有足够的时间和技术基础,将所观察、检测到的现象上升到理论加以分析、归纳、总结。此外,还存在仪器和被检设备相脱离、智能诊断系统以点概全等问题。检测多数比较单一,且精度低;精密信号分析仪价格贵,一般只对振动进行分析,由于其专业程度高,现场的使用人员很难正确使用。

近年来,设备诊断技术不断汲取现代科学技术发展的新成果,从理论到实际应用都有了迅速的发展,至今已成为集数学、物理、力学、化学、电子技术、计算机技术、信息处理、人工智能等各种现代化科学技术为一体的新兴交叉学科。其故障机理的研究,人工智能专家系统和神经网络、故障诊断装置的开发研究都在飞速发展,具有十分广阔的前景。反映当代设备检测诊断技术的发展有以下几个主要方向。

(1)诊断装置系统化。为实现故障诊断的自动化,把分散的诊断装置系统化,并使之与电子计算机相结合,实现自动采集信号、提取特征、识别状态;能以显示、打印、绘图等各种方式输出诊断报告。

(2)诊断装置的集成化。随着电子集成化程度地提高,电子元器件的尺寸越来越小,便携式计算机的发展给诊断装置集成化提供了保证。

(3)服务于现场的诊断系统。诊断装置集成化,使得现场测试仪器的功能越来越强,许多原来必须在实验室的分析现在可以在现场完成。现场诊断系统具有实时、直观,测量次数不受限制,不需要原始数据和转换过程的优点。

(4)智能化专家系统。故障诊断专家系统是一种拥有人工智能的计算机系统,它不但具有系统诊断技术的全部功能,而且还将多专家的经验、智慧和思想方法同计算机的巨大运算和分析能力相结合,组成共享的知识库。这是故障诊断技术的高级形式,其研制与应用是必然的趋势。

(5)标准化的定时诊断。第一代的检测诊断装置以针对个别部位随机诊断为主,而今后凡重要的检测诊断均向标准化的定时诊断发展。

(6)设备应具有适应性。第二代检测诊断装置要求被检测的设备具有适应性,如设计有诊断插座、窥视孔或在相关部位布置好传感器,以确保实施状态监测和故障诊断的方便和快捷。

(7)"设备故障诊所"的建立。随着维修制度的变化,合理的预知维修将逐步取代定时维修,因而有可能建立"设备故障诊所"。目前国外已开展此类业务,例如对数控机床实行遥控技术,可在"诊所"利用专线进行遥测,并将被测信号处理、分析后与"诊所"的标准进行比较,从而得到诊断结果。

(8)建立设备故障数据库。随着计算机网络的发展,大型复杂设备数据库的建立成为可能。这个数据库将包括设备的使用维修档案,为设备检测诊断提供必要资料。随着故障诊断技术的广泛应用,数据库的大型化和公用化将是发展趋势。

综上所述,设备检测诊断技术的发展趋势是"四化":不解体化、高精度化、智能化和网络化。

第二章 检测诊断系统的实现框架

随着科学技术的不断发展,设备检测诊断系统不断发展和完善,其功能也越来越强大。总的来说,设备检测诊断系统主要由传感器、数据采集硬件、信号分析工具等组成。系统实现的基本要求包括:具有灵活的数据采集、监测和控制平台,比较方便实现设备的替换与维护、扩展与升级;具有功能强大的软件分析工具;构建的系统具备可靠性和经济性;诊断结果具有有效性和时效性。

第一节 检测诊断系统的主要形式

根据系统的结构特点及其发展来划分,检测诊断系统可分为以下几种。

一、离线的检测诊断系统

离线的检测诊断系统是最早的检测与诊断方法,它通过检测传感器采集设备的运行信息,然后由数据采集装置进入计算机,依靠计算机对这些信息进行分析、诊断,得出设备运行的状况。该方法的优点是经济、灵活、方便。但它通常只能用于定时检测,所以很难检测到设备发生故障前后的信号,起不到"黑匣子"的作用,它也难以及时地发现设备的故障、预报设备的运行趋势。

二、单机在线的检测诊断系统

单机在线的检测诊断系统是采用对每一台设备安装工况状态监测与故障诊断系统的方法,如图 2-1 所示。这种方法的优点是实时性好、可靠性高,其缺点是经济性差、各系统之间的信息与资源难以共享。

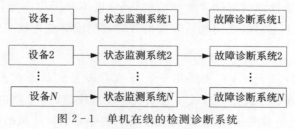

图 2-1 单机在线的检测诊断系统

三、集中式的检测诊断系统

如图 2-2 所示,这种方式克服了单机在线检测诊断系统的经济性差、信息难以共享等缺点。

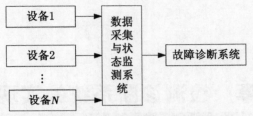

图 2-2 集中式的检测诊断系统

它通常是由一台计算机和一块或多块功能模板构成,所有现场信号通过传感器和功能模板引入计算机,由该计算机完成现场工况监测、信号分析处理、特征提取和故障诊断等一切工作。这种结构的优点是系统便于控制,功能模板和支持软件都很丰富,开发周期短,适合于数据采集和处理工作量小,计算机负荷较轻的系统。它是目前中小型设备检测与诊断系统的主流结构。

四、分布式的检测诊断系统

1. 分散式结构

这种结构通常是针对由多个主、辅机构成的大型成套设备的状态监测与故障诊断系统。它与集中式的不同在于诊断对象是大型的成套设备,由多个相互具有关联的主、辅机组成。其原理如图 2-3 所示。

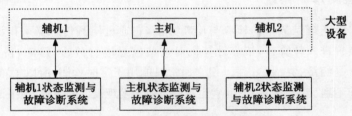

图 2-3 分散式的检测诊断系统

此结构由多台计算机组成,每台计算机监测、诊断大型成套设备不同的主从设备,彼此之间互相独立,无任何联系,其实质是集中式结构的简单叠加。这种结构的缺点是没有把监测诊断对象当作一个整体和系统,而是把它分成几个彼此孤立的部分,因此割裂了主机与辅机之间的有机联系,不利于系统故障的准确诊断和信息共享,更不利于集中操作和集中管理的需要。因此,这种结构只适用于主辅机之间联系较为松散的大型成套设备状态监测与故障诊断系统。

2. 主从式结构

主从式结构如图 2-4 所示,它主要用于大型成套设备的状态监测与故障诊断,它通过 RS232 或 RS422 串行通信方式把一台或多台从机与主机相连,从机独立完成数据采集与监测等现场功能并共享主机的诊断资源,主机完成诊断功能并完成对从机的管理。

同分散式结构相比,对于解决大型成套设备或密切协同工作的设备群的故障诊断,这种结构提供了一种多机协作、信息共享的途径,具有较好的经济性与高的可靠性。但是,由于此结构大多通常采用 RS232 或 RS422 串行通信方式来进行连接,而主机通信板上通信口极为有限,系统的可扩展性受到一定的限制。主从机间的通信速率低,从机间不能直接通信,系统标准化困难,开放性较差。

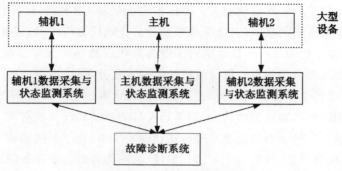

图2-4　主从式的检测诊断系统

3.基于网络的分布式结构

基于网络的分布式结构是随着网络技术的发展而产生并与设备状态监测与故障诊断技术相结合产物。大型复杂设备通常包括多个设备单元,各单元之间联系紧密。在一个企业中,通常拥有多台这样的设备,并且各台设备之间具有地理的分散性。在对此类设备进行状态监测与故障诊断时,由于系统的设备繁多、复杂,采用以往的状态监测与故障诊断结构很难满足其监测与诊断的要求。采用基于局域网络的分布式状态监测系统可以实现诊断资源的共享,根据现场的实际情况灵活地安装监测与故障诊断系统,同时,它可以与整个企业的网络融为一体,实现对设备的统一监控和诊断,从而大大提高了设备状态监测和故障诊断的效率,为保证设备的安全性与可靠性提供了一条非常有效的途径。

一个典型的基于网络的分布式检测诊断系统如图2-5所示。

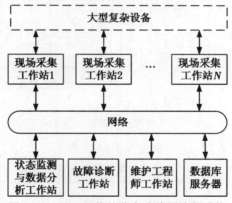

图2-5　基于网络的分布式检测诊断系统

网络化技术的应用使大型复杂成套设备的状态监测与故障诊断系统构成技术进入了一个崭新阶段,使得其体系结构不断完善,功能不断加强。随着科学技术的发展,设备朝着大型化、复杂化的方向发展,针对大型复杂设备进行设备状态监测与故障诊断显得越来越重要。传统的设备状态监测与故障诊断系统功能单一、相对独立,无法实现复杂的状态监测与诊断任务,现代诊断系统朝着网络化、远程化、智能化的方向发展。在对设备进行状态监测与故障诊断的过程中,诊断者需要根据设备当时的实际情况、现场的各种设备参数、有关设备的状态信息进行分析和判断来进行故障诊断,因此,对人员的素质要求也越来越高。设备用户在开展此项工作时,其技术、知识等资源与各院校、研究所相比,明显要弱,使得院校、研究所的理论研究与用户实际需求之间,出现了一定程度的脱节。发挥各自的优势,使研究与应用紧密联系起来,真正实现技术、知识等资源的共享,有着非常重要的意义。现代通信技术、信息技术的发展,为此提供了一条新的途径。将 Internet 技术应用于设备的状态监测与故障诊断领域,开发远程监测与故障诊断系统,实现设备状态监测与故障诊断的远程分布化,可以使处于不同地域的诊断资源共同为诊断对象提供远程诊断服务,使设备的故障诊断成为一种服务,实现在诊断的过程中信息的移动、知识的移动和资源的移动,而不是人员的移动和设备的移动。在远程诊断系统中,通过网络将现场的各种数据和信息及时传送到专家手中,处于不同地域的专家借助网络通信技术进行相互通信和交流,进行网上的协作诊断,共同为大型复杂设备的故障诊断提供丰富的诊断资源,这样可以实现专家在现场一样准确、及时地进行诊断,专家采取有效措施解决问题,指导现场的技术人员进行有效地对设备进行监测与诊断,保证设备可靠、安全的运行。

第二节　检测诊断系统的基本框架

为了能更具体地了解检测诊断系统的结构全貌及发展方向 ,本节以检测诊断系统的基本框架为出发点,重点说明检测诊断系统的基本构造、功能作用和发展趋势。利用本节提出的基本框架及技术措施,可以很方便地设计出其他检测诊断系统。基本框架如图 2-6 所示,系统主要包括传感器、数据采集、数据传输、数据显示、数显分析、数据存储、决策处理。

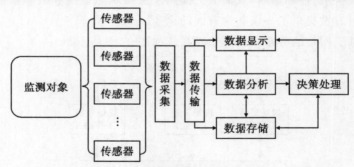

图 2-6　检测诊断系统的基本框架

框架中各个环节的主要作用、应用难点及发展趋势见表 2-1。

表 2-1　检测诊断系统各环节的特点

序 号	名 称	主要作用	应用难点	发展趋势
1	传感器	主要从监测对象中获取对检测诊断有用的信息	传感器的选择、安装位置的选择	小型化、集成化、数字化、智能化、材料结构一体化等
2	数据采集	主要完成信号电量化或数字化,确保后续环节的方便使用	多通道间的同步采集、信号抗干扰技术	嵌入式、高精度、高速率、智能化等

序号	名称	主要作用	应用难点	发展趋势
3	数据传输	主要实现信息传递的时效性和准确性	传输的速率以及移动和旋转设备上的数据传输	无线化、实时化等
4	数据存储	主要完成数据的保存和浏览,方便数据的后期利用	数据量大、查询条件复杂、非结构化的数据不易存储和查询	嵌入式数据库、数据库共存、非结构化数据存储与查询
5	数据显示	主要方便实现诊断工程师与诊断系统之间的人机交互	多维数据、实时数据、人机界面的优化	多维、动态、实时显示、多方式信息表达
6	数据分析	主要完成数据特征的选择和提炼,提升整体诊断效果	噪声的消除、多维数据的分析、大数据量的分析	数据降维、数据融合、非线性分析等
7	决策处理	主要完成诊断标准的训练和应用	诊断标准的建立	基于数据的标准,基于知识的标准

第三章 检测诊断中的诊断标准

第一节 诊断标准的来源

一、机器状态监控与故障诊断的标准

标准化是一切技术发展到一定水平后的必然要求，机器振动的监控与评价也不例外。其标准化工作在国际上由 ISO/TC 108（机械振动与冲击技术委员会）负责。国内则由全国机械振动与冲击标准化技术委员会（SAC/TC 53）归口。该领域标准化工作包括：①术语；②激励源，如机器、测试设备的振动和冲击；③消除、减少和控制振动和冲击，尤其是通过平衡、隔离和阻尼的手段；④测量和校准的方法与手段；⑤振动与冲击对人影响的测量和评估；⑥试验方法；⑦机器状态监控与故障诊断所需数据的测量、操作和处理方法。

尽管振动状态监测与诊断技术最成熟、应用最广泛，但是在 ISO TC 108/SC5 中还包括其他多种综合监测手段，目前，下设 6 个工作组：

    （1）SC5/AG   E：战略计划；

    （2）SC5/WG   7：状态监测与诊断领域的培训与认证；

    （3）SC5/WG   11：热成像；

    （4）SC5/WG   16：风力涡轮机的状态监测与诊断；

    （5）SC5/WG   17：状态监测与诊断应用；

    （6）SC5/WG   18：状态监测管理。

工程资产的长期完整性基本上依靠维修的质量，每年的维修费用数量巨大。ISO/TC 108/SC5 致力于制定资产完整性、状态监控与故障诊断的世界标准，以提高维修活动的供应安全性和有效性。此外，世界上许多工程基础设施已经超过或即将超过其设计寿命，实际的维修活动和提及的维修方法之间存在巨大的差距。维修策略的"熟化过程"包括：①出现问题后修复；②维修管理系统；③计算机化；④预先主动维修；⑤状态维修、状态监控、失效预测；⑥预测维修，以可靠性为中心的维修；⑦失效模式预测；⑧正确理解系统及其退化过程；⑨以实验室数据为补充的系统性能和退化过程可靠性数据；⑩连续在线关键数据；⑪基于风险的维修；⑫维修和操作的最优化。最早的维修策略是当部件出现失效后进行修复，20 世纪 50 年代出现了预防维修，20 世纪 70 年代引入了状态基维修，而当前技术发展的最前沿是包括对操作和维修进行优化的集成方法。在所有 IT 工业领域，发生在维修实践中的变化正在加速进行。同时，

企业规模的缩小导致了诸如详细系统设计、设备维修等职能的缩减,而咨询组织通常不具备优化操作所需要的专业知识,这种情况将使企业资产处于风险之中,常常会导致严重的环境破坏。因此,制定该领域的国际标准至关重要,从业者可以遵循适当的指导方针,避免出现灾难性的后果。

对飞行器、过程工业、制造工业、石油天然气工业、发电和水力工业来说,维修操作是一项直接相关的问题,制定有关评价和延长老化结构与机器剩余寿命的标准至关重要。同时,安全性是首要问题,维修服务必须更加"智能化",以确保产品在全球的竞争力,并把对环境的破坏降到最低。对维修服务提供商来说,失效预测也是一个关键需求。

ISO/TC 108/SC5 标准全貌如图 3-1 所示。目前,ISO/TC 108/SC5 正在制定的标准有以下几种。

(1)ISO 13374-1—2003　机器的状态监测和诊断,数据处理,通信和表示。第 1 部分:一般指南。

(2)ISO 22096—2007　机器的状态监测和诊断,声发射.

(3)ISO 13374-2—2007　机器的状态监测和诊断,数据处理,通信和表示。第 2 部分:数据处理。

(4)ISO 18436-5—2012　机器状态监测和诊断,人员资格鉴定和评估要求。第 5 部分:润滑剂实验室技术员/分析员。

(5)ISO 18436-3—2012　机器的状态监测和诊断,人员资格鉴定和评估的要求。第 3 部分:培训机构和培训过程的要求。

(6)ISO 13379-1—2012　机器的状态监测和诊断,数据解释和诊断技术。第 1 部分:一般指南。

(7)ISO 13374-3—2012　机器的状态监测和诊断,数据处理,通信和表示。第 3 部分:通信。

(8)ISO 13372—2012　机器的状态监测和诊断。

(9)ISO 20958—2013　机器系统的状态监测和诊断。三相感应电动机的电气特征分析。

(10)ISO 18436-8—2013　机器的状态监测和诊断,人员资格鉴定和评估要求。第 8 部分:超声波。

(11)ISO 18436-7—2014　机器的状态监测和诊断,人员资格鉴定和评估要求。第 7 部分:热成像。

(12)ISO 18436-6—2014　机器状态监测和诊断,人员资格鉴定和评估要求。第 6 部分:声发射。

(13)ISO 18436-4—2014　机器状态监测和诊断,人员资格鉴定和评估要求。第 4 部分:现场润滑剂分析。

(14)ISO 18436-2—2014　机器状态监测和诊断,人员资格鉴定和评估要求。第 2 部分:振动状态监测和诊断。

（15）ISO 13381-1—2015　机器的状态监测和诊断，预测。第1部分：一般指南。

（16）ISO 13379-2—2015　机器的状态监测和诊断，数据解释和诊断技术。第2部分：数据驱动应用。

（17）ISO 13374-4—2015　机器系统的状态监测和诊断，数据处理、通信和表示。第4部分：表示。

（18）ISO 29821—2018　机器的状态监测和诊断，超声波。一般指南，程序和验证。

（19）ISO 19283—2020　机器的状态监测和诊断。水力发电机组。

（20）ISO 18436-1—2021　机器系统的状态监测和诊断，人员认证要求。第1部分：认证机构和认证过程的行业特定要求。

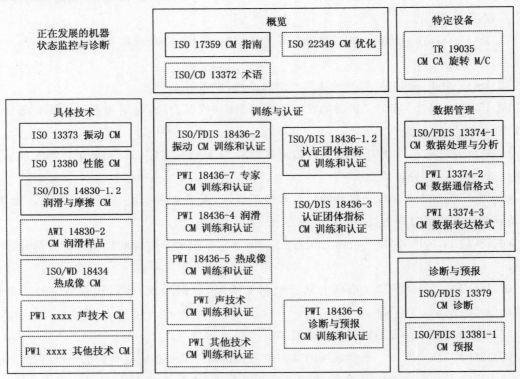

图3-1　正在制定过程中的ISO/TC 108/SC5标准全貌

二、机械信息管理开放系统联盟

美国的机械信息管理开放系统联盟（Machinery Information Management Open System Alliance，MIMOSA）于20世纪90年代中期着手开展编写机械信息管理试用标准，特别是状态监控数据库结构标准。其目的是通过一个开放式系统信息交换模型MIMOSA CRIS（Common Relational Information Schema），解决目前机械信息处理系统如状态监控系统等各自为政的信息"孤岛"及应。MIMOSA标准已经被诸如CSI，SKF等著名厂商所接受，影响越来越大，但该标准还有待进一步完善。

MIMOSA是一个非营利的行业协会，致力于在制造、装备群和设备环境下开设和鼓励采用操作和维护开放式信息标准。MIMOSA 的开放式标准使得商业和军事应用领域的协同资产全寿命周期管理成为可能。

1. MIMOSA 的面向企业应用集成的开放系统框架相关情况简述(OSA-EAI)

(1)开放式体系结构的需求分析。操作人员、维修人员、后勤管理人员、原始设备制造商、零部件提供商和工程师常常需要手头有设备资产的状态信息,以便随时可用。不幸的是,这些信息常常分散在不同的信息系统当中,不同的信息通常针对不同的平台,并被分成如下几种信息形式:操作数据、振动数据、红外热成像数据、油液分析数据、控制设备监测数据等。在同一台计算机终端上查看不同信息类型,即使可能,也是非常困难的,而将这些信息编译和同步到同一个集成视图或报告中以便为智能资产管理决策提供支持则更为困难。即使这些信息系统可以在同一计算机终端上显示,通常也需要不同的程序,并使用不同的语言。为实现协作维修,需要建立这些维修和可靠性信息"孤岛"之间的内部连接,并嵌入到开放式企业应用集成(Enterprise Application Integration,EAI)规范当中。以前,这些信息"孤岛"之间的连接是针对不同的任务采用不同的专用系统来实现的。然而,如果能够将这些信息融入一个协作维修网络中,这些信息的价值将会倍增。可以通过以下两种方式建立这些信息"孤岛"之间的网络:建立定制的连接桥和使用开放式 EAI 桥。

(2)建立定制的连接桥。协作维修网络可以通过在不同数据系统之间建立定制软件连接桥来实现,通常这种方法适用于企业内部的信息集成或使用内部信息技术资源。然而,这一方法非常费时,初始代价高昂并且运行维修费用巨大。其优点包括:①针对特定商业和军事需求的高度专用化;②调节到特定带宽指标的高性能。其局限包括:①不相容问题带来高风险;②缺少多用户带来巨大成本;③解决不同应用问题时存在困难(可能相互指责);④可能依赖于专用的接口;⑤每年的软件维修成本巨大,通常这些成本占初始成本的 20%左右。

(3)采用开放式企业应用集成系统连接桥。采用开放式企业应用集成规范,可以避免定制连接桥固有的一些不足。在比较成熟的部门,使用 EAI 规范意味着即插即用,企业信息服务部门可以使用网络中任何相应的产品。其优点包括:预先设计到系统内的即插即用的能力,系统集成简单,可以从信息提供商那里选择最好的技术并具有更大的选择余地。建立 e-维修连接网络的局限性包括:需要提供商支持相应的工业标准,当需要提供定制接口时,标准的门槛(不高)可能会存在性能降低的情况。

(4)开放式系统的定义。根据卡内基-梅隆大学软件工程研究所的定义,一个开放式的规范是指其接口是被完全定义的、具有公用性并且被一致维护。此外,将开放式系统定义为一组相互作用的软件、硬件和人机接口:设计以满足规定的需要;接口被完全定义、具有公用性,并通过用户一致同意进行维护;组件的应用满足接口规范。

开放式系统的体系结构由一系列采用开放式设计的硬件和软件组件组成。目前,已有许多面向不同信息部门的开放式 EAI 一致性规范被制定或正在制定当中。这些一致性规范和制定组织包括:①过程控制系统:OPC 基金会(www.opcfoundation.org)以及仪器仪表系统和自动化学会(www.isa.org);②工程产品数据管理系统中的产品模型数据交换标准(ISO

10303 STEP):国际标准化组织;③企业资源规划(enterprise resource planning,ERP)系统:Open Applications Group Inc.,OAGI(www.openapplications.org);④状态监控系统:MIMOSA(www.mimosa,org);⑤维修调度(CMMS/EAM)系统:MIMOSA(www.mimosa,org);⑥可靠性预测系统:MIMOSA(www.mimosa.org)。

2. MIMOSA 的面向企业应用集成的开放系统框架

MIMOSA 的 OSA-EAI 框架如图 3-2 所示。

Tech-文档出口/XML 文件出口	为 Web 服务的 Tech-CDE 客户和服务器	Tech-Web HTTP Tech-XML 客户和服务器	为 Web 服务的 Tech-XML	EAI 应用互操作性 XML 内容
Tech-Doc CRIS 制造者/消费者	Tech-CDE 大型 CRIS 数据处理事务	Tech-XML 小型 CRIS 数据处理事务客户和服务器计划		
CRIS 参考数据库				元数据分类
CRIS(公共关联信息方案)				实现模型
OSA-EAI 公共概念对象模型(CCOM)				概念模型
OSA-EAI 术语字典				语义定义

图 3-2 MIMOSA 的 OSA-EAI 框架

其中的支撑技术([Tech-])包括以下几种。

(1)对象注册管理(Object Registry Management,REG)。

(2)运行和维护代理工作管理(O&-M agent work management,WORK)。

(3)诊断/预报/健康评估(diagnostics/prognostics/health assessment,DIAG)。

(4)运行无量纲数据与报警(operational scalar data & alarms,TREND)。

(5)动态/声数据与报警(dynamic vibration/sound data & alarms,DYN)。

(6)油/液/气/固测试数据与报警(oil/fluid/gas/solid test data & alarms,SAMPLE)。

(7)二进数据/温度数据与报警(binary data/thermography data & alarms,BLOB)。

(8)模型可靠性信息(RCM/FMECA/model reliability information,RCM/FMECA/REL)。

(9)固定资产位置跟踪信息(physical asset geospatial tracking info.,TRACK)。

3. 与 MIMOSA 相关的情况分析

与 MIMOSA 一样,许多国际组织如 SMFPT(Society for Machinery Failure Prevention Technology)、COMADEM(Condition Monitoring and Engineering Management)等,也纷纷通过网络进行设备状态监控与故障诊断咨询和技术推广工作,并制定了一些信息交换格式和标准。前面已提及,与 MIMOSA 密切相关的是 ISO/TC 108/SC5,MIMOSA 也评述和采用了其中的标准。

资产管理(Asset Management):对资产的整个寿命周期进行管理,目标是以最低的寿命周期成本,达到最大的可用性、最高的绩效、最高的质量。换而言之,资产管理是对资产的整个寿命周期进行系统化的计划和控制的过程。整个过程可能包括:立项论证阶段、设计阶段、制造阶段、运行阶段、维修阶段、改造阶段和销毁阶段。资产管理是以公司的经营理念、使命和经营目标为依据,从技术角度对企业资产进行主动的管理。

在企业的资产管理方面,涉及以下信息化系统:计算机化的维修管理系统(Computerized Maintenance Management system,CMMS)、企业资源计划系统(Enterprise Resource Planning,ERP)、制造资源计划(Manufacturing Resource:Plan2,MRP2)、原材料需求计划(Material Requirement Planning,MRP)和固定资产管理(Physical Asset Management,PAM)。早期的 MRP/MRP2 系统主要是关于财务系统的,缺乏对日常的维修活动的管理。ERP 系统就具备了这些功能。ERP 系统的供应商是如何实现该功能的呢? 一般来说,他们会与那些具备相应的专业经验/产品的公司进行联合,如 CMMS 系统的供应商、产品数据管理系统(Product Data Management,PDM)系统的供应商、RCM 系统 的供应商。MIMOSA 是一个专门处理这些问题的组织机构,MIMOSA 的目标是:①规定并颁布一致性协议,对设备的状态、控制、维修和绩效进行规范,从而提高成本效益;②逐渐使设备信息管理朝着开发式的、高附加值的和模块可替换的方向发展;③进行强制的财务方面的调整,对资产的管理进行优化。

通过对 MIMOSA 信息共享标准深入研究,根据我国企业实际情况对其进行裁剪,推进企业信息技术的整合,现在还需要去做许多工作。

第二节　诊断标准中的 CBM 框架

一、基本情况

正如上述,基于状态的维修(Condition Based Maintenace,CBM)由多个功能层组成。围绕 CBM 的军事和工业应用领域,对 CBM 系统集成提出了以下要求:与传统已有系统的通信与集成、保护专利的数据和算法、可升级性系统的设计与实现需求、设计时间和开发费用的要求等。为了解决这些问题,需要为 CBM 层次模型提供规范化开放界面机制,即 CBM 的开放系统体系结构。这就是 OSA-CBM(Open System Architecture for Condition-Based Maintenance)的内涵。它可将健康监控系统、状态监控与故障诊断系统、HUMS 系统等纳入其框架之中。

实现 CBM 系统面临诸多挑战,如传感器的配置、优化及不充分问题、特征分析的实时实现问题、融合和预测模型的缺乏问题等。这就要求不断深入地研究 CBM 中数据获取、信号处理、健康监控、诊断、预报所隐含的关键技术问题,重点强调技术的实现与集成。在面对 CBM 实现的诸多挑战的同时,要发展 CBM 各模块一致的开放界面规范甚至标准以推动 CBM 系统的开发者提供可互换性的 CBM 硬、软件部件。这种 OSA-CBM 设计使得在新的或现有的系统设计中集成改进的诊断或预报能力变为可能,从而使 CBM 系统获得最大的功能灵活性和升级能力。OSA-CBM 应用的重要领域包括舰船系统、重型设备、工业过程和航空/航天器。

美国海军通过两用科技计划资助,正在成立一个由工业界领导的研究组以发展和示范OSA-CBM。该研究组包括 CBM 技术相关的工业界、商界及军事应用领域的参与者,如Boeing公司、Caterpillar 公司、Rockwell 自动化、Rockwell 科学中心、Newport News 造船、Oceana 传感器技术公司、宾夕法尼亚大学应用研究实验室以及 MIMOSA。其关注的重点是设计、开发和示范有利于 CBM 软件模块互操作性的软件体系结构,现已成功进行了各种应用领域的演示。美国陆军和海军正在评估 OSA-CBM 以过渡他们的计划。美陆军正在评估 MI-MOSA 和 OSA-CBM 的使用并将其作为所有维修基础的一部分。美海军在 CBM 领域的研究计划主要考虑系统和部件设计中的 OSA-CBM 框架。

应用 OSA-CBM 可以缩短 CBM 系统技术开发到投入应用的时间跨度,增强集成系统信息交互的安全性,可以提升 CBM 系统的升级性、互换性、可测性,减少 CBM 系统的开发费用和充分发挥现有技术与系统的作用,还可以使 CBM 系统具备远程模块示例与调用能力,从而大大改进和提高装备的可靠性、安全性、经济性和可用性。

二、OSA-CBM 基本框架

OSA-CBM 所研究的方面包括:①OSA-CBM 框架、数据和控制策略及数据模型研究,具体包括 CBM 开放式规范化层次模型、数据和控制策略,基于 UML 和 AIDL 的 CBM 功能建模与实现技术;②OSA-CBM 中与功能模型相关的分布式计算中间件技术的应用研究,具体包括CORBA、COM/DCOM 等;③OSA-CBM 系统中多层信息流建模、分布式规范模块分析与实现技术研究;④OSA-CBM 系统中各功能层次模块间规范化界面描述与开发技术;⑤支持 OSA-CBM 系统框架的维修信息规范化关系数据库设计与开发。

为了使一个 CBM 系统具有标准的开放式体系结构,需要将该系统分解成通用的模块或功能。软件体系结构可以按照不同的功能层(从传感和数据采集到决策支持)进行描述。对各功能层输入和输出的详细描述超出了本书的范围,读者可以在 OSA-CBM 的网站查找需要的内容。每一功能层都可以从任一功能层请求所需的数据,然而数据通常只在相邻的功能层之间流动。

(1)第一层:数据获取层(Data Acquisition)。数据获取模块广义上描述了一个软件模块,该软件模块具有对数字化传感器或变换器数据的系统访问能力。数据获取模块基本上可以看成一个提供标准传感器数据记录的服务器。典型地,该层包括了任何模拟传感器或为获取传感信息所需要的电路。

(2)第二层:数据处理层(Data Manipulation)。数据处理模块的功能是利用专门的 CBM特征提取算法对单路和(或)多路信号进行变换。一些常用的信号处理方法如滤波、快速傅里叶变换(FFT)和基本的特征分析算法就是在该层应用的。

(3)第三层:状态监控层(Condition Monitor)。状态监控的基本功能是将提取的特征与期望值或运行阈值进行比较,输出计算得到的状态指示结果(如水平偏低、水平正常、水平偏高等)。

(4)第四层:健康评估层(Health Assessment)。健康评估层的基本功能是判断被监控的系统、子系统或零部件的健康状态是否发生了退化。健康评估时需要综合考虑评估对象的健康历史趋势、运行状态、负载以及维修历史等信息。

(5)第五层:预测层(Prognostics)。预测层的基本功能是基于当前的健康状态预测将来的健康状态,或估计剩余有效寿命(Remaining Useful Life,RUL)。预测层需要考虑将来可能的使用情况。

(6)第六层:决策支持层(Decision Support)。决策支持模块的基本功能是为维修活动安排,以及为完成任务目标而进行的装备配置或任务剖面的更改提供建议。决策支持模块需要考虑操作历史(包括使用和维修)情况、当前和将来的任务剖面、高级单元目标以及资源限制。由于该层和应用密切相关,OSA-CBM目前对该层没有定义任何要求。

(7)第七层:人机接口(表述层,Presentation)。通常该层显示高级状态(健康评估、预测评估或决策支持建议)和报警情况。

图3-3描述了OSA-CBM各模块之间是如何相互作用以形成一个完整的集成系统的。其中,框架结构的中心代表模块之间的通信媒介,可以由任何常用的通信和中间件技术来实现。这些模块可以位于同一台机器上,也可以位于局域网或广域网中的任何地方。

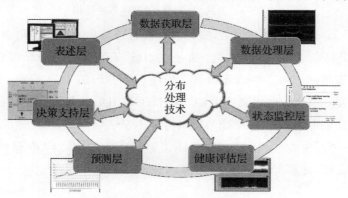

图3-3 OSA-CBM框架流程

开放式体系结构设计提高了对新系统或已有系统硬软件进行改进时的集成能力,使得系统具有最大的灵活性和可升级能力。除了OSA-CBM的网站,更多有关OSA-CBM标准和体系结构的信息也可以在相关文献中找到。

随着对功能层描述的不断完善,以及已存在的和正在制定的有关监控和维修标准(如MI-MOSA CRIS,AI-ESTATE和IEEE 1451.2)的不断发展,OSA-CBM的结构也在不断发展。由于决策支持层是与应用相关的,因此OSA-CBM目前没有决策支持层。表述层是基于客户端的,以保证对任何用户接口技术都是开放的,因此没有界面被定义为标准。首先是使用统一建模语言(Unified Modeling Language,UML)为每层定义一个面向对象的数据模型,其次将其转化为抽象的接口规范,然后针对特定的接口定义,这一规范被转化为需要的中间件语言。图3-4为发展中的OSA-CBM体系结构。

UML 对象数据模型只定义接口。对该体系结构中的一个给定层,数据模型对软件执行所需的对象种类并不做规定,焦点是对该层用户可能感兴趣的信息结构进行描述。OSA-CBM 对软件模块的内部结构不做任何要求,结构限制只应用于公共接口的结构以及模块的行为上。这种方法允许对软件模块内的专用算法和软件设计方法进行完全封装。

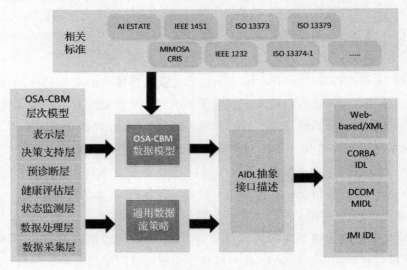

图 3-4 发展中的 OSA-CBM 体系结构

对每层定义了 UML 数据模型以后,这种模型就会被转化为一种伪码语言,而这一伪码语言可以被转化为具体的接口定义语言。抽象接口定义语言(Abstract Interface Definition Language,AIDL)被用来作为这种伪码语言。采用一种专门的 Java 程序,AIDL 代码随后被转化成了 XML 格式。AIDL 也用来产生 COM/ DCOM IDL 文件和文档。注意,对每层(决策支持层除外)都会提供 UML、AIDL、COM/DCOM、OMG CORBA IDL 和 XML 格式的文件,因此并不需要由系统开发者来产生这些文件。关于 UML、AIDL、COM/DCOM、OMG COR-BA IDL 和 XML 文件,许多文献进行了说明。

第三节　振动诊断标准的使用案例

从减小振动对设备的危害角度来考虑,设备的振动值越小越好。但是,如果为减小设备振动花费的代价过高,便失去了实际意义。因此,实际应用中不可能要求设备的振动无限制地小。为了在实际应用中既保证设备的安全稳定运行,又不大幅度提高设备的制造维修成本,人们通过大量的工程实例,根据影响设备振动的主要原因提出了相应的控制方法,同时也建立起了各种各样的振动诊断标准。

不同设备的振源主要来自设计制造、安装调试、运行维修中的一些缺陷和环境影响。振动的存在必然会引起结构损伤及材料疲劳,这种损伤并非静力学的超载破坏,多属于动力学的振动疲劳,它在相当短的时间产生,并迅速发展扩大,因此值得重视。

美国的齿轮制造协会曾对滚动轴承提出了一条机械发生振动时的预防损伤曲线,如图

3-5所示。

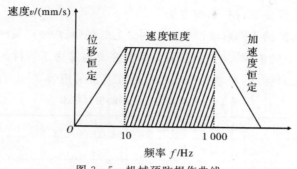

图3-5 机械预防损伤曲线

从图3-5中可见,在低频区域(10 Hz以下)是以位移作为振动标准,中频区域(10~1 000 Hz)是以速度作为振动标准,而在高频区(1 000 Hz以上)则以加速度作为振动标准。从理论可以证明,振动部件的疲劳与振动速度成正比,而振动所产生的能量与振动速度的平方成正比。由于能量传递的结果造成了磨损和其他缺陷,因此,在振动诊断判定标准中,是以速度为准比较适宜。而对于低频振动,主要应考虑由于位移造成的破坏,其实质是疲劳强度的破坏,而非能理性的破坏;但对于1 000 Hz以上的高频振动,则主要应考虑冲击脉冲以及元件共振的影响。

一、振动诊断标准分类

为了对设备的状态做出判断,判断是否存在故障以及故障的严重程度如何,必须对表征机器状态的测量值与规定的标准值进行比较。常用的振动诊断标准分为三类,即绝对判断诊断标准、相对判断诊断标准和类比判断诊断标准。

1.绝对判断诊断标准

它要求在设备的同一部位或按一定的要求测得的表征机器设备状态的值与某种相应的判断标准相比较,以评定设备的状态。目前应用较广的振动诊断标准有以下几个:

(1)ISO 10816-3—2009 《机械振动.通过非转动件的测量进行机械振动的评估.第3部分:现场测量时标称功率为15kW和标称速度为120~15 000 r/min的工业机械》。

(2)ISO 20816-9—2020 《机械振动.机械振动的测量和评估.第9部分:齿轮箱》。

(3)ISO 20816-8—2018 《机械振动.机械振动的测量和评估.第8部分:往复式压缩机系统》。

(4)ISO 10816-6 AMD 1—2015 《机械振动 在非旋转部件上测量和评定机械振动.第6部分:额定功率在100 kW以上的往复式机器;修改件1》。

2.相对判断诊断标准

设备振动的相对标准是振动标准在设备检测诊断中的应用,特别适用于尚无适用的振动绝对诊断标准的设备。采用这种判断标准时,要求对设备的同一部位(同一工况)同一种参数值进行定期测定,将设备正常工作情况的值定为初始值,按时间先后将实测值与初始值进行比较来判断设备状态。

它也还是基于过去设备购置时、检修完成后以及正常状态下的振动值,通过现在振动幅值发展的增长倍数来判定设备运行状态的方法。

通常情况下,相对标准的不同是根据频率不同分为低频(<1 000 Hz)和高频(>1 000 Hz)两段,低频值主要是根据经验值和人的感觉,而高频值主要是考虑了零件的结构疲劳强度。参考日本工业广泛采用的相对标准,典型的振动相对标准通常采用表 3-1 表示的分级。

表 3-1　推荐的设备振动相对标准

频段	低频(<1 000 Hz)	高频(>1 000 Hz)
注意区	1.5~2 倍	3 倍
异常区	4 倍	6 倍

3. 类比判断诊断标准

若有数台机型相同、规格相同的设备,在相同条件下对它们进行测定,经过相互比较做出判断,用这种方法对设备的状态进行评定而制定的标准称为类比判断标准。严格地说,这并不是一种判定标准,只是形式逻辑推理中求异法的一个应用。而且,类比判断方法只能区分各设备所处工况状态的差异,并不能回答哪些是良好的运行状态,哪些偏离了良好的运行状态这一故障诊断的最根本问题。

总之,诊断标准是设备故障的简易诊断和精密诊断中的一个十分复杂而根本的问题,直至目前,人们还没有找到一个适用于任意场合的通用标准。一个真正有效的判断标准的制定,需要经过大量的、长期的反复实验才能完成。而且,对于一个已经制定的标准,随着时间的推移,可能还需要随时予以修正。在以上三种标准中,优先考虑使用绝对判定标准。

下面将介绍各类设备的绝对诊断标准,以旋转机械作为介绍重点。

二、各类设备的绝对诊断标准

评定设备振动状态的物理量可以是振动加速度、振动速度及振动位移。一般情况下,低频时的振动强度由位移值度量,中频时的振动强度由速度值度量,高频时的振动强度由加速度值度量。对大多数机器来说,最佳参数是速度,这是许多标准(如 ISO 2372)采用该系数的原因之一。在航空工业上习惯用振动加速度来评定。因航空结构振动频率较高,且通过加速度测量可以了解构件所受力的情况。对于地面的如汽轮发电机组、压缩机组等,则以振动位移作为评定的物理量,因用位移量可以更直观、更直接地了解转子的运动情况。

对旋转机械来说振动量是衡量设备状态的重要参数,因而在国际上制定了一系列以振动量为衡量机器状态的国际标准,我国参照国际标准也制定了相应的国家标准。

1. 各类设备的 ISO 2372 振动标准

可以说所有的设备在任何时候都在振动着,只要振动不影响设备的工作精度及其工作寿命,不产生过大的噪声,或未对周围环境产生过大的不良影响等,这些振动是允许的。因此,为了衡量设备的运行质量,就需要制定一个标准来确定允许的振动烈度,即确定振动烈度的界限。

设备振动烈度定义为:在设备表面的重要位置上(例如:轴承、安装点处等),沿垂向、纵向、横向三个方向上所测得的振动速度的最大有效值。因为振动烈度反映了振动能量的大小,用振动烈度表示可以从能量观点直接反映振动物体的振动强度。

设 $v(t)$ 表示振动速度时间历程,振动烈度即振动速度有效值 V_{rms} 表示为

$$V_{rms} = \sqrt{\frac{1}{T}\int_0^T v^2(t)\mathrm{d}t}$$

在利用计算机进行离散化的数据处理时,上式可写成

$$V_{rms} = \sqrt{\frac{1}{N}\sum_{i=1}^N v_i^2}$$

式中,N—— 采样点数;

v_i—— 速度信号经离散化后的样本值。

若由频谱分析得到了角频率为 ω_j 时相应的加速度峰值 a_j 或速度峰值 V_j 或位移峰值 $A_j(j = 1,2,\cdots,n)$,则振动速度有效值可表示为

$$V_{rms} = \sqrt{\frac{1}{2}\left[\left(\frac{a_1}{\omega_1}\right)^2 + \left(\frac{a_2}{\omega_2}\right)^2 + \cdots + \left(\frac{a_n}{\omega_n}\right)^2\right]}$$

$$= \sqrt{\frac{1}{2}\left[A_1^2\omega_1^2 + A_2^2\omega_2^2 + \cdots + A_n^2\omega_n^2\right]}$$

$$= \sqrt{\frac{1}{2}\left[V_1^2 + V_2^2 + \cdots + V_n^2\right]}$$

由上式可知,振动烈度反映的是各次谐分量振动能量之均方根值,不受其相互之间相位差影响,因此各次谐分量的变化都会在振动烈度上反映出来,振动烈度不是一个时间历程函数,各方向的振动烈度值不予以合成。

实际上,振动速度 $V_{rms} = 20 \sim 30$ mm/s 的有效值可用具有平方检波特性的电子仪器测量并直接予以显示,因此在应用时是很方便的。

该标准(见表 3-2)于 1974 年正式颁布,适用于工作转速为 $600 \sim 12\ 000$ r/min 的机器在 $10 \sim 1\ 000$ Hz 的频率范围内机械动动强烈度的范围,它将振动速度有效值从 0.071 mm/s(人体刚有振动的感觉)到 71 mm/s 的范围内分为 15 个量级,相邻两个烈度量级的比约为 1:1.6,即相差 4 dB。这是由于对于大多数设备的振动来说,4 dB 之差意味着振动响应有了较大的变化。有了振动烈度量级的划分,就可以用它表示机器的运行质量。为了便于实用,将机器运行质量分成 4 个等级。

(1)A 级——机械设备正常运转时的振动等级,此时称机器的运行状态"良好"。

(2)B 级——已超过正常运转时的振动等级,但对机器的工作量尚无显著的影响,此种运行状态是"容许"的。

(3)C 级——机器的振动已经到了相当剧烈的程度,导致机器只能勉强维持工作,此时机器的运行状态称为"可容忍"的。

(4)D 级——机器的振动等级已达到使机器不能运转工作,此种机器的振动等级是不允许的。

表 3 - 2　ISO 2372 推荐的各类设备振动评定标准

振动烈度分级范围		各类机器的级别			
振动烈度/(mm/s)	噪声/dB	Ⅰ类	Ⅱ类	Ⅲ类	Ⅳ类
0.071~0.112	71~81	A	A	A	A
0.112~0.18	81~85	A	A	A	A
0.18~0.28	85~89	A	A	A	A
0.28~0.45	89~93	A	A	A	A
0.45~0.71	93~97	A	A	A	A
0.71~1.12	97~101	B	A	A	A
1.12~1.8	101~105	B	B	A	A
1.8~2.8	105~109	B	B	B	A
2.8~4.5	109~113	B	B	B	A
4.5~7.1	113~117	C	C	B	B
7.1~11.2	117~121	C	C	C	B
11.2~18	121~125	C	C	C	C
18~28	125~129	C	C	C	C
28~45	129~133	C	D	C	C
45~71	133~139	C	D	D	D

注意:振动烈度以 dB 表示时,选 $V_{rms}=10^{-5}$ mm/s 为参考值。支撑基础分刚性与柔性两类,我国机电部标准中规定,当支撑系统的一阶固有频率低于机组的主频率时属于刚性基础,反之属于柔性基础。

显然,不同的机械设备由于工作要求、结构特点、动力特性、功率容量、尺寸大小以及安装条件等方面的区分,其对应于各等级运行状态的振动烈度范围必然是各不相同的。所以对各种机械设备是不能用同一标准来衡量的,但也不可能对每种机械设备专门制定一个标准。为了便于实用,ISO 2372 将常用的机械设备分为六大类,令每一类的机械设备用同一标准来衡量其运行质量。

机械设备分类情况如下。

(1)第一类。在其正常工作条件下与整机连接成一整体的发动机和机器的零件(如 15kW以下的发动机)。

(2)第二类。设有专用基础的中等尺寸的机器(如 15~75 kW 的发动机)及刚性固定在专用基础上的发动机和机器(300 kW 以下)。

(3)第三类。安装在测振方向上相对较硬的、刚性的和重的基础上的具有旋转质量的大型原动机和其他大型机器。

(4)第四类。安装在测振方向上相对较软的基础上具有旋转质量的大型原动机和其他大型机器(如透平发动机)。

(5)第五类。安装在测振方向相对较硬的基础上具有不平衡惯性力的往复式机器和机械驱动系统。

(6)第六类。安装在测振方向相对较软的基础上具有不平衡惯性力的往复式机器和机械驱动系统等。

通过大量的实验得到了前四类机械设备的运行质量与振动烈度量级的对应关系,见表3-3。至于第五类、第六类的机械设备,特别是活塞式发动机由于结构不同,其振动特性变化很大,往往允许有较强烈的振动(如 $V_{rms}=20\sim30$ mm/s)而不影响其运行质量。而安装在弹性基础上的机器受到隔振作用,由安装点传到周围物体的作用力是很小的,在这种情况下,机器的振动将大于安装在刚体基础上的振动,加大转速的电机上测得的振速度有效值可达 50 mm/s 或更大。在上述情况下,用振动绝对量级来衡量机器的运行质量显然是不恰当的;就是对于第一至第四类机器,由于实际情况是千变万化的,表中所示的机器运行质量与振动烈度的关系也只能作为参考。实践表明:比较可靠准确的办法是用振动烈度的相对变化来表示机器的运行质量。可以考虑以机器"良好"运行状态的量级为参考值,在此基础上若增大 2.5 倍(8 dB),表明机器的运行状态已有重要变化,此时机器虽尚能进行工作,实际上已处于不正常状态;若从参考状态的基础上增大 10 倍(20 dB),就说明该机器已需进行修理;再继续增大,机器就将处于不允许状态。上述振动烈度相对变化与机器运行质量间的关系常用于以振动信号进行故障诊断时的判据。

2. ISO 10816—2009 振动标准

最新国际标准 ISO 10816—2009 是 ISO 2372 的升级版,其中标准 ISO 10816-3 对振动速度准则作了更细致的规定。同时增加了用振动位移评价设备健康状态的新准则,适用于功率大于 15 kW 运行转速在 120～1 500 r/min 之间的机组,速度标准和位移标准的具体内容见表3-3和表3-4。

表3-3 ISO 10816-3—2009 推荐的各类设备振动速度评定标准

振动速度 mm/s （均方根值）	第二、四组		第一、三组	
	刚性 r	柔性 F	刚性 r	柔性 F
11	振动烈度足以导致机器损坏			
7.1	—	—	—	—
4.5	不宜连续运行			
3.5	—			
2.8	可长期运行			
2.3				
1.4	—	—	—	—
—	新交付的机器			

支承条件取决于机器与基础柔度之间的相互关系。如在测量方向上机器与支承系统组合的最低自振频率至少大于旋转频率的25%,则支承系统在该方向上可看作刚性支承。所有的其他支承系统都可看作柔性支承系统。作为典型的例子,大中型电动机在低转速时通常具有刚性支承,而功率大于10 MW 的汽轮机以及立式机器装置通常具有柔性支承。在某些情况下,支承部件可能在某一测量方向上为刚性而在其他方向为柔性。例如在垂直方向自振频率可能大于旋转频率而在水平方向自振频率明显低于旋转频率,这种系统在垂直面为刚性而在水平面为柔性,在这种情况下振动可以按照对应于测量方向上的支承种类来评价。

标准中的机械设备分类情况如下。

(1)1 组:额定功率大于 300 kW 的大型机器;轴高不小于 315mm 的电机。这类机器通常具有滑动轴承。运行或额定转速范围相对较宽,从 120~15 000 rad/min。

(2)2 组:中型机器其额定功率大于 15kW,小于或等于 300kW;轴高 160 mm$<H<$315 mm 的电机。这类机器通常具有滚动轴承并且运行转速超过 600 rad/min。

(3)3 组:额定功率大于 15 kW 多叶片叶轮并与原动机分开连接的泵(离心式、混流式或轴流式)。这组机器通常具有滑动轴承或滚动轴承。

(4)4 组:额定功率大于 15 kW 多叶片叶轮与原动机成一体(共轴)的泵(离心式、混流式或轴流式)。这组机器几乎都用滑动轴承或滚动轴承。

表 3-4 ISO 10816-3—2009 推荐的各类设备振动位移评定标准

振动位移 μm (峰-峰值)	第四组		第三组		振动位移 μm (峰-峰值)	第二组		第一组	
	刚性 r	柔性 F	刚性 r	柔性 F		刚性 r	柔性 F	刚性 r	柔性 F
396	振动烈度足以导致机器损坏				396	振动烈度足以导致机器损坏			
320	—		—	—	320	—		—	—
255	—		—	—	255	—		—	—
158	—		—	—	201	不宜连续运行		—	—
102	—		不宜连续运行	—	161			—	—
79	—			—	127			—	—
62	—		可长期运行		105	可长期运行		—	—
51	—				82			—	—
31	—				62			—	—
—	新交付的机器				—	新交付的机器			

针对功率大于 50MW,额定工作转速范围为 1 500~1 800 r/min,3 000~3 600 r/min 的陆地安装的大型汽轮发电机组,振动状态的判读由标准 ISO 10816-2 决定,具体内容见表3-5。

表 3-5　ISO 10816-2—2009 **推荐的大型汽轮发电机组振动速度评定标准**

振动速度 （mm/s） （均方根值）	转速/（rad/min）	
	1 500	3 000
11.8	振动足以导致机器损坏	
10	—	—
8.5	—	—
7.5	不适合长时间连续运行	
5.3	—	—
3.8	可长期运行	
2.8		
—	新交付的机器	

针对额定功率大于 100 kW 的往复机械,如舰船用推进发动机、柴油发电机、机车柴油机、空气压缩机等,振动状态的判读由标准 ISO 10816-6—2009 决定,具体内容见表 3-6。

表 3-6　ISO 10816-6—2009 **给出的往复机械的振动评价阈值**（振动频段 2～1 000 Hz）

振动 烈度	总体振动有效值允许值			机械振动分级						
	位移/m	速度（mm/s）	加速度（m/s⁻¹）	1	2	3	4	5	6	7
1.1	≤17.8	≤1.12	≤1.76	A/B						
1.8	≤28.3	≤1.78	≤2.79							
2.8	≤44.8	≤2.82	≤4 42		A/B					
4.5	≤71.0	≤4.46	≤7.01			A/B	A/B			
7.1	≤113	≤7.07	≤11.1	C				A/B		
11	≤178	≤11.2	≤17.6		C				A/B	
18	≤283	≤17.8	≤27.9			C				A/B
28	≤448	≤28.2	≤44.2				C			
45	≤710	≤44.6	≤70.1	D				C		
71	≤1125	≤70.7	≤111		D		D		C	
112	≤1784	≤12	≤176			D		D		C
180	>1784	>1l2	>176						D	D

3. 离心鼓风机和压缩机振动标准

离心鼓风机和压缩机振动标准见表 3-7。

表 3-7　离心鼓风机和压缩机振动标准

标准($D_{P-P}/\mu m$)	转速/(r/min)			
	≤3 000	≤6 500	≤10 000	≥10 000~16 000
主轴轴承	≤50	≤40	≤30	≤20
齿轮轴承	—	≤40	≤40	≤30

注：

(1) 本标准按转速将离心鼓风机和压缩机分为 4 类，转速越高，允许振动值越小。

(2) 测点部位分两种形式：主轴轴承和齿轮箱轴承，后者振动值允差略高于前者。

(3) 诊断参数为振动位移峰峰值（双幅）。

4. 往复式机械振动标准

往复式机械振动标准见表 3-8。

表 3-8　GB/T 7777—2003《容积式压缩机机械振动测量与评价》

压缩机类型	压缩机结构形式	振动烈度 $V_{rms}/(mm/s)$
I	对称平衡型	18.0
II	角度式(L 形,V 形,W 形,扇形,对置式)	28.0
III	立式,卧式	45.0
IV	非固定式	71.0

注：本标准按压缩机的结构类型，规定了活塞式压缩机振动烈度的允许最大值。

三、振动诊断标准的自定义方法

在生产维修场，如能同样取得设备正常及异常情况的数据，并用以制定诊断标准，这当然是最理想的。然而在一般情况下，两方面都能取得的情况并不多，这就要从正常时的数据出发，来制定它的振动诊断标准。其步骤如下。

(1) 在设备是正常时，并且处于稳定状态下，对其进行 $N(\geqslant 1\ 000)$ 次以上的振动速度值测定。

(2) 计算它的均值 μ_0 和标准偏差 σ_0。

(3) 计算设备的注意量级，则有

$$X_e = \mu_0 + 3\sigma_0$$

式中，μ_0 为均值；σ_0 为标准差。

(4) 计算设备的危险量级。一般情况下危险量级约为注意量级的 3 倍。实际中可采取以下的公式：

在低频领域（1 000 Hz 以下）的危险量级为

$$X_d = 3\mu_0 + 9\sigma_0$$

在高频领域（1 000 Hz 以上）的危险量级为

$$X_d = 6\mu_0 + 18\sigma_0$$

（5）计算实测数据的相关性，也即 X_e 与 μ_0 的比率关系。一般该比值大于 1.5 时，则判定生成的诊断标准有效。

制定振动诊断标准国际上有两个权威的组织，即国际标准化组织（ISO）和国际电工委员会（IEC）。我国于 1985 年成立了全国机械振动与冲击标准化技术委员会（CSBTS/TC53）与国际上 ISO/TC 108 对口，具体负责我国振动标准的制定和修改工作。各国标准化组织见表 3-9。

表 3-9　各国标准化组织

序号	简称	组织	备注
1	ISO	国际标准化组织	
2	IEC	国际电工委员会	
3	ANSI	美国全国标准化协会	
4	API	美国石油学会	
5	DIN	德国标准委员会	
6	VDI	德国工程师协会	
7	BSI	英国标准化	
8	TOCT	苏联标准化协会	苏联
9	CSBTC	中国机械振动与冲击标准化	已列入国家标准体系
10	CDA/MS	加拿大政府标准化部门	
11	AGMA	美国齿轮制造协会	

第四章 检测诊断中的状态识别

设备故障诊断的根本任务是根据设备的运行信息来识别设备的有关状态,其实质是状态识别,也就是状态分类问题。从机器运行信息变化的特征判断工况状态变化属性,是状态监测的主要任务。在此基础上采用各种方法研究状态变化的主要原因,提出合适的解决措施,是故障诊断的目的。

状态识别问题是故障诊断中的核心问题。可以这样说,对正常或异常信号识别所能达到的准确程度是故障诊断成败的关键。在状态识别中,经常采用的方法是对比分析法。传统的对比分析法在故障机理研究的基础上,通过计算分析、试验研究、统计归纳等手段,确定有关状态的特征作为标准模式(参考模式),然后在设备运行过程中根据相应特征的变化规律与参考模式进行比较,用人工分析和推理方法,判别设备的运行状态。对于有经验的工程技术人员来说,采用这种方法可以得到满意的结果。例如,在旋转机械运行过程中,利用频谱分析仪分析振动信号谱峰及频率位置的变化,和标准模式对比,就可判断工况是否正常,甚至可以识别某些故障的原因。例如旋转机械的转子是一个转动体,由于加工误差、轴与轴承间的间隙、材料质量不均、因结构设计造成转动体质量不均及加工装配误差等,当转子按一定速度旋转时,离心力很难避免。这种离心力激励转子系统产生简谐振动,在谱图上表征为固定的工作频率,及其相应的谱峰。但如果轴线不对中,就产生二倍频 $2f$,且工作频率 f 处的幅值也会改变;又如滑动轴承一旦出现油膜涡动,在 $(0.42\sim0.46)f$ 处常常出现新的频率成分;等等。这些现象已从理论分析和实验得到证明,因此可把它们当作参考模式,判别机器的实际运行状态。这种方法能否成功取决于两个条件:①工程技术人员应具有较高的技术水平;②对机器设备的物理背景和运行历史要有一定的了解,否则要达到精确诊断也十分困难。

上述方法的优点是某单位确有针对某种设备且技术全面的专家存在,只需有基本的测试和分析仪器就可实现,并可得到很高的诊断效果。它的实质就相当于用人类专家的思维和逻辑推理的能力去实现计算机专家系统的诊断功能。二者应该是相辅相成的,在故障诊断发展的初期和新设备应用而又没有相应的先验知识时,这种方法就会奏效。

采用对比分析,一般会遇到以下两种情况:①相关标准,实际情况与相关标准进行比较,从而做出判断;②没有相关标准,仅有事先已知道的一些实际模式,用现场实际情况与原有的实际模式比较,将其归类,从而做出判断。实际的设备技术状态呈现多态,状态识别往往属多类状态识别。检测诊断技术不仅要用到数字量分析、逻辑分析,还要用到神经网络等方法。

正如上述,由于设备自身机构和运行过程及环境的复杂性,其运行特征参数与设备状态之间一般并无一一对应的关系,致使诊断方法十分复杂。本章首先从状态识别方法的基本概念和基本原理出发,以上述两类问题为主要目标,介绍几种典型的状态识别技术,如逻辑推理法、距离判别法、贝叶斯分析判别法、神经网络判别法等。

第一节　状态识别的基础知识

状态识别即模式识别或状态分类的问题,它是根据设备的运行信息来识别设备的状态或故障的。从模式识别的角度看,状态识别与分类是由信号空间到类型空间的演化过程,如图4-1所示。

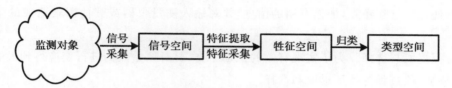

图4-1　状态识别的演化过程

一、基本概念

(1)信号模式:通过对具体设备进行观测所得到的具有时间和空间分布的信息称为信号模式,所有的信号模式构成信号空间。

(2)模式类:把相近信号模式所对应的类别或同一类别中特征描述称为模式类(或简称为类)。

(3)模式识别:根据信号模式来判断其对应类别的过程称为模式识别。

在可测数据的集合中,适当选择一些能反映机械运行状态的测量参数,这些测量数据构成了观察样本,对样本分别进行有序综合就构成信号模式,所有的信号模式构成信号空间。显然,信号空间的维数与选择的样本和测量的方法有关,也与特定的故障诊断目的有关。在信号空间中,每个样本都是一个点,点的位置由该信号模式在各维上的数据来确定,由可测数据集合到信号空间的过程称为信号采集。

信号空间的维数虽多,但有些并不能揭示样本的实质,对信号空间里的各坐标元素进行综合分析,获取最能揭示样本属性的观测量作为主要特征,这些主要特征就构成了特征空间。显然特征的维数大大压缩,由信号空间到特征空间所需的综合分析往往包含了适当的变换和选择,称为特征提取和选择。

依据某些知识和经验可以确定分类准则,称之为判决规则。根据适当的判决规则,把特征空间里的样本区分成不同的类型,从而把特征空间映射到了类型空间,类型空间里不同的类型之间的分界面,常称为决策面。决策面通常就是检测诊断过程中的判别依据,它可能是一个简单的数值,也可能是一条曲线或者曲面,或者甚至是超曲面。

由被监测对象通过不同的测量工具和手段即可得到可测数据空间,接着通过有序组合得到信号空间,然后通过特征提取获得特征空间,最后通过模式归类映射到类型空间,这就是完整的模式识别过程。

状态识别方法的应用领域主要有:工况监测,对设备工况状态分析以及判别设备运行正常与异常;故障诊断,从异常状态出发,根据类别信息查明故障部位和原因。

二、基本过程

模式识别一般包含以下 5 个环节。

(1)信息的获取。通过测量、采样、量化并用矩阵或向量表示。通常输入对象的信息有三个类型:二维图像(文字、指纹、地图、照片等)、一维波形(脑电图、心电图、机械振动波形等)、物理参量和逻辑值(体检中的温度、血化验结果等)

(2)预处理。去除噪声,加强有用的信息,并对输入测量仪器或其他因素造成的干扰进行处理。

(3)特征提取与选择。为了实现有效的识别分类,要对原始数据进行变换得到最能反映分类本质的特征,此过程为特征提取和选择。

(4)分类决策。在特征空间中用统计方法把被识别对象归为某一类。基本作法是在样本训练集基础上确定某个判决规则,使按这种判决规则对被识别对象进行分类所造成的错误识别率最小或引起的损失最小。

(5)后处理。针对决策采取相应的行动。

汽车牌照自动识别系统是以汽车牌照为特定目标的专用计算机视觉系统。其基本工作原理如图 4-2 所示。当车辆通过时,车辆检测装置受到触发,启动图像采集设备获取车辆的正面或反面图像,并将图像传至计算机,由车牌定位模块提取车牌,用字符分割模块对车牌上的字符进行切分,最后由字符识别模块进行字符识别并将识别结果送至监控中心或收费处等应用场合。

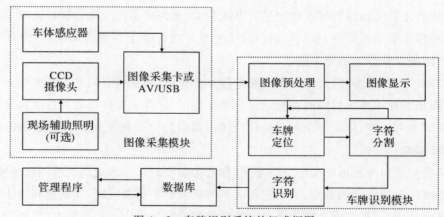

图 4-2　车牌识别系统的组成框图

模式识别通常包含两个过程,训练过程和使用过程,具体如图 4-3 所示。

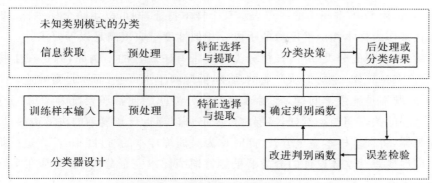

图 4 - 3　车牌识别系统的组成框图

三、状态识别的基本问题

1. 训练方法

状态识别任务的本质就是建立一种设备信号到设备状态之间的映射关系。这种映射关系的建立过程称为故障诊断中的训练方法。广义地讲,任何设计分类器时所用的方法只要它利用了训练样本的信息就可以认为是一种学习训练方法,学习的目的是指利用某种算法来降低由训练样本的差异导致的分类误差。根据训练样本中类别标记的存在与否,学习训练方法通常分为以下 3 种。

(1)监督学习。存在一个教师信号,对训练样本集的每个输入样本能提供类别标记和分类代价并寻找能够降低总体代价的方向。

(2)无监督学习。没有显式的教师指导整个训练过程。

(3)半监督学习。半监督学习是利用少部分标记数据集及未标记样本进行学习的主流技术。

2. 紧致性问题

为了能在某个空间中进行分类,通常假设同一类的各个信号样本在该空间中组成一个紧致集。从这个紧致集中的任何一点可以均匀过渡到同一集中的另外一点,且在过渡途中的所有各个点都仍然属于这个集合,即属于同一个设备运行类别。此外,当紧致集中各个点在任意方向有某些不大的移动时它仍然属于这个集合。

3. 特征选取

信号特征是决定设备运行状态相似性以及进行状态分类的关键,当分类的目的决定后,如何找到合适的信号特征成为识别设备运行状态的关键。狭义特征选取就是从特征比较多的特征集合中选择几个与设备运行状态敏感的参数,从而略去其他不敏感的参数的过程。广义的特征选取还包括特征变化或特征提取的概念,也就是从几个相关的特征中变换得到更加敏感于设备运行状态的其他信号表现形式,以此来代替原来的特征参数完成检测诊断的最终目的。

4. 相似性度量与分类

相似性度量是用来描述样本特征之间相似性的程度,以此为样本的分类提供一种定量化分析手段,比较常见的相似性度量方法是利用空间概念定义的某种距离公式。例如,给定一个

输入样本集合 X，用 D 维空间中的一点表示某个样本特征，则可以用两个样本 x_k 和 x_j 之间的欧式距离公式来作为样本相似性度量的手段。相似性度量应该满足以下要求。

（1）不存在纯客观的分类标准，任何分类都是带有主观性的。例如，鲸鱼在生物学角度属于哺乳类，应该和牛算作一类；但从产业的角度，捕鲸属于水产业，而牛是畜牧业。

（2）分类问题不是纯数学问题，检测诊断中的分类问题通常还要统筹考虑"分类精度"和"过度拟合"之间的关联问题。例如，多层神经网络可以逼近任意复杂的决策边界，因而有可能设计一个分类器，将训练样本完全分开，此时称为对训练样本的"过度拟合"。过度拟合容易造成分类器推广性变差。这样设计的分类器虽然将训练样本完全分类了，但是在实际应用当中错误率却会非常高。

5. 性能评估问题

性能评估的基本目标就是得到识别系统的正确识别率和错误识别率。但是，性能评估又不单单是一个只解决识别率的问题，有时候还需要考虑由于分类结果而引起的"损失代价或风险"问题。例如，假如某个市场中大马哈鱼比海鲈鱼的市场价格更高，味道更好，因此如果大马哈鱼被当作海鲈鱼卖给大家，厂家会有些经济损失；而如果海鲈鱼被错分为大马哈鱼，公司信誉就要受损，会被认为是欺诈行为，后果更加严重。因此若从降低损失的角度考虑，则应当适当调整决策边界的位置，宁可将更多的大马哈鱼错分为海鲈鱼，也要减少将海鲈鱼错分为大马哈鱼的概率。

第二节 距离判别法

一、一般概念

由 n 个特征参数组成的特征矢量相当于 n 维特征空间上的一个点。研究证明同类状态的模式点具有聚类性，不同类状态的模式点则有各自的聚类域和聚类中心。如果将能事先知道各类状态的模式点的聚类域作为参考模式，则可将待检模式与参考模式间的距离作为判别函数，判别待检状态的属性。

二、距离分类法

1. 空间距离（几何距离）函数

（1）欧氏距离。在欧氏空间中，设矢量 $\boldsymbol{X} = (x_1 \ x_2 \ \cdots \ x_n)^T$，$\boldsymbol{Z} = (z_1 \ z_2 \ \cdots \ z_n)^T$，两点距离越近，表明相似性越大，则可认为属于同一个聚类域，或属于同一类别，这种距离称为欧氏距离，由下式表示：

$$D_E^2 = \sum_{i=1}^{n} (x_i - z_i)^2 = (\boldsymbol{X} - \boldsymbol{Z})^T (\boldsymbol{X} - \boldsymbol{Z})$$

式中，$\boldsymbol{Z}$ 为标准模式矢量；$\boldsymbol{X}$ 为待检矢量；上标 T 为矩阵转置。

其几何概念如图 4-4 所示。

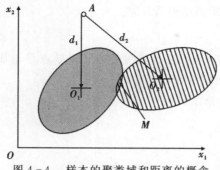

图 4-4 样本的聚类域和距离的概念

欧氏距离简单明了,且不受坐标旋转、平移的影响。为避免坐标尺度对分类结果的影响,可在计算欧氏距离之前先对特征参数进行归一化处理,有

$$x_i = \frac{x_i - x_{\min}}{x_{\max} - x_{\min}}$$

式中,$x_{\max}$ 和 $x_{\min}$ 分别为特征参数的最大值和最小值。

考虑到特征矢量中的诸分量对分类所起到的作用不同,可采用加权方法,构造加权欧氏距离,则有

$$\boldsymbol{D}_W^2 = (\boldsymbol{X} - \boldsymbol{Z})^{\mathrm{T}} \boldsymbol{W} (\boldsymbol{X} - \boldsymbol{Z})$$

式中,$\boldsymbol{W}$ 为权系数矩阵。

(2)马氏距离。马氏距离是加权欧氏距离中用得较多的一种,其形式为

$$\boldsymbol{D}_m^2 = (\boldsymbol{X} - \boldsymbol{Z})^{\mathrm{T}} \boldsymbol{R}^{-1} (\boldsymbol{X} - \boldsymbol{Z})$$

式中,$\boldsymbol{R}$ 为 $\boldsymbol{X}$ 与 $\boldsymbol{Z}$ 的协方差矩阵,即

$$\boldsymbol{R} = \boldsymbol{X} \boldsymbol{Z}^{\mathrm{T}}$$

马氏距离的优点是排除了特征参数之间的相互影响。

(3)欧氏距离判别的应用。现以时间序列模型参数作为特征量而得到残差偏移的距离函数为例。

设自回归 AR 模型的矩阵形式:

$$\boldsymbol{X} \boldsymbol{\Phi} = \boldsymbol{A}$$

式中,$\boldsymbol{X}$ 为时序样本矩阵;$\boldsymbol{\Phi}$ 为自回归系数矢量;$\boldsymbol{A}$ 为残差矢量。

可得残差平方和为

$$\boldsymbol{S} = \boldsymbol{A}^{\mathrm{T}} \boldsymbol{A} = \boldsymbol{\Phi}^{\mathrm{T}} \boldsymbol{X}^{\mathrm{T}} \boldsymbol{X} \boldsymbol{\Phi} = \boldsymbol{\Phi}^{\mathrm{T}} \boldsymbol{R} \boldsymbol{\Phi}$$

式中,$\boldsymbol{R} = \boldsymbol{X}^{\mathrm{T}} \boldsymbol{X}$ 为样本序列的自协方差函数。

设待检模型残差 $\boldsymbol{A}_T = \boldsymbol{X}_T \boldsymbol{\Phi}_T$,并将待检序列代入参考模型 $\boldsymbol{X}_R \boldsymbol{\Phi}_R = \boldsymbol{A}_R$ 中,得到残差 $\boldsymbol{A}_{RT} = \boldsymbol{X}_T \boldsymbol{\Phi}_T$,定义 $\boldsymbol{A}_{RT} - \boldsymbol{A}_T$ 为残差偏移距离,它的物理意义是表示待检模型和参考模型之间的接近程度,于是有

$$\boldsymbol{A}_{RT} - \boldsymbol{A}_T = \boldsymbol{X}_T \boldsymbol{\Phi}_R - \boldsymbol{X}_T \boldsymbol{\Phi}_T = \boldsymbol{X}_T (\boldsymbol{\Phi}_R - \boldsymbol{\Phi}_T)$$

定义残差偏移距离:

$$\boldsymbol{D}_A^2 = (\boldsymbol{A}_{RT} - \boldsymbol{A}_T)^{\mathrm{T}} (\boldsymbol{A}_{RT} - \boldsymbol{A}_T) = (\boldsymbol{\Phi}_R - \boldsymbol{\Phi}_T)^{\mathrm{T}} \boldsymbol{X}_T^T \boldsymbol{X}_T (\boldsymbol{\Phi}_R - \boldsymbol{\Phi}_T) =$$
$$(\boldsymbol{\Phi}_R - \boldsymbol{\Phi}_T)^{\mathrm{T}} \boldsymbol{R}_T (\boldsymbol{\Phi}_R - \boldsymbol{\Phi}_T)$$

式中,$\boldsymbol{R}_T$ 为待检序列的白协方差函数,$\boldsymbol{R}_T = \boldsymbol{X}_T^T \boldsymbol{X}_T$。从距离函数的意义来讲,残差偏移距离实

质上是以自协方差矩阵为权矩阵的欧氏距离。

2. 相似性指标

相似性指标是在进行聚类分析时衡量两个特征矢量点是否属于同一类的统计量。待检状态应归入相似性指标最大（相似性距离最小）的状态类别。

（1）角度相似性指标（余弦度量）：

$$S_c = \frac{\sum\limits_{i=1}^{n} x_i z_i}{\sqrt{\sum\limits_{i=1}^{n} x_i^2 \sum\limits_{i=1}^{n} z_i^2}}$$

或

$$S_c = \frac{\boldsymbol{X}^{\mathrm{T}} \boldsymbol{Z}}{\parallel \boldsymbol{X} \parallel \cdot \parallel \boldsymbol{Z} \parallel}$$

式中，$\parallel \boldsymbol{X} \parallel$ 和 $\parallel \boldsymbol{Z} \parallel$ 分别为特征矢量 $\boldsymbol{X}$ 和 $\boldsymbol{Z}$ 的模。

S_c 是特征矢量 $\boldsymbol{X}$ 和 $\boldsymbol{Z}$ 之间夹角的余弦，夹角为零则取值为 1，即角度相似达到最大。

（2）相关系数：

$$S_{XZ} = \frac{\sum\limits_{i=1}^{n} (x_i - \bar{\boldsymbol{X}})(\boldsymbol{Z}_i - \bar{\boldsymbol{Z}})}{\sqrt{\sum\limits_{i=1}^{n} (x_i - \bar{\boldsymbol{X}})^2 \sum\limits_{i=1}^{n} (\boldsymbol{Z}_i - \bar{\boldsymbol{Z}})^2}}$$

式中，$\bar{\boldsymbol{X}}$ 和 $\bar{\boldsymbol{Z}}$ 分别为特征矢量 $\boldsymbol{X}$ 和 $\boldsymbol{Z}$ 的均值。相关系数越大，表示相似性越强。

三、信息距离判别法

1. 库尔-莱贝尔信息数

设 $\boldsymbol{X} = (x_1, x_2, \cdots, x_N)$ 为随机矢量，其概率密度函数为 $p(x)$，它属于概率密度族函数 $g(x/\varphi)$ 中的一个，此处 $\varphi = (\varphi_1, \varphi_2, \cdots, \varphi_n)^{\mathrm{T}}$ 是参数矢量，当 $\varphi = \varphi^0$ 时，有

$$p(x) = (x/\varphi^0)$$

库尔-莱贝尔信息数（Kullback-Leiber，简称 K-L 信息数）用于描述 $p(x)$ 与 $g(x/\varphi)$ 的接近程度，这种接近程度是 $p(x)$ 及 $g(x/\varphi)$ 的函数，可表示为

$$I[p(x), g(x/\varphi)] = E\log p(x) - E\log g(x/\varphi) = \int p(x)\log p(x)\mathrm{d}x -$$

$$\int p(x)\log g(x/\varphi)\mathrm{d}x = \int p(x)\log \frac{p(x)}{g(x/\varphi)}\mathrm{d}x \tag{4.1}$$

因为

$$-E\log \frac{g(x/\varphi)}{p(x)} \geqslant -\log E\frac{g(x/\varphi)}{p(x)} = -\log \int \frac{g(x/\varphi)}{p(x)} p(x)\mathrm{d}x = -\log 1 = 0$$

由此可见，当 $\varphi = \varphi_0$ 时，K-L 信息量达到最小值，即

$$I[p(x), g(x/\varphi)]_{\varphi = \varphi} = 0$$

K-L 信息量最小化的实质是寻求接近 $P(x)$ 的参数概率密度函数，使得 $I[p(x), g(x/\varphi)]$ 达到最小。

若 $p(x)$ 是参考模式的概率密度函数，$g(x)$ 是待检模式的概率密度函数，按 K-L 信息数可以比较两类状态的相似程度。

由式(4.1)可得互熵为

$$I[p(\cdot),g(\cdot)] = \int p(x)\log\frac{p(x)}{g(x)}dx \tag{4.2}$$

$$I[g(\cdot),p(\cdot)] = \int g(x)\log\frac{g(x)}{p(x)}dx \tag{4.3}$$

今以参考序列与待检序列的概率密度函数代入式(4.2)和式(4.3)，如两序列都是多维正态分布，则得

$$I[p(\cdot),g(\cdot)] = \log\frac{\sigma_T}{\sigma_R} + \frac{1}{2\sigma_T^2}[\sigma_R^2 + (\varphi_R - \varphi_T)^{\mathrm{T}}R_T(\varphi_R - \varphi_T)] - \frac{1}{2} \tag{4.4}$$

$$I[g(\cdot),p(\cdot)] = \log\frac{\sigma_R}{\sigma_T} + \frac{1}{2\sigma_R^2}[\sigma_T^2 + (\varphi_R - \varphi_T)^{\mathrm{T}}R_R(\varphi_R - \varphi_T)] - \frac{1}{2} \tag{4.5}$$

显然，当待检状态与参考状态相同，即 $\varphi_R = \varphi_T, \sigma_R = \sigma_T$ 时，则

$$I[p(\cdot),g(\cdot)] = I[g(\cdot),p(\cdot)] = 0$$

2. J 散度

由式(4.4)及式(4.5)可知，$I[p(\cdot),g(\cdot)]$ 与 $I[g(\cdot),p(\cdot)]$ 并无对称性，在同一情况下，取值各不相同，今定义散度 J 为

$$J = I[p(\cdot),g(\cdot)] + I[(g(\cdot),p(\cdot)] = \frac{1}{2\sigma_T^2}[\sigma_R^2 + (\varphi_R - \varphi_T)^{\mathrm{T}}R_T(\varphi_R - \varphi_T)] +$$
$$\frac{1}{2\sigma_R^2}[\sigma_T^2 + (\varphi_R - \varphi_T)^{\mathrm{T}}R_R(\varphi_R - \varphi_T)] - 1$$

当设备工况相同时 $\varphi_R = \varphi_T, \sigma_R = \sigma_T$，有 $J = 0$。两类模式的状态越接近，J 越小。

四、近邻决策算法

距离及相似度量分类是利用每一类的"特征点"设计分类器，设计方法简单直观。其分类精度建立在每一类的"特征点"基础上，当"特征点"不能很好地代表该类特征时，则使所设计的分类器的错误率增大。本节将讨论利用各类中全部样本作为"特征点"进行分类的情况。

1. 最近邻规则

若设样本集 $\{x_i, i = 1, 2, \cdots, n\}$ 中每一个样本所属的类别均为已知，对于状态模式点分别为 $\omega_k, k = 1, 2, \cdots, m$ 的 m 类分类问题，样本集中每类样本的个数为 N_k 个，其中 $k = 1, 2, \cdots, m$，则可以规定 ω_i 类的判别函数为

$$g_i(x) = \min_l \| x - x_i^l \|, l = 1, 2, \cdots, N$$

若最近邻规则的判别函数表示为

$$g_j(x) = \min_i g_i(x), i = 1, 2, \cdots, m$$

则

$$x \in \omega_j$$

最近邻规则可以直观解释为对于未知 x，只要将 x 与已知样本集中各个样本之间的距离进行比较，距离 x 最近样本的类别为 x 的决策类别。在使用最近邻规则的过程中，对样本的训

练是定义一个分割面将样本空间划分为 N 个区域(见图 $4-5$),每个区域 D_i 满足

$$D_i = \{x : d(x, x_i) < d(x, x_j), i \neq j\}$$

式中,x_i,x_j 为训练集中所有靠近 x 的样本。

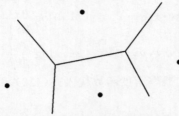

图 $4-5$ 二维空间最近邻规则

在样本数量足够大的情况下,最近邻规则具有良好的性能。

最近邻规则使用结果与采用的样本集的特点有直接关系。如果使用不同的样本集对某个观测值 x 进行分类,那么对于同一个观测值,x 将存在不同的最近邻样本,判定规则依赖于最近邻样本所属的类别,当样本个数非常大时,观测值 x 与最近邻样本的距离足够近,决策准确性最高。

2.k- 近邻规则

将上述最近邻规则加以推广就是"k- 近邻规则",与最近邻规则类似,k- 近邻规则就是取未知样本 x 的 k 个近邻,将 x 归于近邻中具有多数的一类。

设样本集 $\{x_i, i = 1, 2, \cdots, n\}$ 中每一个样本 x_i 所属的类别均为已知,对应的状态模式分别为 $\omega_k, k = 1, 2, \cdots, m$,不考虑样本的属性,在已知样本集中找出 x 的 k 个近邻,若 $k_1, k_2, \cdots, k_m$ 分别为 k 个近邻中属于 $\omega_1, \omega_2, \cdots, \omega_m$ 类的个数,则 k- 近邻规则的判别函数定义为

$$g_i(x) = k_i, i = 1, 2, \cdots, m$$

若

$$g_j(x) = \max_i g_i(x)$$

则

$$x \in \omega_j$$

在实际使用过程中,为了避免出现 $k_1 = k_2$ 的情况,k 值一般选奇数。以二类问题为例(见图 $4-6$),取 $k = 5$,在样本 x 的 5 近邻中形状为"●"的样本个数为 3,形状为"×"的样本个数为 2,则测试样本 x 被归为形状"●"所属的类别。

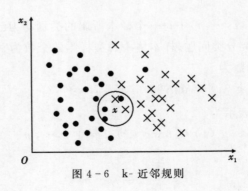

图 $4-6$ k- 近邻规则

3.近邻决策算法的改进

近邻决策算法简单直观,但是在实际使用过程中还会出现以下问题:

(1)每次决策都必须将观测值 x 与全部样本 $\{x_1,x_2,\cdots,x_n\}$ 之间的距离进行计算比较,算法的计算量很大。

(2)理论上要求样本集中的样本个数 $n\to\infty$,在实际中无法满足。

为了解决近邻决策算法存在的问题,许多改进算法先后被提出。为了减少近邻算法的计算量,提出了快速搜索近邻法;在训练过程中有选择地剔除那些对问题来说"无用"的训练样本,降低了搜索的计算复杂度,提出了最近邻剪辑算法;以两类问题为例,在使用近邻算法时,靠近两类中心的样本对于分类决策没有任何作用,在剪辑基础上,再去掉一部分这样的样本,提出了压缩近邻算法。

在故障诊断中,当故障样本的数量足够多时,可以使用近邻决策算法进行诊断。但是,实际故障的发生常常是随机的,近邻决策算法的精度受到先验样本较少、样本不完备等因素的影响。

五、在故障诊断中应用距离函数时应注意的问题

上述各判别方法的共同思路是在机器运行状态下,用某种能表达工况的特征矢量作为训练样本,求得在各种状态下模式点的聚类中心,将对应于这些聚类中心的特征矢量作为标准模式(或称为参考模式),分别计算待检样本到该聚类中心的距离,按最近邻准则确定其状态属性,对于两类问题,这种方法十分有效;但对多类问题,由于决策函数复杂,实时性差,在工程中应用存在困难。另外,即使对两类问题,在应用时往往也有各种不同的困难,例如标准模式样本不一定很容易获得,特别是异常工况样本的聚类性很差,所求得的聚类中心不一定能代表该类状态的属性,因为它并不都服从正态分布。

第三节　逻辑判别法

在大多数情况下,设备运行参数与状态之间并没有一一对应的因果关系,如果征兆与状态之间有一定的逻辑上的联系,这时就可以通过征兆以推理方式判断机器的运行状态 —— 这就是逻辑判别法的思想。

一、逻辑判别法的分类

逻辑判别法分为:物理逻辑判别和数理逻辑判别两种。物理逻辑判别:根据征兆与状态之间的物理关系进行推理诊断。如润滑油污染分析,通过光谱、铁谱、磁塞或磁棒方式,分析设备润滑油中所含的金属微粒的情况,即可判断有关运动部分的摩擦情况,因为这些微粒是由摩擦产生的磨损而得来的。

数理逻辑判别:根据征兆与状态之间的数理逻辑关系(即布尔函数),在获得征兆后,按照逻辑代数运算规则,判别工况状态。数理逻辑判别的优点有:布尔函数,就是只有"真"和"假"两个值的函数。例如:只能对机器的运行状态判别"有"与"无"故障,或者工况状态"正常"和

"异常"两种状态;原理是特征参数大于或小于某给定阈值则为"有"该特征,否则为"无"。这种判别方法虽然简单明了,但应当注意的是机器运行过程中,没有对应关系的情况毕竟是主流,故对较为复杂的运行状态,不能完全依靠逻辑推理。

二、逻辑诊断原理

设 $K_1,K_2,\cdots,K_n$,表示机械设备的征兆,若 $K_i=1$,则称有第 i 种征兆;若 $K_i=0$,则称无第 i 种征兆;设 $\Omega_1,\Omega_2,\cdots\Omega_m$ 表示机械设备的状态,若 $\Omega_j=1$,则称有第 j 种状态,若 $\Omega_j=0$,则称无第 j 种状态。

定义征兆布尔函数 $G(K_1,K_2,\cdots,K_n)$,状态布尔函数 $F(\Omega_1,\Omega_2,\cdots\Omega_m)$,以及描述诊断规则的决策布尔函数 $E(K_1,K_2,\cdots,K_n,\Omega_1,\Omega_2,\cdots\Omega_m)$。

三、逻辑诊断的基本问题

根据机械设备的征兆函数 G 和决策函数 E 来求出状态函数 F,用逻辑语言表示,有 $E=(G\rightarrow F)$。求出状态函数后,即可以判别出当前机械设备运行状态。其含义是如果机械设备具备某种征兆,则处于相应的状态。

四、逻辑判别法的应用 —— 故障树分析

1. 一般概念

故障树分析法是把所研究系统最不希望发生的故障状态作为故障分析的目标,然后寻找直接导致这一故障发生的全部因素,再找出造成下一事件发生的全部直接因素,一直追查到无须再深究的因素为止。通常,把最不希望发生的事件称为顶事件,无须再深究的事件称为底事件,介于顶事件与底事件之间的一切事件称为中间事件。用相同的符号代表这些事件,再用适当的逻辑门把顶事件、中间事件和底事件联结成树形图,这样的树形图就称为故障树,用以表示系统或设备的特定事件(不希望发生的事件)与它的各个子系统或各个部件故障事件之间的逻辑结构关系。

故障树分析法将系统故障形成的原因,由总体至部分按树状逐级细化,因为方法简单,概念清晰,容易被人们所接受,所以它是对动态系统的设计、工厂试验或对现场设备工况状态分析的一种较有效的工具。

2. 故障树分析的顺序

应用故障树分析时应遵循以下步骤。

(1) 给系统以明确的定义,选定可能发生的不希望事件作为顶事件。

(2) 对系统的故障进行定义,分析其形成原因(如设计、运行、人为因素等)。

(3) 作出故障树逻辑图。

(4) 对故障树结构作定性分析,分析各事件结构的重要度,应用布尔代数对故障树简化,寻找故障树的最小割集,以判明薄弱环节。

(5) 对故障树结构作定量分析。如掌握各元件、各部件的故障率数据,就可以根据故障树

逻辑,对系统的故障作定量分析。

3.故障树分析法应用的符号

故障树分析法中应用的符号可分为两类,即代表故障事件的符号和联系事件之间的逻辑门符号。故障树分析法的常用符号见表4-1。

表4-1　故障树分析法的常用符号

分类	符号	说明
逻辑门	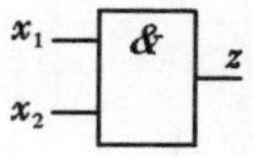	与门 $Z = (x_1 \wedge x_2) = x_1 \cdot x_2$ 输入事件 x_1,x_2 同时存在时,输出事件 Z 才发生
	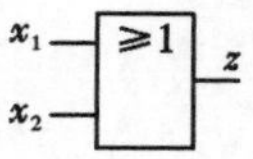	或门 $Z = (x_1 \vee x_2) = x_1 + x_2$ 至少有一个输入事件 x_1 或 x_2 存在,才有输出事件 Z 发生
	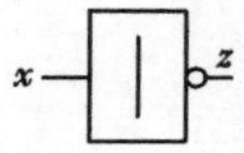	禁门 $Z = \overline{x}_1 \wedge x_2 = \overline{x}_1 \cdot x_2$ 当禁止条件出现时,即使有输入事件,也无输入事件出现
事件门	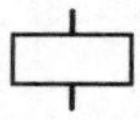	中间事件 指还可划分成底事件的事件
	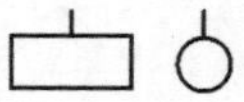	底事件 指由系统内部件、元件失效或人为失误引起的事件
	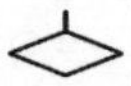	不完整事件 指由于缺乏资料而不能进一步分析的事件
		条件事件 当条件满足时,这一事件才成立,否则除去

图4-7为一化学反应流程及控制系统示意图。系统由冷却装置2、供料装置4和卸压装置5组成。为了使反应装置的冷却水温度、压力维持一定关系,可依靠温度计1与压力计3的输出信号,由计算机控制系统的调节器与控制信号调节冷却水量,并靠调节阀使化学反应维持在正常状态。因此,若反应装置中的温度超标,温度计1显示工况不正常,警报器发出报警信号,操作员即关闭的供料装置4手动阀,停止供料,防止系统出现危险。这样,如果选择系统出现危险的状态作为顶事件 f 不希望发生事件),就可得到如图4-8所示的故障树。

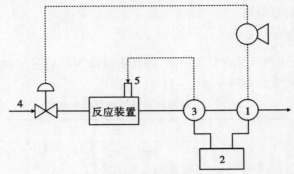

图 4-7 化学反应流程及控制

1— 温度计;2— 冷却装置;3— 压力计;4— 供料装置;5— 卸压装置

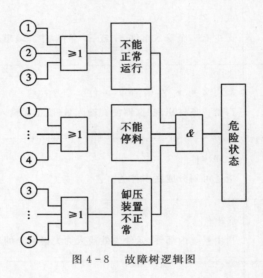

图 4-8 故障树逻辑图

4. 结构函数

故障树是由构成它的全部底事件的"并"和"交"的逻辑关系联结而成的,为了便于对故障树作定性分析和定量计算,必须给出故障树的数学表达形式,也就是结构函数。

系统失效可称为故障树的顶事件,记作 T,系统各部件的失效称为底事件。如对系统和部件均只考虑失效和成功两种状态,则底事件可定义为

$$x_i = \begin{cases} 1, \text{当第 } i \text{ 个底事件发生时} \\ 0, \text{当第 } i \text{ 个底事件不发生时} \end{cases}$$

如用 Φ 来表示系统顶事件的状态,则 Φ 必然是底事件状态 $x_i(i = 1, 2, \cdots, n)$ 的函数

$$\Phi = \Phi(x_1, x_2, \cdots, x_n)$$

同时

$$\Phi = \begin{cases} 1, \text{当事件发生时} \\ 0, \text{当事件不发生时} \end{cases}$$

Φ 就是故障树的结构函数。

例如，图 4-9(a) 为与门故障树的结构函数：

$$\Phi(x) = \prod_{i=1}^{n} x_i$$

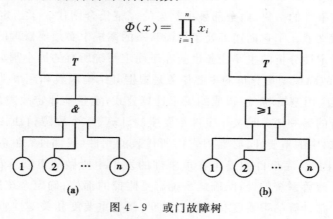

图 4-9　或门故障树

（a）与门故障树；（b）或门故障树

图 4-9(b) 为或门故障树的结构函数：

$$\Phi(x) = \sum_{i=1}^{n} x_i$$

在结构函数中，所有底事件的"并""交"运算服从布尔代数运算规则。

对故障树中含有 2 个以上同一事件的情况，可以通过布尔代数进行简化。有关布尔代数，详见计算机原理教材，此处从略。

对如图 4-10 所示的一类故障树，可应用布尔代数进行简化，则有

$$T = x_1 x_2 x_3 = x_1(x_1 + x_4)x_3 = (x_1 + x_1 x_4)x_3 = x_1 x_3$$

简化后的故障树如图 4-10 所示。

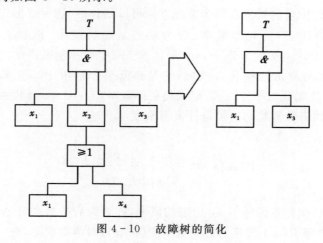

图 4-10　故障树的简化

5. 故障树分析

（1）定性分析。对故障树进行定性分析的主要目的是弄清系统出现某种故障（顶事件）有多少种可能性。

如果某几个底事件的集合失效，将引起系统故障的发生，则这个集合就称为割集。这就是说，一个割集代表了子系统发生故障的一种可能性，即一种失效模式；与此相反，一个路集，则

代表了一种成功可能性,即系统不发生故障的底事件的集合。一个最小割集则是指包含最少数量,而又最必需的底事件的割集,而全部最小割集的完整集合则代表了给定系统的全部故障。因此,最小割集的意义就在于它描述了处于故障状态的系统中必须要修理的故障,它指出了系统中最薄弱的环节。定性分析的主要任务也就在于确定系统所有的最小割集。

（2）定量分析。故障树定量分析的主要任务是根据其结构函数和底事件（即系统基本故障事件）的发生概率,应用逻辑与、逻辑或的概率计算公式,定量地评定故障树顶事件出现的概率。故障树定量分析的另一任务是关于事件重要度的计算。一个故障树往往包含多个底事件,各个底事件在故障树中的重要性,必然因它们所代表的元件（或部件）在系统中的位置（或作用）的不同而不同。因此,底事件的发生在顶事件的发生中所做的贡献称作为底事件的重要度。底事件重要度在改善系统的设计、确定系统需要监控的部位、确定系统故障诊断方案有着重要的作用。工程中常计算的重要度有结构重要度、概率重要度和关键性重要度三种。所谓结构重要度是在不考虑其发生概率值情况下,观察故障树的结构,以决定该事件的位置重要度;概率重要度是指底事件发生概率变化引起顶事件发生概率的变化程度;关键性重要度是指顶事件发生概率与某底事件概率变化率之比。

第四节　　贝叶斯分析判别法

一、一般概念

贝叶斯（Bayes）分析判别法基于概率统计分析,以概率密度函数为基础来描述工况状态的变化。在机械工程中,大量的问题是随机的,即事件的发生是不可重复的,但它按照某种统计规律而发生变化,事件出现的概率在很多情况下是可以估计的。这种根据先验知识对工况状态出现的概率做出的估计,称为先验概率。因为状态是随机变量,故状态空间可写成 $\Omega_j = \{\omega_1, \omega_2, \cdots, \omega_n\}$,其中 $\omega_i (i = 1, 2, \cdots, m)$ 是状态空间中的一个模式点。在工况监视过程中,主要是判别工况正常与异常两种状态,它们的先验概率分别用 $P(\omega_1)$ 和 $P(\omega_2)$ 表示,并有 $P(\omega_1) + P(\omega_2) = 1$。除先验概率外,还需定义类条件概率,若:$p(x/\omega_1)$ 代表正常状态的类条件概率密度,$p(x/\omega_2)$ 代表异常状态的类条件概率密度,
则根据 Bayes 公式,有

$$P(\omega_i/x) = \frac{p(x/\omega_i)P(\omega_i)}{\sum_j^2 p(x/\omega_j)P(\omega_j)} \tag{4.6}$$

式中,$P(\omega_i/x)$ 表示已知样本条件下,ω_i 出现的概率,称之为后验概率,Bayes 公式是通过观测值 x 把状态的先验概率 $P(\omega_i)$ 转换为后验概率 $P(\omega_i/x)$,对两类状态,有

$$P(\omega_1/x) = \frac{p(x/\omega_1)P(\omega_1)}{\sum_j^2 p(x/\omega_j)P(\omega_j)}$$

$$P(\omega_2/x) = \frac{p(x/\omega_2)P(\omega_2)}{\sum_j^2 p(x/\omega_j)P(\omega_j)}$$

二、最小错误率的贝叶斯决策规则

在模式分类问题中，人们往往希望尽量减少分类的错误，从这样的要求出发，利用概率论中的贝叶斯公式，就能得出使错误率为最小的分类规则，即基于最小错误率的贝叶斯决策。

决策规则：

$$如果\ p(\omega_i/x) = \max_j[p(\omega_j/x)], 则\ x \in \omega_i$$

以二分类问题为例，ω_1 表示正常，ω_2 表示异常，则已知条件有先验概率 $P(\omega_1)$、$P(\omega_2)$ 以及正常状态条件下征兆 x 出现的概率密度 $p(x/\omega_1)$，异常状态条件下征兆 x 出现的概率密度 $p(x/\omega_2)$，待求的是征兆 x 出现后，机械设备运行正常或异常的概率（可能性）。根据贝叶斯公式计算后验概率 $P(\omega_1/x)$ 和 $P(\omega_2/x)$，然后依据最小错误率的贝叶斯决策规则可知，如果 $P(\omega_1/x) > P(\omega_2/x)$，则，把 x 归类于正常状态 ω_1，如果 $P(\omega_1/x) < P(\omega_2/x)$，则把 x 归类于正常状态 ω_2。

Bayes 判别方法是基于最小错误率。错误率是分类性能好坏的一种度量，它是指平均错误率，用 $P(e)$ 表示，其定义为

$$P(e) = \int_{-\infty}^{+\infty} P(e,x)\mathrm{d}x = \int_{-\infty}^{+\infty} P(e/x)p(x)\mathrm{d}x$$

式中，$\int_{-\infty}^{+\infty} (\cdot)\mathrm{d}x$ 表示在整个 n 维特征空间积分。对两类问题，由式（4.7）的决策规则可知：当 $P(\omega_1/x) < P(\omega_2/x)$ 时，应决策为 ω_2。在做出此决策时，x 的条件错误概率为 $P(\omega_1/x)$；反之，则应为 $P(\omega_2/x)$。可表示为

$$P(e/x) = \begin{cases} P(\omega_1/x), 当\ P(\omega_1/x) < P(\omega_2/x) \\ P(\omega_2/x), 当\ P(\omega_1/x) > P(\omega_2/x) \end{cases} \tag{4.7}$$

如图 4-11 所示，令 M 为 Ω_1、Ω_2 两类状态的分界面，特征矢量 x 是一维时，M 将 x 轴分为两个决策域：Ω_1 为 $(-\infty, M)$，Ω_2 为 $(M, +\infty)$。则平均错误率为

$$\varepsilon = P(e) = \int_{-\infty}^{M} P(\omega_2/x)p(x)\mathrm{d}x + \int_{M}^{\infty} P(\omega_1/x)p(x)\mathrm{d}x =$$

$$\int_{-\infty}^{M} p(x/\omega_2)P(\omega_2)\mathrm{d}x + \int_{M}^{\infty} p(x/\omega_1)P(\omega_1)\mathrm{d}x \tag{4.8}$$

式（4.8）也可以写成

$$P(e) = P(x \in \Omega_1, \omega_2) + P(x \in \Omega_2, \omega_1) =$$
$$P(x \in \Omega_1/\omega_2)P(\omega_2) + P(x \in \Omega_2/\omega_1)P(\omega_1) =$$
$$P(\omega_2)\int_{\Omega_1} p(x/\omega_2)\mathrm{d}x + P(\omega_1)\int_{\Omega_2} p(x/\omega_1)\mathrm{d}x =$$
$$P(\omega_2)P_2(e) + P(\omega_1)P_1(e)$$

式（4.8）的几何意义见图 4-11 中的斜线阴影部分。贝叶斯决策规则的含义是对每个 x 都使得 $P(e)$ 取最小值，则式（4.7）也就最小，即平均错误率 $P(e)$ 最小。

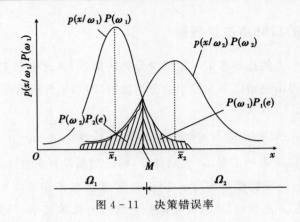

图 4-11　决策错误率

三、最小平均损失（风险）的贝叶斯决策

最小错误率的贝叶斯决策认为所有的错误判断带来的后果是相同的，在故障诊断中，误判的概率是客观存在的，但是误判性质不同，后果严重性亦不同。例如把正常工况错判为异常，将合格品判成废品，会带来经济损失；但如果把异常工况错判为正常，将废品判成合格品，则将影响后续工序甚至产品质量，更为严重的是把某些废品当作正品装入机器中，成为使用厂生产系统突发性故障的隐患。因此后者的严重性要比前者大，从这一出发点考虑，提出了最小平均损失的 Bayes 决策。

1. 决策方法与最小平均损失的关系

设 X 是 n 维随机矢量，$\boldsymbol{X} = (x_1 \ x_2 \cdots x_n)^{\mathrm{T}}$；$\Omega$ 是 M 维状态空间，$\boldsymbol{\Omega} = (\omega_1 \ \omega_2 \cdots \omega_M)$；$\alpha$ 是 p 维决策空间，$\boldsymbol{\alpha} = (\alpha_1 \ \alpha_2 \cdots \alpha_p)$；$L(\omega_i, \alpha_j)$ 是损失函数，表示实际工况状态为 ω_i，而采用的决策 α_j 所带来的损失，它与工况状态有关，可以简记为

$$L_{ij} = L(\omega_i, \alpha_j)$$

每一个决策方法叶对应有 M 个状态，故有 M 个 L_{ij}，见表 4-2。

表 4-2　决策表

α	工况状态					
	ω_1	ω_2	$\cdots$	ω_i	$\cdots$	ω_M
α_1	$L(\omega_1, \alpha_1)$	$L(\omega_2, \alpha_1)$	$\cdots$	$L(\omega_i, \alpha_1)$	$\cdots$	$L(\omega_M, \alpha_1)$
α_2	$L(\omega_1, \alpha_2)$	$L(\omega_2, \alpha_2)$	$\cdots$	$L(\omega_i, \alpha_2)$	$\cdots$	$L(\omega_M, \alpha_2)$
$\vdots$	$\vdots$	$\vdots$	$\vdots$	$\vdots$	$\vdots$	$\vdots$
α_j	$L(\omega_1, \alpha_j)$	$L(\omega_2, \alpha_j)$	$\cdots$	$L(\omega_i, \alpha_j)$	$\cdots$	$L(\omega_M, \alpha_j)$
$\vdots$	$\vdots$	$\vdots$	$\vdots$	$\vdots$	$\vdots$	$\vdots$
α_p	$L(\omega_1, \alpha_p)$	$L(\omega_2, \alpha_p)$	$\cdots$	$L(\omega_i, \alpha_p)$	$\cdots$	$L(\omega_M, \alpha_p)$

2. 损失函数

设决策方法为 α_j，任一个损失函数 L_{ij}，对给定的 x 其相应的概率为 $P(\omega_i/x)$，则采用决策 α_j 时的条件期望损失

$$\gamma_j = \gamma(\alpha_j/x) = E[L(\omega_i,\alpha_j)] = \sum_{i=1}^{M} L_{ij} P(\omega_i/x) \quad (j=1,2,\cdots,p \quad i=1,2,\cdots,M)$$

$$(4.9)$$

对于不同观测值 x，采用 α_j 时，其条件风险不同，故决策 α 是随机向量 x 的函数，记为 $\alpha(x)$，它也是一个随机变量，故期望风险定义为

$$\Gamma = \int \gamma[\alpha(x)/x] p(x)\mathrm{d}x$$

期望风险 Γ 是表示对整个特征空间上所有 x 采用相应的决策 $\alpha(x)$ 所带来的平均风险，而条件期望风险 γ 仅表示某一个 x 取值所采用的决策 α_j 所带来的风险，要求所有 $\alpha(x)$ 都使 Γ 最小。

3. 贝叶斯决策步骤

设某一决策 α_k，若能使

$$\gamma(\alpha_k/x) = \min_j \gamma(\alpha_j/x), \quad j=1,2,\cdots,p$$

则

$$\alpha = \alpha_k$$

具体步骤：

(1) 已知 $P(\omega_i)$，$p(x/\omega_i)$ 及待识别样本 x，按式(4.6)计算后验概率，则有

$$P(\omega_i/x) = \frac{p(x/\omega_i)P(\omega_i)}{\sum_{j=1}^{M} p(x/\omega_j)P(\omega_j)}$$

(2) 利用后验概率及表 4-2 按式(4.9)计算 γ_i，则有

$$\gamma_j = \sum_{i=1}^{M} L_{ij} P(\omega_i/x), \quad j=1,2,\cdots,p$$

(3) 从 $\gamma_1,\gamma_2,\cdots,\gamma_p$ 中选择其最小者便是条件风险最小的 α_k。

四、最小最大决策规则

在机械加工过程中，如尺寸偏差的概率密度函数可以认为服从正态分布；在正常工况下，机械设备的运行状态特征分布也大都服从正态分布。但 $P(\omega_i)$ 不是不变的，若按固定的 $P(\omega_i)$ 决策，往往得不到最小错误率或最小风险，故有必要讨论在 $P(\omega_i)$ 变化时，如何最大可能地使得风险最小，即在最差情况下，争取得到最好的结果。

现考虑两类问题，设损失函数为

L_{11} —— 当 $x \in \omega_1$ 时，决策 $x \in \omega_1$ 的损失；

L_{12} —— 当 $x \in \omega_1$ 时，决策 $x \in \omega_1$ 的损失；

L_{21} —— 当 $x \in \omega_2$ 时，决策 $x \in \omega_2$ 的损失；

L_{22} —— 当 $x \in \omega_2$ 时，决策 $x \in \omega_2$ 的损失。

一般而言，做出错误决策所带来的损失总比作出正确决策带来的损失大，故有 $L_{12} > L_{11}$，$L_{21} > L_{22}$。若决策域 Ω_1、Ω_2 已定，可得

$$\Gamma = \int_{\Omega_1} \left[L_{11} p(x/\omega_1) P(\omega_1) + L_{21} p(x/\omega_2) P(\omega_2) \right] \mathrm{d}x +$$

$$\int_{\Omega_1} \left[L_{12} p(x/\omega_1) P(\omega_1) + L_{22} p(x/\omega_2) P(\omega_2) \right] \mathrm{d}x \qquad (4.10)$$

可见 Γ 是一个非线性函数,它与决策域 Ω_1、Ω_2 有关,如果决策域 Ω_1、Ω_2 被确定,风险 Γ 就是先验概率的线性函数。因为 $P(\omega_1) + P(\omega_2) = 1$,并且

$$\int_{\Omega_1} p(x/\omega_1) \mathrm{d}x = 1 - \int_{\Omega_2} p(x/\omega_2) \mathrm{d}x$$

代入式(4.10),便可得 Γ_a 和 $P(\omega_i)$[例如 $P(\omega_1)$]的关系式为

$$\Gamma_a = \left[L_{22} + (L_{21} - L_{22}) \int_{\Omega_1} p(x/\omega_2) \mathrm{d}x \right] + P(\omega_1)(L_{11} - L_{22}) +$$

$$P(\omega_1)(L_{12} - L_{11}) \int_{\Omega_2} p(x/\omega_1) \mathrm{d}x -$$

$$P(\omega_1)(L_{21} - L_{22}) \int_{\Omega_1} p(x/\omega_1) \mathrm{d}x =$$

$$A + BP(\omega_1) \qquad (4.11)$$

此处 A 为式中[·]部分,B 为[·]部分,故 Γ_a 与 $P(\omega_1)$ 的关系是线性的。

现用图 4-12 说明上述概念:

(1)在已知类概率密度函数 $p(x/\omega_i)$、损失函数 L_{ij} 及某个确定的先验概率 $P(\omega_i)$[例如 $P(\omega_1)$]时,可按最小风险决策确定两类状态的决策面(见图 4-11),把特征空间分为 Ω_1、Ω_2,使风险最小,并在 $0 \sim 1$ 区间对 $P(\omega_1)$ 取值,使得贝叶斯最小风险 Γ_a 和 $P(\omega_1)$ 的关系,如图 4-12(a)中的曲线。

(2)曲线上的 a 点纵坐标 γ_a^* 是对应先验概率 $P_a^*(\omega)$ 的风险,过 a 点的直线 EF,便是式(4.11)的直线,直线上各点的纵坐标对应于不同 $P(\omega_i)$ 的风险 γ,它不是最小风险,变化范围为 $A \sim (A+B)$。如果 $B = 0$,则 $E'F'$ 平行于 $P(\omega_1)$ 轴[见图 4-12(b)],它的含义是不论 $P(\omega_i)$ 如何变化,最大风险都等于 A。

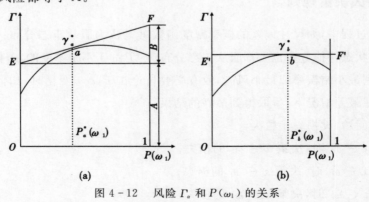

图 4-12　风险 Γ_a 和 $P(\omega_1)$ 的关系

因此,在 $P(\omega_1)$ 可能改变或对先验概率不能确知的情况下,应选择最小风险为最大值时的 $P_a^*(\omega_1)$ 设计分类器,在图 4-12(b)中就是 $P_b^*(\omega)$,其风险 γ_b^* 相对其他 $P(\omega_1)$ 最大,但不论 $P(\omega_1)$ 如何变化,其最大风险为最小,总等于 A,故称为最小最大决策。

第五节　神经网络判别法

20世纪80年代以来,神经网络的研究在经过了曲折的发展后取得了突破性进展,成为现代神经科学、信息科学、计算机科学的前沿研究领域。人工神经网络采用并行分布式计算方法,很适合于处理并行信息。它突破了传统的以串行处理为基础的数字计算机的局限,其优缺点如下:① 并行结构与并行处理方式。神经网络具有类似于人脑的功能,它不仅在结构上是并行的,而且处理问题方式也是并行的,克服了传统的智能诊断系统出现的无穷递归、组合爆炸及匹配冲突等问题。它特别适用于快速处理大量的并行信息。② 具有高度的自适应性。系统在知识表示和组织、诊断求解策略与实施等方面可根据生存环境自适应自组织达到自我完善。③ 具有很强的自学习能力。它克服了传统的确定性理论、Bayes理论、证据理论及模糊诊断理论在其应用上的局限性。系统可根据环境提供的大量信息,自动进行联想、记忆及聚类等方面的自组织学习,也可在导师的指导下学习特定的任务,从而达到自我完善。④ 具有很强的容错性,即当外界输入到神经网络中的信息存在某些局部错误时不会影响到整个系统的输出性能。⑤ 人工神经网络也有许多局限性,主要是学习过程是一个很艰苦的过程,网络学习没有一个确定的模式,一般根据经验来选择。在脱机训练过程中,它的训练时间很长,为了得到理想的效果,要经过多次实验,才能确定一个理想的网络拓扑结构。

人工神经网络是在现代神经生理学和心里学的研究基础上,模仿人的大脑神经元结构特性而建立的一种非线性动力学网络系统,它由大量简单的非线性处理单元(类似于人脑的神经元)高度并联、互联而成,具有对人脑某些基本特性的简单的数学模拟能力。

目前,已经提出的神经网络模型大约有数十种,其中较为著名的有BP网络、RBF网络、Hopfield网络、自适应共振ART网络、Kohonen自组织网络等。神经网络已经在信号处理、模式识别、目标跟踪、机器人控制、专家系统、系统辨识等众多领域显示出其极大的应用价值。作为一种新的模式识别技术或一种知识处理方法,人工神经网络在故障诊断中显示了极大的应用潜力。

神经网络在故障诊断领域的应用主要集中在三方面:① 从模式识别角度应用神经网络作为分类器进行故障诊断;② 从预测角度应用神经网络作为动态预测模型进行状态预测;③ 从知识角度建立基于神经网络的诊断专家系统。

一、人工神经网络基础

人工神经元模型是对生物神经元的抽象与模拟,它是神经网络的基本处理单元,其模型结构如图4-13所示,是一个多输入单输出的非线性阈值元件。

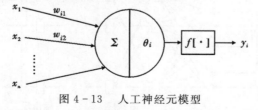

图4-13　人工神经元模型

假定$X_1,X_2,\cdots,X_n$表示某神经元的输入,即是来自前n个神经元轴突的信息;θ是i神经元的阈值；W_{ji} 表示第 j 个神经元与第 i 个神经元的突触连接强度，其值称为权值；y_i 是第 i 个神经元的输出；其中 $f[\cdot]$ 是激活函数，它决定第 i 个神经元受到输入 $X_1,X_2,\cdots,X_n$ 的共同刺激达到阈值时以何种方式输出。则人工神经元的输出可以描述为

$$y_i = f\left(\sum_{j=1}^{n} w_{ji}x_j + \theta_i\right)$$

激活函数用来限制神经元输出振幅。由于它将输出信号压制到允许范围内的一个定值，通常一个神经元输出的正常幅度范围可写成单位闭区间 $[0,1]$ 或 $[-1,1]$。常用的激活函数可归结为两种形式，即阈值型和 S 型，如图 4-14 所示。

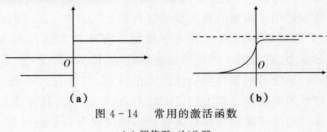

（a）   **（b）**

图 4-14　常用的激活函数

（a）阈值型；（b）S 型

其中 S 型，也称为 Sigmoid 激活函数，既具有完成分类所需的非线性特性又具有可微特性，且具有较好的增益控制。此外，S 型也比较接近于人脑神经元的输入-输出特性，因此，它也较其他函数具有更好的仿生效果。

神经网络是由大量的神经元相互连接而成的网络。根据连接方式的不同，神经网络主要可分成前向网络和反馈网络两大类。前向网络由输入层、中间层（隐层）和输出层组成，中间层可有若干层，每层的神经元只接受前一层神经元的输出。网络的输入模式经过各层的顺次处理后得到输出层输出，如图 4-15 所示。反馈网络中任意两个神经元都可能有连接，因此，输入信号要在神经元之间反复传递，从某一初始状态开始，经过若干次变化，逐渐趋于某稳定状态或进入周期振荡，如图 4-16 所示。

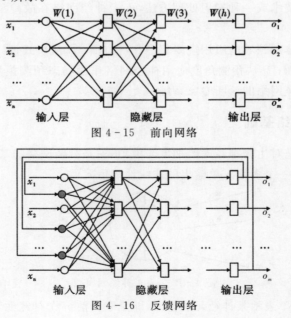

图 4-15　前向网络

图 4-16　反馈网络

人工神经网络最有价值的特性就是它的自适应功能,这种自适应功能是通过所谓的学习或训练实现的。任何一个神经网络模型要实现某种功能的操作,必须先对它进行训练,即使得它学会所要完成的任务,并把这些学得的知识记忆(存储)在网络的权值中。

二、BP 算法及其在机械故障诊断中的应用

误差反向传播网络算法(Back-Propagation,BP),它首先由教师对每一种输入模式设定一个期望输出值,接着对网络输入实际的学习记忆模式,并由输入层经中间层向输出层传播(称为"模式顺传播"),实际输出与期望输出的差即是误差;然后按照误差平方最小这一规则,由输出层往中间层逐层修正联结权值,此过程称为"误差逆传播";随着"模式顺传播"和"误差逆传播"过程的交替反复进行,网络的实际输出逐渐向各自所对应的期望输出逼近,网络对输入模式的响应的正确率也不断上升。下面以滚动轴承为例来阐述 BP 算法的应用过程。

1.输入向量设计

对于滚动轴承的故障诊断,采取经典的"频域"分析方法。对实验采集的数据进行 3 级小波包分解,并进行归一化处理,共得到了 16 组样本,对应于正常状态和 3 种故障状态,每种状态 4 组样本,见表 4-3。将每种状态的前 3 组样本用于神经网络的训练。最后 1 组样本用于神经网络的测试。

表 4-3　样本数据

数据序列	特征样本				轴承状态
1	0.712 6	0.612 5	0.050 7	0.337 8	无故障
	0.000 1	0.001 8	0.004 5	0.016 4	
2	0.722 0	0.584 4	0.051 9	0.366 4	无故
	0.000 1	0.001 8	0.004 8	0.018 2	
3	0.681 0	0.647 4	0.053 8	0.337 5	无故障
	0.000 1	0.001 7	0.004 7	0.016 6	
4	0.087 8	0.238 7	0.561 5	0.153 5	内圈故障
	0.001 0	0.006 6	0.755 3	0.161 0	
5	0.081 6	0.210 5	0.618 4	0.142 2	内圈故障
	0.000 9	0.006 5	0.727 2	0.132 5	
6	0.084 2	0.225 8	0.627 3	0.154 8	内圈故障
	0.001 7	0.007 1	0.710 2	0.141 2	
7	0.003 6	0.008 4	0.885 3	0.015 9	外圈故障
	0.000 5	0.000 4	0.464 6	0.002 3	
8	0.003 6	0.008 5	0.884 8	0.013 9	外圈故障
	0.000 2	0.000 4	0.465 7	0.002 1	
9	0.003 6	0.007 9	0.886 4	0.016 0	外圈故障
	0.000 4	0.000 2	0.462 6	0.002 0	

数据序列	特征样本				轴承状态
10	0.055 0	0.043 8	0.453 6	0.018 5	滚动体故障
	0.000 6	0.002 1	0.888 1	0.018 1	
11	0.045 5	0.044 6	0.457 7	0.017 5	滚动体故障
	0.000 7	0.001 9	0.886 5	0.017 2	
12	0.044 8	0.042 3	0.446 0	0.017 9	滚动体故障
	0.000 8	0.002 1	0.892 6	0.015 0	

2.目标向量设计

在上述基础上确定神经网络的输出模式。滚动轴承故障主要分为 4 种情况,即正常,内圈故障,外圈故障和滚动体故障。所以设定滚动轴承故障类型的期望输出见表 4 - 4。

表 4 - 4　滚动轴承故障类型及其期望输出

故障类型	正常	内圈故障	外圈故障	滚动体故障
期望输出	(1 , 0 , 0 , 0)	(0 , 1 , 0 , 0)	(0 , 0 , 1 , 0)	(0 , 0 , 0 , 1)

3.BP 网络参数确定

选取网络输入层神经元的个数为 8 个,隐含层的神经元个数近似为 17 个。输出层节点数为 4 个,对应于轴承的 4 种故障类型。网络训练次数为 1 000,误差为 0.001。

4.网络测试

神经网络训练完成之后,再输入测试样本,得到神经网络的实际输出。抽取 4 组新的数据作为网络测试的输入数据,见表 4 - 5。从实际输出表 4 - 6 中可以看出,测试误差非常小,而且在测试中达到了对轴承故障情况的准确诊断。

表 4 - 5　测试数据

数据序列	特征样本				轴承状态
1	0.740 2	0.591 2	0.045 9	0.316 6	无故障
	0.000 1	0.001 5	0.004 2	0.015 0	
2	0.079 6	0.229 3	0.580 4	0.144 4	内圈故障
	0.000 8	0.006 7	0.749 9	0.144 9	
3	0.006 3	0.011 8	0.903 5	0.019 0	外圈故障
	0.000 4	0.000 6	0.427 9	0.002 5	
4	0.040 1	0.050 2	0.461 1	0.019 3	滚动体故障
	0.000 5	0.002 1	0.884 7	0.016 3	

表 4-6　测试样本的实际输出

样本序列	测试样本的实际输出				诊断结果
1	0.998 6	0.001 6	0.000 0	0.000 3	无故障
2	0.002 5	0.971 4	0.007 7	0.002 3	内圈故障
3	0.001 0	0.001 1	0.980 7	0.002 3	外圈故障
4	0.048 0	0.000 3	0.004 6	0.987 0	滚动体故障

第五章 检测诊断中的特征分析

正如前面有关章节所述,由于设备自身机构和运行过程及环境的复杂性,从设备中能够获取的信号有成千上万种,有的信号对设备当前关注的运行状态相关,有的信号与设备当前状态无关。设备信号通常混有噪声,有的信号甚至噪声的权重都能淹没有用信号成分的度量,致使传感器获得的信号无法直接表征设备的运行状态。本章从信号处理的角度出发,由简单到复杂介绍几种典型的特征提取技术,如时域特征统计法、频域分析法、时频域分析法、经验模态分解法等。

第一节 设备信号的特征分析

信号特征分析的目的是运用各种信号分析和数据处理方法,寻找设备运行状态与特征量之间的关系,把能反映故障的特征信息和与故障无关的特征信息分离开来,达到"去伪存真"的目的。

用上述特征分析方法可以得到很多能够表达系统动态行为的特征量,但既无必要也没有可能利用所有特征量来判别设备的运行状态。在工程实际中,各个特征量对设备运行状态的敏感程度不同,应当选择敏感性强、规律性好的特征量,达到"去粗存精"的目的。此外,特征量的选择还要考虑计算的实时性,一般要求计算简单快捷;如果特征量能在一定程度上反映设备运行的实际物理状态,则更有利于用它进行设备故障的检测和判别。

第二节 时域特征统计法

通过设备信号的时域波形可以得到的一些统计特征参数,它们常用于对设备状态进行快速评价和简易诊断。

一、有量纲型的幅值参数

有量纲型的幅值参数包括方根幅值、平均幅值、均方幅值和峰值等。若随机过程符合平稳、个态历经条件且均值为零,设 x 为幅值,$p(x)$ 为幅值概率密度函数,则有量纲型幅值参数可定义为

$$x_d = \left[\int_{-\infty}^{\infty} |x|^l p(x) \mathrm{d}x \right]^{1/l} = \begin{cases} x_r, & l = 1/2 \\ \overline{x}, & l = 1 \\ x_{\mathrm{rms}}, & l = 2 \\ x_p, & l \to \infty \end{cases}$$

式中,x_r 为方根幅值;$\overline{x}$ 为均值;x_{rms} 为均方值;x_p 为峰值。当 $t \in (0,T)$ 时,上述参数的另一种时域定义方法为

$$x_d = \begin{cases} x_r = \left[\dfrac{1}{T} \displaystyle\int_0^T \sqrt{|x(t)|} \, \mathrm{d}t \right]^2 \\[3mm] \overline{x} = \dfrac{1}{T} \displaystyle\int_0^T |x(t)| \, \mathrm{d}t \\[3mm] x_{rms} = \left[\dfrac{1}{T} \displaystyle\int_0^T |x(t)|^2 \, \mathrm{d}t \right]^{1/2} \\[3mm] x_p = E[\max|x(t)|] \end{cases}$$

上述 4 种幅值参数如图 5-1 所示。由于有量纲型幅值参数来描述机械状态,不但与机器的状态有关,而且与机器的运动参数(如转速、载荷等)有关,因此直接用它们评价不同工况的机械无法得出统一的结论。

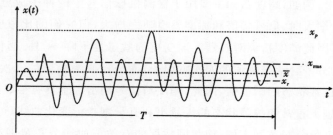

图 5-1　有量纲型幅值参数

二、无量纲型参数

无量纲型的参数具有对机械工况变化不敏感的特点,这就意味着,理论上它们与机器的运动条件无关,它们只依赖于概率密度函数 $p(x)$ 的形状,所以无量纲型参数是一种较好的评价参数。一般它可定义为

$$\xi_x = \frac{\left[\displaystyle\int_{-\infty}^{\infty} |x|^l p(x) \, \mathrm{d}x \right]^{1/l}}{\left[\displaystyle\int_{-\infty}^{\infty} |x|^m p(x) \, \mathrm{d}x \right]^{1/m}} \tag{5.1}$$

由式(5.1)的一般定义,可以得到以下指标:

(1) 波形指标 $l = 2, m = 1$,则

$$K = \frac{x_{rms}}{\overline{x}}$$

(2) 峰值指标 $l \to \infty, m = 2$,则

$$c = \frac{x_p}{x_{rms}}$$

(3) 脉冲指标 $l \to \infty, m = 1$,则

$$I = \frac{x_p}{\overline{x}}$$

（4）裕度指标 $l \rightarrow \infty, m = 1/2$，则

$$L = \frac{x_p}{x_r}$$

还可以利用高价统计量，如 4 阶矩 $\alpha_4 = \int_{-\infty}^{\infty} x^4(t) p(x) dx$ 进行定义。

（5）峭度指标：

$$K = \frac{\alpha_4}{\sigma_x^4}$$

式中，σ_x 为信号标准差，$\sigma_x = \left\{ \int [x(t) - \overline{x}]^2 p(x) dx \right\}^{1/2}$。

上述基于有量纲型幅值参数构造的无量纲指标虽然都不是通过严格的函数关系或方程推出的，但它们力图从不同方面反映机器状态变化的物理本质，并且满足对机器的状态敏感和运行参数不敏感的要求。例如，峭度指标主要用于检测机械信号中的冲击成分。当机器运行工况变化，如转速和载荷增大时，信号幅值和标准差也随之增大，但它们的比值变化相比幅值和标准差变化要小得多，因此峭度指标对机器工况变化的敏感性下降。另外，当信号出现冲击脉冲时，峭度表达式中的分子含信号幅值的四次方因子，而分母则为幅值的二次方因子，此时峭度值就会增加而偏离正常状态的峭度值，因此，峭度对信号冲击敏感具有很好的诊断能力。

图 5-2 为滚动轴承正常和故障状态的无量纲和有量纲指标变化曲线，可以看出，正常和外圈故障两种状态峭度值分布范围不同，而相同数据的有效值曲线分布范围存在交叠。可见，峭度指标相比有效值，对机器运行参数的敏感性减小。因此，峭度指标可以达到分类效果。然而，由信号的幅值参数比值得到的无量纲指标在实际使用时，敏感性和稳定性常常不能兼顾，导致对一些故障、特别是对早期故障的诊断结果不理想。对这些无量纲指标的敏感性和稳定性的评价见表 5-1，评价等级分为优、良、中、差 4 级。因此，开发或构造性能良好的无量纲指标对机械信号处理具有重要意义。

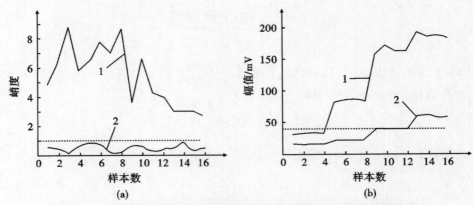

图 5-2　滚动轴承正常和故障状态的无量纲和有量纲指标变化曲线

1— 正常；2— 外圈故障

（a）峭度指标（无量纲）；（b）有效值指标（有量纲）

表 5-1　　无量纲指标的敏感性和稳定性的评价

指　标	敏感性	稳定性
波形指标	差	优
峰值指标	中	中
脉冲指标	良	中
裕度指标	优	中
峭度指标	优	差

三、高阶统计量指标

假定时间序列是零均值的(一个非零均值的时间序列可通过减去均值估计变成零均值序列)。对一个零均值的平稳实随机过程 $\{x(n)\}$ 而言,3 阶和 4 阶累积量定义为

$$c_{3x}(\tau_1,\tau_2) \equiv E[x(n)x(n+\tau_1)x(n+\tau_2)]$$

$$c_{4x}(\tau_1,\tau_2,\tau_3) \equiv E[x(n)x(n+\tau_1)x(n+\tau_2)x(n+\tau_3)] -$$
$$R_x(\tau_1)R_x(\tau_2-\tau_3) - R_x(\tau_2)R_x(\tau_3-\tau_1) -$$
$$R_x(\tau_3)R_x(\tau_1-\tau_2)$$

式中, $E[\cdot]$ 为数学期望; $R_x(\tau)$ 是 $\{x(n)\}$ 的二阶矩即自相关函数, $R_x(\tau) = E[x(n)x(n+\tau)]$ 。这些累积量属于高阶统计量,如果一个测量信号中含加性高斯噪声,利用高阶累积量作为分析工具,理论上可以完全抑制高斯噪声的影响,提取出有用的信号。这一点常常是应用高阶统计量的重要动机之一,尤其是用在机械信号处理中,提取的信号常常含有加性随机噪声的情况。

图 5-3 为滚动轴承信号的三阶累积量处理结果,其中滞后量 τ_1,τ_2 变化范围为 $[-1,1]\text{ms}$ 。由此可见,正常信号和故障信号的图形差别很大,因此,可以将此作为指标,对不同故障类型进行分类。

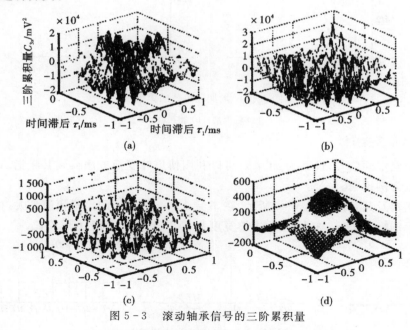

图 5-3　滚动轴承信号的三阶累积量

(a) 外圈故障;(b) 内圈故障;(c) 滚动体故障;(d) 正常

第三节　频域分析法

在光学领域,在发明了三棱镜,能够将日光折射成七种不同频率的光谱后,光学研究得到了飞速的发展。而在信号处理中,傅里叶变换把一个随机信号解析成不同频率的正弦波,使信号的频域分析成为可能。由于计算机技术的发展,在微机上直接使用离散傅里叶变换技术变得非常方便,这使得频域分析成为常用的处理方法。本节将介绍设备信号的频域分析方法,包括自谱、互谱、倒谱等方法及其应用。

一、确定性信号的频谱

1. 周期信号频谱

对于周期信号,可以利用傅里叶级数展开得到离散频谱,下面以周期三角波为例说明,如图 5-4 所示。

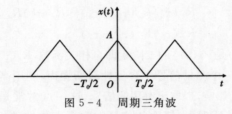

图 5-4　周期三角波

周期三角波的频谱如图 5-5 所示。其幅值谱只包含常值分量、基波和奇次谐波的频率分量,谐波幅值以的规律收敛,如图 5-5(a) 所示。在相频谱中,基波和各次谐波的初始相位均为零,如图 5-5(b) 所示。

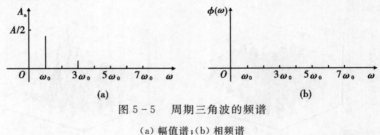

图 5-5　周期三角波的频谱

(a) 幅值谱;(b) 相频谱

2. 非周期信号频谱

对一般的确定性信号,设其为 $x(t)$,可以利用傅里叶变换方法得到其频谱 $X(f)$,下述以矩形窗函数为例说明。

矩形窗函数及其频谱如图 5-6 所示,在 $f=0 \sim \pm 1/T$ 间的谱峰幅值最大,称为主瓣。两侧其他各谱峰的峰值较低,称为旁瓣。主瓣宽度为 $2/T$,与时窗宽度 T 成反比。

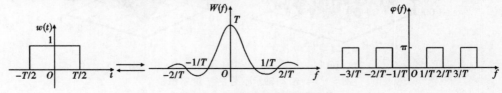

图 5-6　矩形窗函数及其频谱

3. 典型信号频谱

（1）矩形窗函数及其频谱。前面已经讨论了矩形窗函数及其频谱，由此可见，一个在时域有限区间内有值的信号，其频谱却延伸至无限频率。因此，若在时域中截取信号的一段，相当于原信号和矩形窗函数相乘，所得到的频谱将是原信号的频谱与 sinc 函数的卷积，所以，它将是连续的、频率无限延伸的频谱。时域窗宽越大，即截取信号的时长越长，主瓣宽度越小。

（2）δ 函数及其频谱。在 ε 时间内激发一个矩形脉冲 $S(t)$（或三角形脉冲、双边指数脉冲等），其面积为 1，如图 5-7 所示。当 $\varepsilon \rightarrow 0$ 时，$S(t)$ 的极限就称为 δ 函数，记为 $\delta(t)$。δ 函数也称为单位脉冲函数。

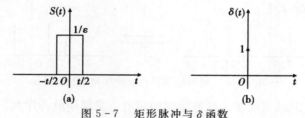

图 5-7　矩形脉冲与 δ 函数

（a）矩形脉冲；（b）δ 函数

δ 函数具有无限宽广的频谱，而且在所有的频段上都是等强度的，如图 5-8 所示。这种频谱常称为"均匀谱"。

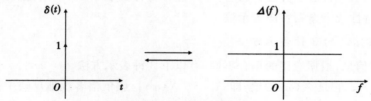

图 5-8　δ 函数及其频谱

δ 函数的采样性质，它表明任何函数 $x(t)$ 和 $\delta(t-t_0)$ 的乘积是一个强度为 $x(t_0)$ 的 δ 函数 $\delta(t-t_0)$，而该乘积在无限区间的积分则是 $x(t)$ 在 $t=t_0$ 时刻的函数值 $x(t_0)$。这个性质对连续信号的离散采样是十分重要的。

δ 函数的卷积性质，函数 $x(t)$ 和 δ 函数的卷积结果就是在发生 δ 函数的坐标位置上简单地将 $x(t)$ 重新构图，其示例图如图 5-9 所示。

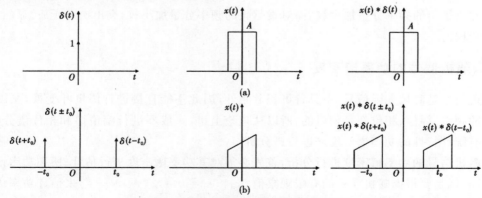

图 5-9　δ 函数与其他函数的卷积示例图

（a）$x(t) * \delta(t)$；（b）$x(t) * \delta(t \pm t_0)$

（3）周期单位脉冲序列的频谱。等间隔的周期单位脉冲序列常称为梳状函数，用 $\mathrm{comb}(t,T_s)$ 表示，即

$$\mathrm{comb}(t,T_s) = \sum_{n=-\infty}^{\infty} \delta(t - nT_s)$$

式中，T_s 为周期；n 为整数，$n = \pm 1, \pm 2, \cdots$。$\mathrm{comb}(t,T_s)$ 的频谱 $\mathrm{comb}(f,f_s)$，它也是梳状函数：

$$\mathrm{comb}(f,f_s) = \frac{1}{T_s}\sum_{k=-\infty}^{\infty}\delta(f - kf_s) = \frac{1}{T_s}\sum_{k=-\infty}^{\infty}\delta\left(f - \frac{k}{T_s}\right)$$

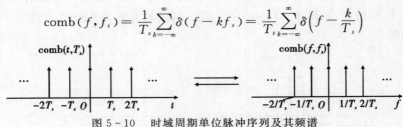

图 5-10　时域周期单位脉冲序列及其频谱

由图 5-10 可见，时域周期单位脉冲序列的频谱也是周期脉冲序列。

4. 频谱的表示方法

由傅里叶变换式可知，频谱是个复数，它包含实频、虚频或幅频、相频等信息。工程中为使用方便，常采用以下几种表示方法：实频特性及虚频特性的表示法、幅频特性及相频特性的表示法、幅相频率特性或奈奎斯特图表示法。

5. 频谱幅值信息的 3 种表示方法

频谱的幅值信息，根据应用的场合不同，有以下 3 种表示方法。

（1）幅值谱 A_m。它是 $X(\omega)$ 的模，即 $A_m = |X(\omega)|$。幅值谱客观地反映了信号 $X(\omega)$ 中各频率分量的实际贡献，并同等地看待它们对信号的重要性，因而是一种等权（权重均为 1）谱。

（2）均方谱 S。它是用 $X(\omega)$ 的幅值二次方来表示的，即 $S_m = A_m^2 = |X(\omega)|^2$。它对贡献大的频率分量加大权，对贡献小的频率分量加小权，突出主要矛盾。显然，这是一种变权谱（权重为每个频率分量的幅值本身）。

（3）对数谱 L_m。它是 $X(\omega)$ 的对数谱，定义为

$$L_m = \ln A_m = \ln|X(\omega)|$$

它对贡献小的频率分量加大权，而对贡献大的频率分量加小权，突出次要矛盾。显然，这也是一种变权谱。

二、随机信号的功率谱密度

随机信号是时域无限信号，不具备可积分条件，因此不能直接进行傅里叶变换，又因为随机信号的频率、幅值、相位都是随机的，所以从理论上讲，一般不进行幅值谱和相位谱分析，而是用具有统计特性的功率谱密度来进行谱分析。

对随机信号的功率谱密度进行分析，首先必须对其功率谱密度进行估计。所谓功率谱密度估计问题，就是要根据随机序列的有限观察值 $\{x_n\}$（$n = 0,1,2,\cdots,N-1$）来估计功率谱密度函数，简称功率谱，记为 G_k。

常用的功率谱估计方法有两种：一种是对原始数据直接进行快速傅里叶变换得到的，称为

周期图法,另一种是通过对相关函数作傅里叶变换得到的,称为互相关法。

1. **功率谱方法的应用**

(1) 频率响应函数估计。设 $Y(f)$ 是 $y(t)$ 的傅里叶变换、$X(f)$ 是 $x(t)$ 的傅里叶变换,在随机信号处理中,系统的频响函数常用互谱密度函数与自谱密度函数之比来计算。

(2) 求相干函数。平稳机械信号 $x(t)$ 的自相关函数 $R_x(\tau)$ 经过傅里叶变换可以得到该信号的自功率谱密度函数(自谱)$S_x(f)$,即 $S_x(f) = \int_{-\infty}^{\infty} R_x(\tau) e^{-j2\pi f\tau} d\tau$,同样地,对 $x(t)$ 的互相关函数 $R_{xy}(\tau)$ 进行傅里叶变换,可以得到该信号的互功率谱密度函数(互谱)$S_{xy}(f)$,即 $S_{xy}(f) = \int_{-\infty}^{\infty} R(\tau) e^{-j2\pi f\tau} d\tau$。由实际机械信号得到的互谱和自谱之间的关系可以用一个相关性系数来表示,即

$$\gamma_{xy}^2(f) = \frac{|S_{xy}(f)|^2}{S_x(f) \cdot S_y(f)}, \quad 0 \leqslant \gamma_{xy}^2(f) \leqslant 1 \tag{5.2}$$

注意,在求 $\gamma_{xy}(f)$ 时需要对信号进行零均值化处理。因为式(5.2)定义的相关性系数取决于频率,不同于时域里定义的相关系数,它是在频域内描述信号 $x(t)$ 和 $y(t)$ 的相关性,所以通常称为相干函数或凝聚函数。$\gamma_{xy}^2(f) = 0$ 在物理意义上反映了信号 $y(t)$ 在多大程度上来源于信号 $x(t)$。当 $\gamma_{xy}^2(f) = 1$ 时,说明信号 $y(t)$ 完全来源于信号 $x(t)$,称为全相干。

2. **倒频谱分析方法**

倒频谱分析也称为二次频谱分析,是检测复杂谱图中周期分量的有效工具。在语言分析中语音音调的测定、机械振动中故障监测和诊断以及排除回波(反射波)等方面均得到广泛地应用。

(1) 倒频谱的概念。已知时域信号 $x(t)$ 经过傅里叶变换变为频域函数 $X(f)$ 或功率谱密度函数 $G_x(f)$。当频谱图上呈现出复杂的周期结构时,如果再进行一次对数的功率谱密度函数傅里叶变换并取二次方,则可得到倒频谱函数 $C_p(q)$(power ceptrum),其数学表达式为

$$C_a(q) = |F\{\lg G_x(f)\}|^2$$

$$C_a(q) = \sqrt{C_p(q)} = |F\{\lg G_x(f)\}|$$

倒频谱也可表述为"对数功率谱的功率谱"。工程上常用的是取开二次方根的形式,即 $C_a(q)$,称为幅值倒频谱,有时简称倒频谱。自变量 q 称为倒频率,它具有与自相关函数 $R_x(\tau)$ 中的自变量 τ 相同的时间量纲,即单位为 s 或 ms(因为倒频谱是傅里叶正变换,积分变量是频率 f 而不是时间 τ,故倒频谱 $C_a(q)$ 的自变量 q 具有时间的量纲);q 值大者称为高倒频率,表示谱图上的快速波动;q 值小者称为低倒频率,表示谱图上的缓慢波动。

倒频谱是频域函数的傅里叶变换,对谱函数取对数的目的,是使用变换以后的信号能量格外集中,同时还可解析卷积(褶积)成分,易于对原信号的识别。

(2) 倒频谱与解卷积。工程上实测的波动、噪声信号往往不是振源信号本身,而是振源或音源信号 $x(t)$ 经过传递系统 $h(t)$ 到达测点的输出信号 $y(t)$。

对于线性系统 $x(t)$、$h(t)$、$y(t)$,三者的关系可用卷积公式表示,即

$$y(t) = x(t)h(t) = \int_0^{+\infty} x(\tau)h(t-\tau) dt$$

在时域上信号经过卷积后一般给出的是一个比较复杂的波形,难以区分源信号(振动信号或噪声信号)与系统的响应。为此,需要作傅里叶变换,在频域上进行频谱分析后,可得

$$Y(f) = X(f)H(f) \text{ 或 } G_x(f) = G_x(f)G_h(f)$$

然而,有时即使在频域上得出谱图,也难以区分源信号与系统响应。故需对上式两边取对数,有

$$\lg G_x(f) = \lg G_x(f) + \lg G_h(f) \tag{5.3}$$

式(5.3)的示意图如图 5-11(a) 所示。图 5-11 中 $\lg G_x(f)$ 是源信号,具有明显的周期特征,经系统响应的修正 $\lg G_h(f)$(图 5-11 中的中线),合成为输出信号 $\lg G_y(f)$。若对式(5.3)再进一步作傅里叶变换,可得幅值倒频谱为式(5.3)在倒频域上表示,其由两部分组成:一部分是高倒频率 q_2,在倒频谱图上形成波峰;另一部分是低倒频率 q_1,如图 5-11(b) 所示。前者表示源信号特征,而后者表示系统响应,各自在倒频谱图上占有不同的倒频率范围。可见,倒频谱提供清晰的分析结果。

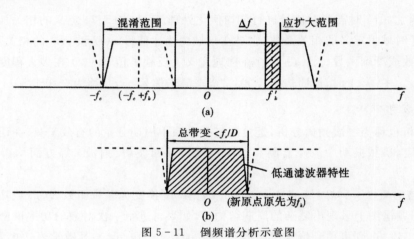

图 5-11   倒频谱分析示意图

(a) 源信号;(b) 倒频谱

(3) 倒频谱的应用。对于高速大型旋转机械,其旋转状况较复杂,尤其当设备出现不对中、轴承或齿轮的缺陷、油膜涡动、摩擦、陷流及质量不对称等异常现象时,振动会变得更为复杂。此时用一般频谱分析方法已经难以辨识缺陷的频率分量,而用倒频谱,则可增强识别能力。

例如,一对工作中的齿轮,在实测得到的振动或噪声信号中,包含着一定数量的周期分量。如果齿轮产生缺陷,则其振动或噪声信号还将产生大量的谐波分量及边带频率成分。

设在该旋转机械中有两个频率 ω_1 与 ω_2,在这两个频率的激励下,机械振动的响应呈现出周期性脉冲的拍,也就是呈现其振幅以差频($\omega_2 - \omega_1$,设 $\omega_2 > \omega_1$)进行幅度调制的信号,从而形成拍的波形,这种调幅信号是自然产生的。譬如调幅波起源于齿轮啮合频率(齿数×轴转速)ω_0的正弦载波,其幅值由于齿轮的偏心影响成为随时间变化而变化的某一函数 $S_m(t)$,于是输出为

$$x(t) = S_m(t)\sin(\omega_0 t + \varphi)$$

假设齿轮轴转动频率为 ω_m,则上式可写成

$$x(t) = A(1 + m\cos\omega_m t)\sin(\omega_0 t + \varphi)$$

式中，m 为常数。其图形如图 5-12（a）所示，看起来像一周期函数，但实际上它并非是一个周期函数，除非 ω_0 与 ω_m 成整倍数关系，在实际应用中，这种情况并不多见。进一步化简上式得

$$x(t) = A\sin\left[(\omega_0 t + \varphi)\right] + \frac{mA}{2}\sin\left[(\omega_0 + \omega_m)t + \varphi\right] + \frac{mA}{2}\sin\left[(\omega_0 - \omega_m)t + \varphi\right]$$

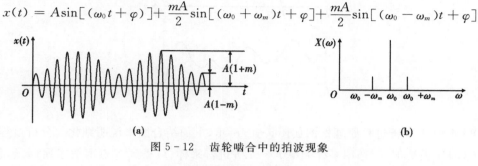

图 5-12　齿轮啮合中的拍波现象

（a）波形图；（b）频谱图

不难看出，它是 ω_0、$(\omega_0 + \omega_m)$ 与 $(\omega_0 - \omega_m)$ 三个不同的正弦波之和，如图 5-12（b）所示。这里差频 $(\omega_0 - \omega_m)$ 与和频 $(\omega_0 + \omega_m)$ 通称为边带频率。

实际上，如果齿轮缺陷严重或多种故障存在，以致在许多机械中经常出现不对中、松动以及非线性刚度等，则边带频率将大量增加。图 5-13(a) 为一个减速器的频谱图，图5-13(b) 所示为它的倒频谱图。从倒频谱图上可清楚地看出，有两个主要频率分量 117.6 Hz(8.5 ms) 及 48.8 Hz(20.5 ms)。

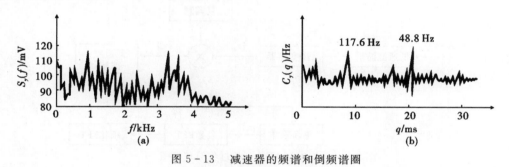

图 5-13　减速器的频谱和倒频谱圈

（a）频谱图；（b）倒频谱图

3. 细化谱分析方法

细化谱分析法是增加频谱中某些部分分辨能力的方法，即"局部放大"的方法。因为标准的 FFT 分析结果的频率分布是在零赫兹到 f_c（奈奎斯特截止频率）的范围内，频率分辨率由谱线的条数（一般是原始采样点数的一半）决定。而实际应用中常有这种情况，即对整个频率范围内的某一部分希望有较高的分辨率。而要提高分辨率，或使所得谱的任一部分的分辨率增加 K 倍，可以通过增加整个采样点到 $K \times N$ 点，这样可使整个谱范围内所有点的频率分辨率都增加 K 倍，而代价是运算次数也增加 K 倍。这对于较大的 K 和 N 是不经济甚至是不可能的。所谓细化（ZOOM）分析是只对固定某窄带部分进行放大，像照相机将照片的个别部分放大一样，其动态范围和分辨率都提高了。图 5-14 示意性地表示了这个概念。

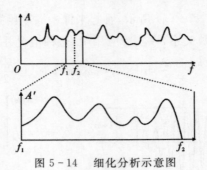

图 5-14　细化分析示意图

ZOOM-FFT 分析过程原理框图如图 5-15 所示,下面结合图来说明细化的分析过程。首先像通常的 FFT 做法那样,选用采样频率 $f_s = 1/h$ 进行采样。可得到 N 点离散序列 $\{x_n\}$。假设我们感兴趣的谱中心频率为 f_k 的一个窄带 Δf,然后用一个复正弦序列(单位旋转矢量)$\exp[-\mathrm{j}2\pi f_k nh]$ 乘以 $\{x_n\}$ 得 $\{y_n\}$ 新的 N 点离散序列。根据频移定理,即将频率原点有效地移至频率 f_k(即复调制)。f_k 成为新的频率坐标原点。正、负采样频率 $\pm f_s$ 也同样移动了一个量 f_k,如图 5-16(a)所示。由于新的负奈奎斯特频率 $(-f_c + f_k)$ 可能高于最低频率分量的频率,有可能在负频率区内引入频率混淆。因此,可进一步用数字滤波器作低通滤波,将围绕 f_k 的一个窄带 Δf 以外的所有频率分量都去掉,这样,低通滤波器就去掉了可能出现的混叠频率成分。

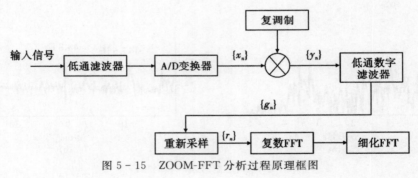

图 5-15　ZOOM-FFT 分析过程原理框图

如图 5-16(b)所示,以放大的比例表示了在低通滤波后得到 $\{g_m\}$ 序列所保留下来的窄频带(图中阴影线区),若滤波后的总带宽小于采样频率的 $1/D$,就有可能把采样频率降低到 $1/D$,而不会在新的奈奎斯特频率附近产生混叠。然后再重新采样,用 $f_{s2} = f_s/D$ 的频率来采样,即降低了采样频率。由采样定理可知,降低采样频率而又保持同样的采样点数 N 时,就相当于总的时间窗增长 D 倍,那么,频率分辨率也提高了 D 倍。所以,对经过重新采样后所获得的新的离散序列 $\{r_m\}$ 进行复数 FFT 计算,即可得到细化后的谱线,这些谱线就代表中心频率为 f_k 的一窄带 Δf 间的细化谱。值得注意的是,虽然 $\{r_m\}$ 是复值序列,然而,进行 FFT 计算时,全部数据都是有用的信息。因为它以新的零频率(调制频率 f_k)为基准,实际上不存在对称性,故负频率处的一半复数结果全都是有用的。所求得的负频率成分,实质上是低于 f_k 的原始频率成分,应把它移到原来的正确位置上。

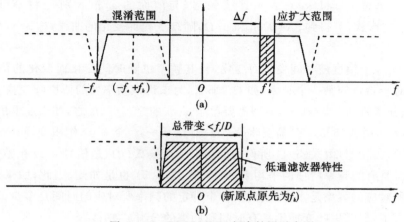

图 5 - 16　ZOOM-FFT 频率扩展示意图

（a）原信号频带；（b）细化后频带

第四节　时频域分析法

设备上的信号是变化着的。此处所说的"变化"，一方面是指信号的幅度随时间变化而变化，另一方面是指信号的频率随时间变化而变化。幅度不变的信号是"直流"信号；而频率不变的信号是单频率信号，或多频率信号所组成的信号，如正弦波、方波、三角波等。不论是"直流"信号还是诸如正弦波之类的信号都只携带最简单的信息。

通过上述章节的学习可以知道，对于一个给定的信号，可以用很多方法来描述它，如函数表达式、随时间变化的波形、通过傅里叶变换所得到的频谱，以及相关函数、能量谱或功率谱等。在这些众多的描述方法中，主要涉及两个最基本的物理量，即时间和频率。基于傅里叶变换的信号频域表示可以揭示信号频率特征，它在信号分析与处理中发挥了极其重要的作用。但傅里叶变换是一种整体变换，即对信号的处理要么完全在时域，要么完全在频域，频谱并不能说明其中的某种频率分量出现在什么时候及其变化情况。

对于一些机械信号，特别是故障信号，其频率成分随时间变化而变化，因此，只了解信号在时域或频域的全局特征是不够的，需要通过时间和频率的联合函数来表示信号，即在时频域内表示信号。本章主要介绍信号时频域分析中的一些基本概念、常用的方法，如短时傅里叶变换、魏格纳－威利（Wigner-Ville）分布、小波分析等以及它们在机械信号处理中的应用。

一、时频分析的基本概念

给定信号 $x(t)$ 的函数表达式，可以得出在任一时刻处该信号的幅值。如果想要了解该信号的频率成分，则可通过傅里叶变换，即

$$X(j\Omega) = \int_{-\infty}^{+\infty} x(t)e^{-j\Omega t}dt \tag{5.4}$$

$$x(t) = \frac{1}{2\pi}\int_{-\infty}^{+\infty} X(j\Omega)e^{j\Omega t}d\Omega \tag{5.5}$$

式中，$\Omega = 2\pi f$，单位为 rad/s，它表示连续频率（与前面的 ω 相区别）。将 $X(j\Omega)$ 表示成 $|X(j\Omega)|e^{j\varphi(\Omega)}$ 的形式，可得到 $|X(j\Omega)|$ 和 $\varphi(\Omega)$ 随 Ω 变化而变化的曲线，称为 $x(t)$ 的幅频特性和相频特性。

如果 $x(t)$ 是一个幅度随时间变化而变化，且其频率也随时间变化而变化的信号，下面来分析式（5.4）。对于给定的某一个频率，如 Ω_0，那么，为求得该频率处的傅里叶变换 $X(j\Omega_0)$，式（5.4）对 t 的积分需要从 $-\infty$ 到 $+\infty$，即需要整个 $x(t)$ 的"信息"。反之，如果要求出某一时刻，如 t_0 处的值 $x(t_0)$，由式（5.5）知，需要将 $X(j\Omega)$ 对 Ω 从 $-\infty$ 至 $+\infty$ 作积分，同样也需要整个 $X(j\Omega)$ 的"信息"。实际上，由式（5.4）所得到的傅里叶变换 $X(j\Omega)$ 是信号 $x(t)$ 在整个积分区间的时间范围内所具有的频率特征的平均表示。同理，式（5.5）也是如此。因此，如果想知道在某一个特定时间所对应的频率是多少，或对某一个特定的频率所对应的时间是多少，那么傅里叶变换就无能为力了，即傅里叶变换不具有时间和频率的"定位"功能。

在傅里叶变换理论发展的过程中，人们逐渐发现了上面所论及的它的一些严重不足，从而研究出一些解决这些问题的方法。如伽柏在 1946 年提出短时傅里叶变换来分析时变信号，1932 年魏格纳（Wigner）在量子力学的研究中提出了 Wigner 分布的概念，到了 1948 年，威利（Ville）将这一概念引入信号处理领域，于是得到了著名的魏格纳-威利（Wigner - Ville）时频分布，简称为 WVD，即

$$W_x(t,\Omega) = \int x\left(t + \frac{\tau}{2}\right)x^*\left(t + \frac{\tau}{2}\right)e^{-j\Omega\tau}d\tau$$

由于在积分中 $x(t)$ 出现了两次，所以又称该式为双线性时频分布，其结果 $W_x(t,\Omega)$ 是变量 (t,Ω) 的二维函数，由于它具有一系列重要性质，因此是应用甚为广泛的一种信号时频分析方法。

1966 年，科恩（Cohen）提出了如下的时频分布形式，即

$$C_x(t,\Omega) = \frac{1}{2\pi}\iiint x\left(u + \frac{\tau}{2}\right)x^*\left(u + \frac{\tau}{2}\right)g(\theta,\tau)e^{-j(\theta t + \Omega\tau - u\theta)}dud\tau d\theta$$

式中，$g(\theta,\tau)$ 是处在 (θ,τ) 平面的权函数。可以证明，若 $g(\theta,\tau) = 1$，则 Cohen 分布即变成 Wigner-Ville 分布，给定不同的权函数，可得到不同的时频分布。在 20 世纪 80 年代前后提出的时频分布有十多种，后来人们把这些分布统统称为 Cohen 类时频分布。在 20 世纪 80 年代后期发展起来的小波变换理论可看作信号时频分析的又一种形式。

二、短时傅里叶变换

1.连续信号的短时傅里叶变换

传统的傅里叶变换，其基函数是复正弦函数，缺少时域定位的功能，不适用于处理时变信号，因此，伽柏在 1946 年提出短时傅里叶变换来分析时变信号，其定义如下。

给定一信号 $x(t) \in L^2(R)$，则 STFT 为

$$\text{STFT}_x(t,\Omega) = \int x(\tau)g_{t,\Omega}^*(\tau)d\tau = \int x(\tau)g^*(\tau - t)e^{-j\Omega\tau}d\tau = \langle x(\tau),g(\tau - t)e^{j\Omega\tau}\rangle$$

（5.6）

式中，$g(\tau)$ 为窗函数，应取对称函数。有

$$g_{t,\Omega}(\tau) = g(\tau - t)\mathrm{e}^{\mathrm{j}\Omega t} \tag{5.7}$$

及 $\|g(\tau)\| = 1$，$\|g_{t,\Omega}(\tau)\| = 1$。

STFT 的含义可解释如下：在时域用窗函数 $g(\tau)$ 去截 $x(\tau)$（注：这里将 $x(\tau)$、$g(\tau)$ 的时间变量换成 τ），对截下来的局部信号作傅里叶变换，得到在 t 时刻的该段信号的傅里叶变换。不断地移动 t，也即不断地移动窗函数 $g(\tau)$ 的中心位置，即可得到不同时刻的傅里叶变换。这些傅里叶变换的集合，即 $\mathrm{STFT}x(t,\Omega)$，如图 5-17 所示。显然，$\mathrm{STFT}x(t,\Omega)$ 是变量 (t,Ω) 的二维函数。

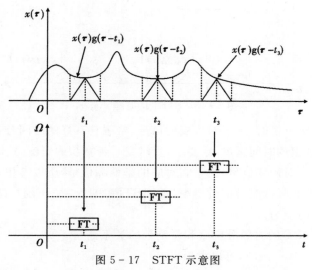

图 5-17　STFT 示意图

由于 $g(\tau)$ 是窗函数，因此它在时域应是有限支撑的，又由于 $\mathrm{e}^{\mathrm{j}\Omega t}$ 倍在频域是线谱，所以 STFT 的基函数 $g(\tau - t)\mathrm{e}^{\mathrm{j}\Omega t}$ 在时域和频域都应是有限支撑的。这样，式(5.6)内积的结果即实现了对 $x(t)$ 进行时频定位的功能。然而，这一变换的时域及频域的分辨率如何呢？

对式(5.7)两边作傅里叶变换，有

$$G_{t,\Omega}(v) = \int g(\tau - t)\mathrm{e}^{\mathrm{j}\Omega t}\,\mathrm{e}^{-\mathrm{j}v\tau}\,\mathrm{d}\tau = \mathrm{e}^{-\mathrm{j}\langle v - \Omega\rangle t}\int g(t')\mathrm{e}^{-\mathrm{j}\langle v - \Omega\rangle t'}\,\mathrm{d}t' = G(v - \Omega)\mathrm{e}^{-\mathrm{j}\langle v - \Omega\rangle t}$$

式中，v 是和 Ω 等效的频率变量。

由于 $\langle x(t), g_{t,\Omega}(\tau)\rangle = \dfrac{1}{2\pi}\langle X(v), G_{t,\Omega}(v)\rangle = \dfrac{1}{2\pi}\int X(v)G^*(v - \Omega)\mathrm{e}^{\mathrm{j}\langle v - \Omega\rangle t}\,\mathrm{d}v$，所以

$$\mathrm{STFT}_x(t,\Omega) = \mathrm{e}^{-\mathrm{j}\Omega t}\frac{1}{2\pi}\int X(v)G^*(v - \Omega)\mathrm{e}^{\mathrm{j}v t}\,\mathrm{d}v。$$

该式表明，对 $x(\tau)$ 在时域加窗 $g(\tau - t)$，导致在频域对 $X(v)$ 加窗 $G(v,\Omega)$。

由图可以看出，基函数 $g_{t,\Omega}(\tau)$ 的时间中心 $\tau_0 = t$（注意，t 是移位变量），其时宽为

$$\Delta_\tau^2 = \int_{-\infty}^\infty (\tau - t)^2 \,|g_{t,\Omega}(\tau)|^2\,\mathrm{d}\tau = \int_{-\infty}^\infty \tau^2 \,|g(\tau)|^2\,\mathrm{d}\tau$$

即 $g_{t,\Omega}(\tau)$ 的时间中心由 t 决定，但时宽和 t 无关。同理，$G_{t,\Omega}(v)$ 的频率中心 $v_0 = \Omega$，其带宽

$$\Delta_v^2 = \frac{1}{2\pi}\int_{-\infty}^\infty (v - \Omega)^2 \,|G_{t,\Omega}(v)|^2\,\mathrm{d}v = \int_{-\infty}^\infty v^2 \,|G(v)|^2\,\mathrm{d}v$$

也和中心频率 Ω 无关。因此，STFT 的基函数 $g_{t,\Omega}(\tau)$ 是这样的一个时频平面上的分辨"细胞"：

其中心在 (t,Ω) 处,其大小为 $\Delta_t \cdot \Delta_v$,不管 (t,Ω) 取何值(即移到何处),该"细胞"的面积始终保持不变。该面积的大小即是 STFT 的时频分辨率,如图 5-18 所示。

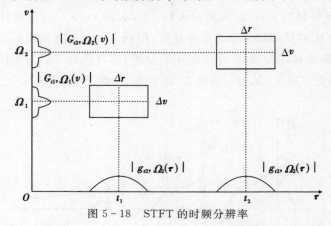

图 5-18 STFT 的时频分辨率

然而对信号作时频分析时,一般对快变的信号,希望它有好的时间分辨率以观察其快变部分(如尖脉冲等),即观察的时间宽度 Δ_t 要小,受时宽 - 带宽积的影响,这时对该信号频域的分辨率必定要下降。反之,对慢变信号,由于它对应的是低频信号,所以希望在低频处有好的频率分辨率,但不可避免地要降低时域的分辨率。由于 STFT 的 Δ_t、Δ_v 不随 t,Ω 变化而变化,因而不具备分辨率自动调节的能力。

现在举例讨论 STFT 的时频分辨率和窗函数的关系。

例 1 令 $x(\tau) = \delta(\tau - \tau_0)$,可以求出

$$\text{STFT}_x(t,\Omega) = \int \delta(\tau - \tau_0) g(\tau - t) e^{-j\Omega\tau} d\tau = g(\tau_0 - t) e^{-j\Omega\tau_0}$$

这说明 STFT 的时间分辨率由窗函数 $g(\tau)$ 的宽度决定。

例 2 若 $x(\tau) = e^{j\Omega_0\tau}$,则

$$\text{STFT}_x(t,\Omega) = \int e^{j\Omega_0\tau} g(\tau - t) e^{-j\Omega\tau} d\tau = G(\Omega - \Omega_0) e^{-j(\Omega - \Omega_0)t}$$

因此,STFT 的频率分辨率由窗函数 $g(\tau)$ 频谱的宽度来决定。

这两个例子给出的是极端的情况,即 $x(t)$ 分别是时域的 δ 函数和频域的 δ 函数。当利用 STFT 时,若希望能得到好的时频分辨率,或好的时频定位,应选取时宽、带宽都比较窄的窗函数 $g(\tau)$,但遗憾的是,由于受不确定原理的限制,无法做到使 Δt、Δv 同时为最小。为说明这一点,再看几个极端的情况。

例 3 若 $g(\tau) = 1$,$\forall \tau$ 则 $G(\Omega) = \delta(\Omega)$,这样,$\text{STFT}_x(t,\Omega) = X(\Omega)$。这时,STFT 化为普通的傅里叶变换,因此将给不出任何的时间定位信息。其实,由于 $g(\tau)$ 为无限宽的矩形窗,故相当于没有对信号作截短。

图 5-19 所示为在 $g(\tau) = 1$,$\forall \tau$ 的情况下所求出的一个由高斯信号对 chirp 信号幅度调制的 STFT。图 5-19(a)所示为时域波形,其中心在 $t = 70$ 处,时宽约为 15;图 5-19(b)为其频谱;图 5-19(c)所示为其 STFT。可见窗函数无限宽时的 STFT 无任何时域定位功能。

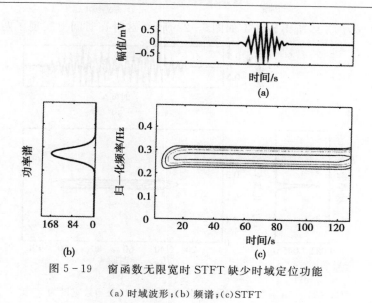

图 5 - 19　窗函数无限宽时 STFT 缺少时域定位功能

(a) 时域波形；(b) 频谱；(c)STFT

例 4　令 $g(\tau) = \delta(\tau)$，则 $\text{STFT}_x(t, \Omega) = x(t)e^{-j\Omega t}$。这时可实现时域的准确定位，即 $\text{STFT}_x(t,\Omega)$ 的时间中心即 $x(t)$ 的时间中心，但无法实现频域的定位功能。如图 5-20 所示，该图的时域信号类似图 5-19，但时域中心移到 $t = 30$ s 处。

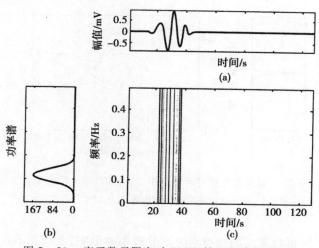

图 5 - 20　窗函数无限窄时 STFT 缺少频域定位能力

(a) 时域波形；(b) 频谱；(c)STFT

例 5　设 $x(t)$ 由两个类似于例 3 的信号叠加而成，这两个信号一个时间中心在 $t_1 = 50$ s 处，时宽 $\Delta_{t1} = 32$ s，另一个时间中心在 $t_2 = 90$ s 处，时宽也是 32 s，调制信号的归一化频率都是 0.25 Hz，如图 7 - 21(a) 所示。在时频分布中，类似于例 3 的信号称为一个"时频原子(atom)"，该例包含了两个时频原子信号。选择 $g(\tau)$ 为海宁窗，取窗的宽度为 55 s，其 STFT 如图 5-21 (c) 所示，这时频率定位是准确的，而在实践上分不出这两个"原子"信号的时间中心。

将窗函数的宽度减为 13 s,所得 STFT 如图 5-22 所示,这时在时间上实现了两个中心的定位。

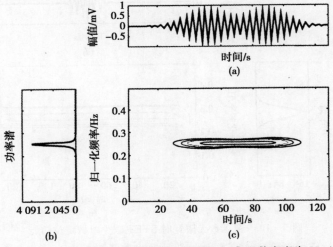

图 5-21 窗函数宽度对时频分辨率的影响(窗函数宽度为 55 s)

(a) 时域波形;(b) 频谱;(c)STFT

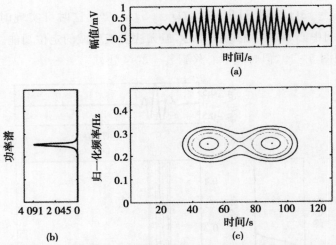

图 5-22 窗函数宽度对时频分辨率的影响(窗函数宽度为 13 s)

(a) 时域波形;(b) 频谱;(c)STFT

以上几例说明了窗函数宽度的选择对时频分辨率的影响。由于受不确定原理的制约,采用 STFT 时,对时间分辨率和频率分辨率只能取一个折中,一个提高了,另一个就必然要降低。

2.离散信号的短时傅里叶变换

当在计算机上实现一个信号的短时傅里叶变换时,该信号必须是离散的,且为有限长。设给定的信号为 $x(n)$,$n = 0,1,\cdots,L-1$,对应于式(5.6),有

$$\text{STFT}_x(m,\text{e}^{\text{j}\omega}) = \sum_n x(n)g^*(n-mN)\text{e}^{-\text{j}\omega n} = \langle x(n),g(n-mN)\text{e}^{\text{j}\omega n}\rangle \qquad (5.8)$$

式中,N 为在时间轴上窗函数移动的步长;ω 为圆频率,$\omega = \Omega T_s$;T_s 为由 $x(t)$ 得到 $x(n)$ 的抽样间隔。式(5.8)中的时间是离散的,频率是连续的。为了在计算机上实现,应将频率 ω 离散化,

令

$$\omega_k = \frac{2\pi}{M}k$$

则

$$\text{STFT}_x(m,\omega_k) = \sum_n x(n)g^*(n-mN)\mathrm{e}^{-\mathrm{j}\frac{\pi}{M}nk} \tag{5.9}$$

式(5.9)将频域的一个周期 2π 均分成 M 点,显然,式(5.9)是一个标准的 M 点 DFT,若窗函数 $g(n)$ 的宽度正好也是 M 点,那么式(5.9)可写成

$$\text{STFT}_x(m,k) = \sum_{n=0}^{M-1} x(n)g^*(n-mN)W_M^{nk}, \quad (k=0,1,\cdots,M-1) \tag{5.10}$$

若 $g(n)$ 的宽度小于 M,那么可将其补零,使之变成 M。若 $g(n)$ 的宽度大于 M,则应增大 M 使之等于窗函数的宽度。总之,式(5.10)为一标准 DFT,时域、频域的长度都是 M 点。其中 N 的大小决定了窗函数沿时间轴移动的间距,N 越小,上面各式中优的取值越多,得到的时频曲线越密。若 $N=1$,即窗函数在 $x(n)$ 的时间方向上每隔一个点移动一次,这样按式(5.10),共应做 $L/N = L$ 个 M 点 DFT。

3. 小波分析方法及其应用

1981 年,法国的地质物理学家 J. Morlet 研究了伽柏变换方法,对傅里叶变换与短时傅里叶变换的异同、特点及函数构造进行了创造性研究,首次提出了"小波分析"概念,建立了以他的名字命名的 Morlet 小波并在地质数据处理中取得巨大成功。在此之后,物理学家罗杰·巴里安(Roger Balian)、理论物理学家格罗斯曼(Crossmann)、数学家梅耶(Meyer)先后对 Morlet 小波分析方法进行了系统性的研究,为小波分析科学的诞生和发展作出了最重要的贡献。

小波变换是将信号分解到尺度域,它通过多分辨率分解,使原始信号中的弱信号成分变得突出,具有优良的时频局部化能力,是目前处理非平稳信号的重要方法之一。

(1) 小波变换的定义。

给定一个基本函数 $\Psi(t)$,则有

$$\Psi_{a,b}(t) = \frac{1}{\sqrt{a}}\Psi\left(\frac{t-b}{a}\right)$$

式中,a,b 均为常数,且 $a>0$。显然,$\Psi_{a,b}(t)$ 是基本函数 $\Psi(t)$ 先作移位再作伸缩以后得到的。若 a,b 不断地变化,可得到一族函数 $\Psi_{a,b}(t)$。给定二次方可积的信号 $x(t)$,即 $x(t) \in L^2(R)$,则 $x(t)$ 的小波变换(Wavelet Transform, WT) 为

$$\text{WT}_x(a,b) = \frac{1}{\sqrt{a}}\int x(t)\psi^*\left(\frac{t-b}{a}\right)\mathrm{d}t = \int x(t)\Psi_{a,b}^*(t)\mathrm{d}t = \langle x(t),\Psi_{a,b}(t)\rangle \tag{5.11}$$

式中,a,b 和 t 均是连续变量。因此,式(5.11)又称为连续小波变换(Continuous Wavelet Transform, CWT)。式(5.11)中及以后各式中的积分区间未特别说明的都是从 $-\infty$ 到 $+\infty$。

信号 $x(t)$ 的小波变换 $\text{WT}_x(a,b)$ 是 a 和 b 的函数,b 是时移,a 是尺度因子,$a>0$。$\Psi(t)$ 又称为基本小波或母小波。$\Psi_{a,b}(t)$ 是母小波经位移和伸缩所产生的一族函数(见图 5-23),称为小波基函数或小波基。这样,式(5.11)的 WT 又可解释为信号 $x(t)$ 和一族小波基的内积。

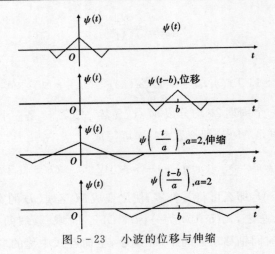

图 5-23　小波的位移与伸缩

通常定义

$$\left|\mathrm{WT}_x(a,b)\right|^2 = \left|\frac{1}{\sqrt{a}}\int x(t)\boldsymbol{\Psi}^*\left(\frac{t-b}{a}\right)\mathrm{d}t\right|^2$$

为信号的尺度图（Scalogram）。它也是一种能量分布，但它是表示随位移 b 和尺度 a 的能量分布，而不是简单地随 (t,Ω) 的能量分布。但由于尺度 a 间接对应频率（a 小对应高频，a 大对应低频），因此，尺度图实质上也是一种时频分布。式(5.11)的频域表示为

$$\mathrm{WT}_x(a,b) = \frac{1}{2\pi}\langle X(\Omega),\boldsymbol{\Psi}_{a,b}(\Omega)\rangle = \frac{\sqrt{a}}{2\pi}\int_{-\infty}^{\infty} X(\Omega)\boldsymbol{\Psi}(a\Omega)\mathrm{e}^{\mathrm{j}\Omega b}\mathrm{d}\Omega$$

式中，$X(\Omega)$ 为 $x(t)$ 的傅里叶变换。可见，如果 $\boldsymbol{\Psi}(\Omega)$ 是幅频特性比较集中的带通函数，则小波变换便具有表征被分析信号在频域上局部性质的能力。当 a 值较小时，时域观察范围较小，而在频域上相当于用高频小波作细致观察。当 a 值较大时，时域观察范围较大，而在频域上相当于用低频小波作概貌观察。总之，从频域上看，用不同尺度作小波变换大致相当于用一组带通滤波器对信号进行处理。图 5-24 为小波变换在时频平面上的基本分析单元的特点，它很适合工程实际应用。

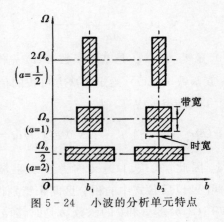

图 5-24　小波的分析单元特点

（2）小波变换的特点。对小波变换的两种定义可以看出，如果 $\boldsymbol{\Psi}_{a,b}(t)$ 在时域是有限支撑

的,那么它和 $x(t)$ 作内积后将保证 $\mathrm{WT}_x(a,b)$ 在时域也是有限支撑的,从而实现我们所希望的时域定位功能,即 $\mathrm{WT}_x(a,b)$ 反映的是 $x(t)$ 在 b 附近的性质。同样,若 $\Psi_{a,b}(\Omega)$ 具有带通性质,即 $\Psi_{a,b}(\Omega)$ 围绕着中心频率是有限支撑的,那 $\Psi_{a,b}(\Omega)$ 和 $X(\Omega)$ 作内积后也将反映 $X(\Omega)$ 在中心频率处的局部性质,从而实现好的频率定位性质。显然,这些性能正是我们所希望的。因此,问题的关键是如何找到这样的母小波 $\psi(t)$,使其在时域和频域都是有限支撑的,这是有关小波设计的问题。

(3)离散小波变换。实际计算中,往往需要把尺度 a 和位移 b 进行离散,二进离散是普遍采用的离散方式,所以离散小波变换通常是指二进离散小波变换。二进离散后,$a = 2^j$,$b = 2^j k$,$j,k \in \mathbf{Z}$,于是,离散化的小波族变为

$$\Psi_{j,k}(t) = 2^{-j/2} \Psi(2^{-j}t - k)$$

这样,每个变换系数具有以下的计算公式:

$$\mathrm{WT}_x(2^j, 2^j k) = \frac{1}{\sqrt{2^j}} \sum_n \Psi^* \left(\frac{n}{2^j} - k \right) x(n)$$

显然,这种离散方式不仅使各小波的频带宽度按 1/2 递减,同时每次分解小波点数也进行二抽一的递减,大大降低了分解过程的冗余度。

(4)应用实例。下面利用连续小波变换处理滚动轴承和齿轮箱信号来选择 Morlet 小波。Morlet 小波函数为二次方指数衰减的余弦信号,其波形与机械冲击信号的波形十分相似,图 5-25 为一个实际故障齿轮的冲击信号。

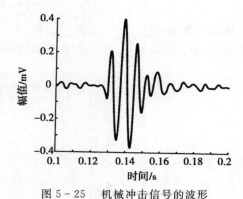

图 5-25 机械冲击信号的波形

1)滚动轴承信号处理。图 5-26 中的信号是从轴承实验台上采集的振动加速度信号。滚动轴承型号为 308,采样频率为 20 kHz,轴旋转频率为 $f_r = 26.2$ Hz。轴承参数为滚动体直径 $d = 15$ mm,滚动体数目 $n = 8$,轴承节径 $D_p = 65$ mm,接触角 $\theta = 0°$。

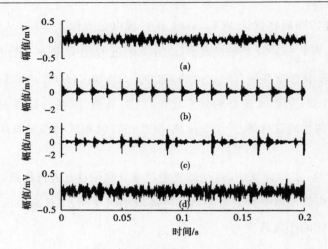

图 5-26　滚动轴承振动信号

(a) 正常；(b) 外圈剥落；(c) 内圈剥落；(d) 滚动体剥落

　　图 5-27(a)～(d) 分别为其正常、外圈剥落、内圈剥落和滚动体剥落信号。图 5-27 所示为连续小波变换图形，Morlet 小波的尺度区间为 [1,30]。可以看到，图 5-27 (b) 中外圈出现缺陷时，图形有明显的周期性冲击间隔，其周期约为 0.0125 s(80 Hz)，对应外圈故障特征频率。图 5-27 (c) 中内圈出现缺陷时，波形也有明显的周期性冲击，其周期约为 0.0076 s(132 Hz)，对应内圈故障特征频率。另外还有一个周期为 0.038 s(26.3 Hz) 的波形，对应轴旋转频率。图 5-27 (d) 中滚动体出现剥落时，无明显的图形特征。显然，采用 Motlet 连续小波变换对滚动轴承的外圈和内圈故障识别非常有效。

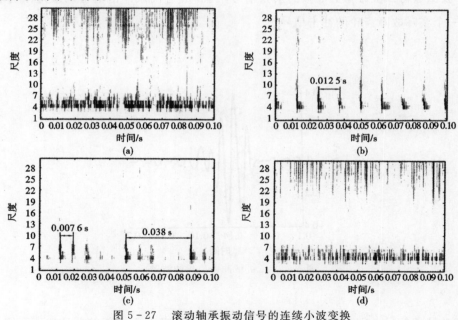

图 5-27　滚动轴承振动信号的连续小波变换

(a) 正常；(b) 外圈剥落；(c) 内圈剥落；(d) 滚动体剥落

　　2）齿轮信号处理。实测信号从汽车变速齿轮箱实验台上采集。实验台由主试齿轮箱和陪试齿轮箱组成，两者通过一联轴器相连。进行加载实验，直至发生断齿。本实验中断齿发生在陪试齿轮箱上,陪试齿轮箱的传动简图如图 5-28 所示。断齿发生在输出轴上齿数为 42 的齿轮上,共断 4 个齿,分布在对称两侧,每侧各有两相邻齿断裂。输入轴转速为 1 600 rad/min,即转频为 26.7 Hz,传动比为 12.65,根据传动比计算得到的输出轴转频为 2.1 Hz,由于实验过程中齿轮经历了由正常到断齿的连续变化过程,也包含了从裂纹萌生、发展直至断齿的全过程,所以在断齿前较短时间内的齿轮状态属于裂纹状态。齿轮箱的振动信号用加速度传感器拾取,安装在箱体外表面上的输出轴附近,信号的采样频率为 5 kHz,滤波频率为 2 kHz。

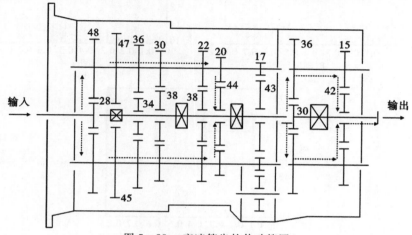

图 5-28　变速箱齿轮传动简图

图 5-29(a)～(c)所示分别为齿轮正常、裂纹和断齿的加速度信号时域波形,显然,从时域信号中即可看到断齿信号同其他两种信号的差异。断齿时的冲击成分周期约为 0.25 s(4 Hz)。因为 42 齿的齿轮在两侧对称断齿后,其啮合过程中的冲击频率应为输出轴转频的 2 倍,即 4.2 Hz。而正常和裂纹,仅从时域信号中无法发现两者的区别。图 5-30(a)～(c)分别是正常、裂纹和断齿信号的连续小波变换图形,尺度区间为[10,40]。比较图 5-30(b)和图 5-30(c)可知,裂纹产生的冲击,小波变换是可以检测出来的。

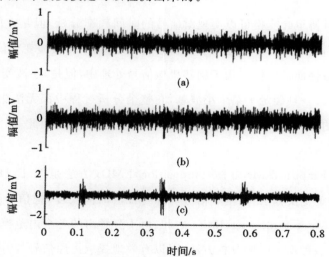

图 5-29　齿轮箱振动信号

(a)正常;(b)裂纹;(c)断齿

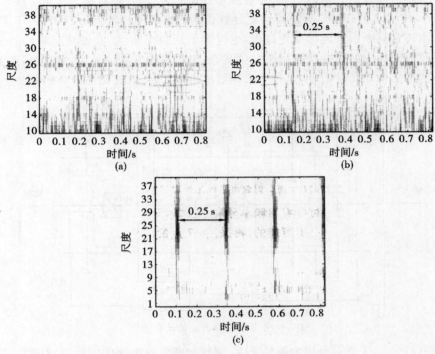

图 5 - 30　齿轮箱振动信号的连续小波变换

（a）正常；（b）裂纹；（c）断齿

第五节　　经验模态分解法

前面讨论的短时傅里叶变换可以实现对信号的时间频率分析，但是它的时频窗口的大小是固定的，严格来说，它还是一种平稳信号分析方法，只适用于对缓慢变化信号的分析。小波变换具有多分辨率的特性而被广泛应用于旋转机械信号处理中，但是，小波变换中的小波基选择对分析结果影响较大。一旦确定了某个小波基，在整个分析过程中都无法更换，这个小波基在全局上可能是最佳的，但对某个局部区域来说却可能是比较差的，因此，小波变换对信号的处理缺乏自适应性。

经验模式分解（Empirical Mode Decomposition，EMD）方法是 N. E. Huang 在 1998 年提出的一种希尔伯特-黄变换方法，它基于信号局部特征的时间尺度，把信号分解为若干个内蕴模式分量（Intrinsic Mode Functions，IMF）之和。由于分解出的各个内蕴模式函数突出了数据的局部特征，因此是一种新的时频分析方法，可以有效地提取出原信号的特征信息。另外，由于每个 IMF 所包含的频率成分不仅与采样频率有关，而且更为重要的是它还随着信号本身的变化而变化，因此，EMD 方法是一种自适应的时频局部化分析方法，它从根本上摆脱了基于傅里叶变换方法的局限性，非常适用于非平稳信号的处理。

通常，EMD 方法分解出来的前几个内蕴模态分量往往集中了原信号中最显著、最重要的信息，不同的模态分量包含不同的时间尺度，可以使信号的特征在不同的分辨率下显示出来。因此，可以利用 EMD 从复杂的信号中提取出含故障特征的模式分量。为了理解 EMD 的分解过程，下面看一个仿真的例子。图 5-31 为信号 $x(t)$，其表达式为

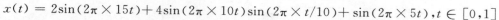

$$x(t) = 2\sin(2\pi \times 15t) + 4\sin(2\pi \times 10t)\sin(2\pi \times t/10) + \sin(2\pi \times 5t), t \in [0,1]$$

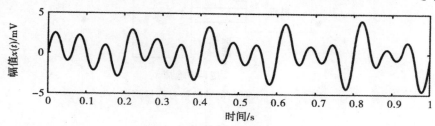

图 5-31　仿真信号 $x(t)$ 波形

仿真信号由 2 个正弦信号和 1 个调幅信号组成。采用 EMD 方法将其进行分解，得到 3 个 IMF 分量和 1 个残余函数 r_3，如图 5-32 所示。用 EMD 方法获得的 3 个 IMF 分量都具有一定的物理含义：第一个 IMF 分量对应着频率为 15 Hz 的正弦信号，它是信号 $x(t)$ 中的特征时间尺度最小的分量；第二个 IMF 分量对应着调幅信号，仍然保持调幅信号的特征；第三个 IMF 分量对应着信号 $x(t)$ 中的特征时间尺度最大的分量。

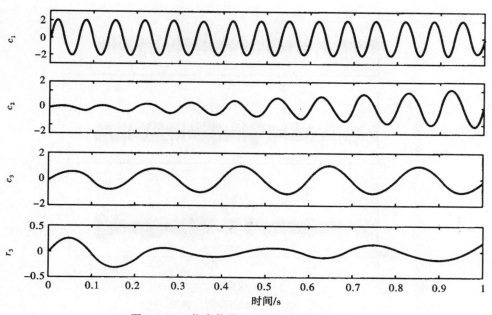

图 5-32　仿真信号 $x(t)$ 的 EMD 分解结果

利用 EMD 方法来分析水泵组的轴承信号。水泵电机型号为 Y132S2-2,7.5 kW,轴两端各有一个轴承,轴承型号为 308 滚珠轴承。振动加速度信号在轴承附近采集,传感器布置简图如图 5-33 所示,键相传感器用于测量电机的转速,电机输出轴端安装带有故障的轴承。通过理论分析知:轴承局部故障产生的振动信号为冲击振荡衰减的调幅信号,故障信息在调值源中。

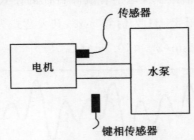

图 5-33 水泵电机轴承信号测量简图

分别测量轴承外圈、内圈和滚动体 3 种故障的振动信号,转速约为 3 000 rad/min,即 50 Hz。采样频率为 20 kHz。3 种状态的时域波形如图 5-34 所示,图 5-34(a) 所示为外圈故障信号,从图中可以判断外圈故障特征频率为 151 Hz。由于信号噪声较大,故障信息被淹没,无法从图 5-34(b)(c) 中提取出特征频率。利用 EMD 分解出的 3 种故障信号中的第一个 IMF,如图 5-35 所示,它们分别提取出了对应的故障特征频率。可见 EMD 方法消除了大部分噪声,突出了反映故障的冲击频率分量。

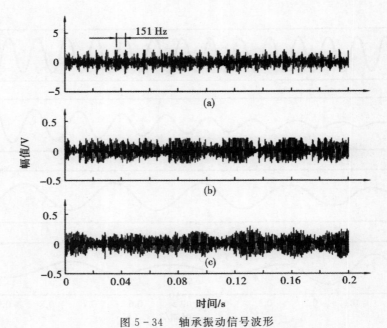

图 5-34 轴承振动信号波形

(a)外圈故障;(b)内圈故障;(c)滚动体故障

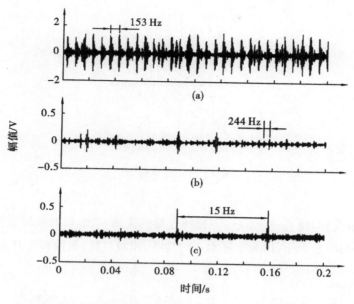

图 5 - 35 EMD 分解出的轴承信号第一个模态分量

（a）外圈故障；（b）内圈故障；（c）滚动体故障

第六节 主分量分析

　　主分量分析也称为主成分分析，它是将多个观测指标（因子、变量）化为少数几个新指标的一种多元统计方法。当我们进行机械设备的故障分类、区划时，为了尽可能完整地取得信息，对于每个样本点，常常是举凡涉及分类的指标都想概括进来，如振动信号的时域指标就有均值、方差、均方值、偏度和峭度等。其他诸如频域指标、时频域指标等等，从收集资料的角度看，多测几个指标可以避免重要信息的漏失，然而指标一多，由于指标间往往互有影响，因而表现为数据反映信息上的重叠，同时还会混杂进一些不大重要的或依赖于其他指标变化的指标。主分量分析就是将收集的所有指标数据，通过坐标的刚性旋转与投影导出新指标，使它们互相独立，且又能综合原有指标的绝大部分信息，这些新指标成为原来指标的主分量。由于主分量分析能起降维作用，特别如果降到二维、三维时，集合的直观性会大大方便于分类、排序。

　　这里先只用有两个指标的情形来直观解释主分量分析的含义，如图 5 - 36 所示，它是由两个指标 x_1 和 x_2 组成的，相应地有 N 个样本点构成椭圆点集，横轴表示 x_1，纵坐标表示 x_2，各样本点的指标值就是图上的点坐标 (x_1, x_2)。

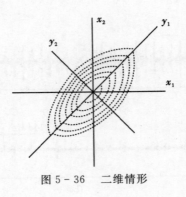

图 5-36　二维情形

如果将坐标轴旋转,使第一坐标 y_1 与椭圆点集的长轴一致,再取短轴为新坐标 y_2,那么此椭圆点集的坐标原点,形大小,即 n 个样本点的均值、相对位置、离散程度并未因坐标旋转而改变,也就是

$$\sum_{i=1}^{n}(x_{1i}-\overline{x}_1)^2+\sum_{i=1}^{n}(x_{2i}-\overline{x}_2)^2=\sum_{i=1}^{n}(y_{1i}-\overline{y}_1)^2+\sum_{i=1}^{n}(y_{2i}-\overline{y}_2)^2$$

由于第一个新指标 y_1 与椭圆点集的长轴一致,是能最大限度地反映个体间离差的主要信息,即 $\sum_{i=1}^{n}(y_{1i}-\overline{y}_1)^2$ 占全部离差的主要部分,又由于全部点对 (y_1,y_2) 来讲基本是对称的,因而 y_1 与 y_2 之间协方差为 0,当短轴相对于长轴很短时,即 $\sum_{i=1}^{n}(y_{2i}-\overline{y}_2)^2$ 相对小时,则仅用 y_1 这一指标来反映 n 个个体之间的离差也问题不大。换言之,可以用一个新的综合指标来代替原有两个指标而使误差很小,新指标 y_1 就成为原指标 x_1、x_2 的第一主分量,y_2 为第二主分量,显然 y_2 的作用不那么大。

一般地,若有 p 个原指标,可以在信息损失很少的条件下,综合成 $m(m \leqslant p)$ 个主分量,这就是主分量分析。

作为主分量分析在机器故障诊断中应用的一个实例,是对四冲程内燃机故障的识别。这种内燃机以 3 500 rad/min 的速度运行,要求分为四类:正常运行的、有阀杆撞击的、有连杆撞击的以及兼有上述两种撞击的。办法是将加速度传感器放置在内燃机外壳上,对每台内燃机记录下 20 个加速度信号,然后以 40 kHz 的频率对上述信号采样,进行频域转换,求出其功率谱。由于功率谱上低频区能量显著大于高频区,因此在划分频带时采用不等宽频带;10 Hz 初带宽为 1.6 Hz,100 Hz 处为 16 Hz,在 1 000 Hz 处为 160 Hz,总数为 50 个频带,从而将每个功率谱用一个 50 维的向量表示,并且每个向量元素代表谱图上某个频率区间内所包含的功率。通过主分量分析,大大简化了原来的特征向量。由图 5-37 和图 5-38 可知,不论选用两个主分量 x、y 或三个主分量 x、y、z,就能将上述四类内燃机清楚地归属到四个相应的区域中区。这样的过程,在多变量分析中,称为聚类分析。

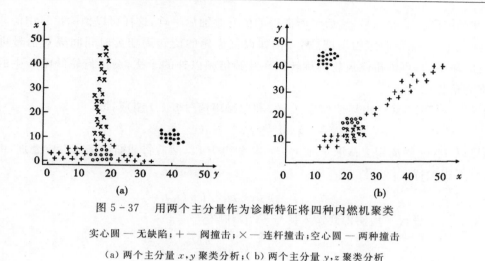

图 5 - 37　用两个主分量作为诊断特征将四种内燃机聚类

实心圆 — 无缺陷；+ — 阀撞击；× — 连杆撞击；空心圆 — 两种撞击

（a）两个主分量 x,y 聚类分析；（b）两个主分量 y,z 聚类分析

这样，剩下的问题就是如何确定识别界限的问题，也就是最优地选择一个判别函数，使错误分类的概率为最小。

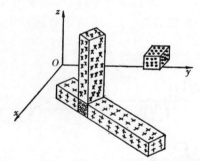

图 5 - 38　用三个主分量作为诊断特征将四种内燃机聚类

实心圆 — 无缺陷；+ — 阀撞击；× — 连杆撞击；空心圆 — 两种撞击

第七节　　时域平均法

旋转机械和往复机械在运行过程中，反映其运行状态的各种信号随机器运转而周期性地重复，其频率是机器回转频率的整倍数。但这些信号又往往被伴随产生的噪声干扰，在噪声较强时，不但信号的时间历程显示不出规律性，而且由于常用的谱分析不能约去任何输入分量，在频谱图中这些周期分量很可能被淹没在噪声背景中。时域平均可以消除与给定频率（如某轴的回转频率）无关的信号分量，包括噪声和无关的周期信号，提取与给定频率有关的周期信号，因此能在噪声环境下工作，提高分析信噪比。

一、时域平均的原理

时域平均是从噪声干扰的信号中提取周期性信号的过程，也称相干检波。对机械信号以一定的周期为间隔去截取信号,然后将所截得的信号叠加后平均,这样可以消除信号中的非周期分量及随机干扰,保留确定的周期成分。例如以某齿轮的旋转周期为时间间隔对信号进行截取,进行时域平均,可以排除齿轮的旋转频率及其倍频以外的干扰,突出齿轮缺陷产生的周期分量,提高信噪比。

如果有一信号 $x(t)$ 由周期信号 $f(t)$ 和白噪声信号 $n(t)$ 组成,即

$$x(t) = f(t) + n(t)$$

这里以 $f(t)$ 的周期去截取信号 $x(t)$,共截得 P 段,然后将截断的信号对应叠加,由于白噪声具有不相关特性,可得

$$x(t_i) = Pf(t_i) + \sqrt{P}n(t_i)$$

再对 $x(t_i)$ 进行平均便得到输入信号 $y(t_i)$,则有

$$y(t_i) = f(t_i) + \frac{n(t_i)}{\sqrt{P}}$$

此时输出的白噪声是原来输入信号 $x(t)$ 中的自噪声的 $1/\sqrt{P}$,因此信噪比提高了 $\sqrt{P}$ 倍。

图 5-39 为截取不同段数 N,进行时域平均的效果。由图 5-39 可见,虽然原来信号($P=1$)的信噪比很低,信噪比 $SNR = 0.5$,但经过多段平均后,信噪比大大提高。由图 5-39 可见,当 $P = 256$ 时,可以得到几乎接近于理想的正弦信号。而原始信号中的正弦分量,几乎完全被其他信号和随机噪声所淹没。

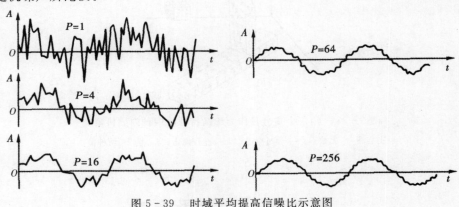

图 5-39 时域平均提高信噪比示意图

时域平均方法和谱分析不同,首先后者只需摄取一个输入信号,而前者除加速度信号外,还要摄取时标信号。其次,时域平均和谱分析方法的差异还在于:谱分析提供了各个频带内的频率,其大小主要取决于该频带内能量的振源,谱分析不能略去任何输入信号分量,因而,待检机器的信号可能完全淹没在噪声之中;而时域平均法可以消除与给定周期无关的全部信号分量,因此可以在噪声环境下工作。时域平均按其选取平均周期的方法不同,可以分为时域同步平均、无时标时域平均两种。

二、时域同步平均

时域同步平均可以消除与给定频率(如某轴的回转频率)无关的信号分量,包括噪声和无

关的周期信号,提取与给定频率有关的周期信号,因此能在噪声环境下工作,提高分析信噪比。平均结果清楚地显示信号在给定周期内的机械图像,这对于识别机械在运行过程不同时刻的状态是很有价值的。此外,时域同步平均也可作为一种重要的信号预处理过程,可对其平均结果再进行频谱分析或作其他处理,如时序分析、小波分析等,均可以得到比直接分析处理高的信噪比。

和通常的信号采集不同,时域同步平均不仅要拾取被分析信号,同时还要拾取回转轴的时标脉冲,来锁定各信号段的起始点。由于信号平均是数字式的,因此要求每一数据段具有相同的点数,并应为基 2 数,以便谱分析。因为 A/D 变换器的采样频率一经设定是不变的,且时标脉冲频率及周期由于机械转速变化(即使是微小变化)也随时在变化,常规采样不可能保证各数据段点数相等。解决这一问题的方法是采用频率跟踪技术,使实际的采样频率实时跟踪回转频率,并等于它的整数倍(如 1 024)。

三、无时标时域平均

在工程实际中获取机器的动态信号不一定都有同步时标信号,如果需要对这些信号采用时域平均方法消噪,就需要用无时标时域平均方法。但是,无时标时域平均方法存在截断误差对平均结果的影响问题。

设离散序列 $x(n)$ 时域平均时的截取长度 M,由 $x(n)$ 中人们感兴趣的周期分量的周期 T 和采样间隔 Δt 确定。确切地说,M 应取 $T/\Delta t$ 的就近整值,但是一般情况下总有 $M \neq T/\Delta t$,即存在周期截断误差 $\Delta T = T - M \times \Delta t$,这个截断误差的存在对时域平均结果将产生不容忽视的影响。在周期截断误差存在的情况下,确定合理的平均段数的方法可以使信号感兴趣成分的衰减和畸变控制在可以接受的程度,但是,控制平均段数又势必减少降噪效果。

四、应用实例

下面以齿轮振动信号为例来说明时域平均的作用。齿轮和齿轮系统的振动信号,不仅仅包含了有用的与齿轮转频和啮合频率相关的频率成分,同时也混杂了很多与齿轮的故障特征无关的环境噪声和随机干扰,这些干扰信号会增加齿轮的故障诊断的难度。

图 5-40 是所在齿轮故障模拟实验台上采集到的典型的模拟剥落故障齿轮和模拟磨损故障齿轮的振动信号。从时域波形上,二者均未呈现出明显的可辨析的特征。

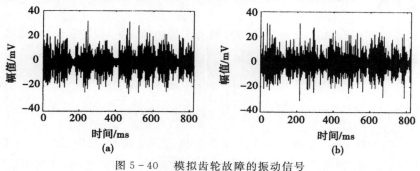

图 5-40　模拟齿轮故障的振动信号

(a) 齿轮剥落;(b) 齿面磨损

分别对振动信号做频谱图,如图5-41所示,可以看出二者之间存在一定差异,但此时的谱图上频率成分相当丰富。既有和故障相关的转频、啮合频率及其倍频的成分,也有环境噪声和随机噪声以及其他干扰的成分。有用信息和无用信息混杂,不利于进行进一步的分析和判断。

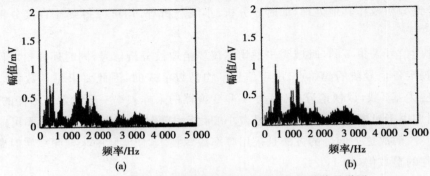

图5-41 模拟剥落和磨损齿轮故障的典型振动信号谱图

(a) 齿轮剥落;(b) 齿面磨损

第八节 相关分析法

在机械信号处理中,相关是一个非常重要的概念。所谓相关,就是指变量之间的线性关系。对于确定性信号来讲,两个变量之间可以用函数关系来描述,两者一一对应并为确定的数值。两个随机变量之间就不具有这样确定的关系。但是,如果这两个变量之间具有某种内在的物理联系,那么通过大量统计就可以发现它们中间还是存在着某种虽不精确但却有相应的、表征其特性的近似关系。例如,在齿轮箱中,滚动轴承滚道上的疲劳应力和轴向载荷之间不能用确定性函数来描述,但是通过大量的统计可以发现,轴向载荷较大时疲劳应力也相应地比较大,这两个变量之间有一定的线性关系。

对于一个随机机械信号,为了评价其在不同时间的幅值变化相关程度,可以采用自相关函数来描述。而对于两个随机机械信号,也可以定义相应的互相关函数来表征它们幅值之间的相互依赖关系。

一、相关函数

如果所研究的随机变量 x、y 是一个与时间有关的函数,即 $x(t)$ 与 $y(t)$,这时可引入一个与时间 τ 有关的相关系数 $\rho_{xy}(\tau)$,并可以证明

$$\rho_{xy}(\tau) = \frac{\int_{-\infty}^{\infty} x(t) y(t-\tau) \mathrm{d}t}{\left[\int_{-\infty}^{\infty} x^2(t) \mathrm{d}t \int_{-\infty}^{\infty} y^2(t) \mathrm{d}t\right]}$$

例如,图5-42为 $x(t)$ 与 $y(t)$ 波形相关性分析的三组波形。其中:图5-42(a) 表示两个随机信号,从直观上看,都杂乱无序,很难发现 $x(t)$ 与 $y(t)$ 有相似之处,其乘积信号 $x(t)$,$y(t)$ 也是随机的,其积分结果为零,即此时 $\rho_{xy}(\tau) = 0$,说明 $x(t)$ 与 $y(t)$ 无关;图5-42(b) 中的波

形相似,并且相位相同,因而乘积、积分后有最大值,相关系数 $\rho_{xy}(\tau)=1$;图 5-42(c) 中的波形相似但相位相反,乘积、积分后绝对值仍为最大,此时 $\rho_{xy}(\tau)=-1$.当 $|\rho_{xy}(\tau)|=1$ 时,误差能量 $\varepsilon^2=0$,这说明 $y(t)$ 与 $x(t)$ 是完全线性相关的。因此,可以用两个信号乘积的积分作为线性相关性(或相似性)的一种量度。

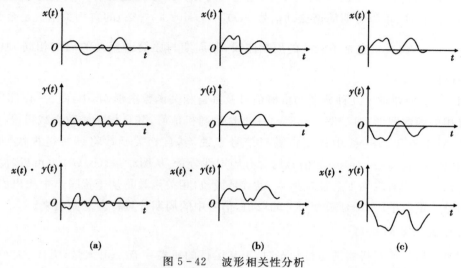

图 5-42　波形相关性分析

(a) $x(t)$ 与 $y(t)$ 无关;(b) 两波形相似且相位相同;(c) 两波形相似但相位相反

实际情况下,令两个信号之间产生时差 τ,这时就可以研究两个信号在时移中的相关性,因此把相关函数定义为

$$R_{xy}(\tau)=\int_{-\infty}^{\infty}x(t)y(t-\tau)\mathrm{d}t$$

或

$$R_{yx}(\tau)=\int_{-\infty}^{\infty}y(t)x(t-\tau)\mathrm{d}t$$

显然,相关函数是两信号之间时差 τ 的函数,通常将 $R_{xy}(\tau)$ 或 $R_{yx}(\tau)$ 称为互相关函数。如果 $x(t)=y(t)$,则 $R_{xx}(\tau)$ 或 $R_x(\tau)$ 称为自相关函数。

二、自相关函数性质及其应用

1.自相关函数的性质

根据自相关函数的定义,若设随机信号 $x(t)$ 的均值 $m(t)$ 为零,则可以表示为

$$R(\tau)=\lim_{T\to\infty}\int_0^T x(t)x(t+\tau)\mathrm{d}t$$

式中,T 为观测记录时间。可见,它与随机信号在 t 时刻和 $t+\tau$ 时刻的值有关,是一个二元的非随机函数。在实际中经常用自相关系数表示,即

$$\rho(\tau)=\frac{R(t,t+\tau)}{\sigma(t)\sigma(t+\tau)}$$

平稳机械信号的自相关函数与 t 无关,即有 $R(t,t+\tau)=R(\tau)$,它主要有以下性质:

(1) $\tau=0$ 时,$R(\tau)$ 取最大值,且等于其方差。

(2) $R(\tau)$ 为一个偶函数,即有 $R(\tau)=R(-\tau)$,因此,在实际中通常只需要得到 $\tau\geqslant0$ 时的

$R(\tau)$ 值,而不需要研究 $\tau < 0$ 时的 $R(\tau)$ 值。

(3)当 $\tau \neq 0$ 时,$R(\tau)$ 的值总小于 $R(0)$,即小于其方差。

(4)均值为零的平稳机械信号,若 $\tau \to \infty$ 时 $x(t)$ 和 $x(t+\tau)$ 不相关,则 $R(\tau) \to 0$。

(5)平稳机械信号中若含有周期成分,则它的自相关函数中也含有周期成分,且其周期与原信号的周期相同,可以证明简谐振动信号 $x(t) = x_0\sin(\omega_0 t + \varphi)$ 的自相关函数是余弦曲线,即 $R(\tau) = \dfrac{x_0^2}{2}\cos(\omega_0\tau)$。它是不衰减的周期曲线,其周期与原简谐振动的周期相同,但丢失了有关的相位信息。

在图 5-43 中列举了几种典型的机械信号及其自相关函数图形。其中:图 5-43(b)为正弦信号的自相关函数图形;对于图 5-43(e)中的窄带随机信号,其自相关函数衰减得慢[见图 5-43(d)];而对于图 5-43(g)中的宽带随机信号来说,其自相关函数将衰减得很快[见图 5-43(h)];在图 5-43(a)~(c)中的信号均含有周期性分量。从图 5-43(b)(d)也可以看出,它们相应的自相关函数曲线均不会衰减到零。也就是说,自相关函数是从干扰噪声中找出周期信号或瞬时信号的重要手段,即延长变量 r 的取值,信号中的周期分量将会暴露出来。

2. 自相关函数的应用

当用声音信号诊断机器的运行状态时,正常运行的机器声音是由大量、无序、大小接近相等的随机冲击噪声组成的,因此具有较宽而均匀的频谱。当机器运行状态不正常时,在随机噪声中将出现有规则的、周期性的脉冲信号,其大小要比随机冲击噪声大得多。例如,当机构中轴承磨损而使间隙增大时,轴与轴承盖之间就会有撞击现象。同样,如果滚动轴承的滚道出现剥蚀、齿轮的某一个啮合面严重磨损等情况出现时,在随机噪声中均会出现周期信号。因此,用声音诊断机器故障时,首先就要在噪声中发现隐藏的周期分量,特别是在故障发生的初期,周期信号并不明显,直接观察难以发现时,就可以采用自相关分析方法,依靠 $R(\tau)$ 的幅值和波动的频率查出机器缺陷的所在之处。

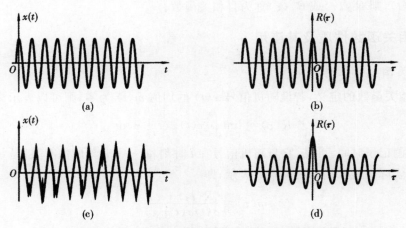

图 5-43　几种典型的机械信号及其自相关函数图形

(a)正弦信号;(b)正弦信号的自相关函数;(c)正弦加随机噪声信号;(d)正弦加随机噪声的自相关函数

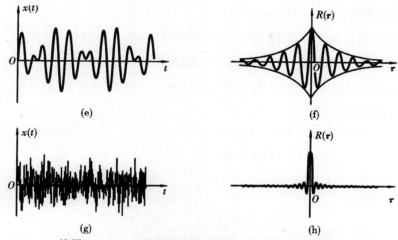

续图 5-43　几种典型的机械信号及其自相关函数图形

(e) 窄带随机噪声；(f) 窄带随机噪声的自相关函数；(g) 宽带噪声信号；(h) 宽带噪声信号的自相关函数

图 5-44 为机床变速箱噪声信号的自相关函数。如图 5-44(a) 所示为正常状态下噪声的自相关函数，随着 τ 的增大，$R(\tau)$ 迅速趋近于横坐标，说明变速箱的噪声是随机噪声；相反，在图 5-44(b) 中，变速箱噪声的自相关函数 $R(\tau)$ 中含有周期分量，当 τ 增大时，$R(\tau)$ 并不向横坐标趋近，这标志着变速箱处于异常工作状态。将变速箱中各根轴的转速与 $R(\tau)$ 的波动频率进行比较，就可以诊断出这一缺陷的位置。

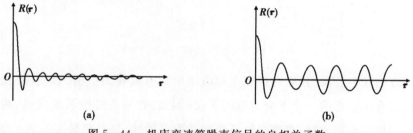

图 5-44　机床变速箱噪声信号的自相关函数

(a) 正常状态；(b) 异常状态

三、互相关函数性质及其应用

对于两个机械信号，可以采用互相关函数来表征它们幅值之间的相互依赖关系。平稳机械信号的互相关函数 $R_{xy}(\tau)$ 是实函数，既可以为正也可以为负，它与自相关函数不同，不是偶函数，且在 $\tau = 0$ 时不一定是最大值。$R_{xy}(\tau)$ 主要有以下性质。

(1) 反对称性，即 $R_{xy}(-\tau) = R_{yx}(\tau)$。

(2) $[R_{xy}(\tau)]^2 \leqslant R_x(0)R_y(0)$。

(3) 对于随机信号 $x(t)$ 和 $y(t)$，若它们之间没有同频的周期成分，那么当时移 τ 很大时就彼此无关,即 $\rho_{xy}(\tau) \to 0$ 而 $R_{xy}(\tau) \to \mu_x \mu_y$。

图 5-45 中互相关函数的可能图形在某时间间隔 τ_0,$R_{xy}(\tau)$ 出现最大值,它表示 $x(t)$ 和 $y(t)$ 在 $\tau = \tau_0$ 时存在某种联系,而在其他时间间隔则没有这种联系。或者说,它反映了 $x(t)$ 和 $y(t)$ 之间主传输通道的滞后时间。而如果两个信号中具有频率相同的周期分量,则即使 $\tau \to \infty$ 也会出现该频率的周期成分。

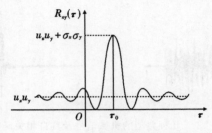

图 5-45　互相关函数表示示意图

(4) 两个零均值且具有相同频率的周期信号,其互相关函数中保留了这两个信号的圆频率 ω、相应的幅值 x_0 和 y_0 以及相位差 φ 的信息。

若两个周期信号表示为

$$x(t) = x_0 \sin(\omega t + \theta) \text{ 和 } y(t) = y_0 \sin(\omega t + \theta - \varphi)$$

式中,θ 为 $x(t)$ 相对于 $t = 0$ 时刻的相位角;φ 为 $x(t)$ 和 $y(t)$ 的相位差。可以得到两个信号的互相关函数为

$$R_{xy}(\tau) = \frac{1}{2} x_0 y_0 \cos(\omega t - \varphi)$$

互相关函数的这些性质,使它在机械工程应用中具有重要的价值。首先,互相关函数是在噪声背景下提取有用信息的一个十分有效的手段。例如,对一个线性系统激振,测得的振动信号中常常含有大量的噪声干扰。根据线性系统的频率保持性,只有和激振频率相同的分量才有可能是由激振引起的响应,其他分量均视为干扰噪声。因此,只要将激振信号和输出信号进行互相关处理,就可以得到由激振引起的响应幅值和相位差,从而消除噪声的影响。其次,在不同频率的激励作用下,根据输入信号和输出响应之间的互相关函数就可以求出各频率下从激励点到测量点之间的幅值、相位传输特性,从而得到相应的频率响应函数。

互相关函数一个最为重要的应用,就是用来测量一种随机干扰的平均传输速度。考虑沿某一方向传播的某种干扰,当我们在此方向上相距为 L 的两个测点测量此干扰时,得到两个信号,用这两个信号的互相关函数即可以识别出干扰传播的方向和平均传播的时间。例如,为了测量激励信号在某一个通道中的平均传输速度,可以采用如图 5-46 所示的测量方法:激励噪声 $h(t)$ 经过传感器 x 和传感器 y 的时差 τ,用测得的 $x(t)$ 和 $y(t)$ 两路信号进行互相关分析可得 $\tau = \tau_m$,如果 L 已知,则激励噪声在通道中的传输速度 $V = L/\tau_m$,而 τ_m 的符号反映了激励信

号在通道中的传输方向。

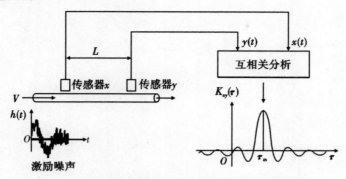

图 5 - 46　噪声信号沿某一个方向平均传输速度的测量

第二部分　典型的检测诊断技术

第六章　振动监测技术

第一节　振动诊断的基础

利用机械设备振动信号来对设备故障进行诊断,是设备故障诊断方法中最有效、最常用的方法。机械设备和结构系统在运行过程中的振动及其特征信息是反映系统状态及其变化规律的主要信号。通过各种动态测试仪器采集、记录和分析动态信号,是进行系统状态监测和故障诊断的主要途径。统计资料表明,由于振动而引起的设备故障,在故障中占60%以上,据国内外报道,用振动的方法可以发现使用中的发动机故障的34%,可节约维修费用70%。

利用振动检测和分析技术进行故障诊断的信息类型多,量值变化范围大,而且是多维的,便于进行识别和决策。例如频率范围可以从0.01 Hz到数万赫兹,加速度可以从0.01g到成百上千g,这就为诊断不同类型的故障提供了基础。随着近代传感技术、电子技术、微处理技术和测试分析技术的发展,国内外已制造了各种专门的振动诊断仪器系列,在设备状态监测中发挥了主要作用。振动检测方法便于自动化、集成化和遥测化,便于在线诊断、工况监测、故障预报和控制,是一种无损检测方法,因而在工程实际中得到广泛应用。

一、振动的产生

机械振动是一种特殊形式的机械运动,可以解释为机器或结构在其静平衡位置附近的"往复运动"。这种往复运动的机器或结构称为振动体。把振动体假设成一个无弹性的集中质量刚体和一个略去质量的弹簧,即"弹簧-质量"系统,也称为振动系统。机械振动是工程中普遍存在的现象。机械设备的零部件、整机都有不同程度的振动。机械设备的振动往往会影响其工作精度,加剧机器的磨损,加速疲劳破坏,而随着磨损的增加和疲劳损伤的产生,机械设备的振动将更加剧烈,如此恶性循环,直至设备发生故障、破坏。

由此可见,振动加剧往往是伴随着机器部件工作状态不正常,乃至失效而发生的一种物理现象。因此,根据对机械振动信号的测量和分析,不用停机和解体方式,就可对机械的劣化程度和故障性质有所了解。另外,振动的理论和测量方法比较成熟,且简单易行,所以振动监测是机械设备的状态监测和故障诊断技术的一种重要手段。

二、振动的分类

由于各种系统的结构参数不同,系统所受的激励不同,系统所产生的振动规律也各不相同。根据振动规律的性质及其研究方法,振动可分为确定性振动和随机振动两大类。

确定性振动的运动规律可以用某个确定的数学表达式来描述,其振动的波形具有确定的形状。随机振动不能用确定的数学表达式来描述,其振动波形呈不规则的变化,可用概率统计的方法来描述。

在设备的状态监测和故障诊断中,常遇到的振动信号多为周期振动、准周期振动、窄带随机振动和宽带随机振动,以及其中几种的组合。各种振动的分类见图6-1。

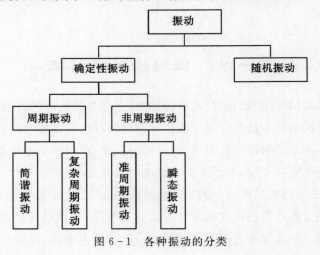

图6-1 各种振动的分类

1. 简谐振动

简谐振动是机械振动中最基本最简单的振动形式。它的数学解析式为

$$x(t) = A\sin(\omega t + \varphi)$$

式中,A 为振动的最大幅值;ω 为角频率,单位 rad/s;φ 是振动的初始相位。$\omega t + \varphi$ 是谐振动的相位,它是时间 t 的函数。T 是振动的周期,单位为秒(s),振动频率 $f = 1/T$,单位 Hz,与角频率 ω 存在如下关系 $\omega = 2\pi/T = 2\pi f$。描述机械振动的三个基本要素,即上述的振幅、频率和相位。

实测的机械振动信号 $x(t)$,其振幅值有三种特征量,即位移、速度和加速度。幅值主要有峰值、平均值和有效值三种表示法。

频率是振动的主要特征之一,不同的零部件、不同的故障源,可能产生不同频率的振动。因此,作为设备监测与故障诊断技术,振动的频率分析是其重要内容之一。

相位也是振动特征的重要信息。相位相同使振幅叠加,产生严重后果;反之,相位相反可能引起振动抵消,起到减振作用。通常相位的测量可用于谐波分析、动平衡测量、振型测量、判断共振点等。

2. 周期振动

若振动波形按周期 T 重复相同图形,则有

$$x(t) = x(t + nT)$$

上式成立时,称为周期振动,一般它是一个复杂的周期振动,是若干个简谐振动叠加合成的结果。周期振动可以分解为几个简谐振动之和。

3. 准周期振动

在滚动轴承、齿轮装置和往复机械振动监测中，经常遇到周期脉冲振动，如图 6-2(a) 所示。严格地说它不是周期振动，在设备诊断中，多数情况下都希望知道周期脉冲振动的周期 T_0，但频谱上反映不出对应的频率 f_0 分量。

对周期脉冲波形进行绝对值处理，则波形带有周期性，出现了与冲击周期 T_0 相当的频率 f_0，如图 6-2(b) 所示，由于这也不是完全的周期信号，所以不像三角波和矩形波那样可以分解成整齐的离散频谱。

对这种绝对值处理后的信号再通过低通滤波器进行包络处理，如图 6-2(c) 所示。这个信号大体具有周期信号性质，频谱图上 f_0，$2f_0$，$3f_0$ 处理峰值分量。

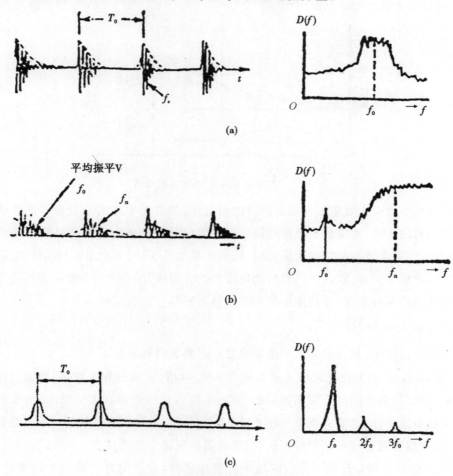

图 6-2 准周期振动波形与频谱

(a) 随机冲击信号和频谱；(b) 绝对值信号和频谱；(c) 包络信号和频谱

三、振动的大小

振动的大小通常以时间历程曲线来描述，振动时间历程是指以振动体的位移、速度、加速度为纵坐标,时间为横坐标的曲线图,可以用来直观描述振动运动规律。

1. 振动量的描述与选择

一般情况下,低频时的振动强度由位移值度量,中频时的振动强度由速度值度量,高频时的振动强度由加速度值度量。在实际测量中,可由所测得的振动谱来确定应采用的"最佳参数"。对大多数设备来说,最佳参数是速度。如图 6 - 3 所示,是两种振动描述的同一工况下的振动谱,如从每个谱的底部画一条直线,就会发现谱峰的相对高度是一样的,故两者都可以用于状态监测,但是参数 Ⅰ 给出的是一个水平方向的谱,所需要动态范围小,因此可选为"最佳参数",其动态范围已包括了信号各分量的大小。但是对于参数 Ⅱ 的情况,为了描述所有分量的变化,就必须采用大得多的动态范围 Ⅱ。

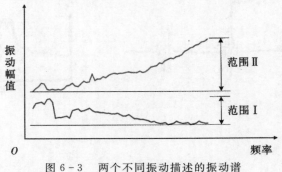

图 6 - 3   两个不同振动描述的振动谱

在选择诊断参数时主要应该根据监测目的而选择:如需要关注的是设备零部件的位置精度或变形引起的破坏时,则应该选择振动位移的峰值(或峰-峰值),因峰值反映的是位置变化的极限值;如关注的是惯性力造成的影响时,则应选择加速度,因为加速度与惯性力成正比;如关注的是零件的疲劳破坏,则应该选择振动速度的均方根值,因为疲劳寿命主要取决于零件的变形能量与载荷的循环速度,振动速度的均方根值正好是它们的反映。

2. 振动量的大小评估

在振动监测过程中,振动量的大小主要通过以下参数得到表征:

(1)振动幅值。常用的振动幅值表示方式有三种:峰值、有效值和平均值。峰值只能说明周期振动的最大幅值,但不能区分周期振动的类型。有效值是与能量有关的概念,位移有效值反映振动系统的势能含量,速度有效值反映系统的动能含量,加速度有效值则代表系统功率谱密度的含量,有效值的概念在测试中应用较多。平均值在测试中应用较少。

(2)振动频谱。机械振动除了进行时域中的描述之外,重要的是用频域加以描述,即利用傅里叶变换,将信号分解为多谐波分量,尤其振幅和相位表征各次谐波,并按照频率高低组成频谱图。

3. 振动参数及其量级

振动量的表示有绝对单位制与相对单位制。绝对单位制能够客观地评定振动的大小,一般用 MKS 制表示,即位移 d 的单位以 m 表示,速度 v 的单位以 m/s 表示,加速度 a 的单位以 m/s^2

表示。工程上位移单位常以微米（μm）表示，速度单位以厘米（cm/s）表示，加速度单位以重力加速度 g（$980 \ \mathrm{cm/s^2}$）来表示。相对单位制用"级"来表示，级又分为算术级和几何级两种形式。算术级又称为倍数级，用一倍、二倍、十倍、百倍等等表示。几何级又称为对数级，以分贝（dB）表示。

设备的振动监测技术通常多采用分贝，使数量级大大缩小，同时使计算过程简化，使乘除关系变成加减运算。按 ISO 1683—2015《声学.声学和振动等级用基准参考值》标准规定：

(1) 振动力级：$L_F = 20\lg(F/F_0)$，$F_0 = 10^{-6} \mathrm{N}$；

(2) 振动位移级：$L_d = 20\lg(d/d_0)$，$d_0 = 10^{-12} \mathrm{m}$；

(3) 振动速度级：$L_v = 20\lg(V/V_0)$，$V_0 = 10^{-5} \mathrm{m/s}$；

(4) 振动加速度级：$L_a = 20\lg(a/a_0)$，$a_0 = 10^{-6} \mathrm{m/s^2}$。

四、振动的测量

工程中所进行的振动测量工作主要有下列两类：① 测量振动物体上某点的振动，如测定该点振动的位移、速度或加速度的峰值，有效值，振动的频谱及其能量分布，各振动分量间的相位关系等；② 进行结构或部件的动态特性分析，如确定结构或部件的各阶固有频率、阻尼、刚度等参数以及分析其各阶振型等。

当机器发生故障时，在敏感点的振动参数的峰值、有效值往往有明显的变化，或者出现新的振动分量。因此对机器进行故障诊断时，通常是在故障敏感点进行第一类振动测量。但是，当机器有故障时，往往产生新的激励，如果激励是一种脉冲，则其包含的频率成分是十分丰富的。机器或其部件对此激励的响应主要是以其各阶固有频率所作的振动。显然，不同的部件其固有频率是不同的。因此，如要寻找或判断故障源就需要进行第二类振动测量。振动测试技术现已发展成为专门学科，读者可参阅有关资料，本节仅作简略的介绍。

1.测量振动物体上某点的振动

测量物体上某点振动的测振系统框图如图 6-4 所示。

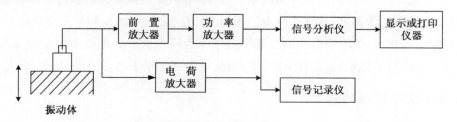

图 6-4　测振系统框图

它的工作原理：将传感器安装在测振点上，通过传感器将机械振动转换为电信号，若传感器的输出阻抗很大（压电式加速度计），则在传感器之后接一前置放大器，起阻抗变换及信号放大作用；然后将信号输入测振放大器（功率放大器），将信号进一步放大，并将信号进行微分或积分变换，得到所需的具有一定功率的信号（位移、速度和加速度信号）。接着将此信号输入信号分析仪进行信号处理,可得到所需各种信息;最后对信号分析结果进行记录、显示和打印。

目前在工程中还广泛地应用下述测试系统,在测试系统的功率放大器后面接上磁带记录仪,把振动信号记录到磁带上。事后,在实验室内将磁带记录仪与信号分析仪、显示仪、记录仪等仪器相连,也可将振动信号经模数转换后输入计算机进行分析研究,如图 6-5 所示。

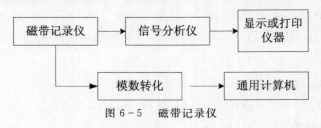

图 6-5　磁带记录仪

2. 结构或部件的动态特性分析

对结构或部件进行动态特殊分析的测试系统,结构的动态特性可用频率响应函数 $H(\omega)$ 表示,$H(j\omega) = \dfrac{X(j\omega)}{F(j\omega)}$,式中 $F(j\omega)$ 为激振力的傅里叶变换。频率响应函数是一个复数,它既包含幅值的信息,也包含相位的信息。所以通过试验测定了系统的频率响应函数后,就可用解析的方法确定该系统的各阶固有频率、振型以及各阶模态参数。频率响应函数测试装置的框图如图 6-6 所示。

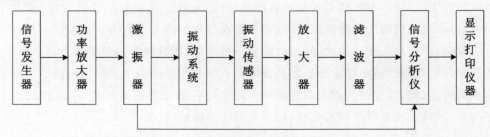

图 6-6　频率响应函数测试分析装置框图

它的工作原理:由信号发生器发出激振信号,经功率放大器放大后去控制激振器,使其产生按某种规律变化的激振力,系统在此力的作用下产生受迫振动。由测振传感器将机械振动转换为电量变化,经放大、滤波等电路后与激振信号一起输入信号分析仪进行各相分析,即可得到所需的信息;然后用显示、记录仪器将试验结果显示或记录下来。

五、振动诊断标准的选型

实现设备的振动诊断,即衡量设备的振动大小或评判设备的运行状态,通常依赖于选择什么样的振动诊断标准来实现。国际上通常采用 ISO 10816—2009,我国目前有关行业的振动标准,其基本内容与 ISO 标准一致。

1. 测点选择

评定机械设备振动能量的大小,仅仅测一点,往往是片面的,不能正确反映总体情况。只有对尺寸很小的设备,才允许只测一点,用 3 个方向振动来评定。对于外形尺寸较大的设备,一般应环绕机械外部,在一些有代表性的分散点,测量其相互垂直的三个方向上的振动量值,无论是柔性或刚性安装支撑点,如机座、轴承座,一般都可选为典型测点。通常对于大型机械设备,则必须在机器的前中后、上下左右等部位上设点进行测量。在监测中还可按实际需要和经验增加特定的测点。

2. 仪器选择

所选用的仪器下限工作频率要低于 10 Hz,最好选用速度型测振仪。如用加速度型测振仪,则要配用电荷放大器和积分线路,以便获得速度量级。在发电、石化、冶金工业中,对大型机组的监测多采用位移型的监测系统。

六、振动诊断系统的实现

振动诊断系统是围绕着振动诊断标准逐步开展工作和实现的,通过振动信号的获取、信号的分析与变化以及设备状态的判别,最终完成故障诊断的目的。

1. 振动信号的获取

振动信号通过测振传感器获得。测振传感器是用来测量振动参量的传感器,根据所测振动参量和频响范围的不同,习惯上将测振传感器分为振动加速度传感器、振动位移传感器和振动速度传感器三大类,各自典型的频响范围大致如下:振动加速度传感器为 0～50 kHz、振动位移传感器为 0～10 kHz、振动速度传感器为 10 Hz～2 kHz。

2. 信号的分析与变换

信号的分析变换通常包括信号调理、信号处理和变换,有时还会包括信号的记录或存储等。

(1)信号调理器。信号调理器在监测系统中起协调作用,使传感器和记录仪能配合起来协同工作,其主要的功能包括信号放大、阻抗变换等。

(2)信号记录仪。用于记录振动信号的仪器很多,如光线示波器、电子示波器、磁带机以及数据采集器等。目前在机械故障诊断领域获得广泛应用的主要是磁带机和数据采集器两种,它们各有特点和应用场合。

磁带记录器是利用铁磁性材料的磁化来进行记录的仪器之一。它能贮存大量数据并能以电信号的形式把数据复制重放出来,因而在振动测试领域得到了广泛的应用。

现代信号处理技术中有一个必不可少的环节就是数据采集,不论采用什么方式记录下来的信号,都必须经过 A/D 转换,将模拟信号转换为数字信号后,才能对其进行分析处理,当今高性能的数据采集器能在测试现场将输入模拟信号直接转换为数字信号并存储起来。数据采集器配上信号分析处理软件组成数据采集系统后,其性能价格比更高,在装备监测和故障诊断领域得到了更广泛的应用。

(3)信号分析与处理设备。机械振动信号经过传感器拾取、信号调理,最后经记录设备记录下来后,为得到所需要的结论,还必须经过各种分析与处理。信号的分析和处理设备是进行各种数学运算的软硬件设备。

3.设备状态的判别

信号通过处理分析后,依据诊断标准就可以完成设备状态的判别。

七、振动诊断的误差分析

人们可以通过振动信号的获取、变换和判别完成对诊断对象的初步诊断过程。但是这个诊断过程到底可靠不可靠,如何才能确保这个诊断过程的可靠性,这是设备振动诊断中最最重要的问题。

通常的做法是从振动诊断的流程出发,在诊断流程的各种环节中尽量避免或降低各种形式的诊断误差,这是解决诊断可靠性的根本途径。典型的处理措施有选用合适的传感器、遵循数据的采样定理、选用合适的诊断方法等。

第二节 振动传感器的使用

振动测量仪器主要包括测振传感器、测振放大器和记录显示装置等。测振传感器,它的作用是把被测对象的机械振动量(位移、速度或加速度)在要求的范围内正确地接受下来,并将此机械量转换成电信号输出或显示出来。测振放大器和记录器是测振系统的重要组成部分,测振传感器输出信号一般都很微弱,经放大后才能推动记录设备。从电气参数的角度来看,由于传感器是一种机电参数转换元件,常称它为一次仪表,紧接着传感器的测振放大器称为二次仪表,记录设备为三次仪表。测振放大器不仅对信号有放大作用,有的还具有对信号进行积分、微分和滤波等功能。其输入特性满足传感器的输出要求,而它的输出特性也要与记录设备特性相匹配。放大器按电路放大方式,分为两种主要类型:一种是直接放大型,并具有积分、微分等运算网络和滤波器,这类放大器配合压电式和电动式传感器使用;另一类是载波放大形式,它把信号经过载波调制后再放大,经过检波解调恢复原波形输出。这类放大器配合应变式传感器以及一些电感和电容式传感器使用。这里主要介绍测振传感器。

一、测振传感器

1.按测量参数形式

测振传感器种类很多,按测量参数形式来分,主要有以下几种。

(1)位移传感器。输出电量与振动位移成正比(其种类,见图6-7)。

图6-7 位移传感器种类

（2）速度传感器。输出电量与振动速度成正比（其种类，见图 6-8）。

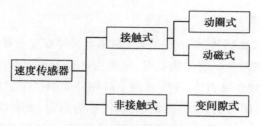

图 6-8　速度传感器种类

（3）加速度传感器。输出电量与输入加速度成正比（其种类，见图 6-9）。

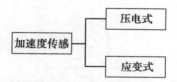

图 6-9　加速度传感器种类

2. 按所测量振动的性质

按所测量振动的性质分，主要有以下几种。

（1）相对拾振式。其使用时壳体和测杆与不同的被测件联系，其输出就能描述此两试件的相对振动。

（2）绝对拾振式。使用时其壳体固定在被测件上，其内部利用弹簧-质量块系统来感受振动，其模型如图 6-10 所示，图中 $x_1(t)$，$x_0(t)$，$x_{01}(t)$ 分别表示壳体绝对位移、质量块的绝对位移和壳体与质量块的相对位移。

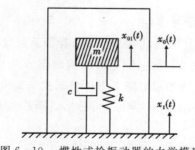

图 6-10　惯性式拾振动器的力学模型

这种拾振器也称为惯性式拾振器。测试时，壳体和被测物体连接（用胶接或机械方法，使壳体与被测物体之间无相对的振动，则被测物体的振动也即拾振器的输入）。拾振器内质量块对壳体的相对位移量是图中力学模型的输出，经变换元件转换为电信号，即拾振器的输出，用以描述被测物体的绝对振动量。例如以被测物体的加速度 $x_1(t)$ 作为输入，则质量块和壳体的相对位移 $x_{01}(t)$ 为该惯性系统的输出，显然，这是一个典型的弹簧-质量块-阻尼系统，可用二阶微分方程描述，它的解在数学、力学等参考书中都有介绍。

二、常用的振动传感器

1.涡流式位移传感器

(1) 工作原理。涡流式位移传感器的原理是利用金属体在交变磁场中的涡电流效应。如图 6-11 所示，当传感器与被测金属物体接近时，间距为 δ，若有一高频交变电流 i 通过线圈，便产生磁通 Φ，此磁通通过被测金属物体，并在被测金属物体表面产生感应电流 i_1 和交变磁通 Φ_1，这种电流在金属物体上是闭合的，故称为涡电流，简称为涡流。根据楞次定理，涡电流的交变磁场与线圈的磁场变化方向相反，即 Φ_1 总是抵抗 Φ 的变化。涡流磁场的作用使原线圈的等效阻抗 Z 改变，变化程度与间距 δ 有关。

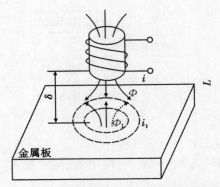

图 6-11　　涡流式位移传感器工作原理示意图

分析表明，线圈自感量 L 与间距 δ 成反比，而与间距导磁截面积 A 成正比，它们的关系为

$$L = \frac{\omega^2 \mu_0 A}{2\delta}$$

式中，ω 为线圈匝数；μ_0 为真空磁导率（$\mu_0 = 4\pi \times 10^{-7}$ H/m）。

间距 δ 对线圈自感量 L 十分敏感，L 减少，意味着涡流强度减小，传感器的灵敏度也将减弱。L 值还与传感器的直径有关，直径大，间距导磁截面积 A 相应增大。

(2) 测量电路。涡流传感器的测量电路有阻抗分压式调幅电路及调频电路两种。

1) 分压式调幅电路原理。如图 6-12 所示，传感器线圈 L 和电容 C 组成并联谐振回路，谐振频率为

$$f = \frac{1}{2\pi \sqrt{LC}}$$

振荡器提供稳定的高频信号电源。实际测量时，随着线圈与被测金属体间间距 δ 的变化，线圈阻抗发生相应的变化，使 LC 回路失谐，这时输出信号 $U(t)$ 的频率仍然等于振荡器的工作频率，但其幅值是随 δ 改变，它是一个调幅波，经放大、检波、滤波可得到 δ 的动态变化信息。

2) 调频电路工作原理。如图 6-13 所示，传感器线圈直接与 LC 振荡回路相接，这时它的输出量不是电压，而是回路的谐振频率，当距离 δ 变化时，引起线圈电感变化，使振荡器的振荡频率 f 也改变。通过鉴频器进行频率-电压转换，从而可以得到能反映 δ 动态变化的信号电压。

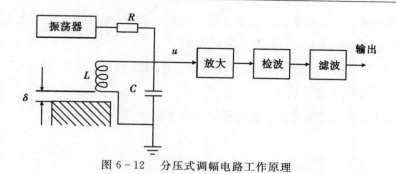

图 6 - 12　分压式调幅电路工作原理

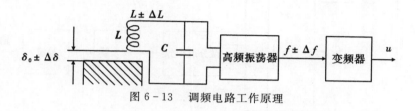

图 6 - 13　调频电路工作原理

（3）典型应用。图6-14为常用的涡流式位移传感器的典型结构,目前已形成系列。其主要特点是结构简单、属于非接触式测量、线性度好、频率响应范围较宽、具有较强的抗干扰能力,且在生产条件下安装方便,在监视诊断尤其是旋转机械的轴振动检测中应用十分普遍。

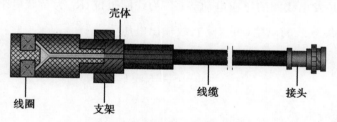

图 6 - 14　涡流式位移传感器的典型结构

2.磁电式速度传感器

（1）工作原理。磁电式速度传感器的工作原理如下:设有一线圈,其匝数为 N,当穿过该线圈的磁通 Φ 发生变化时,其感应电动势为

$$e = -N\frac{\mathrm{d}\Phi}{\mathrm{d}t}$$

该式表明线圈感应电动势的大小与线圈匝数 ω 和穿过该线圈的磁通变化率有关。而磁通变化率又取决于磁场强度、磁路磁阻及线圈的运动速度。故改变速度会改变线圈感应电动势的输出。

当置于永久磁铁产生的直流磁场内的可动线圈作直线运动时,产生的感应电动势为

$$e = NBlv\sin\theta$$

式中,B 为磁场的感应电动势强度;l 为单匝线圈有效长度;N 为线圈匝数;v 为线圈与磁场的相对运动速度;θ 为线圈运动方向与磁场方向的夹角。

当 $\theta = \pi/2$ 时,上式可写成 $e = NBlv$,因此,当 B、N、l 均为常数时,感应电动势仅与速度 v 成比例,此即一般惯性速度计的原理。

(2)等效电路。电磁式速度传感器的等效电路如图 6-15 所示。

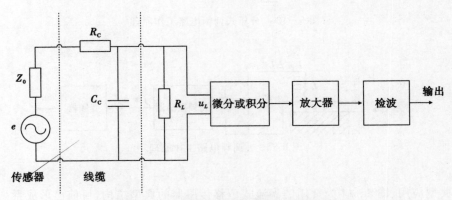

图 6-15　电磁式速度传感器的等效电路

图 6-16 中 e 是发电线圈的感应电动势;Z_0 为线圈阻抗;R_L 为负载电阻;C_c 是电缆导线的分布电容;R_C 是电缆导线的电阻(可忽略)。故输出电压为

$$u_L = \frac{1}{1 + \dfrac{Z_0}{R_L} + i\omega C_c Z_0}$$

3. 压电式加速度传感器

(1)工作原理。某些物质如石英晶体,当受到外力作用后,不仅几何尺寸发生变化,其内部还产生极化,表面出现电荷,形成电场,当外力失去后,又恢复原状。这种现象叫做压电效应。相反,如将这种物质置于电场中,其几何尺寸也会变化。这种由外电场的作用而导致物质变形现象称为逆压电效应,或称之为电致伸缩效应。石英晶体就有这种特性。但天然石英资源并不多,工业中应用的有钛酸钡、锆钛酸铅等人工压电陶瓷材料。天然石英晶体具有各向异性,晶体外形呈正六面体的单晶材料,大部分物理性能都具有方向性。而人工压电陶瓷是各向异性的多晶体材料,经极化处理后,却比石英晶体的压电常数高达数百倍。

图 6-15 是表示在压电晶片的两个工作面极化的原理。因此,压电传感器可以看作是电荷发生器,它又是一个电容器。其电容量可按下式计算,即

$$C = \frac{\varepsilon \varepsilon_0 A}{\delta}$$

式中,ε 为压电材料的相对介电常数,石英晶体 $\varepsilon = 4.5$,铁酸钡 $\varepsilon = 1\,200$;δ 为极板间距,即晶片

厚度；A 为压电晶片工作面的面积。

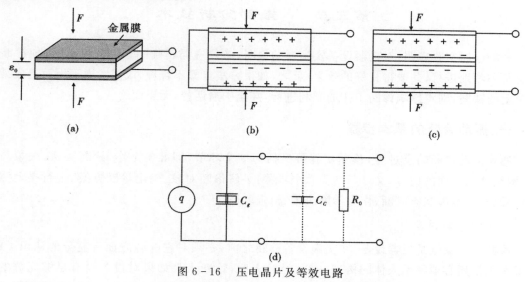

图 6 - 16　压电晶片及等效电路

(a) 压电晶片；(b) 并联；(c) 串联；(d) 等效电路

如果施加在晶片上的外力不变、积聚在极板上的电荷无内部泄漏、外电路负载无穷大，则在外力作用期间，电荷量将始终保持不变，直到外力的作用终止时电荷才消失。若负载不是无穷大，电路将会按指数规律放电，极板上的电荷无法保持不变，从而造成测量误差。因此，利用压电式传感器对静态或准静态测量时，必须采用极高阻抗的负载，而在动态测量时，因动态信号变化快，漏电量相对比较小，故压电式传感器适宜作动态测量。

实际上，往往用两个或两个以上的晶片进行串接或并接。并接时［见图 6 - 16(b)］两晶片负极集中在中间极板上，正电极在两侧的电极上。并接时电容量大、输出电荷量大、时间常数大，适用于测量缓变信号并以电荷量输出。串接时［见图 6 - 16(c)］正电荷集中在上极板，负电荷集中在下极板。因传感器本身电容小，输出电压大，故串接法适用于以电压作为输出信号。

(2) 测量电路。由于压电式传感器的输出电信号是微弱的电荷，而且传感器本身有很大内阻，故输出能量甚微，这给后接电路带来一定困难。为此，通常把传感器信号先输到高输入阻抗的前置放大器，经过阻抗变换以后，方可用一般的放大、检测电路将信号输给指示仪表或记录器。

前置放大器的主要作用有两种：① 将传感器的高阻抗输出变换为低阻抗输出，② 是放大传感器输出的微弱电信号。

前置放大器电路有两种形式：①用电阻反馈的电压放大器，其输出电压与输入电压比。②带电容反馈的电荷放大器，其输出电压与输入电荷成正比。

在机械故障监测与诊断中用得比较多的是压电式加速度传感器。它是利用压电效应来完成测振的。某些晶体材料，如天然石英晶体和人工极化陶瓷等，在承受一定方向的外力而变形时，内部会产生极化现象，在其表面产生电荷。在外力去掉后，又回复不带电状态，这种将机械能转换成电能的现象称为压电效应。利用这种原理制成的传感器称为压电式传感器。常用的有压电式加速度传感器、压电式力传感器和阻抗传感器等。

第三节 振动分析技术

现场诊断实践表明,对机器设备实施振动诊断,必须遵循正确的诊断程序,才能使诊断工作有条不紊地进行,并取得良好的效果。反之,如果方法步骤不合理,或因考虑不周而造成某些环节上的缺漏,则将影响诊断工作的顺利进行,甚至中途遇挫,无果而终。

一、振动诊断的基本步骤

通观振动诊断的全过程,诊断步骤可概括为 3 个环节,即准备工作、诊断实施、决策与验证。围绕这三方面的内容,又可归纳为六个步骤:了解诊断对象、确定诊断方案、进行振动测量与信号分析、实施状态判断、作出诊断决策、检查验证。

1. 了解诊断对象

诊断的对象就是机器设备。在实施设备诊断之前,必须对它的各方面有充分的认识了解,就像医生治病必须熟悉人体的构造一样。经验表明,诊断人员如果对设备没有足够充分的了解,甚至茫然无知,那么,即使是信号分析专家也是无能为力的。所以了解诊断对象是开展现场诊断的第一步。

了解设备的主要手段是开展设备调查。调查时图 6-17 可作为参考。

注: 字母JZ为监测与诊断的缩写代号。

图 6-17 设备调查的典型内容

概括起来,对一台列为诊断对象的设备,要着重掌握以下五方面的内容:设备的结构组成、机器的工作原理和运行特性、机器的工作条件、设备基础形式及状况、主要技术档案资料。

(1)设备的结构组成。搞清楚设备的基本组成部分及其连接关系。一台完整的设备一般由三大部分组成,即原动机(大多数采用电动机,也有用内燃机、汽轮机、水轮机,一般称为辅机)、工作机(也称主机)和传动系统。要查明它们的型号、规格、性能参数及连接的形式,画出结构简图,如图 6-18 所示。

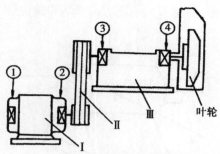

图 6-18　设备的结构简图

必须查明各主要零部件(特别是运动部件)的型号、规格、结构参数及数量等,并在结构图上标明,或予以说明。这些参数包括轴承形式、滚动轴承型号、齿轮的齿数、叶轮的叶片数、带轮直径和联轴器形式等。

(2)机器的工作原理及其运行特征。

1)各主要部件的运动方式:旋转还是往复。

2)机器的运动特性:平稳还是冲击性运动。

3)转子运行速度:低速、中速、高速,匀速还是变速。

4)机器正常运行时的工况参数值:排除压力、转速、温度等。

(3)机器的工作条件。

1)载荷性质:均载、变载还是冲击负荷。

2)工作介质:有无尘埃、颗粒性杂质或腐蚀性气(液)体。

3)周围环境:有无严重的干扰源存在,如振源、粉尘等。

(4)设备的基础形式及状况。了解清楚设备的基础是刚性基础还是柔性基础。

(5)主要的技术档案资料。了解有关设备的主要技术设计参数、质量检验标准和性能指标、出厂检验记录、厂家提供的有关设备常见故障分析处理的资料,以及投产日期、运行记录、事故分析记录、大修记录等。

2.确定诊断方案

在对诊断对象全面了解的基础上,接着就要确定具体的诊断方案。诊断方案正确与否,关系到能否获得必要充分的诊断信息,必须慎重对待。一个比较完整的振动诊断方案应包括选择测点、预估频率和振幅、确定测量参数、选择诊断仪器、选择与安装传感器以及做好其他相关事项的准备。

(1)选择测点。测点就是机器上被测量的部位,它是获取诊断信息的窗口。测点选择正确与否,关系到能否获得我们所需要的真实完整的状态信息,只有在对诊断对象充分了解的基础上,才能根据诊断目的恰当的选择测点。测点的选择应满足下列基本要求:对振动反映敏感、信息丰富、适应诊断目的、适于安装传感器、符合安全操作要求。

测点的选择还要注意以下两点:在无特殊要求的情况下,轴承是首选测点,如果条件不允许,也应使测点尽量靠近轴承,此外,设备的地脚、机壳、缸体、进出口管道、阀门、基础等,也是测振的常设测点。有些设备的振动特征有很明显的方向性,因此对每一个测点一般都应测量三个方位,即水平方向、垂直方向和轴向,测点一经确定,必须在每个测点的三个测量方位处做上永久性标记。

测点的 3 个测量方位,水平方向(H)、垂直方向(V) 和轴向(A),如图 6-19 所示。

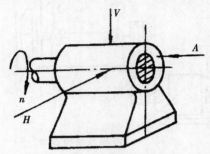

图 6-19   测点的测量方向

(2) 预估频率和振幅。振动测量前,对所测振动信号的频率范围和幅值大小要作一个基本的估计,为选择传感器、测量仪器和测量参数、分析频带提供依据,同时防止漏检某些可能存在的故障信号而造成误判或漏诊。

预估振动频率和振幅可采用下面几种简易方法:根据长期积累的现场诊断经验,对各类常见故障的振动频率和振幅作一个基本估计;根据设备的结构特点、性能参数和工作原理计算出某些可能发生的故障频率和振幅;利用便携式振动测量仪,在正式测量之前分区多点搜索测试,发现一些振动烈度较大的部位,再通过改变测量频段和两参数进行多次测量,也可以大致确定其敏感频段和幅值范围;广泛搜集诊断知识,掌握一些常用设备的故障特征频率和相应的幅值大小。

(3) 确定测量参数。振动测量,要求选用对故障反映敏感的诊断参数来进行测量,这种参数被称为"敏感因子",即当机器状态发生小量变化时特征参数却发生较大的变化。由于设备结构千差万别,故障类型多种多样,因此对每一个故障信号确定一个敏感因子是不可能的。

人们在诊断实践中总结出一条普遍性的原则,即根据诊断对象振动信号的频率特征来选择诊断参数。常用的振动测量参数有位移、速度、加速度,一般按下列原则选用:低频振动采用位移、中频振动采用速度、高频振动采用加速度。对大多数的机器来说,最佳诊断参数是速度。再选择诊断参数时,还须与所采用的判别标准使用的参数相一致,否则判断状态时无据可依。

(4) 选择诊断仪器。测振仪器的选择除了重视质量和可靠性外,最主要的还要考虑以下两点:仪器的频率范围要足够宽,要求能记录下信号内所有重要的频率成分,一般在 $10\ Hz \sim 10\ kHz$ 或更宽一些,对于预示故障来说,高频成分是一个重要的信息,机械早期故障首先在高频中出现,待到低频段出现异常时,故障已经发生了,所以,仪器的频率范围要能覆盖高频低频各个频段;要考虑仪器的动态范围,要求测量仪器在一定的频率范围内能对所有可能出现的振动数值,从最高到最低均能保证一定的显示(或记录)精度,对多数机械来说,其振动范围通常是随频率而变化的。

(5) 选择与安装传感器。用于振动测量的传感器有三种类型,一般都是根据所测量的参数类别来选用。如测量位移采用涡流式位移传感器,测量速度采用电动式速度传感器,测量加速度采用压电式加速度传感器。

振动测量不但对传感器的性质能量有严格要求,对其安装形式也很讲究,不同的安装形式适用于不同的场合。图 6-20 是压电式加速度传感器几种常见安装形式的性能比较,其中以采用钢制螺柱安装最为理想。在现场测量时,尤其是大范围的普查测试,以采用永久性磁座安装最简便。

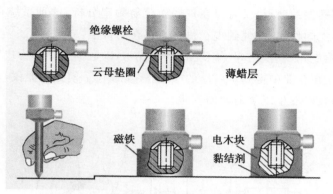

图 6-20　压电式加速度传感器的安装方式

注意:在测量转子振动时,有两种不同的测量方式,即绝对振动和相对振动。由转子交变力激起的轴承的振动称为绝对振动;在激振力作用下,转子相对于轴承的振动称为相对振动。压电传感器是用于测量绝对振动的,而测量转子相对振动须使用涡流式位移传感器。在现场实行简易振动诊断主要是使用压电式加速度传感器测量轴承的绝对振动。

(6) 做好其他相关准备工作。测量前的准备工作一定要仔细。为了防止测量失误,最好在正式测量前做一次模拟测试,以检验仪器是否正常,准备工作是否充分。比如检查仪器的电量是否充足,各种记录表格是否准备就绪等。

3.进行振动测量与信号分析

下述从三方面来讨论振动测量与信号分析:测量系统、振动测量与信号分析、数据记录整理。

(1) 测量系统。目前,现场简易振动诊断测量系统可采取两种基本形式:模拟测振仪构成的测量系统和数字测振仪构成的测量系统。

我国企业开展设备诊断的初期(20 世纪 80 年代),现场简易振动诊断广泛采用模拟式测振仪,其完整的测量系统构成如图 6-21 如所示。

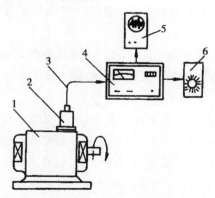

图 6-21　简易诊断方法系统

1—诊断对象;2—传感器;3—电缆;4—振动测量仪;5—简易示波器;6—频率分析仪

此系统的基本功能主要是测量机器的振动参数值,对设备做出有无故障的判断。当需要对设备状态作进一步分析时,可加上一台简易示波器和一台简易频率分析仪,组成如前图的简易测量系统,既可以观察振动波形,又可以在现场作简易频率分析,这种系统在现场也能解决大量的问题,发挥了很大的作用,即使到现在仍有它存在的价值。

设备诊断技术发展到 20 世纪 80 年代末 90 年代初,以数据采集器为代表的便携式多功能测振仪(见图 6-22)在企业中得到了广泛的应用,逐步取代了模拟测振仪,成了现场简易诊断的主角,使简易诊断技术发生了革命性的变化。

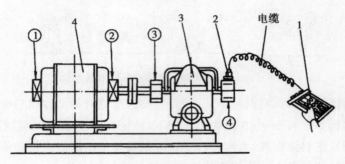

图 6-22 便携式多功能测振仪

1— 数据采集器;2— 压电式加速度传感器;3— 水泵;4— 电动机

这种系统非常简单,就是将一台手持式数据采集器和传感器用一根电缆连接起来。其功能除了测量各种振动参数外,还可以在现场作时域、频域、相域等多种分析,并兼有数据存储功能。

(2) 振动测量与信号分析 。在确定了诊断方案后,根据诊断目的对设备进行各项相关参数测量,在所测量参数中必须包括标准中采用的参数,以便进行状态识别时使用。如果没有特殊情况,每个测点必须测量水平(H)、垂直(V)和轴向(A)3 个方向的振动值。

对于初次测量的信号,要进行信号重放和直观分析,检查测得的信号是否真实。若对所测的信号了解得比较清楚,对信号的特性心中有数,那么在现场可以大致判断所测得信号的幅值及时域波形的真实性。如果缺少资料和经验,应进行多次测试和分析,确认测试无误后再做记录。

如果所使用的仪器具有信号分析功能,那么,在测量参数之后,即可对该点进一步作波形观察、频率分析等有关项目,特别对那些振动超常的测点作这种分析很有必要。测量后要把信号储存起来。

(3) 数据记录整理 。测量数据一定要作详细记录。记录数据要有专用表格,做到规范化、完整而不遗漏。除了记录仪器显示的参数外,还要记下与测量分析有关的其他内容,如环境温度、电源参数、仪器型号、仪器的通道数(数采器有单通道、双通道),以及测量时设备运行的工况参数(如负荷、转速、进出口压力、轴承温度等)。如果不及时记录,以后无法补测,将严重影响分析判断的准确性。

对所测得的参数据,最好进行分类整理,比如,按每个测点的各个方向整理,用图形或表格表示出来，这样易于抓住特征，便于发现变化情况。也可以把一台设备定期测定的数据或相同规格设备的数据分别统计在一起，这样有利于比较分析。

数采器都有存储功能，但是存储时间有限，因此测量结束后对存储的数据要及时记录、整理，防止过期消失。

4.实施状态判别

根据测量数据和信号分析所得到的信息，对设备状态作出判别。首先判断它是否正常，然后对存在异常的设备做进一步分析，指出故障的原因、部位和程度。对那些不能用简易诊断解决的疑难故障，须动用精密诊断手段加以确诊。

5.做出诊断决策

通过测量分析、状态识别等几个程序，弄清了设备的实际状态，为处理决策创造了条件。这时应当提出处理意见：或是继续运行、或是停机修理。对需要修理的设备，应当指出修理的具体内容，如待处理的故障部位、所需要更换的零部件等。

6.检查验证

设备诊断的全过程并不是到做出结论就算结束了，最后还有重要的一步，必须检查验证诊断结论及处理决策的结果。诊断人员应当向用户了解设备拆机检修的详细情况及处理后的效果，如果有条件的话，最好亲临现场察看，检查诊断结论与实际情况是否符合，这是对整个诊断过程最权威的总结。

二、诊断效果的评估

现代生产经济活动，都要求讲究经济效果，务求以较小的资金投入，获得较大的产出效果。作为现代设备管理重要内容之一的设备状态监测与故障诊断技术，也毫不例外，它不仅应该而且能够创造出较大的经济效果。

自1983年国家经委提出要逐步采用现代故障诊断和状态监测技术以来，国内经过不懈努力，已取得了很多可喜成绩。例如：铁路因采用红外轴温探测器而获益逾2亿元，全国仅部分采用铁谱技术即增产3 815万元和节约8 451万元，辽阳石化因改变维修方式增效2 740万元。

然而由于长期以来在国内缺乏一套比较统一和有效的评估计算方法，从而使得一些确已获得的良好效益，不能正确地计算出来，并取得生产、计划和财务部门的确认，既影响了工作人员的积极性，也在一定程度上不利诊断技术和预维修体制的推广。

1.诊断效果评估的多样性及其焦点

在1994年中国设备管理协会主持了设备诊断工程软件包的开发，并在其中列入了"设备诊断技术应用效益分析"软件的编制。当时从收集到的1983年以来的国内外的效益分析资料共18例进行研究，既包括了冶金、石化、电力、煤炭、机械和建工等主要行业，也涉及了中、美、日、德、丹麦和新加坡等不同国家。通过分析，不同的国家与行业，他们效益分析的项目有所不同，见表6-1。

表 6-1　诊断效果评估的内容

序号	效益项目	1	2	3	4	5	6	7	8	9	10	11	12	13	14	15	16	17	18
1	防止突发事故,保障设备安全	△	△			△				△	△	△							△
2	减少停机时间,防止停产损失				△	△				△		△			△		△		
3	免除过剩维修,节约维修费用		△			△	△	△		△					△	△	△	△	
4	对比 BOM、CBM 可减少事故,节约费用	△	△					△						△			△		
5	提高可利用率,减少购量,增加生产	△		△							△	△					△	△	
6	预知故障,优化维修决策,合理安排维修	△							△		△								
7	合理使用零配件,减少备件库存					△				△	△	△					△	△	
8	避免盲目拆装,人为故障带来的频繁修理		△					△									△		
9	掌握、改进技术状态,判定缺陷,提高设备管理水平										△				△				
10	进现场针对修理,缩短拆修时间,提高维修效率	△				△													
11	提高设备可靠性,保证产品质量及售后服务			△					△								△	△	
12	改善维修人员劳动条件,有利技术水平提高								△								△	△	
13	延长修理周期,增加生产时间,更多完成任务								△			△							
14	可以防止人身伤亡,避免环境污染			△															
15	有利与厂商谈判索赔,进现场信息反馈										△						△		
16	有利节约能源和改进润滑管理工作															△		△	

从上述效益项目的分析中,可以看到以下有 6 个项目得到了普遍的认可。

（1）防止突发事故,保证设备安全和产品质量(7/18)。

（2）减少停机时间,防止停产损失(6/18)。

（3）免除过剩维修,节约维修费用(11/18)。

（4）对比 BOM 和 CBM,可减少平均节约费用(5/18)。

（5）提高可利用率和延寿,减少购量,增加生产(6/18)。

（6）合理利用零配件,减少备件库存(7/18)。

2. 当前设备诊断效果评估的难点

由于防止事故,没有人员伤亡,所计效益就难以为有关部门,特别是财政部门承认。而只有像延长了检修周期,增加了产品生产,在设备缺陷下未停机而获得的多产,企业年度维修费减少及库存备件和流动资金的下降,才会给予确认。

由于当前国内大部分企业,未能够实施可靠性维修,故障统计数据不全,难以建立具体设备的故障概率曲线,因而就不能从故障历史的规律上,计算出每年造成的生产损失,以及由于减少了这些损失所获得的节约效益。

3.解决难点的方法

从总体上在于加强设备管理,严格统计制度,建立设备一生的信息子库,运用数据说话,做到以理服人。要加强宣传和逐步实施可靠性维修,促进计算机辅助设备数据库的建立,并定期总结分析及有计划地制订各类关键设备的可靠性概率曲线。要注意日常数据的采集和统计工作,这包括全企业以及逐台设备的生产效益、维修费用、配件消耗、工时定额乃至事故造成的人员伤亡和生产损失,以及开展诊断的投资费用。当前国家在农田水利方面开展了减灾免灾工作,从而对比过去,取得了很大的免灾效益,这是国务院和财政部所确认并通报的,据此推进设备诊断的免灾效益,也是自然合理的。

第四节　噪声分析技术

在振动诊断中,为了准确地获取关键设备的状态信息,需要选择合适的位置布置振动传感器。对某些设备,其振动信号的测量存在一定困难,使得振动诊断技术具有一定的局限性。例如:对于减速箱内部的传动轴与传动齿轮,由于结构限制,只能在远离待诊零部件的观测点进行监测,获取信号的可靠性较差;对于水泵、内燃机、涡轮机、风机、锯床、化工设备与核反应堆等高腐蚀、有毒、有害的设备,振动信号无法获取。另外,由于设备故障的多样性,特征也各不相同,在某些情况下振动特征并不明显,而其他特征(如声学特征)比较明显,此时采用振动信号作为监测量难以获得正确的故障特征。对于某些需要停机安装振动传感器的场合,因为停机将带来较大经济损失,所以安装振动传感器很不方便。因此,有必要寻求一种有效的非接触式监测和分析手段。

噪声作为一种机械波,是通过振动向媒介(如空气)辐射能量的结果,具有与振动信号同等的功能,蕴含着丰富的机器状态信息,是一项重要的衡量指标。当机器零件的自身运动以及零件之间的相互运动状态发生变化时,机器噪声信号也会随之变化。例如设备发生旋转不平衡、构件碰磨、机座松动、管道泄漏等故障时会产生明显的异常噪声,通过对异常噪声的分析能够对机器运行状态进行状态监测与故障诊断。利用噪声信号进行故障诊断成为近年来故障诊断领域新的发展方向,称之为声学诊断技术。与振动诊断技术相比,声学诊断技术具有如下优点:非接触式测量、设备简单、信号易于测取、传感器安装灵活、不影响设备正常工作和在线监测等,尤其是应用在振动信号不易测量的场合,是一种简易快速的故障诊断技术。

人们最早开始进行故障诊断的时候,就采用听诊法进行诊断:利用设备运行时发出的声音来诊断,即如果设备的声音突然发生变化,往往说明设备有故障,有经验的师傅能根据声音判断出故障类型。或者,利用敲击设备使设备发出声音,进而判断设备的质量,这也是听诊法的一种形式。如铁路工人用手锤检验车架以判断其故障,电厂操作人员用听棒检查轴承的运行状态等,这些都是听诊法。在检测蜂窝结构与复合材料缺陷时,也常采用这种办法。这些简单的方法沿用至今,但它只能是一种定性的故障检测手段,依赖于人的经验和技巧。听诊法只适合于有经验的工人,包含较大的人为因素。掌握这种方法不易,这使得它无法适用于现代化工业。统计能量法也是一种基本的声学诊断技术。当设备发生故障时伴随有异常噪声,不但设备的音质发生变化,辐射的声能量也发生变化,根据该变化就可诊断出故障。实际应用中,这种方法容易受环境的影响,依赖于操作人员的经验,技巧不易掌,也是一种简易的声学诊断方法。目前,一些电动机厂家仍采用该法对电动机装配质量进行检测。与前两种方法相比,声发射法是一种比较成熟的声学诊断方法。该方法利用金属材料在外力作用下释放内部贮存能量所引起的弹性波来识别故障,对运行状态下构件的缺陷的产生和发展有较好的诊断效果。Kwak 等人分析了机械加工过程中金属材料释放的 AE 信号,并进行了过程监测。Tandon 等人分析了 AE 信号监测轴承疲劳裂纹的扩展与滚动表面摩擦状况。Mba 等人分析了 AE 信号监测旋转机械转子的摩擦状态与裂纹扩展。Fararooy 等人分析了 AE 信号监测铁轨裂纹故障。上述运用都取得了较好的结果。更多学者则采用频谱分析的方法。Leitzinge 应用 NVH 技术,通过振动信号、声信号等参量对发动机进行在线缺陷检测。Benko 等人基于噪声信号,采用传统的频谱分析和短时傅里叶变换,对真空吸尘器实施了故障诊断,取得一定成果。我国的侯温良根据正常机器与故障机器噪声的谱相关系数诊断设备故障,在利用实验手段获得设备具体故障的识别阈值后可诊断特定故障。舒大文等人基于噪声信号对汽车变速箱齿轮的故障进行了研究。

综上所述,听诊法和统计能量法需要一定的经验,局限在某些特定场合下使用,当环境发生变化时提取出的声学特征不具备可比性;声发射的频带限定在超声范围内,必须采用专用仪器测量;基于频谱分析的噪声诊断技术,大都采用一两只传声器,获得的信息量非常有限,无法给出声源的位置和强度的变化信息。由于声信号在空气中传播存在着反射、干涉、衍射及多干扰源等现象,实际声场非常复杂,信噪比低,因此需要建立一种有效的声源识别和特征提取方法,准确地找到主要声源,捕捉到声场变化,从而提取出有效的声学特征,既能继承传统的频谱分析功能,又能获取声源的位置和强度信息,这对声学诊断技术的发展至关重要。现代的声学监测技术已有了很大的发展,本节简要介绍声学和噪声监测的技术基础,重点理解基于声级计测量的统计能量法。

一、声音和噪声的测量

在设备状态监测和故障诊断中,所碰到的声音一般为噪声。噪声有两类:一类是指一些不规则的、间歇的或随机的声波;另一类是指不希望有的扰动或干扰声音,有时也包括那些在有用频带内任何不需要的干扰。在人们所处的某一环境中所有噪声的总和称为环境噪声。当观测研究某声源时,将凡与该声源信号存在与否无关的一切干扰,统称为背景噪声(如测量噪声、散粒噪声、热噪声等)。

噪声测量系统由如图 6-23 所示的各部分组成。

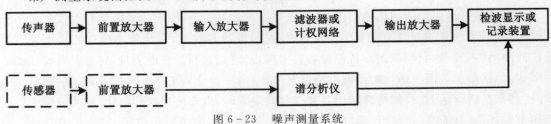

图 6-23 噪声测量系统

声级计是最基本的噪声测量仪器,通常由输入放大器、计权网络、带通滤波器、输出放大器、检波器和显示装置组成,从表头上可直接读出声压级的分贝(dB)数。其中计权网络是按国际统一标准设计制造的。目前在噪声分析中,广泛采用 A 声级作为噪声评价的主要指标。如不特别说明,通常所说的噪声级指的就是 A 声级。

1.传声器

传声器的作用是将声学信号转换为电信号,也称为话筒,它是噪声测量系统的传感器。噪声测量中常用的传声器有动圈式、电容式和压电式三种。声信号既可用声级计测量,从总体上判断机器设备的运行状态,用来进行总体的定量诊断,又可通过信号分析和处理的方法进行更为精密的状态监测和故障诊断。

动圈式传声器由振动膜片、可动线圈、永久磁铁和变压器等组成。振动膜片受到声波压力以后开始振动,并带着和它装在一起的可动线圈和在磁场内振动以产生感应电流。该电流根据振动膜片受到声波压力的大小影响而变化。声压越大,产生的电流就越大;声压越小,产生的电流也越小。

电容式传声器主要由金属膜片和靠得很近的金属电极组成,它实质上是一个平板电容。金属膜片与金属电极构成了平板电容的两个极板,当膜片受到声压作用时,膜片便发生变形,使两个极板之间的距离发生了变化,于是改变了电容量,使测量电路中的电压也发生了变化,实现了将声压信号转变为电压信号的作用。

电容式传声器是声学测量中比较理想的传声器,具有动态范围大、频率响应平直、灵敏度高和在一般测量环境下稳定性好等优点,因而应用广泛。由于电容式传声器输出阻抗很高,因而需要通过前置放大器进行阻抗变换。

2.听阈范围

人耳的听觉系统非常复杂,人们对听力传递、听觉机理以及心理反应等问题还没有完全搞清楚,在声学和振动领域,对人耳听觉机理的研究仍然是一个研究热点。听阈范围是指人耳能听到的声音范围,即从刚刚能听到的声压到可容忍的最高声压。图6-24给出了人们的听阈曲线。图6-24中有3条曲线:最下面的一条是可听域线,即人刚刚能听到声音;第二条是损伤域线,即人的耳朵会受到损伤;最上面的一条线成为痛感域线,是指人耳可容忍的最高声压线,人会感觉到耳朵疼。

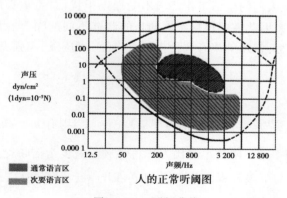

图 6-24　听阈曲线

听阈是随频率变化而变化的。由于人耳对500～4 000 Hz的声音最敏感,因此这个频率段内,听阈最低。耳膜处最敏感的频率是1 000 Hz,外耳处最敏感的频率是4 000 Hz。人耳对低频和高频的听阈比中频高,比如20 Hz的纯音听阈比1 000 Hz纯音听阈高70 dB。

听阈是有个体差异的,而且随着年龄的增加而升高。图6-24给出的听阈范围是对正常年轻人听阈的平均统计。

3.计权网络

为了模拟人耳听觉在不同频率有不同的灵敏性,在噪声测量系统内设有一种能够模拟人耳的听觉特性,把电信号修正为与听感近似的网络,这种网络叫作计权网络。通过计权网络测得的声压级,已不再是客观物理量的声压级(叫线性声压级),而是经过听感修正的声压级,叫作计权声级或噪声级。

计权网络一般有 A、B、C 等 3 种。A 计权声级是模拟人耳对 55 dB 以下低强度噪声的频率特性,B 计权声级是模拟 55 ~ 85 dB 的中等强度噪声的频率特性,C 计权声级是模拟高强度噪声的频率特性。三者的主要差别是对噪声低频成分的衰减程度,A 衰减最多,B 次之,C 最少。A 计权声级由于其特性曲线接近于人耳的听感特性,因此是目前世界上噪声测量中应用最广泛的一种,B、C 已逐渐不用。

从声级计上得出的噪声级读数,必须注明测量条件,如单位为 dB 且使用的是 A 计权网络的噪声级读数,则应记为 dB(A)。

二、声信号的分析和处理

由传声器获得的声信号为模拟电信号,可利用与振动信号同样的监测、分析和处理方法进行状态监测和故障诊断。特别是对声音和噪声的测量分析可利用计算机或实时分析仪,这样可实现系统故障的自动检测和诊断。

为了弄清信号的频率结构,需对声信号进行频谱分析。为方便起见,我们把频率变化范围划分为若干较小的段落,称作频带或频程,然后研究不同频带内声学量的分布情况。目前,在声学测量中,一般采用恒相对带宽分析,最常用的是倍频程和 1/3 倍频程。

1.声信号的评价指标

噪声是现代污染的一种,消除噪声对人类健康具有非常重要的意义,因此为了保护人耳听力和身体健康,以及保证人们的生活工作环境不受噪声干扰,总希望噪声越小越好,但这既是不可能的,也是不经济的。因此需要根据不同的目的制造不同的噪声容许标准,也就是噪声需要有相应的声音评价指标。常用的声音评价指标有声压、声压级、声强、声强级、响度、响度级、计权声级等。

2.临界带宽

设某频带的上限频率为 f_v,下限频率为 f_l,令 $\frac{f_v}{f_l} = 2^n$,则有 $n = \log_2 \frac{f_v}{f_l}$。

当 $n = 1$ 时,上限频率与下限频率之比为 2,称该频带宽度为倍频程。频带的中心频率 f_c 定义为该频带的上限频率与下限频率的几何平均值,即 $f_c = \sqrt{f_l \cdot f_v}$,绝对带宽 Δf 为 $\Delta f = f_v - f_l$,相对带宽为 $\frac{\Delta f}{f_c} = \frac{f_v - f_l}{f_c}$,对于倍频程有 $f_c = \sqrt{2} f_l$,$\Delta f = f_l$,$\frac{\Delta f}{f_c} = 70.7\%$。

当 $n = 1/3$ 时,上限频率与下限频率之比为 1.26,称该频带宽度为 1/3 倍频程。一个倍频程可以划分为三个 1/3 倍频程,分割处频率之比为 $1 : 2^{1/3} : 2^{2/3} : 2$,即 $1 : 1.26 : 1.59 : 2$。对于 1/3 倍频程可得:$f_c = 2^{1/6} f_l$,$\Delta f = (2^{1/3} - 1) f_l$,$\frac{\Delta f}{f_c} = 23.1\%$。

3.常用的倍频程

目前常用的倍频程中心频率为 31.5 Hz,63 Hz,125 Hz,250 Hz,500 Hz,1 000 Hz,2 000 Hz,4 000 Hz,8 000 Hz 和16 000 Hz。以上 10 个倍频程包括了全部可听声范围,实际上在现场测试时往往只使用其中6~8个倍频程。倍频程和 1/3 倍频程的中心频率以及上限与下限频率可参考一般的有关声学方面的专著和参考文献。

三、声音和噪声监测与诊断的工程应用

利用声音和噪声的测量与分析进行机器设备监测及诊断的主要方法有以下几种。

1.通过简易诊断技术的评估法

这种方法通过人的听觉系统主观判断噪声源的频率和位置,粗估机器运行是否正常;或者借助于传声器-放大器-声级计对机器进行近场扫描测量和表面振速分析,用来寻找机器的噪声源和主要发声部。这种方法可用于机器运行状态的一般识别和精密诊断的粗定位。

2.通过频谱分析进行精密诊断

频谱分析是识别声源的重要方法,特别是对噪声频谱的结构和峰值进行分析,可求得峰值及对应的特征频率,进而寻找发生故障的零、部件及故障原因。对于往复机械或旋转机械,一般都可以在它们的噪声频谱信号中找到与转速和系统结构特性有关的基波和谐波峰值及其频率值,可用来识别主要噪声源。当峰值频率为好几个零、部件共有时,就要结合其他方法,方可识别和区别究竟哪个零、部件是主要噪声源。

3.声强法

近年来用声强来识别噪声源的研究发展很快,这是因为声强探头具有明显的指向特性。声强的指向性是指在声波入射角为±90°时具有最大的方向灵敏度。用声强法能区分声波究竟是在声强探头的前方还是后方、左侧还是右侧入射的,而且这种区分对每一种频率成分均可实现。

声强法测量对声学环境没有特殊要求,并可在近场测量,测量既方便又迅速,可以为维修管理和改进机器设计提供详细而有用的信息。

4.相关函数法

如我们曾经讲过,利用两个或两个以上的传声器可组成监测阵列单元,通过各传声器所测声源信号两两之间的互相关函数或互功率谱,决定信号时差或相位差,并计算声源到各测点的路程差,由此可确定声源的位置。这种方法在监测和诊断压力容器和管路的泄漏、工厂和车间噪声源的区位以及工程结构的损伤时已得到了成功的应用,并已实现了利用微机完成声源定位的实时分析系统。

在工程上,声学监测和诊断技术已用于飞机、舰船、发动机、柴油机、机床、齿轮、轴承、阀门、泵、雷达等各种机电设备和装备中。例如,美国的柯提斯-怀特(Curtiss-Weight)曾组建了一套声学分析诊断系统,主要用于诊断军用发动机及其相连的动力系统。皮莱德(Priede)确定了柴油发动机的作用力与所发出的噪声之间的关系。例如,他考虑了柴油机汽缸内压力形成的两种极端情况:①突然的压力升高;②平稳的压力升高。在这种情况下,噪声频谱有着明显的不同,可从噪声频谱上判别汽缸内的压力变化是否异常。

5. 变压器可听噪声测量示例

GB/T 1094.10《电力变压器的声级测定诊断标准》由中国电器工业协会提出，全国变压器标准化技术委员会归口，沈阳变压器研究所起草，2009 年 4 月 1 日实施。

标准中规定，带或不带冷却设备的变压器，基准发射面是指一条围绕变压器的弦线轮廓线，从箱盖顶部垂直移动到箱底所形成的平面，如图 6-25 所示。

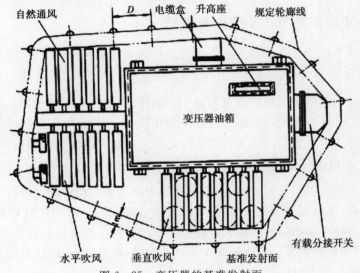

图 6-25　变压器的基准发射面

（1）测量位置的确定。在测量变压器噪声前，要先划定测量点，测量点是在距变压器基准发射面一定距离的水平线上布置的。视测量情况的不同布置测量点。干式变压器的测量轮廓线出于安全原因，应距离变压器发射表面 1 m。测量点不得少于 8 个，相邻两点间的距离应近似相等，且不大于 1 m，如图 6-26 所示。

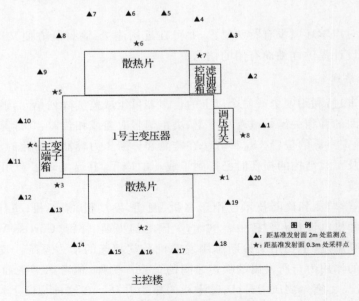

图 6-26　变压器测点的选择

(2)结果评估。根据测量结果和诊断标准完成变压器状态的评估。

四、声学诊断技术的知识扩展

声源识别对有效提取声学特征至关重要。声源识别方法主要分为三类：①传统识别方法，如主观评价法、分部运转法、分别覆盖法、近场测量法、表面速度测量法、表面强度法、声强测量法；②基于信号处理的识别方法，如频谱分析法、倒谱分析法、常相干函数法、偏相干函数法；③声全息方法，如近场声全息、等效源法、局部近场声全息等。

传统的几种识别方法各具优点，适用场合不尽相同。主观评价法适用于有经验的专门人员，对简单声源有效，但无法获得定量数值。分部运转法是将各部件依次脱开运行，从而获得各个部件或组件对总声级的影响，适用于各零件可以分别运行的情况。分别覆盖法是利用密封隔声罩，分别暴露机器的不同表面，测量辐射噪声，因而比较耗时，成本较高。近场测量法是靠近各个声源进行测量，适用于声源尺寸较大的情况，在混响场中也无法实现，所以它只能近似反映各声源的强弱，精度不高。表面振速测量法利用物体结构表面的声-振关系，通过测量表面振速来反映辐射声功率的强弱，从而鉴别主要声源。表面强度法采用传声器和加速度传感器近场测量，获取物体表面声辐射，但对旋转部件和高温部件无法适用。声强测量法相对于表面强度法先进，采用非接触式测量，能较准确地识别噪声源，但由于造价甚高限制了其使用。总之，传统的噪声源识别方法普遍存在识别精度不高、实现困难等缺点，仅用作简单的声源识别。

基于信号处理的几种方法通过对声信号进行空间采样和变换来识别声源。频谱分析和倒谱分析通过计算信号的功率谱密度函数，根据其频率特性来鉴别主要声源。常相干函数法和偏相干函数法是假设一个噪声传递系统，利用输入、输出信号相关性来评估声源近场测量点对于评价点的贡献大小，从而找出影响最大的声源。这几种方法的分析结果都比较精确，但容易受传感器的安装位置的影响，而且测点少，提供的信息十分有限。

声全息方法是通过测量一个二维面(称为全息面)上的声学量(如声压)，运用重构算法来重构声源表面的三维声场(包括声压、声强和法向振速)，最后将声场以图形或动画的形式显示出来。与上述两类方法相比，声全息方法不仅利用了声信号的强度信息，而且还利用了其相位信息，结果特别直观，可以很容易地对声源进行定位、量化，并能显示噪声的传播路径。由于声全息在频域进行，自然地继承了上述方法在频域的分析特点。对声全息方法进一步研究，并将其应用到声学诊断技术中，必将促进后者的发展。

1. 声全息的基本理论

20 世纪 60 年代后期，巴特尔研究院的 Hussein 借鉴光全息术的原理提出了声全息的概念。Shewel 在研究单频相干场的逆衍射中，建立了基本的声全息理论。利用早期的声全息，主要进行了结构振动的声像研究和噪声源分析。这种早期的声全息由于要求测量面到源面的距离远大于声源的尺寸，通常在几个波长的范围，所记录的数据只包含辐射声波的低阶波数成分，而不包含幅度随距离按指数规律衰减的高空间频率的倏逝波(evanescent wave)成分，属于常规声全息。其分辨率受瑞利分辨率的限制，即分辨率大于半个波长。

(1)正交共形近场声全息。为了解决常规声全息受瑞利分辨率限制的问题，美国的 Williams 和 Veronesi 等人提出近场声全息(Nearfield Acoustical Holography,NAH)理论。与常规声全息不同的是,NAH 紧靠声源表面(测量距离远小于辐射声波的波长)测量辐射声场的全息数据,然后通过空间声场变换技术重构三维空间的声压、振速、声强等场量,并能预报远场指向性。由于是近场测量,所以它除了记录传播波成分外,还记录了空间频率高于 $2\pi/\lambda$ 的倏逝波成分,分辨率突破了瑞利限制。Williams 和 Maynard 采用 256(16×16)个麦克风组成的平面阵列重构了有限长方形板的(6,10)和(8,2)阶振动模态分布,充分体现了 NAH 近场测量的潜力。随后,Williams 提出的广义近场声全息(Generalized Nearfield Acoustical Holography,GENAH),利用二维快速傅里叶变换(2D-FFT)对同轴的两个柱面上的声场进行空间变换。当声源表面为正交系下的一个坐撕(如直角坐标系下的平面,柱坐标系下的柱面和球坐标系)下的球面时,可以选择与源面形状相同的全息面形状,通过分离变量法得到 Helmholtz 方程的一般解,然后利用全息面上的测量值和分离变量法得到特征函数之间的正交性确定特征函数的系数,从而得到问题解。这三种空间声场变换方法都是在共形的坐标面之间进行的,可借助于离散傅里叶变换(DFT)来快速实现,该方法也被称为正交共形 NAH。

为了提高 NAH 算法的稳健性、可靠性及抗噪声干扰的能力,普遍采用在空间域或频域加窗函数。其中频域滤波函数的主要参数为截止频率,在测量面离源面距离很小时有效,距离增大时,效果变差;而基于空间域声压和振速约束的迭代窗分别适用于无障碍和有障碍的平面式声源,但是计算量大。我国的张德俊提出一种新的滤波函数——带约束条件的最小二乘滤波函数,该窗与测量信噪比、测量距离以及声源频率密切相关,对测量距离的适应性较强,但在高、低频带处的光滑性差。在 NAH 中,虽然可以通过滤波提高声场变换的精度,但是测量中难免存在干扰影响,测量系统误差及各种环境干扰都将因 Green 函数的奇异性,在源面场的重构中被放大而影响重构效果。

(2)基于边界元法的近场声全息。正交共形的 NAH 最大的优势是可借助于 DFT 实现快速运算,但最大缺陷是对声源表面形状的适应性差。为此,Veronesi 等人提出适用于任意表面形状的声全息——常数单元法。该方法将声源表面用一系列的平面单元来近似,并假定每个单元上的声压和法向振速为常量,分别将外部 Helmholtz 积分方程和表面 Helmholtz 积分方程近似为一代数方程组。当频率不是本征频率时,联合这两个代数方程组即可求得源表面的声压和法向振速;当频率为本征频率时,还需将内部 Helmholtz 积分方程近似为一代数方程组,并结合奇异值分解,选择适当的内点消除本征频率上解的非唯一性。该方法的关键是如何确定本征频率以及选取一组内点。

为了提高任意形状声源重构的精度,Bai 提出了边界元法(Boundary Element Method,BEM)。他采用三角形单元和四边形单元对源表面进行离散,并采用二次型函数进行插值,将 Helmholtz 积分方程进行离散,得到代数方程组。分别采用源表面和源内部一虚构面建立约束方程组,得到两类不同的算法(HHS 算法和 HHI 算法),并采用奇异值分解和滤波技术解决声场重构中固有的不适定性。

当源面和全息面距离较近时,重构过程采用 Guass 消去法求解方程组即可满足要求;而当源面和全息面距离较远时,必须采用奇异值分解和相应的滤波技术。如何寻求最优准则,合理地选取全息变换的参数(如网格尺寸、全息面与声源的距离、奇异值的截断个数以及内点的选取等)还有待进一步研究。由于边界元法具有降低求解空间维数、自动满足 Helmholtz 方程以及 Sommerfeld 辐射条件等优点,在分析无穷域的声辐射和散射问题上,它比有限元法(Finite Element Method,FEM)更有效。但是,边界元法在求解振动体的外声场问题存在两个数值计算上的困难:①奇异积分的处理;②在 Dirchlet 内问题的特征频率处,解的唯一性不能保证,尤其在中、高频率段,特征频率分布密集,导致求解结果严重失真,甚至完全错误。解决后一问题,提出许多改进方法,其中最有代表性的有 CHIEF 法和 Burton - Miier 法。但从理论上讲,CHIEF 法并没有完全解决解唯一性的问题,而 Burton - Miller 中数值积分处理十分繁杂。我国的陈心昭等人提出全特解场边界元方法,在声辐射计算中取得一定效果。另外,边界元法和常数单元法本质上是通过空间采样来重构声场,所以在每一波长内需要有足够的结点数以满足重构精度的要求。相应地,至少需要布置与结点数同样多的测点,因此测量和重构计算十分耗时、效率较低,测试成本也非常高。

(3)等效源方法。

1)波叠加法。为了寻求边界元法的有效替代方法,Koopmann 等人于 1989 年根据求解弹性力学问题的叠加法思想,提出求解声辐射和散射问题的一种间接积分方程法——波叠加法(Wave Superposition Algorithm,WSA)。它将一系列等效源配置在振动体内部的虚拟区域内,然后根据振动体表面给定的法向振速采用配点法或最小二乘法计算出等效源的强度,进而求出等效源系统的模拟外声场。由于所选择的等效源满足 Helmholtz 方程和 Sommerfeld 辐射条件,由解的唯一性定理可知,该等效源系统所产生的模拟外声场即为原振动体的辐射或散射声场。由于所选择的等效源配置区域与实际振动体不重合,在求解中不存在奇异积分处理。因此,与其他边界积分方法相比,该方法具有较高的计算精度与效率。在实际应用中,为了计算方便,一般将等效源配置区域选为振动体内部的一个封闭曲面(等效源面)。由于采用封闭曲面作为等效源的配置区域,导致了在该面上相应问题的特征频率处存在非唯一解。因此,有学者提出了复数形式的 Burton-Miller 型混合层势法,克服了解的非唯一性问题;但在计算时间上比标准单层势法和双层势法增加了 50% 左右。我国的向宇提出一种基于复数矢径的波叠加法,克服了解的非唯一性问题,而且计算时间与标准单层势或双层势法相当。

2)HELS 方法。由于基于边界元法和常数单法的 NAH 存在着重构效率低、解非唯一及奇异积分等问题,Chao 提出一种基于正交函数适配的最小平方误差方法(the Method of Least Square,LSM),将声场近似成一组正交完备的函数的线性组合,利用最小平方误差准则由测量声压求出展开式中的待定系数,从而确定声场中包括源面的声压和法向振速分布。从原理上说,该方法与波叠加法类似,都采用了等效源的思想;不同的是前者采用基函数展开来等效原声场,而后者采用配置等效源来等效原声场。LSM 的展开项数和测量点数比 BEM 中要少很多,并且避免了大量耗时的积分运算,因此,计算量远小于 BEM。该方法又称为 Helmholtz 方程最小二乘法(Helmholtz Equation Least Square,HELS)。由于 HELS 的展开项数远小于 BEM 中的网格结点数,因此比后者节省大量计算时间。HELS 实施的关键是基函数的构造,如果用球坐标系下的正交函数系作为基函数来重构声场,当重构点位于包围不规则声源的最小球面外时可以得到精确解;当应用到表面形状比较规范(如长椭球、扁椭球)或具有其他表面形状的声源时,只能在包含声源的最小球面以外的区域获得较高的重构精度,而在该最小球面以内的区域则只能做到大致近似。由此看来,对于具有其他表面形状的声源,需要构造合适的基函数才能 达到在声源表面精确重建的目的。

目前以球函数作为正交函数适配近似的研究居多,但实际上,只有在声源长宽高比接近1:1:1的情况下,才能按照前面的办法构造出基函数的解析表达式,而对于其他任意形状的声源,则不可能在与其表面共形的面上构造出基函数。工程实际中,很多声源的表面形状往往都不规则,所以只能采取近似的途径来解决这些问题:当声源表面形状接近 1:1:1 时,采用在球面上构造基函数;当声源表面形状接近 1:1:10(长形)、1:10:10(扁平形)或 1:10:100(长扁形)时,则采用在各自的椭球坐标系中构造基函数,这比球坐标系中构造基函数的过程复杂得多。球形 Hankel 函数适用于对包含声源的最小球面以外的声场进行重构,当球半径趋于零时,球形 Hankel 函数的值趋于无穷,这似乎存在着一个失效的内部区域,该问题可以通过将球形 Hankel 函数分成实部和虚部来解决。

展开项数直接关系到声场重构结果的精度,如果测量声压完全准确,那么,当展开项数趋于无穷大时,重构值将会收敛于准确值。其中,低次项代表向远场辐射能量的声波成分,高次项则代表近场倏逝声波成分。对于远场重构,只需要少量测点和展开项数就能达到目的,但对于声源表面重构则必须包含高次项。实际中测点数目和展开项数总是有限的,而且较少的测点数和展开项数使得矩阵维数较小,数值计算速度快。从实际出发,较少的测点数也意味着设备简化,有利于工程应用。因此,合理地选取测点数和展开项数是 HELS 方法的关键之一。

(4)局部近场声全息。一方面,NAH 的测量要求非常严格,例如,要求测量孔径大于声源表面的两倍以上,要求传声器均匀布置,要求传声器间距远小于测量波长(通常要求 1/6 波长以下)。对于大型机械设备,特别是在高频部分,很难符合 NAH 的测量要求;另一方面,有时只对部分声源表面感兴趣,或者由于条件限制,只能在有限区域测量声压,此时就无法应用 NAH。在此背景下,局部近场声全息(Patch-NAH)是一个很好的选择。它对测量的要求大大降低,只需测量局部表面,测量成本降低,效率和计算效率都大大提高。因此,许多学者纷纷对它开展了研究。常规 NAH 要求在无限大孔径上进行声压测量,而实际只能在有限孔径上进行,所以声压在测量孔径的边缘处不连续,导致声压在波数域中波谱泄漏。另外,由于采用 DFT 计算,还存在着卷绕误差。目前,有两种方法可以减轻上述泄漏和误差:其一是在有限测量数据外补零;其二是基于全息面的数据外推。但是补零虽然可以减轻卷绕误差的影响,但它不能解决虚拟测量孔径边缘处的数据不连续问题,而数据外推属于反问题,即对补零后的测量数据,先进行 2D-FFT,再进行加窗处理,最后进行 2D-IFFT。目前数据外推的三个理论基础分别为:①全息面声压的连续性假设;②空间传递函数矩阵的分解理论;③正则化理论。而且为了得到准确的重建结果,Patch-NAH 的测量面一般需要满足以下两个条件:一是测量面要稍大于感兴趣的重构面;二是测量面要能测量到该区域的峰值,这样做有利于提高迭代的收敛速度,节省计算时间。

2.阵列测量技术与可视化结果表示

从原理上说,声全息技术的实现可以分为基于传声器阵列的声压测量技术、声场重构算法和结果的可视化表示 3 个环节。其中,声场重构算法是声全息技术的核心。严格来说,以上介绍的主要是各种声场重构算法,现在介绍另外两个环节。

（1）阵列测量技术。阵列是指一组在空间固定分布的传声器，具有一定形状，通过它们对空间声压场进行测量。一般选用电容式声压传声器，测得的电压数据经 A/D 转换离散成数字信号，存储在计算机中。根据声场的时间特性，对于稳定声场，为节约成本可以采用扫描法；而对于瞬态声场，必须采用平面阵列拍照采样，即快照法。根据测量距离的远近可以分为近场测量法和远场测量法。

扫描法采用少量传声器，按照一定方向移动，分多次测量获取声压数据。根据噪声源的形状，分为直线扫描和球面扫描。张德俊等人研制出一套在空气中使用的线阵扫描实验系统，使用 32 个驻极体传声器组成稀疏矩阵，对圆钢板和编磬振动进行了实验研究。

快照法采用平面接收阵，一次测量完成声测量速度快，效率高，特别适合于瞬变声场。需要传声器多达数百个，甚至上千个，使得整个测量系统造价太高。对于稳定声场，选用扫描法是合适的。B&K 公司开发的 PULSE 系统就采用了大阵列进行快照法测量，其开发的阵列有矩形和圆形等多种。

近场测量是在紧靠被测物体表面的测量面上记录全息数据。由于测量面紧贴物体表面，所以除了记录传播波成分外，还能记录空间频率高于 $2\pi/\lambda$ 的随传播距离按指数规律衰减的倏逝波成分，可获得不受波长 λ 限制的高分辨率图像。

远场测量是指在距离声源较远位置测量声压，该距离通常远大于分析声波波长，记录不到倏逝波成分，因此分辨率受波长的限制，不适合高分辨率的场合，但可以对火车或汽车等尺寸较大的物体进行噪声识别。这种方法对识别、判断和控制对远场有贡献的主要声源很有效。杨殿阁利用远场测量法对汽车噪声源识别进行了较详细的研究。

（2）结果的可视化表示。将声场的重构结果表示成可视化的图形，有便于对声源进行定位和量化。一旦有了这种图形化结果，就不需要"听"声音，可以直接"看"声音。重构的声学量包括声压、法向振速和声强。重建图主要有三维分布图、等值线图、剖面图、矢量声强图、动画等，其中，动画可以动态地显示一段时间内某些频带的声场重构图。通过声压场等值线图，可以很方便地看出哪里是最大噪声源，即"热点"。声压是标量，它反映了在空间指定点的总压力波动情况，与环境因素有关，也与人们主观感觉到的声压不同。辐射体表面瞬时法向振速场反映了空气微粒的脉动速度，和物体的表面辐射效率有关，通过它可以监测辐射体表面关键点的振动状况。矢量声强图清楚表明了声能的流动方向，可用于识别发自物体表面某声源的声强（矢量）流，它对于声强的"热点"和声强矢量的变向区，即正声强（声源）和负声强（汇）的快速识别特别有效。声强场也可以采用流线来表示，这样有助于更好地理解声能量的流动。类似于声压等高线图，流线场的方向代表能量流动方向，线条间距表示能量的强度，它比传统的矢量声强图更具表现力。

3.基于声全息的故障特征提取

基于上述分析，由于这些方法仅采用几只传声器，获取的声场信息十分有限。为了能更全面地利用噪声信号提取机械设备的故障特征，需要采用基于声全息的故障特征提取技术。

根据故障诊断原理，基于声全息的故障诊断技术可以简单描述如下：第一步，利用传声器阵列进行数据采集，测量辐射体的外部声压场。第二步，利用声全息技术重构辐射体的外部声场，一旦准确地重构出辐射体的外部声场，就可以容易地获取声源的个数、位置、幅值、频率等故障特征。在重构的声强全息图上"热点"即对成着声源。根据"热点",可以确定出声源的个数和位置。通过等高线图或者强度图的颜色条,可以读出声源的强度。又因为全息图是在频域进行声场重构的,所以全息图还包含了噪声的频率信息。因此,声全息图蕴含了丰富的特征信息,有许多是振动信号所不具备的,特别是源的位置信息。第三步,在得到全息图之后,首先将其划分网格并制作成为灰度图,储存在计算机中。经过大量实验,分别获取机器在良好工作状态下和故障状态下的声全息图像,建立基于全息图的正常状态与故障状态的模板库立故障特征映射表。将机器实时采集的状态与这些模板进行比较,就可以判定机器的运行状态。第四步,结合机器的一些特征参数,参照故障特征映射表就可以进行诊断决策,判定出机器的故障类型。

　　基于声全息的故障诊断技术实施过程如图 6-27 所示。首先,进行声压场测量,可以利用传声器阵列一次性获取一段时间内整个测量面上声压信号。然后,从中抽取一个通道的时域信号进行频谱分析。一般选择阵列中间的那个通道进行分析,具体实施时采用 FFT 来计算信号的频谱。随后,从计算出的频谱中找出若干特征谱线或者选择若干特征频带,利用声全息对这些频段进行声场重构。如果选择重构某个频率下的声场比较容易,一次就可以重构出声强全息图;如果选择宽频信号,需要进行多次循环,每次循环递进一倍频率分辨率,循环结束后叠加求出总的声强全息图。可以采用声强作为特征信号来进行故障特征提取:一方面是因为声强是物体辐射声能量的量度,另一方面是因为声强比声压更稳定。

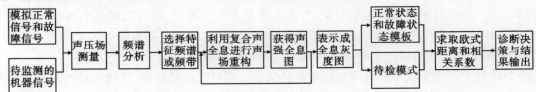

图 6-27　基于声全息的故障诊断技术实施过程

　　为了便于计算机处理和各系统之间的交流与共享,需要将重构的声强全息图表示成灰度图像文件存储(BMP 格式的图形文件)。按照重建网格密度划分成相等面积的小矩形,在每个矩形内填充不同灰度的颜色,灰度值的大小反映了该网格内幅值的大小。在 MATLAB 中,灰度图采用 8 位无符号整数表示,所以数值的取值范围是 0～255。对于一个特定的工业机械噪声环境,它的声强级的动态范围不会超过 30 dB(±15 dB),即声强级的波动值最大为 15dB,所以结果可以表示成声强级。取机器正常运行时的平均声强级为基准,减去 15 dB 作为灰度图的最小声强级,加上 15 dB 作为灰度图的最大声强级。例如,一台机器正常运转时的声强级为65 dB,在故障状态下,其声强级可能增加到 80 dB,也可能减小到 50 dB。所以,灰度图的最大、最小值分别设定为 50 dB,80 dB。在 MATLAB 中,最小值对应零,最大值对应 1。所以,声强级换算之后,还需进行归一化处理。具体实施时,首先需要计算各像素点处的声强级,然后计算相对声强级,再转换到相应的动态范围,并实施归一化,就可以得到各像素点的灰度值,最后结果表示成声强级的全息灰度图。在这些声强级全息灰度图上,黑点代表声源,从而可以获取黑点的个数、位置、强度等信息。将按照上述步骤制作的全息灰度图依据相同的格式,保存成模板。针对不同的频率,制作一系列模板。

　　可以在实验室模拟一系列正常状态和故障状态,采集各状态下的声压数据,按照图 6-22 的步骤建立全息灰度图模板库。同样地,将待监测的状态也表示成全息灰度图。将待监测的全息灰度图与标准模板进行比较,求取它们之间的差值进行状态识别。它们之间的差值等于两图之间的声强级差,在这里称为差值全息图,定义为

$$L_{ij} = |\tilde{A}_{ij} - A_{ij}| = 10\lg(|10^{\frac{\tilde{I}_{ij}}{10}} - 10^{\frac{I_{ij}}{10}}|) \tag{6.1}$$

式中,$\tilde{A}_{ij}$ 表示待监测的全息灰度图中(i,j)格点处的灰度值;A_{ij} 表示标准模板的全息灰度图中(i,j)格点处的灰度值;$\tilde{I}_{ij}$ 表示待监测的全息灰度图中(i,j)格点处的声强级值;I_{ij} 表示标准模板的全息灰度图中(i,j)格点处的声强级值。按照式(6.1)计算出两图之间的声强级差,然后按照图6-24的步骤,转换成差值全息图。从声强级差全息图中,可以清楚地观察到待监测状态与各标准横板之间的差别。利用该图,可以观察到差别的大小以及分布,非常直观。"最小的差别"意味着两种状态最接近,利用这一最直观的办法,就能判别出待监测的状态,提取出故障特征。

除此之外,作为声强级差全息图的补充,还计算了待监测状态与标准模板两个图像之间的二维相关系数。二维相关系数和声强级差全息图的作用是不同的:二维相关系数描述了两幅图像之间的相似程度;而声强级差全息图描述了待监测状态与标准模板之间的声强级之间的差值。因此,依据最小的声强级差和最大的相关系数最终可以确定待监测的状态,提取出故障特征。进一步结合机器的某些运行参数,就能进行故障诊断。

4. 应用案例

实验配置如图6-28所示。采用2个音箱模拟噪声源,标记为声源A和B。它们被布置在同一平面,但位于不同高度并分开一定距离。以传声器阵列的中心位置为基准,确立水平坐标x轴和竖直坐标y轴的原点,以音箱表面为测量坐标z轴的原点建立直角坐标系。两个音箱的位置坐标分别为$(-0.3\text{ m}, 0.2\text{ m}, 0)$、$(0.1\text{ m}, -0.1\text{ m}, 0)$。传声器阵列为网格形式,由30个传声器(5×6)组成。阵列的外围尺寸0.6 m×0.5 m,传声器间距为0.1 m、0.2 m不等。传声器阵列距离音箱表面的距离$z=1\text{ m}$,重构距离为$z=0.2\text{ m}$。采用Muller-BBM公司的32通道数据系统采集声压数据,见图6-28左下角。采样频率设为16 384 Hz,数据长度为10 s。利用两个信号发生器发出信号,频率分别为1 500 Hz、1 700 Hz,经功率放大器放大后驱动音箱发声。利用上述系统采集数据,然后应用复合声全息算法进行处理,声场重构结果如图6-29所示。

图6-28　实验配置图

从如图 6-29 所示的声压等值线图中,根据"热点"位置可以很容易识别出两个声源的具体位置。与事先测量的位置坐标对比,发现其中一个声源定位准确,另外一个声源在 x 轴方向差别 0.03 m。这种定位误差在工业现场相对于大中型机械设备还是可以接受的。对于幅值重构的准确度,由于无法准确计算两个音箱辐射声压的数值,所以采用了实验现场测得的 A 计权声压值作为参考来验证声场重构结果。实验测得音箱表面声压值为 1 03dB(A),阵列中心传声器前声压值为 93 dB(A)。重建面与音箱表面的距离为 0.2 m。对重建面上左边音箱对应位置处的声压级进行插值,计算结果为 99.9 dB(A)。再结合声源频率对计算结果进行 A 计权修正,结果为 98.9 dB。运用复合声全息技术重构出左边音箱前 0.2 m 处声压,幅值为 98 dB。理论值与重构值差值为 0.9 dB,在工程误差范围内。

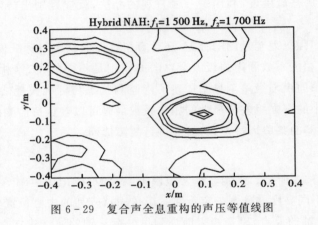

图 6-29　复合声全息重构的声压等值线图

实验结果表明,幅值和定位实际误差都在允许范围内说明该复合声全息技术较好地描述了两个音箱的辐射声场。实验中声源的位置与仿真中的条件并不完全相同,但同样可以取得令人满意的结果,说明该技术具有较好的稳健性。实验中只采用了 30 只传声器,因此取得这样的精度还是可以接受的。而实验中测量距离为 1 m,这样的测量距离在现场应用更方便、更安全。

第七章　油液分析技术

机械零部件的失效是影响机器正常运行的主要障碍之一。在任何机械系统中,相接触的金属零件间的相对运动,往往都会伴随发生磨损。机械零部件的失效主要有磨损、断裂和腐蚀等 3 种方式,而 80% 的机械设备失效是磨损失效,而且摩擦消耗的能源占总能源消耗的 1/3～1/2。为了减少机械设备中作相对运动部件表面之间的摩擦和磨损,通常是向运动表面之间加入润滑剂。摩擦副的性质及其表面之间的润滑剂是决定机械磨损过程中能源消耗和磨损情况的两大要素。由于运动件的表面磨损,会产生磨屑微粒,并且进入机械的润滑系统中。大多数磨屑微粒在油液中呈悬浮状态。此外,油液中还有空气和其他污染源中带来的污染物颗粒。磨屑和污染物颗粒的总数往往高达每毫升 10^{12} 颗,微粒尺寸由于各种机械的工作状态不同其大小从数百微米至数十纳米。这些微小的磨损颗粒带来了机械设备失效和故障的重要信息。

目前,油液分析技术所采用的较为广泛和有效的技术手段主要涉及理化性能分析和磨损微粒分析(磨粒分析)两大技术领域。前者通过监测由于添加剂损耗和基础油衰变引起油品物理和化学性能指标的变化程度来检测机械设备的润滑状态和识别机器因润滑不良引起的故障;后者通过对油中携带的磨损微粒的尺寸、形貌、颜色和浓度等性态的观测来实现对机器摩擦状态的有效监测和诊断。实际上,在发展上述两类表面似乎截然不同的技术的同时,人们已注意到,所监测的对象在油品变质和摩擦产物方面有着密切的相关性。也就是说作为载体的润滑油,其性能的劣化,一方面可能是润滑油劣化的原因,另一方面可能是机器磨损的结果。同时,磨损微粒的产生,一方面可能是机器本身某种不正常状态导致磨损,另一方面可能仅是由于润滑油劣化。两者具有互为因果的内在联系,因此缺一不可。

第一节　油液分析的技术基础

一、油液分析的含义

油液分析技术,或简称为油液分析,是现代化工业不断发展的产物,是一种有效的机械工况监测和故障诊断方法,它通过对运行设备在用润滑油的代表性油样进行检测与分析,获得有关油品性能指标变化以及润滑油中污染和变质产物的宏观或微观物态特征变化信息,进而分析设备润滑与磨损状态,最终确定设备相关故障的发生机制。

众所周知,在机械设备中,摩擦副的相对运动会产生摩擦磨损。因此,零部件的磨损是最常见、最主要的失效形式。油液分析技术将采集到的设备润滑油或工作介质样品,利用光、电、磁学等手段,分析其理化指标、检测所携带的磨损和污染物颗粒,从而获得机器的润滑和磨粒状态的信息,定性和定量地描述设备的磨损状态,找出诱发因素,评价机器的工况和预测其故障,并确定故障部位、原因和类型。这就是油液分析技术的技术内容和宗旨。

对油液分析不能仅认为是理化性能分析和磨粒分析的简单组合,而应视为是利用润滑剂(或工作介质)这一机械磨损信息载体,对机器的摩擦学系统所产生的故障实施诊断的方法与技术。理化性能分析主要对摩擦学系统中的润滑剂的状况作出描述。磨粒分析主要对润滑系统中的磨粒、污染物颗粒和腐蚀产物进行分析与识别,侧重于揭示摩擦学系统中摩擦副的磨损状态。但摩擦学研究表明,润滑剂衰败与摩擦副磨损不是彼此孤立的现象,而是相互影响而又互为因果的两个方面。通常,润滑状态的恶化必然导致磨损加剧;反之,摩擦副的失效也会污染和促使润滑剂性能发生变化。因此,润滑剂变化与摩擦副的磨损是相互联系的,不应只重视某一方面而相互孤立地分析和考察润滑剂性能衰败与摩擦副磨损的问题。"油液"两字体现了从在用润滑剂这一信息载体着手,"分析"两字既包含对润滑剂的性能进行监视与分析,又包含对润滑剂携带的磨粒(或污染物颗粒、腐蚀产物等)进行检测与识别。应用油液分析技术必须从系统工程的理念出发,以在用润滑剂为信息载体,开展机械摩擦学故障的综合监测与诊断。

二、润滑油的失效机理

1. 润滑油的组成

润滑油由基础油和各种添加剂组成,其中基础油又可分为矿物油和合成油两大类。

(1)基础油。基础油是润滑油润滑脂的主要组成部分,既是润滑油润滑脂添加剂的"载体",同时也是润滑的主体。润滑油性能能否正常发挥基础油品质起决定性作用。20世纪50年代,对基础油的要求是正确合格的黏度和不含酸性组分。而到了20世纪60年代,则由于添加剂的使用,基础油降级成溶剂或添加剂的载体。20世纪70年代出现合成油,但价格高昂阻碍市场接纳。20世纪80年代西方出现深度精制矿物油。20世纪90年代后随着工业的发展,对润滑油使用性能的要求日益提高,对环境安全标准的要求提高了,这导致合成油获得接纳和认可。2000年后,新的润滑油日益以基础油为表征,很少以其化学添加剂为表征,相对较高的价格也逐步被客户接受,而这些客户将从产品的长周期和系统费用降低中获益。目前西方合成油的销售额已超过传统的矿物油。

合成基础油是通过化学合成方法制备而成的,具有预定的物理和化学性质的化合物,大部分合成油需要添加剂。

合成油优点:高的燃点和较好的防火和抗燃性、低的倾点-较低的低温泵送性和润滑性、高的黏度指数、较好的氧化稳定性、较好的润滑性和低摩擦、稳定的黏度、较低的挥发性、长的换油期。

合成油可能缺点:高的价格、有害物质排放与处理、毒性、与橡胶密封件的适应性、与其他流体的可混合性。

(2)添加剂。溶解或悬浮在油里的有机和无机化合物,含量为 0.1%～30%,润滑油中典型的添加剂见表 7-1。添加剂有表面保护添加剂(抗磨和极压、减磨剂、清净剂、分散剂、抗腐蚀锈剂)、流体保护添加剂(抗氧剂、抗泡剂)和性能改进添加剂(黏度指数改进剂、抗乳化剂、增乳剂、倾点改进剂)。

表7-1 润滑油中常见的添加剂

添加剂	齿轮油	液压油	发动机油
抗氧剂	有	有	有
防锈剂	有	有	有
抗泡剂	有	有	有
极压剂	有		
抗磨剂		有	有
清净剂			有
分散剂	*		有
黏度指数改进剂		*	有
抗乳化剂	有	有	
体积/(%)	3～10	2～10	10～30

通过给润滑油附加添加剂,可以实现如下作用:可减少有害沉积物的形成与聚集,保持润滑部件的清洁;中和油品使用中生成的酸性物质,减少部件的锈蚀和腐蚀;抑制油品的氧化,延长油品的储存和使用寿命;提高润滑油的黏度指数,改善油品的黏温性能;降低油品的凝固点和倾点,改善油品的低温使用性能;减少油品的发泡倾向;提高油品的黏附能力,改善油品的滞留时间,减少油品的流失和飞溅;能使油水形成稳定的乳液或促使油-水分离。

在基础油和添加剂的理解上还需要注意以下几点:①并不是简单地将添加剂加入油中就可以得到相应地产品;②不同添加剂之间可能发生未知的作用;③添加剂也不是越多越好,也有一个适当的量;④润滑油质量的好坏不仅仅取决于添加剂的配方是否合适,基础油的性能对成品润滑油的性能至关重要。

因此,针对润滑油的使用,要充分认识到即使是新的润滑油也不见得是干净的,不同类型的设备对添加剂的要求是不同的。

2.设备的磨损机理

两个相互接触的物体,在外力的作用下发生相对运动,或者具有相对运动的趋势时,在接触表面之间将产生阻止其发生相对运动或相对运动趋势的作用。这种现象称为摩擦。摩擦、磨损与润滑是一种普遍存在于人类生产和生活中的现象,对社会物质生产和精神生活有极其深远的影响。作为摩擦学的3个主要分支或三部分的摩擦、磨损和润滑,尽管有各自独立的理论内容和实验方法,但相互之间有着密切的联系。

(1)润滑。将一种具有润滑性能的物质加入摩擦副表面之间,以降低摩擦、减轻磨损。润滑的目的是在摩擦副表面间加入润滑剂,形成润滑膜,降低摩擦阻力、减少表面磨损,延长使用寿命,保证装备的正常运转。

根据摩擦副之间的润滑条件,设备的润滑状态分为边界润滑、混合润滑和流体动力润滑3种。一般说来,润滑状态对发生哪种磨损形式磨损有着很大的影响。试验证明,边界润滑状态下发生黏着磨损的可能性大于流体动压润滑。在润滑油中加入油性和极压添加剂能提高润滑油膜吸附能力及润滑油膜强度,因此能成倍地提高抗黏着磨损能力。

(2)磨损。磨损指摩擦体接触表面的材料在相对运动中由于机械作用,间或伴有化学作用而产生的不断损耗的现象。磨损是指零部件几何尺寸(体积)变小。磨损是伴随摩擦而产生的必然结果,它是相互接触的物体在相对运动时,表层材料不断发生损耗或产生残余变形的过程。因此,磨损不仅是材料消耗的主要原因,也是影响机器使用寿命的重要因素。材料的损耗,最终反映到能源的消耗上,减少磨损是节约能源不可忽视的一环。在现代工业高度自动化、连续化的生产中,某一零件的磨损失效,就会影响全线的生产。因此,人们十分关注磨损的研究。机械设备磨损按运动寿命可分为磨合磨损、正常磨损和异常磨损(非正常磨损)三个阶段。

机械零件的正常磨损过程大致可分为 3 个阶段(见图 7-1)。

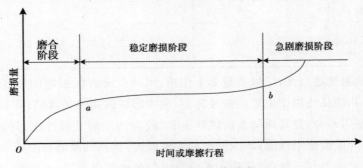

图 7-1 磨损的三个阶段

1)"磨合"阶段。磨合亦称跑合。系指摩擦副在一定载荷作用下,摩擦表面逐平、实际接触面积逐渐增大的初始工作过程。磨损速度开始很快,然后减慢,如图 7-1 所示的 Oa 线段。

2)"稳定"磨损阶段。经过"磨合",摩擦表面加工硬化,微观几何形状改变,从而建立了弹性接触的条件。这时磨损已经稳定下来,被磨去的磨损量与时间成正比增加,如图 7-1 所示的 ab 曲线段。

3)"急剧"磨损阶段。"稳定"磨损阶段以后,由于摩擦条件发生较大的变化(如温度的急剧增高、金属组织的变化等),磨损速度急剧增加。这时机械效率下降,精度降低,出现异常的噪声及振动,最后零件完全失效,如图 7-1 所示 b 右面的曲线。

根据前面所述的磨损定义,磨损的本质应该是材料表面物质在位置上的转移,其过程会伴随着表面化学成分或金相结构的变化。作为两个相互摩擦的磨损表面而言,这种转移有 3 种可能性:①材料在一个磨损表面自身上的转移,表现为金属表面材料的变形和流动;②材料在两个磨损表面之间的转移,如黏着磨损就属于这种情况;③材料从磨损表面脱落下来成为游离状态的物质。它们往往或单独或不同程度地同时发生。因此。最终的表现结果是磨损表面和磨损颗粒的形成,而且分别具有空间和时间的属性。

(3)磨损的分类及机理。磨损的分类方法有按磨损形式分和按磨损机理分两种。磨损形式指的是磨损表面的宏观形态或者说是模式,而磨损机理是磨损的微观机制或说是过程。两者在概念上有本质的区别,然而同时又有着深刻的内在联系和因果关系。按照表面破坏机理特征,磨损可以分为磨料磨损、黏着磨损、表面疲劳磨损、腐蚀磨损和微动磨损等。

1)磨料磨损。物体表面与硬质颗粒或硬质凸出物(包括硬金属)相互摩擦引起表面材料损失。它是最普遍的磨损形式。一般来说,磨料磨损的机理是外界硬颗粒类似机械研磨中磨料的犁沟作用,即微观切削过程。磨料磨损也因此得名。显然,磨料相对于材料的硬度和载荷起着重要的作用。磨损表面会产生划痕、犁皱、擦伤或微切削的形貌。最常见的磨料磨损,如犁耙的磨损、掘土机铲齿的磨损、矿石粉碎机的磨损以及水轮机叶片的磨损等

2)黏着磨损。摩擦副相对运动时,由于互相焊合作用的结果,造成接触面金属损耗。当具有一定粗糙度的摩擦副表面相互接触时,实际发生的是点接触。在相对滑动和一定载荷作用下,接触点发生塑性变形或剪切,表面膜破裂,摩擦表面温度升高,接触点表层金属软化或熔化,继而产生黏着。经过黏着—剪断—再黏着—再剪断的循环过程,形成了黏着破坏(或黏着磨损),如图7-2所示。有油的表面,要在油膜破裂后才可能发生黏着;无油的表面,也只有表面污染膜失效后,金属才能直接黏着。黏着和剪切的循环过程就是质地松散的黏着磨粒的产生机理。

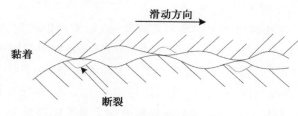

图7-2 黏着磨损的发生

3)表面疲劳磨损。表面疲劳磨损是指摩擦表面在周期性载荷的作用下,其接触区产生很大的变形和应力,并形成裂纹而被破坏的现象。两接触表面在交变接触压应力的作用下,材料表面因疲劳而产生物质损失。疲劳裂纹一般是在固体有缺陷的地方最先出现。这些缺陷可能是机械加工的毛病(如擦伤)或材料在冶金过程中造成的缺陷(如气孔、夹杂物等)。裂纹还可以在金属相之间和晶界之间形成。

通常齿轮副、滚动轴承、钢轨与轮箍及凸轮副等零件比较容易出现表面疲劳磨损。

4)腐蚀磨损。摩擦副运动过程中,其材料表面与周围环境介质(如空气中氧或润滑油中的酸等)发生化学作用或电化学相互作用,因而在一个或两个表面上生成化学反应物,这种化学反应物通常与表面黏附不牢,因而继续摩擦就会分离。这一过程重复进行,引起材料脱落,这种磨损称为腐蚀磨损。

5)微动磨损。两接触表面间没有宏观相对运动,但在外界变动负荷影响下,有小振幅的相对振动(小于 $100 \mu m$),此时接触表面间产生大量的微小氧化物磨损粉末,因此造成的磨损称为微动磨损。微动磨损是一种典型的复合式磨损,在微动磨损过程中,如果两表面之间的化学反应起主要作用,则可称为微动腐蚀磨损。微动腐蚀磨损将显著地使表面层质量变坏,如表面变粗、表面层内出现微观裂纹等都会使零件的疲劳强度降低。

在静配合的轴与孔表面,某些片式摩擦离合器内外摩擦片的接合面上,以及一些受振动影响的连接件(花键、销、螺钉)的接合面上等,都可能出现微动磨损。

在研究磨损形式时,既要考虑发生磨损的条件,也要考虑磨损形式的转换。只有完整地描述而不是用单一的术语才能准确地确定磨损类型。如"边界摩擦时弹性接触状态下的疲劳磨损"就指明了摩擦条件、接触条件及磨损类型。这种确认是比较全面的。同时,分析磨损形式时必须注意磨损类型的转化,因为磨损类型是随工作条件变化而转化。

(4)磨损产物及特征。机械摩擦副表面材料在不同磨损类型下所产生的磨屑,携带着与这种磨损类型相对应的鲜明特征。因此,磨屑或称磨粒与机械润滑系统中的其他微粒物质就成为油液监测所要采集信息的载体。

1)磨粒的形貌特征。由于机械设备摩擦副两表面的运动方式、载荷类型、磨损机理、摩擦副材质、表面形貌和破坏形式等方面的不同,其磨损类型也不同,而由磨损所产生的磨损颗粒也各不相同。各种磨损类型所产生的磨损颗粒都有其相应的形貌特征,所以通过磨损颗粒的形貌特征识别,就能确定设备摩擦副所发生的磨损类型。

a.正常磨损磨粒:运动中的两摩擦副表面在正常滑动磨损机理下所产生的磨损称为正常磨损,摩擦副表面的最外金属切混层(亦称毕氏层,是机械加工过程形成的)不同的设备其正常磨损颗粒的尺寸大小有所不同。

b.黏着磨损磨粒:黏着磨损产生的磨粒表面粗糙,通常可以看到滑动的条纹、严重拉毛、轮廓不规则,有时呈现出不同程度的回火色,甚至会出现两种材料的固相焊合现象。黏着磨损磨粒的尺寸范围大于 15 μm,长轴尺寸与厚度之比大约为 6:1～10:1。

c.疲劳磨损磨粒:摩擦副两表面作相对运动特别是滚动时,在交变接触应力的作用下,应力集中的区域会发生材料疲劳。所导致的摩擦副表面力学性能降低或材料内部原始缺陷引发了疲劳裂纹。当疲劳裂纹扩展至贯通时,使材料剥落。这种磨损形式称疲劳磨损。

d.磨料磨损磨粒:亦称为切削磨损。摩擦副两表面作相对运动时,由于硬质颗粒或硬的凸起的切削作用而造成摩擦副表面材料脱落的现象称为磨料磨损。其磨粒产生的机理与车床切削加工极为相似。

e.腐蚀磨损磨粒:摩擦副两表面在做相对运动时,因表面与腐蚀性介质接触发生化学或电化学反应所造成树料损失的现象称为腐蚀磨损。摩擦副两表面的机械摩擦破坏了金属表面层氧化膜的保护作用,使腐蚀性介质直接接触金属表面层而造成了材料的腐蚀。

f.铁的氧化物颗粒:铁的氧化物往往分为红色氧化物和黑色氧化物。红色氧化物是铁和氧在室温下化学反应的产物。

2)磨粒的材质特征。一般来讲,机械设备摩擦副的常见金属材料有钢、铸铁、铜合金、铝合金和巴氏合金等。因磨损所产生的磨粒自然具有与母材同样的材质特征。除了采用现代的微观观测技术,例如扫描电子显微镜的能谱分析,除可以准确地识别磨粒成分外,对其材质在合金属类上的区分,可以完全依赖它所表现出来的宏观视觉特征。这些宏观视觉特征包括磨粒的颜色、形貌、加热后表面颜色的变化、化学热侵蚀后的反应及其在铁谱片上的沉积性状等等。这些特征的捕获,要更多地依赖于本书后面章节中将要详细介绍的铁谱技术中所采用的各种方法。

3)污染杂质颗粒的特征。设备在运转过程中,其润滑油中除了有大量磨损金属颗粒外,还有润滑油的变质产物和润滑系统本身以及系统外界环境的各种污染物。这些污染物大多是弱磁性物质,依靠自身重力作用沉积,随机分布在铁谱片上。这些污染颗粒携带了许多润滑系统的故障隐患信息,是油液监测中不可忽视的重要目标。通过对这些油品变质颗粒、污染颗粒的分析、识别,能及时了解设备的润滑、污染状况。推行设备润滑管理的污染控制理念就是要在磨损故障发生之前就将导致磨损故障的主要隐患之一即污染消除掉,这也是油液监测技术在实际应用上的一大发展,润滑油中的污染杂质种类繁多,特别是在工矿企业的实际监测过程中会遇到极为复杂的污染背景,识别污染杂质的方法主要靠平时工作经验积累。

3.润滑油的失效与危害

润滑油在固体颗粒、空气、水分、热、催化剂等外界因素的作用下会产生氧化、聚合、碎化、蒸发、水解等失效形式,主要包括固体颗粒污染、氧化失效和水分污染 3 种失效原因。

(1)氧化失效。润滑油氧化机理非常复杂,它与润滑油的温度、介质、金属催化物等有关。氧化失效通常通过间接的方式产生危害:黏度增加;产生漆膜、油泥,使零件间隙减小;产生各种酸,腐蚀零件表面;产生积炭,堵塞油路,加速磨损。

(2)颗粒物污染。润滑油内不应该出现的颗粒产物。主要有尘土、金属屑、焊渣、磨粒、金属腐蚀剥落物等等。颗粒产物的存在会产生如下危害:①加剧装备零部件的磨损;②卡紧、卡死活动部件,特别是液压系统的伺服机构。

(3)水分污染。由于热交换器漏水、轴密封漏水、蒸汽冷凝、油箱吸潮、温度改变等原因会使润滑油中出现不同程度的水污染。润滑油中的水分可能以游离水、溶解水和乳化水的形式存在,并会严重影响润滑油的使用寿命,如图 7-3 所示。

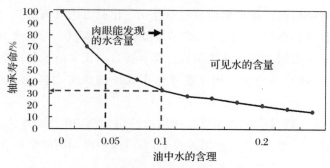

图 7-3　水分含量对轴承寿命的影响

1)对基础油的影响:①通过水解和氧化形成酸,稠化润滑油,生成沉积物;②通过乳化作用使润滑油黏度增加,油性下降;③通过气化形成气泡;④影响电介质效果,减低油的绝缘性能。

2)对添加剂的影响:水分通过水解、冲洗和电介质化来攻击大多数的添加剂,使之失去原有性能和形成有害的物质(如酸和微生物)等。

3)对装备的影响:使油膜强度丧失,通过腐蚀和穴蚀零件表面形成沉淀物并可能造成过滤器堵塞等。

三、润滑油失效的判定方法

油液监测技术包括对油液本身的物理化学性能分析和对油液中磨粒分析技术两大部分。迄今为止,一个比较成熟和完整的油液监测系统基本由润滑油常规理化分析、原子光谱分析、红外光谱分析、铁谱分析、颗粒计数等五项主要技术所组成。

1. 润滑油的分析过程

润滑油的分析主要经过油样的采集和油样的分析两个过程,如图 7-4 所示。

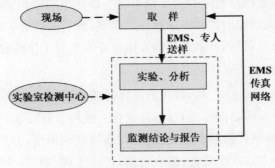

图 7-4 油液分析的一般过程

在进行油样的采集时,必须注意以下几点。

(1)在装备正常运行时取样,如不能在开机状态下取样,应在停机后立即取样。

(2)取样频率应该比较稳定。

(3)应该采用专用采样工具,保证取样瓶、取样工具清洁。

(4)对设备进行连续相关的油液分析任务时,取样位置必须固定。

2. 理化性能检测

润滑油的理化性能检测是指采用油品的物理化学化验方法对润滑油的各种理化指标进行测定。在针对机械设备诊断这一特定目标时,需要分析的项目一般为黏度、水分、闪点、酸度(值)和机械杂质等。各类润滑油在这些项目上都有各自的正常值控制标准。

(1)油品的衰化。油品的衰化指由于温度作用或滤清效应,其黏度、密度、酸值等发生改变,造成油品的衰化。

(2)添加剂的损耗。润滑油中常加有各种用途的添加剂,用于抗磨、抗氧化等。这些添加剂中常含有 Ba,Ca,P,Zn 等元素,在使用过程中,润滑油中添加剂的消耗会产生含有相应元素的化合物。

(3)油液污染。润滑油在使用过程中,不可避免地会受到外界污染和生成有害物质。这些物质可能会影响油液性能。如果油品中发现某些相关元素含量突然增加,则标志着油品可能被污染。

3. 润滑油颗粒检测

油液中颗粒检测主要包括以下几项内容:①化学成分,用以判断设备异常情况发生的部位和磨损的类型;②浓度含量,用以判定磨损的总量程度,预测可能的失效和磨损率;③尺寸大小,用以判断磨损的严重程度和磨损类型;④几何形貌,用以判断设备摩擦副的磨损机理。

(1)颗粒计数。颗粒计数是评定油液中固体颗粒(包括机械磨损微粒)污染程度的一项重要技术。它的特点是把油样中的颗粒进行粒度测量,并按预选的粒度范围进行计数,从而得到有关颗粒粒度分布方面的重要信息。通过与标准对比,获得对油液污染度的评价。起初主要依靠光学显微镜和肉眼对颗粒进行测量和计数,现在则采用图像分析仪进行二维的自动扫描和测量。但这都需要首先将颗粒从油液中分离出来,并且分散沉积在二维平面上。随着颗粒计数技术的发展,各种类型先进的自动颗粒计数器的研制成功,它们不需要从油液中将颗粒分离出来便能自动地对其中的颗粒大小进行测定和计数。

(2)原子光谱分析。常用的原子光谱分析技术有原子发射光谱技术、原子吸收光谱技术、X 射线荧光光谱技术等等。在油液监测范畴里的原子光谱分析,主要是以原子发射光谱法为主要手段。原子发射光谱是物质原子受到电弧、火焰等能量的直接激发,继而发射出光子所形成的可见光谱。每个元素受激后发出的光,有其固有的波长(即特征光谱线),这是发射光谱分析的定性依据。光的强度则是定量基础。

(3)铁谱分析。铁谱分析技术是利用高梯度强磁场将机器润滑油中所含磨损微粒按其粒度大小有序地分离出来,通过对磨粒形态、大小、成分、浓度和粒度分布等方面进行定性定量观测,得到有关摩擦磨损状态的重要信息。

铁谱分析的创新之处在于它能鉴别机械摩擦副在不同磨损状态下所产生的各种特征磨损微粒。它着重于对金属磨粒的形貌、大小及成分的微观分析,直观地获得机械主要摩擦副表面的磨损情况。当磨粒的大小在数微米以上时,应用铁谱技术判断故障。其优越性得到了很好地体现。

(4)红外光谱分析。利用红外光谱分析技术可获知润滑油中水分、积炭、硫化物、氧化物和抗磨剂等的变化。从广义上讲,各种电磁辐射都有光谱。由原子的核外电子能级跃迁所形成的光谱,属原子光谱,而由分子的振动——转动能级跃迁形成的光谱,为分子光谱。因其波长通常出现在红外区段,故称作红外光谱。对在用润滑油进行红外光谱分析,正是利用这一原理实现对油液中各种分子或分子基团性质及状态的评定。传统的油液理化分析,主要从油液的物理化学参数予以表征其状态,如黏度、水分、闪点等。这些分析方法和结果表达形式已为人们所接受,但实际上这类定量数据只是反映了油液性能变化的宏观表现,没有涉及油液内不同分子结构物质的变化内因。油液红外光谱分析可以实现这一目标。其常用的表征参量为:氧化、硝化、硫酸盐、抗磨剂损失、燃油稀释、水污染和积炭污染等。近年来,红外光谱技术在美国军方引起重视和得到积极应用的原因,不仅是红外光谱分析具有其独特的作用与意义,更主要的是红外光谱仪得到了巨大的发展,分析方法和标准逐渐成熟。

四、油液分析技术在工程领域中的地位

众所周知,在设备的磨损故障中,润滑不良是导致磨损失效的主要原因。随着设备现代化程度提高,对设备的可靠性、耐久性提出了更高的要求。油液分析技术经过多年的发展,已成为设备诊断的重要手段。

1. 在设备维修管理中的作用

设备诊断技术历史久远,一定意义上是源于设备维修管理的需要。从人类创造和利用机器设备进行生产开始,就有了手摸、耳听所以及使用一般的仪表去掌握机器运行状态的原始设备诊断方法。随着生产技术的不断提高,到 20 世纪 60 年代末,由于传感器技术、动态测试技

术以及信息处理技术的迅速发展和应用,诊断技术也从原来的简易诊断阶段进入到现代化的精密诊断阶段,在 20 世纪 70 年代基本上形成了独立完整的设备诊断工程体系,开始在工业生产中得到广泛的应用。在信息采集上,它利用现代传感技术在某种程度上替换人类的感官,捕捉来自振动、噪声、压力、温度、辐射等信号,在信息转换上,它利用超声波、声发射、光谱、铁谱、红外等检测手段,实现了对原始信息的辨识;在信息处理上,采用计算机技术弥补了人类在数值处理上的低效和不足,发展了逻辑诊断、函数诊断、统计诊断、模糊诊断、状态空间检测以及信息融合等方法。这些方法和手段构成了设备诊断工程的主要研究内容和发展方向,将具有古老传统历史的设备维修与管理推向更高的层次。油液分析技术作为设备诊断工程中的重要组成部分,直接推动了设备维修管理的发展并赋予其新的内涵,使设备维修管理有可能在经历了事后维修、定期预防维修的历程后,向状态维修、预知维修乃至主动预防性维修(Proactive Maintenance)等新阶段发展。

2. 油液分析技术与摩擦学故障的联系

摩擦学故障是机器中摩擦学系统的构成元素经摩擦学行为作用的结果,摩擦学故障分为摩擦副磨损和润滑剂失效这两大类。因此,油液分析技术应用是摩擦学故障诊断中的主要领域。摩擦学故障的形成受到摩擦学系统诸多因素的影响。其中工作负荷(负载、速度)、运动方式(回转、往复、滚-滑、冲击)、作业方式(恒速、变速、频繁起停)、润滑方式(压力、飞溅、滴油、自润滑)、维修方式(事后、定期、监测)等是最主要的影响因素。这些因素的综合作用,导致了摩擦学故障的最终形成。在设计一台机器时,根据机器所赋予的功能,可以分析和推测机器发生故障的可能形式和表现,这称之为"正"问题分析法。

当机器投入运行后,采用油液分析方法获得摩擦学行为发生时所输出的信息,通过去伪存真,找出系统构成元素已发生或将要发生的故障,这称之为反问题分析法。

3. 油液分析技术与设备润滑管理

在设备运行环境恶劣的工矿企业中,油液分析技术担当着设备润滑管理的主要作用,如对新油的质量验收和对在用油的理化监控。这一应用,已做到了科学、合理、成熟和完善。具体作用有以下 3 种。

(1)对购进的新油进行质量把关,防止各类伪劣油品的购入,保证了设备正常润滑与运转的先决条件。

(2)在运行条件恶劣、污染程度高的工作环境下,对在用油进行理化监控,确定合理换油周期,并随时指导用油。

(3)通过对新油、在用油的监测,为现场选油、用油提供科学依据。同时对设备存在的故障隐患,做到早发现、早预防并及时采取有效措施,防止重大突发事故发生。

五、油液分析技术的发展趋势

油液分析技术的出现,起始于磨粒分析技术的需求和应用,而不是比磨粒分析技术古老得多的润滑油理化性能分析技术。磨粒分析作为设备故障监测的历史应上溯至 20 世纪 40 年代。1940年,美国在液压系统和航空飞机润滑油回油管路安装了磁塞或过滤器,发现了润滑油中的金属颗粒,第一次以磨损产物的形式为机械零部件磨损提供了视觉证据。美国铁路部门于1941年采用Baird公司生产的原子发射光谱仪对机车柴油机润滑油进行分析,通过油中的磨损金属颗粒浓度变化,判断机车内燃机的工作状态,预估发动机零件的寿命。1956年,美国海军航空兵采用同样方法监测战机,随后迅速被其他军队和工厂使用,并传播到欧洲各国。从此以后,美国及其他西方国家绝大多数公司都相继采用了油液监测技术,并逐渐从军工企业发展到汽车和其他运输业,现在已广泛应用在有润滑的动力设备和传动装置,诸如航空涡轮发动机和活塞式发动机、柴油机和汽油机、液压泵和液压马达、压缩机和液力系统、轴承和齿轮等。

20世纪50年代,色散型红外光谱仪开始用于油液分析,标志着红外光谱分析技术进入油液监测领域。

颗粒计数器产生于20世纪60年代中期,用来测量油液中颗粒的数量和粒度分布。主要有磁电型和光电型,但计数在当时不够精确。

20世纪70年代初,美国麻省理工学院W. W. Seifert和Foxboro公司的V. C. Westcott研究了机器润滑油中的微粒,提出了铁谱技术(Ferrography)的原理并研制了第一台分析式铁谱装置。铁谱技术的出现,为机械磨损监测诊断和磨损机理研究开辟了一个以磨粒为信息载体的研究、应用新领域。铁谱技术丰富了油液分析中的磨粒分析方法,推动了摩擦学的发展,产生了"微粒摩擦学"(Particle Tribology)的概念。

到了20世纪80年代,在大量有关设备监测诊断基本理论、技术方法及仪器装置的研发工作基础上,随着计算机技术、信号处理技术和图像识别技术的发展,相继出现了许多针对不同应用对象的新的磨粒监测方法。开发了直读式铁谱仪、旋转式铁谱仪、气动式铁谱仪以及各种在线磨粒监测仪,使磨粒分析技术的发展跨入了新的阶段。

在软件方面,加拿大太平洋铁路公司开发了油液监测专家系统。通过10年的运作,在北美地区推广实现了油液监测自动化。例如,1994年,该公司在亚特兰大展示了油液监测专家系统与振动监测的联合应用,成功地解决了美国某钢板连轧机组作为轧辊动力的液压泵预知性维修问题。

油液分析技术是伴随工业现代化而生的一门新的技术领域。因此它一直在两个方向上迅速发展,一个是它自身技术的不断开发和完善;另一个则是它在经济建设中应用的不断深入和广泛。在另一个发展方向上,现代科学技术特别是计算机和信息技术的飞速发展为油液诊断技术自身的发展提供了良好的契机。油液监测分析技术必将朝着集成化、智能化、在线化和网络化方向发展。其主要的研究方向可以分为基础研究和应用研究两个层面,具体有以下几方面。

(1)研究机器润滑系统中磨粒浓度的适用数学模型。这里包括磨粒生成机理、运动轨迹、工况变化时磨粒生成与损耗的动态过程等等。实现直接测量实际润滑系统中磨粒浓度的变化并找出其规律是很有价值的试验研究。

(2)研究多传感器信息融合思想在各油液分析方法之间和油液分析方法与其他监测方法(如振动监测、温度监测、性能参数监测等)之间的应用与发展,以提高油液分析的准确率。

(3)研发磨粒自动识别技术。努力将信息处理技术、计算机软硬件技术、人工智能和视觉工程的最新成果与之相结合。针对磨粒的特征,探索识别机制和方法。涉及油液监测智能化方面包括了磨粒定量分析、数据库、图像识别和人工智能诊断等。目前的研究热点主要集中在磨粒图像的自动识别和基于磨粒分析智能诊断系统开发上。磨粒识别是铁谱技术的核心内容,是油液分析技术中铁谱监测方法有别于其他油液分析方法的突出特点。自从 20 世纪 80 年代初 B. J. Roylance 和 G. Pocock 将图像处理方法技术应用到铁谱分析以来,近年已有不少研究者对磨粒图像的特征获取和分类进行了研究。

(4)开发油液分析诊断系统。尽管国内外都在积极开发基于油液分析的故障诊断专家系统,但真正能够应用于生产实践、对实际故障进行智能诊断的专家系统并不多见。其根本原因在于知识库的建立不完备,即获取的领域知识不够丰富。因此,要提高故障诊断专家系统的实用效率和智能化程度,迫切需要寻求到一种合理的获取领域知识和建立知识库的方法。这种方法应该立足于原始试验数据,既结合专家的经验知识,又经过周密的理论推导,这样建立的知识库才能具备较高的正确性和完备性。

(5)研发实用、新型、原理集成的在线监测仪器和技术。为了解决连续作业设备、关键设备和安全性要求高的设备的实时现场监测与诊断问题,油液分析技术研究和开发热点体现在对在线油液监测仪的研制上。在线自动化监测是油液分析用户追求的目标之一。"在线"的概念从传感器相对油路的关系划分,有 online 和 inline 两种,但本质上都必须包括在线取样和在线分析两个必要功能。对于大型的、相对固定集中的设备和连续生产线,人们总希望能进行实时、连续和自动监测。这样,对传统的离线监测手段提出了挑战,却为在线监测技术提供了广泛的用武之地,导致各类在线监测技术成为目前研究热点。在线监测及相关技术在其原理方面已经涉及机、光、电、磁、力、声等物理原理;在其制造方面综合了新材料、新工艺特别是计算技术的新成果。从一定意义上讲,在线油液分析技术代表了油液分析在工业应用中的最高水平。

(6)油液分析技术的网络化。近几十年来,各种学科交叉发展和信息融合,促使设备诊断技术由功能单一和集中向功能综合和分布发展,由地域集中向地域分布过渡。特别是计算机技术、微电子技术、网络通信技术、控制科学技术和检测技术的发展,给信息技术和自动化技术领域带来了前所未有的变化。

(7)建立基于油液分析的设备维修管理决策支持系统和作业优化控制系统。这是把监测、诊断、维修管理、作业控制相结合的发展策略,也是油液分析技术所努力追求的直接成为现代化经济建设、国防建设的技术手段的终极目标。

第二节 理化性能检测技术

一、润滑油的理化性能指标

油液理化性能监测主要是通过对其理化性能指标的检测来实现。油液理化性能指标按其反映油品性能的特征分类,主要有油液物理性能指标、油液化学性能指标和油液台架性能指标等三方面的内容。此处主要介绍前两者。

1.油液物理性能指标

反映油液物理性能的检测指标很多,主要从工矿企业油液监测和润滑管理的角度介绍对设备润滑状态有着直接影响的物理性能指标。这其中主要有:黏度、黏度指数、水分、闪点、凝点和倾点、机械杂质、不溶物、斑点测试、抗氧化性、抗乳化性、抗泡沫性、抗磨性和极压性能等。

(1)黏度。黏度源于液体的内摩擦。油液受到外力作用而发生相对移动时,油分子之间生产的阻力使油液无法进行顺利流动,描述这种阻力的大小的物理量称为黏度。黏度的度量方法有绝对黏度和相对黏度两大类。

(2)黏度指数。黏度指数是国际上广泛采用表示润滑油黏温性能的定量指标。黏度指数值高,则表示润滑油的黏温性能好;黏度指数低,则表示该种油品的黏温性能差。

(3)水分。润滑油的水分是指润滑油中含水量的多少,用重量百分比或体积百分比表示。其检测方法详见 GB/T 260—77。润滑油中的水分一般呈游离水、乳化水和溶解水三种状态存在。一般来说,游离水比较容易脱去,而乳化水和溶解水不易脱去。

润滑油中水分的存在,会造成润滑油乳化,不利于形成油膜,使润滑效率变差。水分在润滑油中不仅加速有机酸对金属的腐蚀作用,而且锈蚀设备,使油品容易产生沉渣。对于含添加剂的润滑油,若存有水分则危害更大。

(4)闪点。润滑油闪点是指在规定的实验重要依据下,将待测油加热,当它的蒸气与周围空气形成混合物时,与火焰接触发生闪火的最低温度,闪点的单位为摄氏度(℃)。闪点又分为开口闪点和闭口闪点。开口闪点用于重质润滑油和深色润滑油闪点的测定,闭口闪点用于轻质润滑油和燃料油的闪点测定,一般情况下,开口闪点要比闭口闪点高出 20～30℃。

闪点是表示油品的蒸发性和安全性的重要指标。润滑油变质,失去润滑作用,其闪点就会变化。

(5)凝点和倾点。润滑油的黏度随温度降低而变大,当油品变成无定形的玻璃状物质时,它就失去了流动性,这时的温度称为润滑油的凝点(并不是真的凝固了)。

1)凝点:润滑油在规定的试验条件下冷却,将样品试管倾斜 45°经 1 min 后试样液面不移动(并不是真的凝固了)的最高温度即为凝点。

2)倾点:润滑油爱规定的试验条件下冷却,每间隔 3℃检查一次试样的流动性直至试样能够流动的最低温度即为倾点。

(6)机械杂质。所有悬浮和沉淀于润滑油中的固体杂质统称为机械杂质。机械杂质主要来源于生产、贮存、使用过程中的外界污染、机器磨损和腐蚀污染,大部分情况下由粉尘、铁屑和积炭颗粒组成。

(7)不溶物。不溶物指标是指在用润滑油中不溶于正戊烷或甲苯溶剂的物质含量。不溶物的多少能反映在用润滑油的污染和劣化情况。不溶物按其溶剂溶解性分为正戊烷不溶物和甲苯不溶物两类。

(8)斑点测试。斑点测试的基本原理是在一张滤纸上滴上一滴在用润滑油品,观察油斑点的形状和颜色,以此判断油品的污染程度和清净分散性能。油斑点图像为几个同心圆,由内向外分别为沉积环、扩散环和油环。

(9)抗乳化性。乳化是指一种液体在另一种液体中紧密分散而形成乳状液的现象。它是两种液体的混合而并非相互溶解。影响润滑油抗乳化性能的主要因素有基础油的精制程度、油品污染程度和油品添加剂的配伍状况。对于调配好的成品油,使用过程中产生的机械杂质、油泥等污染物都会严重影响油品的抗乳化性。

(10)抗泡沫性。泡沫是气体分散在润滑油中的产物。润滑油产生泡沫现象主要有以下原因:机械设备在运转过程中,将空气带进油中而产生泡沫;润滑油中一些极性添加剂具有表面活性作用,促使油品产生泡沫;在用油中的油泥、胶质和其他污染物质都能促使油品产生泡沫;油品使用过程中老化变质,使油品表面张力下降,也促使产生泡沫。

油品的抗泡沫性用油品生成泡沫的倾向和生成泡沫后的稳定性来表示。泡沫倾向性愈小,泡沫稳定性愈差,表明油品的抗泡沫性能愈好。由于设备运行过程中不可避免地会在油中产生许多泡沫,故要求油品应具有良好的抗泡沫性。

(11)抗磨性和极压性。润滑油的抗磨性和极压性是衡量润滑油润滑性能的重要指标。抗磨性是指润滑油在轻负荷和中等负荷条件下,能在摩擦副表面形成润滑油薄膜以抵抗摩擦副表面磨损的能力。极压性是指润滑油在低速高负荷或者高速冲击负荷条件下,抵抗摩擦副表面发生烧结、擦伤的能力。

2. 油液化学性能指标的检测

开展设备油液监测必须了解和掌握的润滑油化学性能指标有总酸值、总碱值、防腐性、防锈性、氧化安定性和添加剂元素分析等。

(1)总酸值。酸值是指中和 1 g 润滑油中的酸所消耗的氢氧化钾的质量(毫克)。在润滑油的贮存和使用时,润滑油与空气中的氧发生化学反应,生成一定量的有机酸,这些有机酸会引起连锁反应。使油品中的酸值越来越大,引起润滑油的变质,造成机械设备的腐蚀,影响使用。因此酸值是鉴别油品是否变质的主要方法之一。一般变质油颜色变深,发生酸臭味。酸值也是评价润滑油防锈性能的标志。总酸值为中和1g油液试样中全部酸性组分所需的碱量,以 mgKOH/g 表示。

(2)总碱值。总碱值是指中和1g试样中全部碱性组分所需要的酸量,并换算为等当量的碱量,以 mgKOH/g 表示。

(3)防锈性。锈蚀是指金属表面与水分及空气中氧接触生成金属氧化物的现象。防锈性是指润滑油品阻止与其相接触的金属表面被氧化的能力。

(4)防腐性。金属表面受周围介质的化学或电化学作用而被破坏的现象称为金属的腐蚀。防腐性是指润滑油品阻止与其相接触的金属表面被腐蚀的能力。

润滑油对机械零部件的腐蚀,主要是油中活性硫化物、有机酸、无机酸等腐蚀性物质引起的。这些腐蚀性物质一方面是在基础油和添加剂生产过程中残留下来的,另一方面则是油品在使用过程中的氧化产物。为了保证油品不对机械设备产生腐蚀,腐蚀试验几乎是评定新油质量的必检项目。

(5)氧化安定性。润滑油在受热和金属的催化作用下抵抗氧化变质的能力,称为润滑油的氧化安定性。它是反映润滑油在实际使用、贮存和运输过程中氧化变质和老化倾向的重要指标。

(6)添加剂元素含量。不同牌号的商品润滑油是在基础油中加入相应添加剂调配而成的。润滑油的许多重要特性及使用性能往往是由所加添加剂的种类、数量和质量所决定的。添加剂是决定润滑油质量的极为重要的因素。润滑油添加剂的种类很多,但大致可以分为两大类。一类是改善润滑油物理性能的添加剂,如黏度指数改进剂、低温性能改进剂、消泡剂等;另一类是改善润滑油化学性质的添加剂,如清净分散剂、抗氧剂、抗磨剂、极压剂和防锈剂等。这些添加剂基本上都是有机或无机物组分,以化学基团形式存在于润滑油之中。

二、黏度分析

1.黏度的概念

黏度是润滑油的最主要特性之一。黏度是油品的内摩擦力,是表示油品油性和流动性的一项指标。黏度越大,油膜强度越高,流动性越差。黏度指数表示油品黏度随温度变化而变化的程度。黏度指数越高,表示油品黏度受温度的影响越小,其黏温性能越好,反之越差。

(1)动力黏度:动力黏度也称为动态黏度、绝对黏度或简单黏度,定义为应力与应变速率之比,其数值上等于面积为 $1\ m^2$ 相距 $1\ m$ 的两平板,以 $1\ m/s$ 的速度作相对运动时,因之间存在的流体互相作用所产生的内摩擦力。单位为 $Pa \cdot s$(帕秒),常用单位为 $mPa \cdot s$,cP(厘泊)。动力黏度标准液体黏性的内摩擦因数,常见液体的黏度随温度升高而减小,常见气体的黏度随温度升高而增大。

(2)运动黏度:运动黏度是流体的动力黏度与同温度下该流体密度的比值。常用单位为 mm^2/s,cSt(厘斯)。

(3)条件黏度:条件黏度是指在一定温度下,在一定仪器中,使一定体积的油品流出,以其流出时间(s)或其流出时间与同体积水流出时间之比作为其黏度值,主要有恩氏黏度、雷氏黏度和赛氏黏度等。

1)恩氏黏度是以油品在某温度下从恩氏黏度计中流出 $200\ mL$ 的时间与同样体积的水在20℃时流出的时间之比值(°E)作为指标。恩氏黏度源于德国,我国燃料油的质量标准中仍用恩氏黏度作为指标。不同液体的恩氏黏度值相差悬殊,如常温下水的恩氏黏度一般可近似地看作等于1,而 100 号和 200 号重油在50℃时的恩氏黏度分别为 100 和 200。就同一种液体而言,其值主要取决于温度,温度愈高,恩氏黏度愈低。在许多工程技术部门常用来表示液体黏滞性的大小。

2)雷氏黏度。英国采用的是雷氏黏度,它是以 $50\ mL$ 油品从雷氏黏度计中流出的时间(s)作为指标。

3)赛氏黏度。以 60 mL 油品从赛氏黏度计中流出的时间(s)作为指标。美国习惯用赛氏通用黏度作为润滑油的指标。

2.运动黏度的实验室测定方法

目前我国运动黏度测定方法的国家标准有 GB/T 265—1988 和 GB/T 11137—1989。其中 GB/T 265—1988 方法是使用品氏黏度计测定透明石油产品的运动黏度,GB/T 11137—1989 方法是用逆流式黏度计测定不透明的深色石油产品和使用后的润滑油品的运动黏度。相应的美国材料与试验协会的运动黏度的测定标准是 ASTM D445—2009。

(1)毛细管式黏度计的工作原理。毛细管式黏度计的工作原理是在某恒定的温度(如常用 20℃、40℃、100℃)下,测定一定体积的液体在重力作用下流过一个经标定的玻璃毛细管式黏度计的时间,这个时间与毛细管式黏度计标定常数的乘积即为该温度下测定液体的运动黏度。

(2)毛细管式黏度仪的特点。该仪器用于测定石油产品特别是润滑油的运动黏度,具有以下特点:

1)测控温、计时、数据处理及运动黏度值计算等功能均由仪器完成,仪器功能齐全。

2)测温采用精密铂电阻,测温分辨率可达±0.005℃。控温采用现代模糊逻辑控制方法,恒温精度可达±0.03℃。

3)操作简单,仅需通过键盘移动光标选择功能菜单并根据屏幕提示操作即可。

4)毛细管采用三点垂直式,操作灵活方便,夹持可靠。

5)全新照明系统,环形三基色节能灯,透视性好、无闪动、光线柔和、寿命长。

该仪器的主要技术参数见表 7 - 2。

表 7 - 2　仪器的主要技术参数

参数名称	参数值	参数名称	参数值
工作电压	AC220V±10%,50 Hz	装卡毛细管数量	4 支
工作环境温度	0~40℃	加热器功率	主加热 600 W,副加热 1 000 W
工作环境湿度	≤85%	搅拌调速	10 档可调
恒温控温精度	±0.03℃	测时范围	0~999.9 s
控温点设置	0~1 00℃		

3.黏度分析在工程机械中的应用

黏度表示油液流动时分子间摩擦阻力的大小。黏度过大时会增加管路中的输送阻力,工作过程中能量损失增加,主机空载损失加大,温升快且工作温度高,在主泵吸油端可能出现"空穴"现象。黏度过小时则不能保证工程机械良好的润滑条件,加剧零部件的磨损且系统泄漏增加,引起油泵容积效率下降。

由于油液黏度本身随油温的而变化(见图 7 - 5),不能直接用所测的黏度进行相互比较,根据国家标准规定的液压油换油指标,一般用 40℃的黏度来比较。对于一般工程机械中使用 L-HM 型液压油,当使用中的油液 40℃黏度与新油黏度相比,变化范围超出+15%～-10%时即应换油。

油液的运动黏度与油温的变化关系基本符合 Arrhenius 公式,即

$$v = Ae^{E_a/RT}$$

式中，v为运动黏度；A为指数前因子；E_a为流体活化能；$R = 8.314\ \text{J}/(\text{mol} \cdot \text{K})$；$T$为热力学温度。

因此，根据黏度传感器实时监测到的黏度v_t和温度t，然后通过下列计算式：

$$\nu_{40} = v_t \times e^{E_a/R \times (\frac{1}{273+40} - \frac{1}{273+t})}$$

即可计算出40℃的黏度。

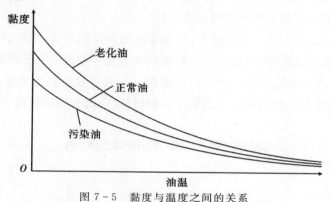

图7-5　黏度与温度之间的关系

系统记录新油黏度和通过传感器实时监测数据计算所得黏度作差得到黏度变化值，从而对油液老化变质和污染情况进行诊断。

三、基于理化性能分析的诊断方法

针对监测设备的不同特点，以下分别对内燃机、齿轮箱和液压系统3种典型设备的基于油液理化性能分析的诊断方法作具体介绍。

1.内燃机油的诊断方法

为了保证内燃机的正常运转，使内燃机具有较低的摩擦磨损和较长的使用寿命，内燃机油应有密封燃烧室的作用、保持润滑部件的清洁作用与较好的防锈防腐作用。为了保证所用油品选型正确、质量合格，建议对新油检测以下理化性能指标：黏度、黏度指数、倾点、泡沫性、水分、闪点、总碱值。

从经济性和实用效果来看，内燃机在用润滑油理化性能指标的跟踪监测，一般选择100℃黏度、水分、闪点、总碱值和不溶物等五个项目。

2.齿轮油的诊断方法

齿轮是机械设备中最主要的一种传动机构，种类很多，其润滑状态有流体润滑和边界润滑。为了保证齿轮机构的正常运转，齿轮油应具有防止和减少齿面的磨损、带走摩擦所产生的热量、避免齿面的锈蚀和腐蚀、冲洗齿面的杂质、均匀分布载荷、减少齿轮运动过程中的振动等多方面的作用。为了保证齿轮油能实现上述作用，建议对新齿轮油检测以下理化性能指标：黏度、黏度指数、抗乳化性、抗泡沫性、防锈性、四球机法的P_D值。对极压性能的评定还可以用梯姆肯试验机和齿轮试验机来测试，但价格偏高。

从经济性和实用性角度出发,齿轮箱在用润滑油理化性能指标的跟踪监测,一般定期监测黏度、水分、总酸值和不溶物等四个项目就可以了。

3.液压油的诊断方法

液压设备是一种最常用的动力传递与控制装置。液压设备的故障除了与液压元件、液压机械和电气等方面有关外,与液压油的关系极大。普遍认为液压设备故障的 80% 来自液压油的问题。依据液压系统的设计参数、运行工况和环境等因素,要求液压油具有良好的黏温性、润滑性、稳定性、抗乳化性和对密封材料的适应性。

液压油除了作为工作介质传递能量外,还起着液压元件的润滑、抗磨、防锈、防腐等方面作用。在液压设备的运行过程中,由液压油的理化性能劣化所导致的液压设备故障发生率最高。因此,要对在用液压油的跟踪监测给予足够的重视。一般需要定期监测液压油的黏度、水分、总酸值、抗乳化性等理化性能指标和不定期地监测防锈、防腐和抗磨性能。

第三节　磨粒检测技术

一、颗粒计数

油液中的固体污染物主要有 3 个主要来源:①吸入的外部颗粒;②自身摩擦磨损生成的颗粒;③在维修和制造过程中生成的颗粒。

随着电子技术的发展,颗粒计数技术在油液污染分析中应用日益广泛,成为油液监测的手段之一。它具有计数速度快、准确度高和操作简便等优点。

1.颗粒计数技术的标准

润滑油液的污染的程度可以用油液污染度定量地表示。油液污染度是指单位容积内(通常是 100 mL)油液中固体颗粒污染物的含量。为了定量地描述和评定系统油液的污染程度,实施对系统油液的污染控制,有必要指定油液污染程度的等级标准。随着颗粒计数技术的发展,目前已广泛采用颗粒污染度的表示方法。近年来,世界各主要工业国家以至各个工业部门都指定了各自的油液污染度等级标准,常见的标准有 NAS1638,SAE749D,ISO 4406—2021。

2.颗粒污染的控制方法

固体颗粒污染监测的目的是润滑油的污染度控制和净化。润滑油在工作时,外界的污染物不断浸入系统,而系统内部又不断产生污染物,会严重危害设备的正常可靠运行。大量实践表明:只要控制润滑系统的污染度,就能预防类似磨料磨损这样有害类型的机械磨损发生,延长设备的使用寿命。在采用颗粒计数技术测定油液的污染度之后,对于超标的油液,还须采取有效的净化措施清除其中各种污染物,以保证油液必需的清洁度。

二、光谱分析

油样光谱分析技术,就是根据润滑油中各种元素吸收或发射光谱的不同,来判断油中磨粒的成分和含量,并判断相应零件的磨损状态,进而对设备故障进行诊断。

1.发射光谱技术

物质的原子是由原子核和在一定轨道上绕其旋转的核外电子组成的。当外来能量加到原子上时,核外电子便吸收能量并从较低能级跃迁到高能级的轨道上。此时,原子的能量状态是不稳定的,电子会自动从高能级跃迁回原始能级,同时以发射光子的形式把它们所吸收的能量辐射出去,所辐射的能量与光子的频率成正比关系,为

$$E = h\nu$$

式中,h 为普朗克常量;ν 为光子频率。

由于不同元素原子核外电子轨道所具有的能级不同,因此受激发后放出的光辐射都是具有与该元素相对应的特征波长。发射光谱仪就是利用这个原理,采用各种激发源使被分析物质的原子处于激发态,再经分光系统,将受激后的辐射线按频率分开。根据不同波长上的谱线就能知道是什么元素,根据谱线的强弱判断出元素的含量。

2.吸收光谱技术

原子吸收光谱分析主要分依靠火焰将油样分解成自由原子和依靠电加热的石墨管将油样气化并分解成自由原子两种。前者称火焰原子吸收分析,后者称石墨炉无火焰原子吸收分析。

元素灯(空心阴极灯)由所需的分析元素制成,点燃时能发出该种元素的特征谱线(即具有特定波长的光子)。当分析油样被吸入燃烧器,经火焰加热,其中所含金属微粒变成蒸气而原子化并处于吸收态。此时,元素灯发射出某一特定波长的光束穿过火焰时,就被相应的元素原子所吸收,其吸收量正比于油样中该元素的浓度,检测出吸光度的大小,就可确定出油样中该元素的含量,然后经光电管将光信号转换为电信号,再进行数字显示。

原子吸收光谱法的优点是灵敏度高、选择性强,分析准确,迅速、简便,能有效地预防设备事故,是实现状态维修的有力手段。其缺点是每测定一种特定元素,需要配有该元素的元素灯光源;对较大尺寸的杂质不能很好地原子化。

3.超谱 M 型油液发射光谱仪

实验室现使用的是美国超谱 M 发射光谱仪,其外形如图 7-6 所示。它具有结构紧凑、便于携带、易于使用的优点,是一种具有较高精确度及重复性的快速实验室用油液分析光谱仪。

图 7-6　超谱 M 型发射光谱仪

三、铁谱分析

铁谱分析技术(Ferrograghy)是 20 世纪 70 年代初发展起来的一种新的油液监测方法。

1. 铁谱分析的特点

铁谱技术主要有以下特点:

(1)由于能从油样中沉淀 $1\sim250~\mu m$ 尺寸范围内的磨粒并进行检测,且该范围内磨粒最能反映机器的磨损特征,所以可及时、准确地判断机器的磨损变化。

(2)可以直接观察、研究油样中沉淀磨粒的形态、大小和其他特征,掌握摩擦副表面磨损状态,从而确定磨损类型。

(3)可以通过磨粒成份的分析和识别,判断不正常磨损发生的部位。

(4)铁谱仪比光谱仪价廉,可适用于不同机器设备。

2. 铁谱分析的工作原理

铁谱技术是一种在高梯度强磁场的作用下,将机械润滑剂或流体工作介质中所含有产生于磨损或其他机理的磨粒产物按其粒度大小依序从油样中分离出来,并通过对磨粒的形态、大小、成分以及粒度分布等定性和定量观测,获得有关摩擦副和润滑系统等工作状态的重要信息。

铁谱仪之所以冠以铁谱仪的名称,皆因其就是利用了磁场分离和沉积油样中以铁磁性为主的各种颗粒的原理,只不过磁场的形式和采集颗粒信息的方法各有不同。因此磁场的强弱和磁场的分布决定着铁谱仪主要性能,它是铁谱仪的技术关键。

磁性材料的内部和它周围的空间存在磁场。根据电动力学原理,在载流导体的周围也存在环形磁场。传统的铁谱仪采用永磁材料产生恒定的磁场,以形成具有从润滑油样中分离和沉积磨粒能力的稳定工作空间。

3. 铁谱分析仪

实施铁谱分析技术的基本工具是铁谱仪。根据应用场合的需要,迄今已经研究、开发了多种类型的铁谱仪。其中,运用比较广泛的有分析式铁谱仪、直读式铁谱仪、旋转式铁谱仪和在线式铁谱仪四大类。

(1)分析式铁谱仪。分析式铁谱仪(Analytical Ferrogragh)也称为制谱仪,是最新发明、最基本和最有铁谱技术特点的铁谱仪,它与铁谱显微镜组成分析式铁谱仪系统。

分析式铁谱仪由微量泵、永久磁铁和玻璃基片等组成。制谱时,先将有油流通道的玻璃基片以微小倾角($1°\sim2°$)置于磁场装置上方,按一定程序抽取的油样经浓度稀释和黏度稀释处理,由稳定低速的微量泵送至玻璃基片上端。在油样流经玻璃基片并通过导流管排入废油杯的过程中,包含在油样中的磨粒在重力、浮力、油的黏滞力和磁场力的作用下,按尺寸大小沉积在玻璃基片上,经四氯乙烯溶剂冲洗,去除基片上的残液,磨粒便牢固地黏附在基片上,制成了铁谱片。

(2)直读式铁谱仪。直读式铁谱仪(Direct Reading Ferrograph)是在分析式铁谱仪的基础上研制的。它是一种从润滑油中分离并检测磨粒的定量分析仪器。

油样在虹吸作用下流经位于磁铁上方的玻璃管,玻璃管中可磁化的磨粒在磁力、重力及黏滞力的作用下,依其粒度顺序排列、沉淀在管壁的不同位置。光源经双头光纤,将光线引至这个区域的固定测点上,借助光线的变化,光敏传感器接收穿过沉淀磨粒的光信号。该信号的强弱反映了沉淀量的大小,经放大和 A/D 转换后,最后在显示器上显示出磨粒的覆盖密度值,以判断其检测情况。直读式铁谱仪分析速度快、重复性好,并能方便而较准确地测定出油样中大小磨粒的相对数量,很适合于设备的状态监测.如果不但要了解磨粒的数量及分布情况,还要分析磨粒的形态和成分,就需将直读式和分析式配合使用。

(3)旋转式铁谱仪。旋转铁谱仪的创意是英国斯旺西大学的 D. G. Jones 和韩国机械工程研究院的 O. K. Kwon 在斯旺西摩擦学中心进行铁谱技术应用研究中,为改进分析式铁谱仪的不足而于 1982 年提出的。当时取名为旋转式磨粒沉积器(Rotary Particle Depositor, RPD)。我国高等院校和研究单位的科技工作者也于 1987 年研制成功基于相同原理但结构有所不同的仪器,并因同属磁性分离磨粒的性质,便以旋转式铁谱仪的称谓代替了旋转式磨粒沉积器。

旋转式铁谱仪主要由圆柱形永久磁铁、传动装置、试样输送装置和控制部件等组成,如图 7-7 所示。

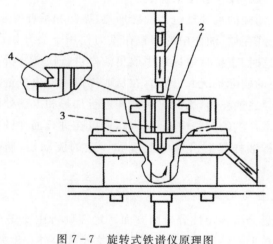

图 7-7　旋转式铁谱仪原理图

1—油样;2—铁谱片;3—磁铁;4—橡胶吸盘

(4)在线式铁谱仪。无论是分析式铁谱仪、直读式铁谱方式仪还是旋转式铁谱仪,其工作方式都是“离线”式的。即必须由分析人员从被检测的机器中取出油样,送往装备铁谱仪的实验室进行分析后才能得出分析结果。整个分析程序中离不开油样的提取和传递。这种离线的工作方式有可能出现两方面的弊端。因此,国内外生产和科研机构研制和开发了在生产现场即能得到铁谱检测结果的“在线”工作方式铁谱仪,即在线式铁潜仪(Online Ferrograph)。但出于技术上的原因,在线式铁谱仪开发较为缓慢,仅有在液压系统中取得应用结果的纪录。我国在 20 世纪 90 年代开发研制了独具特色的在线式铁谱仪。它除了在传感器上加以改进之外,还形成了多探头,多测点,计算机统一采集、处理、存储、显示和打印输出的多功能在线式铁谱仪系统。在炼油厂涡轮压缩机变速箱、电厂柴油机以及舰船柴油机的成功应用表明,在线式铁谱仪不但有着很好的开发和应用前景,而且在技术上能够取得突破。20世纪90年代末,国内外又有许多基于与铁谱仪相似原理的各种类型在线式润滑油监测仪问世,并进入市场,其应用效果有待加以总结。

4.铁谱取样及制作

铁谱技术是一种技术性较强的磨损分析与状态监测技术。该技术的一个重要特点是涉及面广、影响因素较为复杂。目前从润滑油取样、谱片制作、磨粒分析直至状态的判别,几乎主要依赖于铁谱技术人员的经验。为能获得正确的磨粒信息以对机器磨损状态作出准确判别,应正确掌握铁谱取样技术和铁谱制作技术。

(1)铁谱取样技术。根据铁谱分析要求,在从机器润滑系统中采集油样时,必须取出含有代表性的磨粒信息的油样。然而,一方面,由于在机器润滑系统中磨粒存留的状况受机器运转工况及其他多方面因素的影响,所以润滑油中的磨粒浓度和尺寸分布是随机变化的;另一方面,又由于磨粒物质在润滑油中是以不连续的分散相存在的,所以在整个润滑系统中的磨粒不可能均匀分布。鉴于以上两点,就给取出含有代表性磨粒的油样增加了困难。为了解决好这一问题,只有通过严格的取样操作程序来保证。

(2)油样的预处理。油样的预处理包括油样加热、振荡和稀释等步骤。从润滑系统中取出的油样,放入取样瓶中一经存放,油样中的磨粒在重力作用下会开始沉降,其中部分磨粒还会黏附到取样瓶壁面上。这时,直接从取样瓶中取出油样进行铁谱分析,不能完全反映油样真实情况(亦即机器磨损状态的实际情况)。因而,在从取样瓶中取出少量油样进行铁谱分析之前,必须使磨粒重新均匀悬浮在油样内,为此需对油样进行加热和振荡处理。另外,由于油样的黏度将直接影响磨粒在铁谱片上的沉积位置和分布,所以在进行油样铁谱分析之前,还必须对油样进行稀释处理,使分析油样具有合适的黏度和一定的流动性,防止磨粒在铁谱片上重叠沉积。

5.铁谱分析中的定量与定性分析

铁谱分析技术分定量分析和定性分析两方面。定性分析主要是对磨粒形态(形状及表面状态)进行观察,即从磨粒形态特征、颜色特征、尺寸大小和差异程度并结合磨粒的元素成分分析,来识别磨粒的类型、部位、程度和机理。定量分析主要是根据测量磨粒的百分覆盖面积,来确定磨粒浓度、大小磨粒的相对含量,从而对零件磨损的进程进行量的评计。

(1)定量分析。定量分析是铁谱技术中的一项主要内容,它可以反映机器(或试件)在运行(或试验)过程中磨损量的变化。对于机器状态监测工作,定量分析可以直观地确定磨损量、磨损趋势或磨损状态的门槛值,从而为故障的诊断与预报提供充分准确的判据。

(2)定性分析。铁谱的定性分析是借助铁谱显微镜或其他有关方法获得铁谱片上磨粒的尺寸、形貌、纹理和成分等信息的过程。它更是获取有典型意义的磨粒特征信息的有效途径。在此基础上,确定磨粒的种类和成分,揭示被监测设备的磨损形式、原因、程度和严重磨损零件的种类。在铁谱技术的发展过程中,形成了常规显微光学分析法、铁谱片加热法、扫描电镜和能谱分析法等多种常用方法。

第四节 油液监测的综合分析

一、油液检测报告的说明

一般的油液检测报告由以下几部分组成。

(1)设备油液信息,详细记录监测设备型号、取样部位、润滑油的类型。

(2)取样信息,详细记录取样时间、收样时间、装备运行时间、在此期间油液工作时间等详细信息。

(3)新油信息,详细记录监测对象润滑油新油的分析数据与信息,如理化、光谱等数据信息。

(4)历史分析数据信息,记录历史的油液分析数据信息。

(5)本次分析数据信息,记录本次分析数据。

(6)分析诊断结论,记录本次分析数据综合诊断结论。

二、油液污染快速分析技术

快速分析是对使用中机油的黏度、酸值、水分及不溶物质等主要理化指标的变化情况在现场做出快速鉴定。我国生产了通用或专用的油液化验箱,如上海第四石油机械厂SYP8001型润滑油化验箱,天津市润滑切削厂生产的润滑油质状态快速监测化验仪等,可以在现场快速分析机油。根据分析结果,将机油状态分为可继续使用、存在问题和不能继续使用3种情况。表7-3是其中一例。

表7-3 机油状态

机油状态	可继续使用	存在问题	不能继续使用
外观	明亮-允许发暗	发黑	出现油泥沉淀
气味	正常	氧化(酸)味	焦味
黏度值增加/%	0～10	10～20	20
总酸值增加值	0～1	1～2	2
不溶解物	0～1	1～2	2

采用便携式润滑油综合分析检查仪,对使用中的机油按方法进行现场分析,有以下几方面的优点:与机油的试验室分析比较,成本大量降低。根据有关统计,对每个油样进行现场分析所需的费用仅为试验室分析所需费用的1/8左右,大大减少了需送往试验室进行分析的油样数量。现场分析的油样,80%以上是可以继续使用的,避免了盲目将它们送往试验室;当机油或整个系统问题出现问题时,可及时采取停机措施;延长了机油使用期,与传统的定期换油相比,采用机油现场分析后,机油使用期甚至可延长一倍以上;有助于预知系统中可能出现的问题,消除不必要的停机。

第八章 无损检测技术

随着科学技术的发展,运用各种物理效应对设备进行检测与诊断而不损坏部件性能的无损检测技术越来越成为设备监测与故障诊断的有效手段,目前在实际中应用最广泛的有射线探伤技术、超声检测技术、声发射检测技术、红外检测技术、漏磁检测、涡流探伤、激光全信技术、微波检测技术等等。本章主要讨论超声检测技术、声发射检测技术和红外检测技术及其在设备故障诊断中和应用。

第一节 无损检测技术的基本概念

一、无损检测技术定义

在日常生活中,人们常常用手拍击西瓜判断是否成熟,铁路检车工人敲击车轴检查机车车轮是否能安全运行等,这些都是常见的"无损检测"。

无损检测(Nondestructive Test,NDT),是对材料、元件、设备实施一种不破坏、不损伤或不影响其未来使用性能或用途,并对它的性能、质量、有无内部缺陷进行检测的一种技术。

无损检测技术的发展大致经历了无损探伤、无损检测和无损评价 3 个阶段:第一阶段属于无损检测发展的初级阶段,是在不破坏被检对象的前提下,发现其内部是否存在缺陷;第二阶段不但要回答被检测对象中是否有缺陷,还要进一步测量缺陷的位置、大小以及判断缺陷的性质等信息;第三阶段要求根据缺陷的大小、位置和性质等信息,评价缺陷的存在对检测材料性能的影响,并对其做出整体评价。

二、无损检测技术特点

无损检测技术有以下特点。

(1)不会对构件造成任何损伤。无损检测技术是一种不破坏构件的条件下,利用材料物理性质因有缺陷而发生变化的现象,来判断构件内部和表面是否存在缺陷,而不会对材料、工件和设备造成任何损伤。

(2)为查找缺陷提供了一种有效方法。任何构件、部件或设备在加工和使用过程中,由于其内外部各种因素的影响和条件变化,不可避免地会产生缺陷。操作使用人员不但要知道其是否有缺陷,还要查找缺陷的位置、大小及危害程度,并要对缺陷的发展进行预测和预报。无损检测技术为此提供了一种有效方法。

(3)能够对产品质量实时监控。产品在加工和成形过程中,如何保证产品质量及其可靠性是提高效率的关键。无损检测技术能够在轧制、铸造、锻压、冲压、焊接、切削加工等每道工序中,检查该工件是否符合要求,可避免徒劳无益的加工。从而降低了产品成本,提高了产品质量和可靠性,实现了对产品质量的监控。

(4)能够防止因产品失效引起的灾难性后果。机械零件、装置或系统,在制造或服役过程中丧失其规定功能而不能工作,或不能继续可靠地完成其预定功能而失效。失效是一种不可接受的故障。如 1986 年美国"挑战者"号航天飞机的爆炸事故就是由于密封圈失效引起的燃料泄漏所致。如果无损检测诊断技术提前或及时检测出失效部位和原因,并采取有效措施,就可以避免灾难性事故的发生。

三、常用的无损检测技术

无损检测技术很多,每种无损检测技术均有其能力范围和局限性,各种技术对设备的检测结果不会完全相同。例如射线检测和超声检测,对同一被检物的检测结果不会完全一致。最常用的无损检测技术有以下几种。

(1)射线探伤(Radioscopic Testing,RT)技术。射线探伤使用电磁波对金属设备进行检测,常见的是 X 射线技术。X 射线与自然光并没有本质的区别,只是 X 射线的光量子的能量远大于可见光。X 射线技术适合于检测金属、非金属或其他材料的内部缺陷。

(2)超声检测(Ultrasonic Testing,UT)技术。超声检测一般是指使超声波与工件相互作用,就反射、投射和散射的波进行研究,对工件进行宏观缺陷检测、几何特性测量、组织结构和力学性能变化的检测和表征,进而对其特定应用性进行评价的技术。超声检测主要用于焊缝中缺陷的探伤、材料厚度的检测等。

(3)涡流检测(Eddy Current Testing,ET)技术。涡流检测是给一个线圈通入交流电,在一定条件下通过的电流是不变的。如果将线圈靠近被测设备,设备内会产生涡流,受涡流的影响,线圈电流会发生变化,然后通过测量感应量的变化进行无损检测。涡流检测主要用于检测导电材料表面和近表面的缺陷。

(4)渗透检测(Penetrant Testing,PT)技术。渗透检测是一种以毛细作用原理为基础的检查表面开口缺陷的无损检测方法。在清洁的设备表面涂上渗透剂,如有缺陷,渗透剂就会渗入缺陷中。渗透剂是一种液态染料,检测过程中使其在工件表面保留至预设时限,该染料可为在正常光照下即能辨认的有色液体,也可为需要特殊光照下方可显现的黄/绿荧光色液体。渗透检测不受工件几何形状和缺陷方向的影响,只需要一次检测就可以完成对缺陷的检测。渗透检测主要用于检测设备表面缺陷。

(5)磁粉检测(Magnetic Particle Testing,MT)技术。铁磁性材料工件被磁化后,由于诸如裂纹等缺陷的存在,工件表面和近表面的磁力线发生局部畸变而产生漏磁,具有漏磁磁场的工件吸附附加在工件表面的磁粉,在合适的光照下形成目视可见的磁痕,从而显示出缺陷的位置、大小、形状和严重程度。磁粉检测只能用于检测铁磁性材料的表面或近表面缺陷。

(6)声发射检测(Acoustic Emission Testing,AET)技术。材料中因裂缝扩展、变形或相变等引起应变能快速释放而产生的应力波现象称为声发射。通过接收和分析材料的声发射信号来评定材料或结构完整性的无损检测方法为声发射检测。声发射技术主要用于研究材料的断裂过程并区分断裂方式,还应用于固定火箭发动机火药的燃烧过程、压力容器的结构完整性和危险等级、预报矿井的安全性等。

(7)红外检测(Infrared Testing)技术。任何高于绝对零度($-273.15℃$)的物体都是红外辐射源,当物体内部存在缺陷时,它将改变物体的热传导,使物体表面温度分布发生变化。通过扫描记录被检测材料表面上由于缺陷或材料不同的热性质所引起的温度变化来实现材料性能评定的无损检测方法为红外检测方法。该技术具有适用范围广、速度快、非接触、忽需耦合、直观、探测面积大、使用安全等优点,特别适用于整体结构的无损检测和可靠性筛选。

四、无损检测技术的可靠性

影响无损检测可靠性的因素很多,总结起来就是人为的主观因素和检测仪器、方法的客观因素两种。

1. 主观因素

人的影响因素可以分为以下三方面。

(1)检测人员的技术水平、操作技能、知识水平等。

(2)检测人员对工作的责任心。

(3)检测人员在操作期间的心理和生理状况。

2. 客观因素

影响无损检测结果可靠性除人的主观因素外,就是客观因素影响,在这方面也可分为以下3点。

(1)检测用仪器设备性能的影响。

(2)检测工作环境的影响。

(3)无损检测方法局限性的影响。

第二节　超声检测技术

超声检测技术是目前应用最为广泛的无损检测技术之一。在设备状态监测与故障诊断中起着重要作用。

一、超声检测的工作原理

1. 超声波

声波是指人耳能感受到的一种弹性波,其频率范围为 20 Hz～20 kHz。当声波的频率低于 20 Hz 时就称为次声波,高于 20 kHz 则称为超声波。一般把频率在 20 kHz～25 MHz 范围的声波称为超声波。

(1)超声波分类。根据波动中质点振动方向与波的传播方向的不同关系,可将超声波分为纵波、横波、表面波和兰姆波。

1)纵波,质点的振动方向与波的传播方向平行,如图8-1所示。

2)横波,质点振动方向与波的传播方向垂直,如图8-2所示。由于液体和气体缺乏恢复横向运动的弹性力,故液体和气体介质中不存在横波,即横波只能在固体中传播。

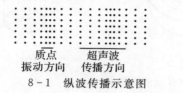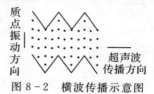

图8-1　纵波传播示意图　　　　图8-2　横波传播示意图

3)表面波是仅在半无限大固体介质的表面或与其他介质的界面及其附近传播而不深入到固体内部传播的波形的总和如图8-3所示。瑞利波是表面波的一种,是在半无限大的固体介质与气体或液体介质交界面上产生的。

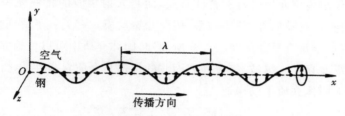

图8-3　表面波示意图

4)板波,又称为兰姆波,兰姆波是由倾斜入射到薄板中声波产生沿薄板延伸方向传播的一种波形。兰姆波有两种基本形式,如图8-4所示,质点相对于板的中间层作对称型运动的称为对称型(S型),质点相对于板的中间层作反对称型运动的称为反对称型(A型)。

图8-4　兰姆波示意图

(a)S型;(b)A型

超声波由声源向周围传播扩散的过程可用波阵面进行描述,如图8-5所示。用波线表示传播的方向,将同一时刻介质中振动相位相同的所有质点所连成的面称为波阵面;某一时刻振动传播到达的距声源最远的各点所连成的面称为波前。根据波阵面的形状,可将超声波分为平面波、柱面波和球面波。

①平面波是波阵面为相互平行平面的波,如图8-5(a)所示。一个作谐振的无限大的平面在各向同性的弹性介质中传播的波是平面波。

②球面波是波阵面为同心球面的波,如图8-5(b)所示。当声源是一个点状球体,在各向同性介质中的波阵面是以声源为中心的球面。

③柱面波是波阵面为同轴圆柱面的波,如图8-5(c)所示。其声源是一个无限长的线状直柱。

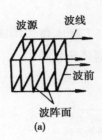  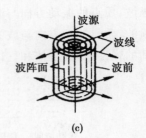

图 8-5　超声波按波阵面分类

(a)平面波；(b)球面波；(c)柱面波

(2)超声波的传播速度。超声波的传播速度简称为声速。对于纵波、横波和表面波来说，每种波型的声速值仅与传声介质自身的特性有关，而与入射声波的特性无关。兰姆波的声速较为复杂，除与材料特性有关以外，还与频率、板厚和振动模式有关。了解到受检材料的声速，对于缺陷的定位、定量分析有重要的意义。众所周知，固体介质中可以传播多种波型，液体、气体介质中则只能有纵波存在。纵波、横波和表面波的声速与介质自身性质之间关系如下。

1)纵波在无限大固体介质中的声速：

$$c_{\mathrm{L}} = \sqrt{\frac{E}{\rho}}\sqrt{\frac{1-\sigma}{(1+\sigma)(1-2\sigma)}}$$

2)纵波在液体和气体介质中的声速：

$$c = \sqrt{\frac{B}{\rho}}$$

3)横波在无限大固体介质中的声速：

$$c_{\mathrm{s}} = \sqrt{\frac{G}{\rho}} = \sqrt{\frac{E}{\rho}}\sqrt{\frac{1}{2(1+\sigma)}}$$

4)表面波(瑞利波)在半无限大固体介质表面传播声速($0 < \sigma < 0.5$)为

$$c_{\mathrm{R}} = \frac{0.87+1.112\sigma}{1+\sigma}\sqrt{\frac{G}{\rho}} = \frac{0.87+1.112\sigma}{1+\sigma}\sqrt{\frac{E}{\rho}}\sqrt{\frac{1}{2(1+\sigma)}}$$

式中，E 为介质的弹性模量；B 为液体、气体介质的体积弹性模量；G 为介质的切变模量；ρ 为介质的密度；σ 为介质的泊松比。

(3)超声波的声压、声强和声阻抗。介质中有超声波存在的区域称为超声波，声压和声强是描述声场的物理量。声阻抗则是与声波在界面上的行为相关的一个重要参数。

1)声压。声压的定义为：在声波传播的介质中，某一点在某一时刻所具有的压强与没有声波存在时该点的静压强之差。声压单位是 Pa(帕斯卡)，用 p 表示。超声场中，每一点的声压是一个随时间和距离变化的量，可以证明，对于无衰减的平面余弦波来说，p 可用下式表达：

$$p = -\rho c A\omega\sin\omega\left(t - \frac{x}{c}\right) = \rho c\mu = Z\mu$$

式中，ρ 为介质的密度；c 为介质的声速；A 为质点位移振幅；ω 为角频率；μ 为质点振动速度。

2)声强。声强的定义是：在垂直于声波传播方向的平面上，单位面积上单位时间内所通过

的声能量。因此,声强也称为声的能流密度。对于谐振波,常将一周期中能流密度的平均值作为声强,并用符号 I 表示,则有

$$I = \frac{p'^2}{2\rho c}$$

式中,p' 是声压幅度。

3)声阻抗。声阻抗以字母 Z 表示。由 $p = \rho c A \omega$ 可知,在同一声压 p 的情况下,ρc 越大,质点振动速度 μ 越小;反之,ρc 越小,质点振动速度 μ 越大,所以把 ρc 称为介质的声阻抗。

4)幅度的分贝表示。在研究声音的强度时,人们发现声强的数量级相差极大,如引起听觉的声强范围为 $10^{-16} \sim 10^{-4}$ W/cm²(瓦/厘米²),最大值与最小值相差 12 个数量级。通常规定引起听觉的最弱声强 $I_1 = 10^{-16}$ W/cm² 作为声强的标准,另一声强 I_2 与标准声强 I_1 之比的常用对数为声强级,单位为贝尔(BeL),即

$$\Delta = \lg \frac{I_2}{I_1} \text{(BeL)}$$

在实际应用中,贝尔太大,故常取 1/10 贝尔即分贝(dB)来作单位,即

$$\Delta = 10 \lg \frac{I_2}{I_1} = 20 \lg \frac{p_2}{p_1} \text{(dB)}$$

通常说某处的噪声为多少分贝,也是以 10^{-16} W/cm² 为标准利用上式计算而得到的。

2. 超声波的传播

(1)超声波的波动特性。

1)波的叠加:当几列波同时在一个介质中传播时,如果在某些点相遇,则相遇处质点的振动是各列波所引起的振动的合成,合成声场有声压等于每列波声压的矢量和,这就是声波有叠加原理。

2)波的干涉:当两列由频率相同、振动方向相同、相位相同或相位差恒定的波源发出的波相遇时,声波叠加会出现一种特殊的现象。

(2)超声波垂直入射到平界面上时的反射和透射。当超声波垂直入射到两种介质的界面时,如图 8-6 所示,一部分能量透过界面进入第二种介质,成为透射波(声强为 I_t);波的传播方向不变;另一部分能量则被界面反射回来,沿与入射波相反的方向传播,成为反射波(声强为 I_r)。声波的这一性质是超声波检测缺陷的物理基础。这里关心的是反射波能量与透射波能量的比例。

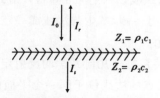

图 8-6　超声波垂直入射到两种介质的界面时的现象

通常将反射波声压与入射波声压的比值称为声压反射率 r，将透射波声压和入射波声压的比值称为声压透射率 t，其数学表达式为

$$r = \frac{p_r}{p_0} = \frac{Z_2 - Z_1}{Z_2 + Z_1}$$

$$t = \frac{p_t}{p_0} = \frac{2Z_2}{Z_2 + Z_1}$$

式中，p_r 为反射波声压；p_t 为透射波声压；p_0 为入射波声压；Z_2 为第二种介质的声阻抗；Z_1 为第一种介质的声阻抗。

为了研究反射波和透射波的能量关系，引入声强反射率 R 和声强透射率 T 两个概念。声强反射率为反射波声强(I_r)和入射波声强(I_0)之比；声强透射率为透射波声强(I_t)和入射波声强(I_0)之比。

由声压和声强的关系式，可得以下两式：

$$R = \frac{I_r}{I_0} = r^2 = (\frac{Z_2 - Z_1}{Z_2 + Z_1})^2$$

$$T = \frac{I_t}{I_0} = \frac{Z_1 p_t^2}{Z_2 p_0^2} = \frac{4Z_1 Z_2}{(Z_2 + Z_1)^2}$$

根据能量守恒定律，$I_0 = I_r + I_t$。可以得出，$R + T = 1$。

（3）超声波倾斜入射到平界面上时的反射、折射和波型转换。当超声波以相对于界面入射点法线一定的角度，倾斜入射到两种不同介质的界面时，在界面上会产生反射、折射和波型转换现象（见图 8-7）。

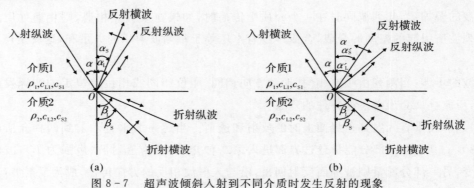

图 8-7　超声波倾斜入射到不同介质时发生反射的现象

（a）反射；（b）折射

入射声波与入射点法线之间的夹角 α 称为入射角。

1）反射。如图 8-7(a)所示，当纵波以入射角 α 倾斜入射到异质界面时，将会在入射波所在的介质 1 中，在界面入射点法线的另一侧，产生与法线成一定的夹角 α_L 的反射纵波。反射波与入射点法线之间的夹角称为反射角。

入射纵波与反射纵波之间的关系符合几何光学的反射定律：

① 入射声束、反射声束和入射点的法线位于同一个平面内。

② 入射角 α 等于反射角 α_L。

2）折射。当两种介质声速不同时，透射部分的声波会发生传播方向的改变，称为折射，如

图 8 - 7(b) 所示。

3) 临界角。

① 第一临界角,当入射波为纵波,且 $c_{L2} > c_{L1}$ 时,纵波折射角大于入射角。随着入射角的增大,折射角也相应增大。当纵波折射角为 90° 时,就出现了一个临界角度。我们将纵波入射且纵波折射角大于纵波入射角时,使纵波折射角达到 90° 的纵波入射角称为第一临界角,用符号 α_1 表示。大于第一临界角,第二介质中不再有折射纵波,α_1 可由下式求出:

$$\alpha_1 = \sin^{-1} \frac{c_{L1}}{c_{L2}}$$

② 第二临界角,当入射波为纵波,第二介质为固体,且 $c_{s2} > c_{L1}$ 时,横波折射角也大于入射角。当入射角增大至横波折射角为 90° 时,出现了第二个临界角度。我们称纵波入射且横波折射角大于纵波入射角时,使横波折射角达到 90° 的纵波入射角为第二临界角,用符号 α_{II} 表示为

$$\alpha_{II} = \sin^{-1} \frac{c_{L1}}{c_{s2}}$$

③第三临界角,第三临界角是在固体介质与另一种介质的界面上,用横波作为入射波时产生的。

(4)超声波的聚焦与发散。与可见光类似,超声波入射到曲界面上时,也会发生反射波和折射波的聚焦或发散。超声波的聚焦与发散与超声波的波型、曲界面的曲率以及介质两侧的声速有关。

(5)超声波的衰减。超声波的传播衰减是指超声波在通过材料传播时,声压或声能随距离的增大逐渐减小的现象。引起衰减的原因主要有三方面:①波束的扩散;②材料中的晶粒或其他微小颗粒对声波的散射;③介质的吸收。平面波不存在扩散衰减,介质引起的衰减有吸收衰减和散射衰减。

对于金属材料等固体介质而言,介质引起的衰减介于散射衰减和吸收衰减之间。吸收衰减与频率成正比,散射衰减与超声波的频率、介质的不均匀性和晶粒大小等因素有关,当介质晶粒粗大时,若采用较高的频率,将会引起严重的衰减。因此在检测晶粒较大的奥氏体钢和一些铸件时宜采用频率较低的探头。

对于液体介质而言,超声波的衰减主要是介质的吸收衰减,衰减大小与频率的平方成正比。

3. 超声波的典型声场

超声波探头发射的超声场,具有一定的指向性和波及范围,只有当缺陷位于超声场内时,才有可能被发现。因此了解超声波探头晶片发射声场的空间分布特点有着十分重要的现实意义。

超声检测时的声源通常是由有限尺寸的探头晶片产生的。晶片发射的声波形成一个沿着有限范围向一定方向传播的超声束。在距离小于 N 时,超声场接近圆柱形,称为近场区,又称为菲涅尔区,近场区由于存在干涉现象声压分布不均匀,容易引起误判,甚至漏检,随着距离的增加,这时干涉现象很弱,甚至不发生干涉,超声成为具有发散角的圆柱形,这超声场称为远场

区,又称夫琅和费区,如图8-8所示。近场区的长度为

$$N=\frac{D^2}{4\lambda}$$

式中,D为探头圆形晶片的有效直径;λ为传声介质中声波的长度。

由此可见,对于同一被检介质,探头中晶片的直径越大,超声波的频率越高,近场区的长度就越长。

超声波探头定向辐射超声波的性质称为波束指向性。波束指向性的优劣常用半扩散角θ_0来表示。半扩散角是指超声波定向辐射的锥角之半,即波束轴线与边缘的夹角,满足:

$$\sin\theta_0=1.22\frac{\lambda}{D}$$

由此可知,晶片直径越大,波长越短,θ_0越小,波束指向性好,超声波能量集中,灵敏度高,易分辨,定位精确高。

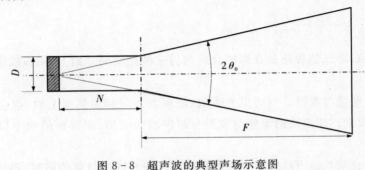

图8-8 超声波的典型声场示意图

二、超声检测系统

超声检测系统包括超声检测仪、探头、试块、耦合剂和机械扫查装置等。仪器和探头对超声检测系统的能力起着关键性的作用,是产生超声波并对经材料传播后的超声波信号进行接收、处理、显示的部分。

1. 超声检测仪

(1)超声检测仪类型。超声检测仪是专门用于超声检测的一种电子仪器,它的作用是产生电脉冲并施加于探头使其发射超声波,同时接收来自探头的电信号,并将其放大处理后显示在荧光屏上。超声检测仪器按照其指示参量的不同可以分为以下三类。

1)第一类指示超声波的穿透能量,称为穿透式检测仪。

2)第二类指示频率可变的超声连续波在试件中形成共振的情况,用于共振法测厚,目前也已较少使用。

3)第三类指示脉冲反射声波的幅度和传播时间,称为脉冲反射式检测仪,是目前应用最广泛的一种检测仪。脉冲反射式检测仪的信号显示方式可分为A型显示、B型显示、C型显示3种类型,又称为A扫描、B扫描、C扫描。

(2)脉冲反射式超声检测仪的信号显示方式。

A型显示是一维波形显示,是将超声信号的幅度与传播时间的关系以直角坐标的形式显

示出来(见图 8-9)。横坐标为时间,纵坐标为信号幅度。

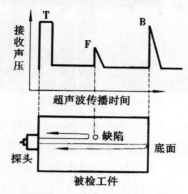

图 8-9 A 型显示工作原理

A 型显示具有检波与非检波两种形式(见图 8-10):非检波信号[见图 8-10(a)]又称为射频信号,是探头输出的脉冲信号的原始形式,可用于分析信号特征;检波形式[见图 8-10(b)]是探头输出的脉冲信号经检波后显示的形式。

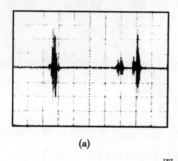

(a)

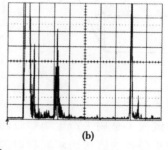

(b)

图 8-10 A 型显示波形

(a)非检波信号;(b)检波形式

B 型显示是试件的侧视二维截面图,将探头在试件表面沿一条线扫查时的距离作为一个轴的坐标,另一个轴的坐标是声传播的时间(或距离,即检测深度),它可以直观地显示出被检测工件任一纵截面上缺陷的位置、取向与深度。图 8-11 为 B 型显示原理图,图 8-12 为典型的 B 型显示图像。

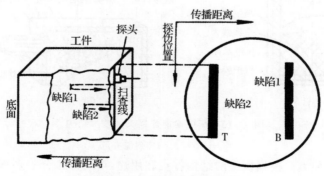

图 8-11 B 型显示原理图

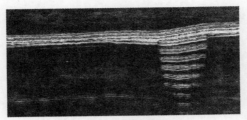

图 8-12 B 型显示波形

C 型显示是试件的一个俯视二维平面投影图,探头在试件表面作二维扫查,显示屏的二维坐标对应探头的扫查位置。在每一探头移动位置,将某一深度范围的信号幅度用电子门选出,用亮度或颜色代表信号的幅度大小,显示在对应的探头位置上,则可得到某一深度范围缺陷的二维形状与分布(见图 8-13)。图 8-14 为典型的 C 型显示图。

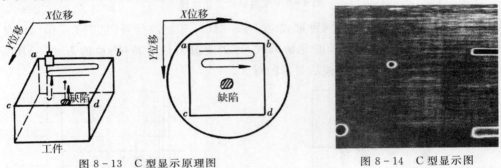

图 8-13 C 型显示原理图　　　　　　　　图 8-14 C 型显示图

2.超声波探头

超声波探头是用来产生与接收超声波的器材,是组成超声检测系统的最重要的组件之一。超声波探头的性能直接影响到发射的超声波的特性,影响到超声波的检测能力。

(1)探头的结构及各部分的作用。图 8-15 是压电换能器探头的基本结构。压电换能器探头由压电晶片、阻尼块、电缆线、接头、保护膜和外壳组成。斜探头中还有一使晶片与入射面成一定角度的斜楔。

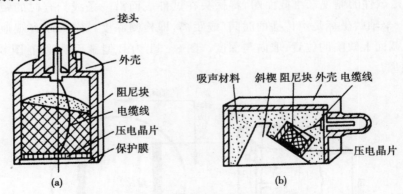

图 8-15 压电换能器探头的基本结构

(a)直探头;(b)斜探头

(2)探头的主要种类。根据探头的结构特点和用途,可将探头分为多种类型。其中最常用的是接触式纵波直探头、接触式斜探头、双晶探头、水浸平探头与聚焦探头。

1) 接触式纵波直探头。接触式纵波直探头用于发射垂直于探头表面传播的纵波,以探头直接接触试件表面的方式进行垂直入射纵波检测。

2) 接触式斜探头。接触式斜探头包括横波斜探头、瑞利波(表面波)探头、纵波斜探头、兰姆波探头及可变角探头等。其共同点是压电晶片贴在一斜楔上,晶片与探头表面成一定角度。

3) 双晶探头。双晶探头是在同一个探头壳内装有两个晶片,采用两个晶片一发一收的方式进行工作的探头。根据两个晶片法线构成的平面与检测面是垂直还是有一定倾角,可将双晶探头分为纵波双晶直探头和横波双晶斜探头。

① 纵波双晶直探头。图 8-16 是纵波双晶直探头的一种形式。两个晶片一收一发,中间夹有隔声层。由于延迟块的存在,发射和接收的脉冲间总有一定的时间间隔,因此,发射电脉冲不再进入接收电路,避免了始脉冲引起的盲区问题,可以检测近表面缺陷和进行薄板测厚。

② 横波双晶斜探头。横波双晶斜探头也称为双晶斜探头。图 8-17 为双晶斜探头的示意图。

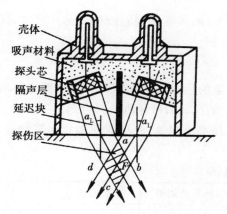

图 8-16 纵波双晶直探头

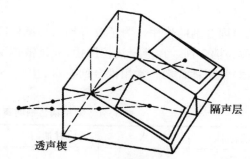

图 8-17 双晶斜探头

4) 水浸平探头和聚焦探头。水浸平探头相当于可在水中使用的纵波直探头,用于水浸法检测。当改变探头倾角使声束从水中倾斜入射到试件表面时,也可通过折射在试件中产生横波。在水浸平探头前加上声透镜则可产生聚焦声束,成为聚焦探头(见图 8-18)。

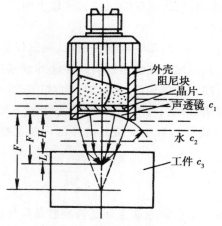

图 8-18 聚焦探头示意图

(3)探头电缆线。探头与检测仪间的连接需采用高频同轴电缆,这种电缆可消除外来电波对探头的激励脉冲及回波脉冲的影响,并防止这种高频脉冲以电波形式向外辐射。

图 8-19 为同轴电缆的截面图。电缆线的中心是单股或多股芯线。芯线的外面是聚乙烯隔层。聚乙烯隔层的外面是金属丝编织的屏蔽层。电缆线的最外层是外皮。

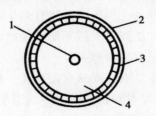

图 8-19　同轴电缆的截面图
1—芯线;2—外皮;3—金属丝屏蔽层;4—聚乙烯隔层

(4)探头型号。探头型号的组成及排列顺序如下:基本频率、晶片材料、晶片尺寸、探头种类和探头特征。其中频率单位是 MHz,尺寸单位是 mm。

3.耦合剂

(1)耦合剂的作用。为了改善探头与试件间声能的传递而加在探头和检测面之间的液体薄层称为耦合剂。在液浸法检测中,通过液体实现耦合,此时液体也是耦合剂。

(2)常用耦合剂。常用耦合剂有水、甘油、全损耗系统用油、变压器油和化学浆糊等,见表 8-1。

表 8-1　常用耦合剂的声阻抗(单位:10^6 kg/m^2·s)

耦合剂	水	甘油	全损耗系统用油	水玻璃	水银
声阻抗	1.50	2.43	1.28	2.17	20.00

4.试块

与一般的测量过程一样,为了保证检测结果的准确性与可重复性、可比性,必须用一个具有已知固定特性的试样(试块)对检测系统进行校准。超声检测中,按一定用途设计制作的具有简单几何形状的人工反射体的试样,统称为试块。试块上的人工反射体主要有平底孔、长横孔、短横孔、三角尖槽和矩形槽等。

试块的作用主要有调整扫描速度、调整检测灵敏度、测试仪器和探头的性能以及评定缺陷的大小等 4 种。此外,还可以利用试块来测量材料的声速和衰减特性等。

试块通常分为两种类型,即标准试块(校准试块)和对比试块(参考试块)。标准试块是由权威机构指定的试块,试块材质、形状、尺寸、表面状态等特性以及制作要求都由专门的标准规定,如国际焊接学会的ⅡW试块等。对比试块是由各部门按某些具体检测对象制作的试块,如 CS 系列试块。

三、超声检测技术

目前,超声技术用于装备状态监测方面主要是检测装备构件内部及表面的缺陷,或用于压力容器或管道壁厚的测量等方面。

1. 脉冲反射法

脉冲反射法是由超声波探头发射脉冲波到试件内部,通过观察来自内部缺陷或试件底面的反射波的情况来对试件进行检测的方法。图 8-20 为接触法单探头直射声束脉冲反射法的基本原理。除了接触法单探头直射声束法以外,脉冲反射法还可与斜射声束法、双探头法、液浸法等相结合,是最常用、最基本的超声检测方法。

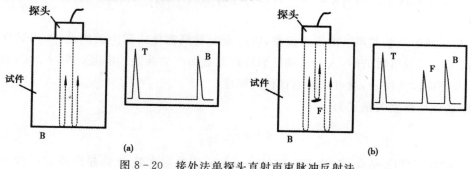

图 8-20　接处法单探头直射声束脉冲反射法

(a)无缺陷;(b)有缺陷

脉冲反射法具有其明显的优点:①检测灵敏度高;②可对缺陷精确定位;③操作方便;④适用范围广;⑤适用于各种形状的试件。

因此,只要超声波的分辨力和灵敏度足以得到所需检测缺陷的回波显示,则脉冲反射法是最好的选择。

脉冲反射法存在的缺点:①采用纵波垂直入射检查时,存在一定盲区,对位于表面和近表面的、平行于表面的缺陷的检出能力低,对薄试件的检测难以实现;②对于主平面与声束轴线不垂直的缺陷,探头往往收不到缺陷回波,或回波信号很弱,容易造成缺陷漏检;③声波由发射到接收,要通过双倍声程,相当于材料对声能有两倍的衰减,对于高衰减材料的检测是不利的。

2. 穿透法

穿透法通常采用两个探头,分别放置在试件两侧,一个将脉冲波发射到试件中,另一个接收穿透试件后的脉冲信号,依据脉冲波穿透试件后能量的变化来判断内部缺陷的情况(见图 8-21)。

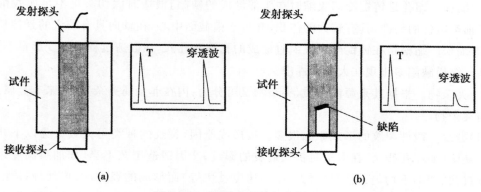

图 8-21　接触法直射声束穿透法

(a)无缺陷;(b)有缺陷

穿透法的优点正好是脉冲反射法的缺点,因此,穿透法适用于薄板类、要求检测缺陷尺寸较大的试件,以及衰减较大的材料,如各种树脂基复合材料薄板及蜂窝结构。

3.共振法

各种物体都有其固有的共振频率。当发射到物体内的超声波频率等于物体的固有频率时,就会产生共振现象。用共振现象来检测物体缺陷的方法叫共振法,共振法主要用于检测试件的厚度。

检测时,通过调整超声波的发射频率,以改变发射到物体内超声波的波长,当试件的厚度为超声波半波长的整数倍时,入射波和反射波相互叠加产生共振。根据共振时谐波的阶数(共振次数)及超声波的波长,就可以测出试件的厚度。

共振法试件厚度关系式为

$$\delta = n\frac{\lambda}{2} = \frac{nc}{2f}$$

式中,δ 为试件厚度(mm);λ 为超声波波长(mm);n 为共振次数;c 为超声波在试件中的传播速度;f 为超声波频率(Hz)。

实际测量中,若已知相邻两个共振频率之差 $\Delta f = f_1 - f_2$,则试件厚度为

$$\delta = \frac{c}{2\Delta f}$$

共振法具有设备简单、测量准确的优点,常用于工作壁厚的测量(管材、压力容器等)。另外,当试件厚度在使用过程中发生变化时,将会导致共振现象的消失或共振点偏移。根据此特性可以探测复合材料的胶合质量、板材的点焊质量、板材内部夹层等缺隙。

四、超声检测技术的典型应用

1.锻件缺隙检测

锻件在使用中承受的负荷很高,对它的监测与诊断要求是较严格的。锻件中的缺隙主要来源于铸锭中缺隙引起的缺隙和锻造过程及热处理中产生的缺隙两方面。其主要缺隙类型有以下几种。

(1)缩孔。缩孔是铸锭冷却收缩时在头部形成的缺陷,锻造时因切头量不足而残留下来,多见于轴类锻件的头部,具有较大的体积,并位于横截面中心,在轴向具有较大的延伸长度。

(2)缩松。缩松是在铸锭凝固收缩时形成的孔隙和孔穴,在锻造过程中因变形量不足而未被消除。缩松缺陷多出现在大型锻件中。

(3)夹杂物。根据其来源或性质,夹杂物又可分为:内在非金属夹杂物、外来非金属夹杂物和金属夹杂物。

(4)裂纹。锻件裂纹的形成原因很多。按形成原因,裂纹的种类可大致分为以下几种:①因冶金缺陷(如缩孔残余)在锻造时扩大形成的裂纹;②因锻造工艺不当(如加热温度过高、加热速度过快、变形不均匀、变形量过大、冷却速度过快等)而形成的裂纹;③热处理过程中形成的裂纹,如淬火时加热温度较高,使锻件组织粗大,淬火时可能产生裂纹;④冷却不当引起的开裂,回火不及时或不当,由锻件内部残余应力引起的裂纹。

（5）折叠。热金属的凸出部位被压折并嵌入锻件表面形成的缺陷，多发生在锻件的内圆角和尖角处。折叠表面上的氧化层，能使该部位的金属无法连接。

（6）白点。钢锻件中由于氢的存在所产生的小裂纹称为白点。白点对钢材的力学性能影响很大，当白点平面垂直方向受应力作用时，钢件会突然断裂。因此，钢材不允许白点存在。白点多在高碳钢、马氏体钢和贝氏体钢中出现。奥氏体钢和低碳铁素体钢一般不出现白点。

锻件的缺隙的超声波检测常用技术有：纵波直入射检测、纵波斜入射检测、横波检测。由于锻件外形可能很复杂，有时为了发现不同取向的缺陷，在同一个锻件上需同时采用纵波和横波检测。在工程中常见的锻件形式主要有饼盘类锻件、轴类锻件、筒类锻件，不同类型锻件其检测方法也不相同。

（1）饼盘类锻件的超声检测技术。饼盘类锻件中心部位是缺陷集中的部位，并且是使用时的主要受力部位，因此，中心部位是超声检测的重点部位。对于在轮缘部位开槽安装叶片的盘坯来说，加强轮缘部位的检测也是很重要的。两端面是主要锻造受力面，是可供选择的合适的声束入射面。所以，饼盘类锻件超声检测常采用纵波直入射技术，在端面上进行检测，如图8-22所示。

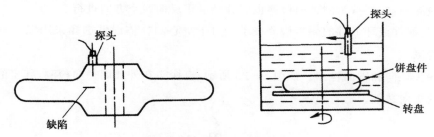

图8-22　饼盘件检测示意图

（2）轴类锻件的超声检测技术。轴类件中最常见的缺陷是位于中心沿轴向延伸的缺陷，但同时还可能存在径向和其他方向的缺陷。因此为尽可能发现各种取向的缺陷，轴类件检测常采用以下几种方式进行。

1）直探头径向检测。径向检测的目的是发现最常见的轴向缺陷，这是轴类件检测的主要方式。检测时纵波直探头置于轴的外圆A面上，使声束沿轴的半径方向入射，如图8-23所示。

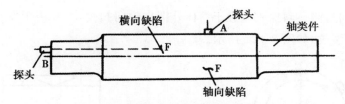

图8-23　轴类件径向和轴向检测示意图

2）直探头轴向检测。轴向检测主要用于发现与轴线垂直的横向缺陷。纵波直探头放置在轴的端头B面上（见图8-23），使声束沿轴向入射。进行轴向检测时，如果轴的长度很长，则应注意侧壁影响，同时该方向可探测的深度也是有限的。

3)斜探头周向检测。当缺陷呈径向且为单片状时,直探头径向和轴向检测方式很难发现,因此,需要采用适当折射角的斜探头作周向检测,使波束尽可能垂直入射到缺陷上[见图8-24(a)],或通过双探头串列接收缺陷反射回波[见图8-24(b)]。

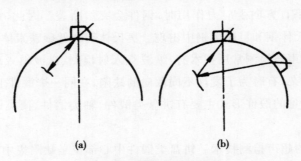

图 8-24 斜探头周向检测

(a)单斜探头;(b)双斜探头

4)斜探头轴向检测。当轴的长度较大,直探头从端面检测横向缺陷灵敏度不够时,或存在未能覆盖的检测区域时,可采用图8-24所示的单斜探头或双斜探头串列法进行检测。与斜探头周向检测一样,斜探头的轴向检测也应分别沿正反向两个方向进行。

(3)筒类锻件或环形件的超声检测技术。对于空心圆柱体锻件选择采用以下一种或几种方式进行检测。

1)直探头径向和轴向检测。如图8-25所示,直探头在外圆周径向检测,其目的是检测与轴线平行的周向缺陷。

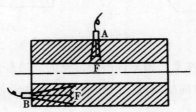

图 8-25 直探头径向和轴向检测

2)斜探头周向检测。斜探头置于筒体外圆作周向扫查,主要用于发现外壁和内壁的径向缺陷,如图8-26所示。

3)斜探头轴向检测。斜探头放置于筒体外圆作轴向扫查,主要用于发现内壁和外壁横向缺陷,主要是横向裂纹,如图8-27所示。

图 8-26 斜探头周向检测

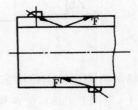

图 8-27 斜探头轴向检测

2.铸件缺隙检测

铸件是将金属或合金熔化直接充填在静止铸型中,液体金属或合金在铸型中冷却,凝固成形后得到的零件。铸件具有以下特点。

(1)组织不均匀。

(2)组织不致密。

(3)表面粗糙,形状复杂。

(4)缺陷的种类和形状复杂。

根据铸件的不同情况,可选择相应的检测技术。

(1)缺陷反射波法。

(2)二次缺陷反射波法。

(3)多次回波法。

(4)分层检测法。

在实际检测时,利用仪器的距离幅度补偿(Distance Amplitude Curre,DAC)功能,不分层检测,也可达到与分层检测相同的效果。

3.棒材、板材缺隙检测

(1)棒材缺陷检测。棒材通常采用轧制、挤压或锻造工艺制成。棒材中的缺陷分为表面缺陷和内部缺陷两种。

(2)焊缝缺隙检测。许多金属结构都是采用焊接的方法制造的,超声检测是对焊接接头质量进行评价的重要检测手段之一。

焊接接头包括焊缝金属和与之相邻的母材热影响区。焊接接头的缺陷包括外部缺陷和内部缺陷。外部缺陷有焊缝尺寸不符合要求、未焊透、咬边、焊瘤、表面气孔、表面裂纹等,通常采用目视检测、磁粉检测、渗透检测等方法对这些缺陷进行检测。焊接接头中常见内部缺陷有气孔、夹渣、未焊透、未熔合和裂纹等,如图8-28所示。超声检测主要目的是检测出焊接接头中存在的内部缺陷。

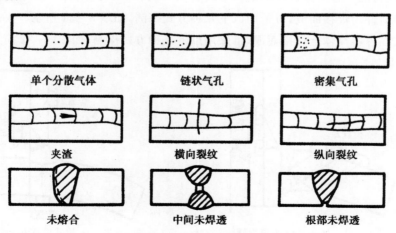

图8-28　焊接中常见缺陷

(3)中厚板对接焊缝检测。为发现焊缝中纵向缺陷,采用如图8-29所示的检测方向和检测面。

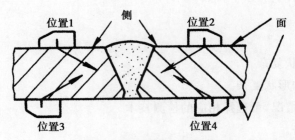

图8-29 检测方向和检测面

(4)T型焊缝检测。T型焊缝由翼板和腹板焊接而成,坡口开在腹板上,T形焊缝常用的检测方式有以下几种,如图8-30所示。

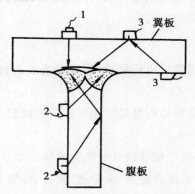

图8-30 T型焊缝检测

1—位置1;2—位置2;3—位置3

(5)管座角焊缝检测。管座角焊缝的结构形式有插入式和安放式两种。插入式管座角焊缝是接管插入容器筒件内焊接而成,可采用以下几种方式探测,如图8-31所示。安放式管座角焊缝是接管安放在容器筒体上焊接而成,可采用以下几种方式探测,如图8-32所示。

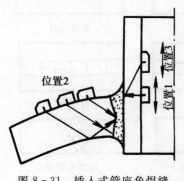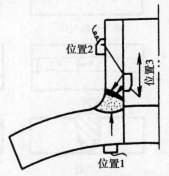

图8-31 插入式管座角焊缝　　　　图8-32 安放式管座角焊缝

第三节　声发射检测技术

声发射检测技术是在 20 世纪 50 年代发展起来的一种材料和结构件检测的技术,在无损检测中占有重要的地位,在监测结构内部损伤中得到了广泛应用。近年来,声发射检测方法有了很大的发展,它在无损检测技术中已占有重要的地位。声发射检测必须有外部条件的作用,例如力、电磁、温度等因素的作用使材料内部结构发生变化,内部结构的变化引起能量的释放而产生声发射现象。声发射检测是一种动态无损检测方法,是材料或构件内部结构或缺陷处于运动变化的过程中靠自身发出的弹性波进行无损检测的,声发射检测的这一特点使其区别于超声波、X 射线、涡流等其他无损检测方法。声发射信号来自缺陷本身,因此用声发射方法可以判断缺陷的严重程度。另外,由于绝大多数金属和非金属材料都有声发射特点,声发射诊断适用范围广,几乎不受材料的限制。利用多通道声发射测试系统可以确定缺陷所在的位置。声发射检测的这一特点对大型结构如锅炉、管道等的检测特别方便。

本节主要介绍声发射技术的基本原理、声发射源的定位、声发射仪器与系统和主要应用。

一、声发射检测的原理及特点

1.声发射

当材料受力作用产生变形或断裂时,或者构件在受力状态下被使用时,结构内部以弹性波形式释放应变能的现象称为声发射(Acoustic Emission,AE)。声发射是一种常见的物理现象,如果释放的应变能足够大,就发出可以听到的声音,如折断树枝的声音。金属材料的变形和断裂也有声发射产生,如弯曲锡片时会听见噼啪声。人耳听不到大多数金属材料的塑性变形和断裂的声发射,需要借助灵敏的电子仪器才能监测出来。用仪器探测、记录、分析声发射信号和利用声发射信号推断声发射源的技术称为声发射技术。实验表明,各种材料声发射信号的频率范围很宽,从次声频、声频到超声频,最高可达 50 MHz。声发射技术最早应用在地震学方面。地震源是巨大的声发射源,地震仪就是利用声发射技术测震的仪器,它可测出声发射源。声发射也称为应力波发射,声发射发出的弹性波,经介质传播到达被检物体表面,引起表面的机械振动,经声发射传感器将表面的瞬态振动位移转换成电信号,再经放大处理后被记录与显示,经信号分析处理后可评定出声发射源的特性。

声发射技术是一种新兴的动态无损检测技术,涉及声发射源、波的传播、声电转换、信号放大、信号处理、数据记录与显示、判断与评定等。

声发射检测的主要目标是:①确定声发射源的部位;②分析声发射源的性质;③确定声发射发生的时间或载荷;④评定声发射源的严重性。一般而言,对超标声发射源,要用其他无损检测方法进行局部复检,以精确确定缺陷的性质与大小。

2.声发射信号

声发射信号(Acoustic Emission Signal)是评价声发射源性质的惟一依据。因此,要了解声发射信号的产生、传播及其包含的信息。

(1)声发射源。引发声发射的材料局部变化(变形、裂纹扩展等)称为声发射事件(Acoustic Emission Event）。声发射事件的物理源点或与机制有关的源称为声发射源（Acoustic Emission Source）。工程中许多种损伤、破坏都可产生声发射源,具体如图8-33所示。

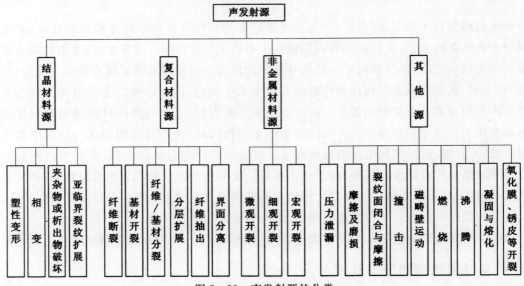

图8-33 声发射源的分类

（2）声发射信号的传播。声发射源处的声发射波形,一般为宽频带尖脉冲,包含着声发射源的定量信息。

1）波的传播模式。声发射波在介质中的传播,根据质点的振动方向和传播方向的不同,可形成纵波、横波、表面波、板波等不同的传播模式。

①纵波。质点的振动方向与波的方向平行,如图8-34所示。纵波在介质中传播时会产生近质点的稠密部分和稀疏部分,又称为疏密波。

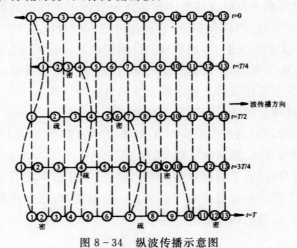

图8-34 纵波传播示意图

②横波。质点振动方向与波的传播方向垂直,如图8-35所示。横波在介质中传播时,介质会产生相应的剪切变形,又称为剪切波或切变波。由于液体和气体缺乏恢复横向运动的弹性力,故液体和气体介质中不存在横波,即横波只能在固体中传播。

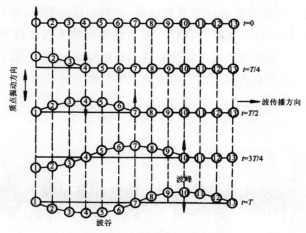

图 8 - 35　横波传播示意图

③表面波。又称瑞利波,如图 8 - 36 所示。

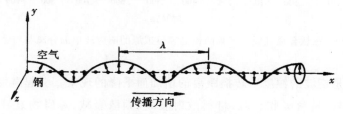

图 8 - 36　表面波传播示意图

④板波。如板型固体厚度小到某一程度时,表面波就不存在,只能产生各种类型的板波。最主要的是兰姆波。

2)波的反射、折射与模式转换。固体介质中局部变形时,不仅产生体积变形,而且产生剪切变形,因此将激起两种波,即纵波(压缩波)和横波(切变波),如图 8 - 37 所示。

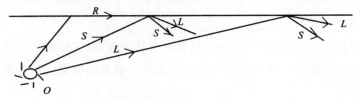

图 8 - 37　波的反射现象

若在半无限大固体中的某一点产生声发射波,当传播到表面上某一点时,纵波、横波和表面波相继到达,互相干涉而呈现复杂的模式,如图 8 - 38 所示。

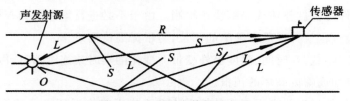

图 8 - 38　厚板中传播示意图

O—源波;L—纵波;S—横波;R—表面波

因此,声发射源所产生的尖脉冲波经界面反射、折射和模式转换,各自以不同波速、不同波程、不同时序到达传感器时,可以是纵波、横波、表面波或板波及其多波程迟达波等复杂次序,分离成数个尖脉冲或经相互叠加而成为持续时间很长的复杂波形,有时长达数毫秒。图8-39是在钛合金气瓶上采集的铅笔芯模拟源的响应波形的分离与持续时间。

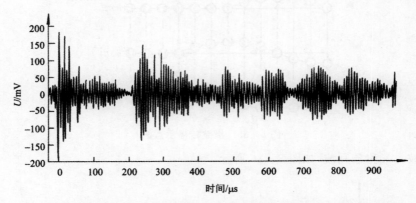

图8-39　在钛合金气瓶上采集的铅笔芯模拟源的响应波形的分离与持续时间

3)衰减。衰减是指波的幅度随传播距离的增加而下降的现象。引起声发射波衰减的主要有波的几何扩展衰减、材料吸收衰减、材料散射衰减、频散衰减、障碍物衰减等。在实际结构中,波的衰减机制非常复杂,很难用理论计算,只能用试验测得。

4)凯塞效应和费利西蒂效应。凯塞效应(Kaiser Effect)。材料受载时,重复载荷到达原先所加最大载荷以前不发生明显的声发射现象,这种声发射不可逆的性质称为凯塞效应。

费利西蒂效应(Felicity Effect)。对某些材料重复加载时,重复载荷到达原先所加最大载荷前发生明显声发射的现象,称为费利西蒂效应,也可认为是反凯赛效应。

3.声发射技术的特点

声发射技术与其他无损检测方法相比,具有两个基本区别:①检测动态缺陷而不是静态缺陷,如裂纹扩展;②检测缺陷本身发出的信息而不是外部输入的信息。这种差别导致该技术具有以下优点和局限性。

声发射检测技术的主要优点如下。

(1)可检测对结构安全更为有害的活动性缺陷。由于提供缺陷在应力作用下的动态信息,声发射检测适于评价缺陷对结构的实际有害程度。

(2)对大型构件可提供整体或局部快速检测。由于不必进行繁杂的扫查操作,只要布置好足够次加载或试验过程就可以确定缺陷的部位,易于提高检测效率。

(3)可提供缺陷随载荷、时间、温度等外变量而变化的实时或连续信息,因而适用于工业过程的在线监控及早期或临近破坏的预报。

(4)对于被检件的接近要求不高而其他方法难于或不能接近环境下的检测,如高低温、核辐射、易燃、易爆及剧毒等环境。

（5）由于对构件的几何形状不敏感，因此适宜检测其他检测方法受到限制的形状复杂的构件。

声发射检测技术的主要局限性有以下几方面。

（1）声发射特性对材料甚为敏感，又易受到机电噪声的干扰。因此，对数据的正确解释要有更为丰富的数据库和现场检测经验。

（2）声发射检测一般需要适当的加载程序。多数情况下，可利用现成的加载条件，但有时还需要特殊准备。

（3）由于声发射的不可逆性，实验过程的声发射信号不可能通过多次加载重复获得，因此，每次检测过程的信号获取是非常宝贵的，应避免因人为疏忽而造成数据的丢失。

（4）声发射检测所发现的缺陷的定性定量，仍需依赖于其他无损检测方法。

4.声发射技术的应用场合

由于声发射技术具有上述优缺点，现阶段声发射技术主要用于其他方法难以或不能适用的对象与环境、重要构件的综合评价、与安全性和经济性关系重大的对象等。因此，声发射技术不是替代传统的方法，而是一种新的补充手段。目前声发射技术作为一种相对成熟的无损检测方法，已被广泛应用于许多领域，主要包括以下几种。

（1）石油化工工业。各种压力容器、压力管道和海洋石油平台的检测和结构完整性评价，常压贮罐底部、各种阀门和埋地管道的泄漏检测。

（2）电力工业。高压蒸汽汽包、管道和阀门的检测和泄漏监测，汽轮机叶片、轴承运行状况的监测，变压器局部瞬间放电的监测。

（3）材料试验。材料的性能测试、断裂试验、疲劳试验、腐蚀监测和摩擦测试，铁磁性材料的磁声发射测试。

（4）民用工程。楼房、桥梁、起重机、隧道、大坝的检测，水泥结构裂纹开裂和扩展的连续监视。

（5）航天航空工业。航空器壳体和主要构件的检测和结构完整性评价，航空器的时效试验、疲劳试验检测和运行过程中的在线连续监测，固体推进剂药条燃速测试。

（6）金属加工业。刀具磨损和断裂的探测，打磨轮或整形装置与工件接触的探测，金属加工过程的质量控制，焊接过程监测，加工过程的碰撞探测和预防。

（7）交通运输业。长管拖车、公路和铁路槽车及船舶的检测和缺陷定位，铁路材料和结构的裂纹探测，桥梁和隧道的结构完整性检测，卡车和火车滚子轴承及滑动轴承的状态监测，火车车轮和轴承的断裂探测等。

二、声发射检测仪

声发射检测仪一般可分为功能单一的单通道型（或双通道型）、多通道多功能的通用型、全数字化型和工业专用型，其特点与适用范围见表8－2。

表 8-2　声发射仪分类及适用范围

类　型	特　点	适用范围
单（双）通道系统	①只有一个信号通道，功能单一，适用于粗略检测，两个信号通道可以完成一维源定位功能； ②多用模拟电路，处理速度快，适于实时指示； ③多为测量计数或能量类简单参数，具有幅度及其分布等多参数测量和分析功能； ④小型、机动、廉价	①实验室试样的粗略检测； ②现场构件的局部监视； ③管道、焊缝等采用两个信号通道进行一维定位检测
多通道系统	①可扩展多达数十个通道，并具有二维源定位功能； ②具有多参数分析、多种信号鉴别、实时或事后分析功能； ③利用微机进行数据采集、分析、定位计算、存储和显示； ④适用综合而精确的分析	①适宜于金属材料方面的检测； ②实验室和现场的开发和应用； ③大型构件的结构完整性评价
全数字化系统	①可扩展多达几百个通道，并具有二维源定位功能； ②具有多参数分析、多种信号鉴别、实时或事后分析功能； ③采用 DSP、FPGA 等数字信号处理器件，具有分析、定位计算、存储和三维显示功能； ④具有实时波形记录、频谱分析功能； ⑤适于综合而精确的分析	①进行材料的检测方法研究； ②金属、复合材料等多种材料检测； ③实验室和现场的开发和应用； ④大型构件的结构完整性评价
工业专用系统	①多为小型，功能单一； ②多为模拟电路，适于现场实时指示或报警； ③价格为工业应用的重要因素	①刀具破损监视； ②泄漏监视； ③旋转机械异常监视； ④固体推进剂药条燃速测试

1. 单通道声发射检测仪的组成

典型的单通道声发射检测系统的基本组成如图 8-40 所示，一般由传感器、前置放大器、主放大器、信号参数测量、数据处理、记录与显示等基本单元构成。声发射传感器是声发射检测仪的关键部件，主要用于拾取微弱的声发射信号，将应力波信号转变为系统可以识别的电信号，送入前置放大器进一步放大。声发射检测系统一般要求传感器灵敏度高、响应频带尽量宽，以利于检测到微弱的宽频带范围的声发射信号。

图 8-40　单通道声发射检测仪的基本组成

前置放大器置于传感器附近，传感器的输出信号经过放大器放大后再经过长电缆传送到主放大器和采集卡，供主机处理。它的主要作用是：①高阻抗的传感器与低阻抗的传输电缆之间提供匹配，以减少信号衰减；通过放大微弱的输入信号抑制电缆噪声，以提高信号的信噪比。

②提供频率滤波。主放大器和滤波器是系统的重要组成部分,主放大器提供了声发射信号的进一步放大、以便后续的参数测量和计算单元进行信号处理,它一般具有可调节的放大倍数,使整个系统的增益达到 20～100 dB。在检测系统中加入滤波器主要用来排除噪声和限定检测系统的工作频率范围,以适应在比较复杂的噪声环境中进行检测。

目前的声发射检测系统已经开发了一系列信号采集、数据处理、数据重放和显示软件,使系统具有声发射特征参数提取、波形采集与显示功能,可以完成声发射源定位分析、信号频谱分析等功能。

2. 多通道声发射检测系统

多通道声发射检测系统如图 8-41 所示,它采用多处理器并行处理结构,由高速采集用独立通道控制器、协调用总通道控制器和数据分析用主计算机构成。

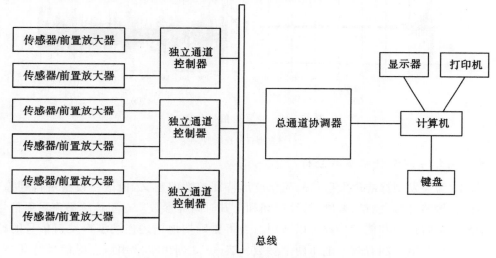

图 8-41　多通道声发射系统构成

随着数字信号处理技术的发展,数字式多功能声发射检测系统成功推广并将逐步成为今后的主流。其最大特点是经前置放大的信号不必再经过一系列模拟电路而直接转换成数字信号,再同时进行常规特性参数提取与波形记录。这不仅改善了电路的稳定性和可靠性,而且大大强化了系统信号处理能力。

三、声发射信号分析

声发射检测的目的在于发现声发射源和得到有关声发射源尽可能多的信息。通过对探测到的声发射信号进行处理和分析,可以得到被探测材料和结构内声发射源的大量信息。然而,受声发射源的自身特性、声发射源到传感器的传播路径、传感器的特性和声发射仪器测量系统等多种因素的影响,声发射传感器输出的信号波形十分复杂,它与真实的声发射源信号相差很大,有时甚至面目全非。因此,如何根据声发射传感器输出的信号来获取有关声发射源的信息是人们一直面临并努力加以解决的难题。

声发射信号具有很宽的动态范围,并且其产生率也是变化无常的,所以目前人为地将声发射信号分为突发型和连续型两种,如图 8-42 所示。如果信号是由区别于背景噪声的脉冲组成,且在时间上可以分开,那么就属于突发型声发射信号;如果信号的单个脉冲不可分辨,则属于连续型声发射信号。实际上,连续型声发射信号也是由大量小的突发型信号组成的,只不过太密集而不能分辨而已。由于声发射信号的上述特点,目前采集和处理声发射信号的方法可以分为两类:一类是以多个简化的波形特征参数分析来表示声发射信号的特征;另一类为存储和记录声发射信号的全波形特征,对其进行时频特征分析。

波形特征参数分析法是 20 世纪 50 年代以来广泛使用的经典声发射信号分析方法,目前在声发射检测中仍得到应用,几乎所有的声发射检测规范中对声发射源的判据均采用简化波形特征参数法。全波形时频特征分析方法是随着现代信号处理技术而发展起来的新方法。以下将分别介绍这两类分析方法。

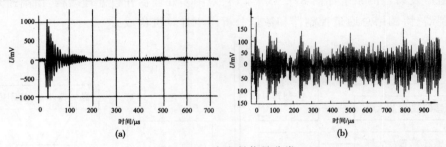

图 8-42 声发射信号分类

(a)突发型;(b)连续型

1.声发射信号波形特征参数分析

图 8-43 为突发型标准声发射信号简化波形特征参数的定义,由这一模型可得到撞击计数、事件计数、振铃计数、能量、幅度、持续时间和上升时间等参数。对于连续型声发射信号,上述定义中只有振铃计数和能量参数可以适用。为了更确切地描述连续型声发射信号的特征,又引入了平均信号电平和有效值电压两个参数。表 8-3 列出了常用声发射信号特征参数的含义和用途。这些参数的累加可定义为时间或实验参数(如压力、温度等)的函数,如总事件计数、总振铃计数和总能量计数等。这些参数也可定义为随时间或试验参数变化的函数,如声发射事件计数率、声发射振铃计数率和声发射信号能量率等。这些参数之间也可以任意两个组合进行关联分析,如声发射事件-幅度分布、声发射事件能量-持续时间关联图等。

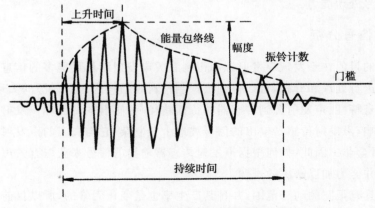

图 8-43 突发信号特征参数的示意图

表 8-3 常用信号特征参数的含义和用途

参 数	含 义	特点与用途
撞击和撞击计数	撞击是通过门槛并导致一个系统通道累计数据的任一声发射信号。撞击计数则是系统对撞击的累计计数	反映声发射活动的总量和频度,常用于声发射活动性评价
事件计数	一个或几个撞击所形成的声发射事件的个数,分为总计数和计数率	反映声发射活动的总量和频度,用于声发射源活动性和定位集中度评价
振铃计数	越过门槛信号的振荡次数,分为总计数和计数率	信号处理简单,广泛用于声发射活动性评价,但要受门槛的影响
幅度	事件波形的最大振幅值,通常用 dB 表示	不受门槛的影响,直接决定时间的可测性,常用于声发射源的类型鉴别、强度及衰减测量
能量计数	事件信号检波包络线下的面积,分为总计数和计数率	反映事件的相对能量和强度,可取代振铃计数,用于声发射源的类型鉴别
持续时间	事件信号第一次越过门槛到最终降至门槛所经历的时间,用 μs 表示	与振铃计数相似,常用于特殊声发射源的类型和噪声鉴别
上升时间	事件信号第一次越过门槛到最大振幅所经历的时间,用 μs 表示	因易受传播的影响而其物理意义变得不明显
有效值电压（RMS）	采样时间内,信号电平的均方根值,以 V 表示	与声发射的大小有关。测量简便,不受门槛的影响,适用于连续型信号,主要用于连续型声发射活动性评价
平均信号电平（ASL）	采样时间内,信号电平的均值,以 dB 表示	提供的信息和应用与 RMS 相似。对幅度动态范围要求高而时间分辨率要求不高的连续型信号,也可用于背景噪声水平的测量
到达时间	一个声发射信号到达传感器的时间,以 μs 表示	在已知传感器间距和传播速度时用于波源的位置计算
时差	同一个声发射波到达各传感器的时间差,以 μs 表示	决定于波源的位置、传感器间距和传播速度,用于波源位置的计算
外变量	试验过程外加变量,包括历程时间、载荷、位移、温度及疲劳周次	不属于信号参数,但是属于撞击信号参数的数据集,用于声发射活动性分析

2.声发射信号时频特征分析

基于信号时频特征分析的声发射信号处理技术是根据所记录信号的时域波形及与此相关联的频谱分布和相关函数等来获取声发射源特征信息的一种分析方法。早在声发射技术发展初期,人们就对波形和频谱分析进行了研究,以识别声发射故障源,并取得了某些成绩。然而由于声发射传感器技术和仪器硬件技术的限制,早期的声发射仪器很少能对声发射信号进行瞬态波形捕捉和实时处理,因此取得广泛应用的方法一直是参数分析。然而,参数分析方法存在很大的局限性,比如计数率对声发射信号频率的依赖性以及对信号冲击幅度的间接依赖性,门槛阈值的选择对研究和操作人员工作经验的依赖性等。尽管有些研究对这种局限性做了改进,提出了新的计数方法和阈值选择方法,但并不足以完全消除这些局限。因此,在声发射技术发展的历史上,研究人员始终没有放弃对声发射全波形分析技术的探讨。

波形是声发射传感器输出电压随时间变化的曲线,它可以用示波器从前置放大器或主放大器的输出端观察到,也可以从瞬态记录仪或波形记录装置上记录下来。典型的突发信号波形如图 8-44 所示。

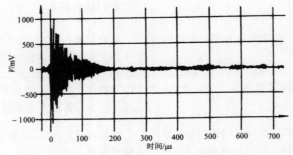

图 8-44 典型的突发信号波形示意图

突发型声发射的频谱如图 8-45 所示,频谱分布曲线集中,质心比较明显,表示信号包含的频率成分比较单纯。

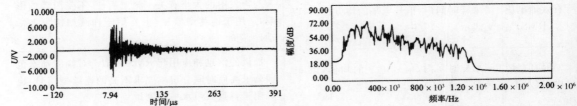

图 8-45 突发型声发射的频谱示意图

连续型声发射的波形和频谱如图 8-46 所示,频谱分布曲线平坦,质心相对不明显。频谱平坦表明信号所包含的频率成分比较丰富,分布比较宽。

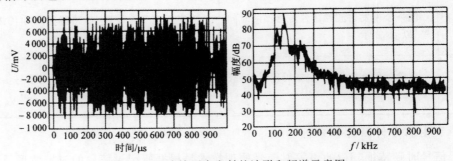

图 8-46 连续型声发射的波形和频谱示意图

通过分析声发射信号的频域分布特性,了解信号的频率成分可以确定信号特征,更有效地进行检测分析,做到有针对性的检测处理。

近年来,随着测试仪器及计算机技术的飞速发展,声发射信号采集和处理的能力得到了大幅度地提高,基于波形分析的声发射技术也取得了长足的进展。对声发射信号的分析处理除了采用特征参数法和频谱分析法之外,还可以采用现代频谱分析法、神经网络分析法、小波分析法、灰色理论分析法等。

例如,仅仅从信号波形的参数分析方法无法将由刀具破损发出的声发射信号与其他声发射源发出的信号区别开来,必须借助频谱分析的方法,因为不同类型的故障源发出的声发射信号频率分布不同。对于以傅里叶变换为基础的频域分析方法,其根本假设是信号是平稳的或是时不变的,实际上突发型声发射信号常与材料内部裂纹扩展、材料断裂等密切相关,是一种非平稳信号,更合理的方法是从时域和频域两方面同时分析声发射信号的变化情况。小波变换是近20年来发展起来的一种信号时频分析方法,小波变换具有同时在时域和频域表征信号局部特征的能力,既能够刻画某个局部时间段信号的频谱信息,又可以描述某一频段信号对应的时域信息,这对于分析含有瞬态变化的声发射信号是合适的。

表 8-4 声发射信号小波分解后个分量的能量比

小波分解分量	能量比/(%)	小波分解分量	能量比/(%)
A5	1.91	D3	65.69
D5	1.31	D2	15.30
D4	9.0	D1	2.43

图 8-47 是利用声发射技术对复合材料中的脱胶孔缺陷进行检测的声发射信号波形及其频谱。从频谱图上分析,信号的频谱信息在 50~700 kHz 范围内比较丰富,要分析其中的主要频谱分布范围只能进行大致的估计。为了对不同频段的信号进行详细的分析,采用 db6 小波函数对图 8-47 中的声发射信号进行 5 个尺度的小波分解,各尺度分解的重构波形信号及其所对应的频谱如图 8-48 所示。经过小波变换,复合材料脱胶孔声发射检测信号被分解到 6 个频带中,表 8-4 为声发射信号经过小波分解后各级频带能量占整个信号能量的百分比。由表中数据可知,经过小波分解后第 2 和第 3 级的信号所携带的能量占总能量的 80% 以上,是信号的主能量频带,分析小波变换后各级信号的时域波形,同样能获得类似的结论,即第 2 和第 3 级的分解信号含有缺陷检测的绝大部分信息。因此,第 2 和第 3 级的分解信号可用于分析脱胶孔缺陷的特征。除了能提取声发射检测信号的特征频带之外,如果声发射信号中的噪声是频带有限的,则根据小波分解后的频带,可以剔除含有噪声的频带。对于图 8-48 中声发射信号,由上述分析可知,第 2 和第 3 级的分解信号是声发射检测信号的特征频带,可以用这两级信号进行重构,去除其他 4 级频带的低频和高频噪声。去除噪声后的重构信号如图 8-49 所示。

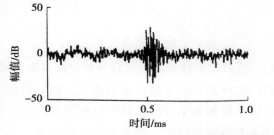
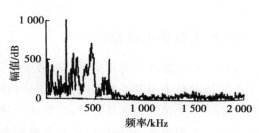

图 8-47 复合材料中脱胶孔缺陷的声发射检测信号波形及其频谱

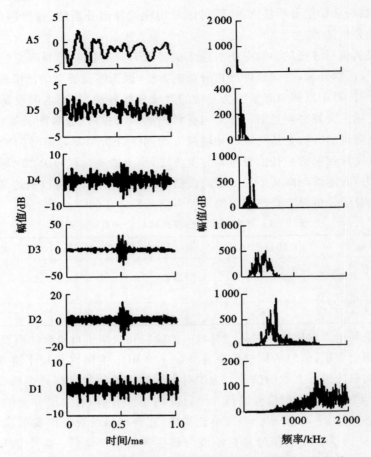

图 8-48 声发射信号小波分解后各尺度的重构波形及其频谱

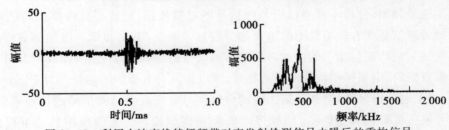

图 8-49 利用小波变换特征频带对声发射检测信号去噪后的重构信号

四、声发射源定位技术

固体材料内部缺陷的发生和扩展形成声发射源,并以弹性波的形式释放能量向四周传播。为了在固体材料表面某一范围内测量出缺陷的位置,将几个声发射传感器按一定的几何关系放置在固定点上组成传感器阵列,然后在检测过程中根据各个传感器检测到的声发射信号来确定声发射源的位置,这种定位声发射源的方法就是源定位技术。声发射源定位技术是声发射研究的一个重要方面,声发射源的定位需由多通道声发射检测仪来实现。对于突发型声发射信号和连续型声发射信号需要采用不同的声发射源定位方法,图8-50给出了目前人们常用的声发射信号源定位方法。

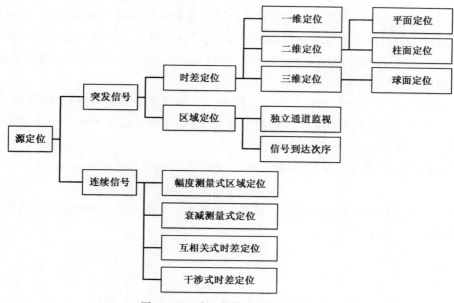

图8-50　声发射信号源定位方法

1. 区域定位

区域定位(Zone Location)是一种处理速度快、简便而又粗略的定位方式,主要用于复合材料等由于声发射频度过高或传播衰减过大、检测通道数有限、各向异性等难以采用时差定位的场合。区域定位主要包含两种方式:独立通道控制方式和按信号到达顺序定位方式。在复合材料检测中常用的区域定位原理示意如图8-51所示。

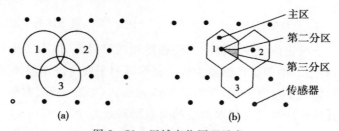

图8-51　区域定位原理示意

(a)单通道控制区;(b)到达顺序区域定位

独立通道控制方式是按信号衰减的影响将时间分为若干区域,每个区域的中心布置一个传感器,每个传感器主要接收围绕该传感器周围区域发生的声发射波,用这种方法可以粗略确定声发射源所处的区域。按信号到达顺序定位方式是将传感器布置成一定的阵列,检测过程中不记录时差,但需记录每个声发射信号到达每个传感器的顺序。当仅考虑首次到达的撞击信号时,可提供波源所处的主区域,而该区域以首次接受传感器与临近传感器之间的中点连线为界。当考虑第二次或第三次到达的撞击信号时,可进一步确定主区中的第二或第三分区。这种定位方法在复合材料检测中经常使用。

2. 时差定位

同一声发射源发出的声发射信号到达不同传感器的时间不同,根据时间差、波速以及传感器的位置可以计算出声发射源的位置,这就是时差定位的原理。根据声发射源所处的空间位置,时差定位方法(Location Upon Delta-T)可以分为一维定位、二维定位(又包括平面定位、柱面定位和球面定位)和三维定位。

(1)一维定位。一维(线)定位是声发射源定位中最简单的方法,多用于焊缝缺陷的定位。一维定位就是在一维空间中确定声发射源的位置坐标,亦称直线定位法。一维定位至少要采用两个传感器和单时差,其原理如图 8-52 所示。

若声发射波从波源 Q 到达传感器 S_1 和 S_2 的时间差为 Δt,波速为 v,则可得

$$|QS_1 - QS_2| = v\Delta t$$

距两个传感器的距离差相等的点的轨迹为如图 8-52 所示的一条双曲线。声发射源就位于此双曲线的某一点上。

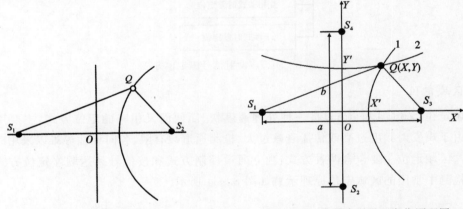

图 8-52 一维定位法　　　　　图 8-53 菱形阵列平面定位原理图

(2)二维定位。二维定位至少需要三个传感器和两组时差,但为了得到单一解,一般需要四个传感器和三组时差。由四个传感器构成的菱形阵列平面定位原理如图 8-53 所示。传感器阵列可任意选择,但为了计算方便,采用简单阵列形式,如三角形、方形、菱形等。就原理而言,声发射源的位置均由两组或三组双曲线的交点所确定。

柱面定位和球面定位是常见的定位方式。许多压力容器都是圆柱体或球体,柱面定位实际上是平面定位的一种特例。一般传感器的布局是将传感器布置在两个或几个圆周上,每个圆周均匀分布几个传感器。球面定位是将传感器布置在球形容器上检测故障的方法,球形定位需要在球面三角算法上求解定位点,传感器布局时,一般沿着几条纬线作均分布局,将传感器坐标送入计算机,实验时计算机将接收的传感器信号按球面三角算法求解。

(3)三维空间定位。在现代声发射检测仪中已经使用三维空间定位的检测软件,它是基于信息融合的算法来定位声发射源位置,其传感器布置也比较复杂。这种定位方式主要用于大型物体内部缺陷的监测,如岩石、大坝、变压器内部放电等。

（4）时差定位的局限性。时差定位是利用时差、波速、传感器间距等参数来确定试样或构件声发射源的检测方法，可确定波源的坐标或位置，是一种精确而又复杂的定位方式，广泛用于试样和构件的检测。其定位精度受波速、衰减、波形、构件形状等许多易变量的影响，在实际应用中难以得到非常满意的结果，特别是在复合材料的检测中，由于其各向异性，声波在不同方向上传播的速度不同，往往不能使用时差定位法而采用区域定位法。

3.应用实例

图8-54为四支撑两转子系统，图中给出了4个长度尺寸，单位为mm，其中两个是轴承座距离参数，另外两个是碰摩杆的位置参数。支撑轴承为流体动力润滑滑动轴承。轴承座轴向宽为40 mm，转子圆盘厚为25 mm，直径为120 mm。转子与轴承座的分布基本上对称于中间的刚性联轴器7的接合面。摩擦点有两处，不同时进行。摩擦副为铜-钢摩擦。声发射传感器置于轴承座的侧面。本试验通过采集和分析多盘转子系统碰摩声发射信号从而快速直接地发现碰摩点的位置。

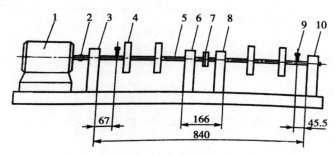

图8-54 转子试验台

1—电动机；2—联轴器；3、6、8、10—轴承座；4—转子圆盘；5—转轴；7—刚性联轴器；9—磁磨器

图8-55转子试验台声发射一维线性定位的原理示意图。如图8-54所示，传感器安装在转子试验台的两个轴承上（见图8-54的8和10），以图8-54中的碰摩杆9作为碰摩试验点。两个传感器之间的距离用D表示，信号源距1号传感器的距离用d表示，以v表示声波的传播速度，声发射信号到达1号传感器的时间为t_1，到达2号传感器的时间为t_2，此时距离d都可由以下公式求出，即

$$d=\frac{1}{2}(D-v\times\Delta t) \tag{8.1}$$

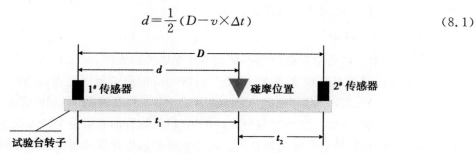

图8-55 转子试验台声发射定位原理示意图

信号分析方法采用基于小波包分解的互相关系数法。对于不同传感器上采集的声发射信号，通过小波包分解和重构将信号分解到不同的频段，有些频段的信号受的干扰大些，例如高频部分，有些频段则小一些，可以认为受干扰小的频段具有更大的相关系数。由于假定碰摩位

置只有一个,所以由式(8.1)可知只有一个 Δt 是正确的。如果声发射信号在传播过程中根本没有受到干扰,那么信号在各个频段上的互相关系数值应该都是一样的,相应的 Δt_0 也就更加接近真实值。所以,可以对分解后不同频段的重构信号作互相关,并比较相关系数,找出最大的相关系数以及相对应的 Δt,再用式(8.1)计算碰摩位置。分别对轴承座 1 和轴承座 2 上的传感器 A 和 B 采集的声发射信号进行 6 层小波包分解,分别取第 3 个包进行重构,重构后的信号做互相关,结果如图 8-56 所示。根据互相关系数的最大值确定时间延迟 t,将此值代替式(8.1)中的 Δt。根据声发射信号在金属中的传播速度,即可计算得到碰摩位置。实验表明,计算结果与实际位置非常接近。

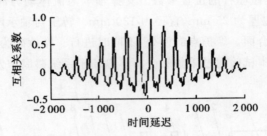

图 8-56 传感器 A 和 B 的互相关系数

第四节 红外检测技术

红外检测是基于红外辐射原理,通过扫描记录或观察被检测工件表面上由于缺陷所引起的温度场变化来检测表面和近表面缺陷与损伤的无损检测方法。由于其具有操作简单、检测结果直观、非接触测量、检测效率高等显著特点,它在装备、材料、工程结构件及特种功能涂层等的检验与评价中受到了人们的重视。

一、红外无损检测基础

红外物理理论是红外无损检测的理论基础,而红外探测器和相关的检测方法是红外无损检测能应用于工程实际的技术保证。

1. 红外辐射及传输

(1)红外辐射。红外辐射是位于可见光中红光以外的光线,故又称红外线,它是一种人眼看不见的光线。其波长范围大致在 $0.72\sim1\,000\ \mu m$ 的频谱范围之内,相对应的频率大致在 $3\times10^{11}\sim4\times10^{14}$ Hz 之间。任何物体,只要其温度高于绝对零度就有红外线向周围空间辐射。

在红外技术中,一般将红外辐射分成四个区域(但划分的界限至今尚无统一规定),即近红外区、中红外区、远红外区和极远红外区。此处所说的远近指红外辐射在电磁波谱中与可见光的距离。

(2)红外辐射的传输。和所有电磁波一样,红外辐射是以波的形式在空间直线传播的。它在真空中的传播速度等于光在真空中的传播速度,即

$$c=\lambda\times f$$

式中，λ 为红外辐射的波长；f 为红外辐射的频率；c 为光在真空中的传播速度。

2.红外探测器

红外探测器是能将红外辐射能转换成电能的光敏元件，用来监测物体辐射的红外线。它是红外检测系统中最重要的器件之一。这里简单介绍它的分类和性能参数。

(1)常用红外探测器的分类。红外探测器分热电型和光电型两类。

(2)红外探测器的性能参数。不同的红外探测器不但工作原理不同，而且其探测的波长范围、灵敏度和其他主要性能都不同。下面的几个参数常用来衡量各种红外探测器的主要性能。

1)响应率。响应率表示红外探测器把红外辐射转换为电信号的能力。它等于输出信号电压与输入红外辐射能之比。

2)响应波长范围(光谱响应)。它表示探测器的电压响应率与入射波波长之间的关系，一般用光谱响应曲线来表示。

3)噪声等效功率。红外探测器的输出电压较低，外界噪声对它的影响很大，因此要用噪声等效功率参数来衡量红外探测器的性能。噪声等效功率是输出信噪比为 1 时所对应的红外入射功率值，也即红外探测到的最小辐射功率，该值越小，探测器越灵敏。

4)探测率。探测率为噪声等效功率的倒数。

5)响应时间。输出信号滞后于红外辐射的时间，称为探测器的响应时间。它反映红外探测器的输出信号随红外辐射变化的速率。

3.红外无损检测方法

将热量注入工件表面，其扩散进入工件内部的速度及分布情况由工件内部性质决定。另外，材料、装备及工程结构件等在运行中的热状态是反映其运行状态的一个重要方面。热状态的变化和异常，往往是确定被测对象的实际工作状态和判断其可靠性的重要依据。

红外检测按其检测方式分为主动式和被动式两类。前者是主动给被检对象施加热激励信号，同时扫描记录或观察工件表面的温度流场的分布及其变化规律，从而实现检测与诊断，适用于静态件检测；后者是利用装备或部件工作过程中自身产生的温度场的变化，从而反推出其内部的缺陷，适用于运行中设备的故障诊断与质量控制。

二、红外无损检测仪器

常见的红外无损检测仪器有红外测温仪及红外热像仪。

1.红外测温仪

红外测温仪是用来测量设备、结构、工件等表面某一局部区域的平均温度的。通过特殊的光学系统，可以将目标区域限制在 1 mm 以内甚至更小，因此有时也将其称为红外点温仪。它主要是通过测定目标在某一波段内所辐射的红外辐射能量的总和，来确定目标的表面温度。其响应时间可小于 1 s，测温范围可达 $-40\sim3\,000\,℃$。

图 8-57 为红外测温仪的结构原理图。它由光学系统、调制器、红外探测器、放大器、显示器等部分组成。红外测温仪的主要技术参数有温度范围、工作波段、响应时间、目标尺寸、距离系数和辐射率范围等。红外测温仪的不足之处在于温度测量精度易受各种因素的影响及对远距离的小目标测温困难。

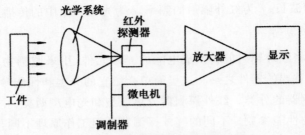

图 8-57　红外测温仪的结构原理图

2.红外热像仪

红外检测的主要设备是红外热像仪,其热成像系统负责接受物体发出的热辐射,并将其转换成可见的热图像。由于红外热像是热辐射信号成像,与普通可见光图像是光的反射信号的成像原理不同,两种图像的区别很大,肉眼看起来更像是可见光图像的负像,且缺乏层次与立体感,因此热像仪一般均需要图像增强、校正与除噪功能。较好的热像仪一般均具有连续捕捉和处理热图像序列的能力。

热成像系统一般由光学成像系统、红外探测器及制冷器、图像处理系统和显示系统等四部分组成。光学成像系统负责将物体辐射出来的红外线汇聚到焦平面上,探测器负责将辐射信号转换成电信号,光机扫描或电子扫描配合探测器获取热图像,图像处理系统负责热图像的放大、校正、除噪,显示系统负责热像电信号信息用可见光的形式显示出来。

热像仪种类较多,根据是否存在光机扫描系统分为光机扫描型与非光机扫描型,按照探测器是否需要制冷装置分为制冷型与非制冷型热像仪。一般来说,由于提供制冷装置,红外探测器的热灵敏度和温度分辨率可以达到很高,但设备的成本会显著增高,限制了其应用;随着非制冷型探测器水平的日益提高,以及使用维护的便利性和价格优势,目前工程上应用最为广泛的是非制冷型焦平面红外热像仪,其温度分辨率基本上均达到了 50 mK 左右。

热像仪除了具有红外测温仪的各种优点外,还具有以下特点。

(1)快速有效,结果直观。热像仪能显示物体的表面温度场,并以图像的形式显示。

(2)分辨力强。现代热像仪可以分辨 0.02℃甚至更小的温差。

(3)显示方式灵活多样。温度场的图像可以采用伪彩色显示,也可以通过数字化处理,采用数字显示各点的温度值。

(4)能与计算机进行数据交换,便于存储和处理。

热像仪所存在的主要不足之处有:①检测灵敏度随缺陷埋藏深度的增加而很快降低;②结构复杂,操作维修不方便;③价格昂贵。

三、红外热波无损检测理论与方法

1.热波检测的基本原理

红外无损检测可以分为两大类型,即无源红外检测法(又称被动红外检测法)和有源红外检测法(又称主动红外检测法)。被动红外检测法是指进行检测时不对被检测的目标进行加热,仅仅利用被测目标的温度与周围环境温度不同的条件,在被测目标与环境的热交换过程中进行热波检测的方式。在检测的过程中,大多数被测材料的内部结构和缺陷在正常的状态下不能引起材料表面产生温度变化,红外热像仪无法获得判别缺陷所需要的温度信息,这就限制了红外成像技术在无损检测行业中应用。红外热波检测(Infrared Thermal Wave NDT)的基本原理如图 8-58 所示,属于主动红外检测法,与普通的被动检测不同,一般是通过对被检测对象主动施加可控的热激励(脉冲、周期、持续加热等),使材料内部的缺陷或损伤以表面温度变化差异的形式表现出来,采用红外热像仪连续观测和记录物体表面的温度场变化,通过对红外序列热图像进行采集、分析和处理,以及对热波流在物体内部的传导与堆积的分析与总结,实现对物体内部缺陷的快速、直观的检测和定量识别。

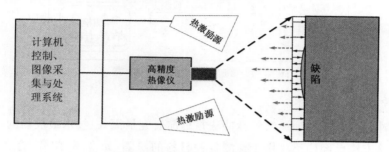

图 8-58　红外热波检测原理图

由图 8-58 可知,红外热波检测系统通常主要包括热激励装置、红外热像仪、计算机控制与热像处理系统三个部分。其中,热激励源是关键,通过对被检测对象施加专门的热激励,热波激发出材料内部的缺陷信息;高灵敏度的红外热像仪是核心设备,监测被测物体表面的温度分布并记录数据;计算机系统的功能是控制热激励源和红外热像仪,调整热激励参数和采集频率等,及时捕获含缺陷信息的红外热图像,同时对热像仪采集的温度图像数据进行处理和分析,提高图像质量,增强缺陷的对比度,实现对缺陷的定量识别等。一般来说,对于常见的裂纹、气孔、脱粘、分层、夹杂等缺陷,缺陷的热传导系数明显都小于材料本身,热波会发生反射和堆积现象,因此缺陷对应的表面温度要高于正常区域,通过表面的温度异常很容易发现缺陷。而对于导热性缺陷,如蜂窝复合材料结构中的积水缺陷等,表面将出现温度过低区域,这种缺陷比较少见。

主动式红外热波检测的理论是 20 世纪 60 年代由国外学者 Green 和 Alzofon 首次提出的,从此开始了对红外热波无损检测技术的研究。早期的红外热波无损检测只是处于无损检测的初期阶段,而且由于检测精度、检测成本等原因,并没有得到广泛的推广,它仅在某些军事领域有所应用。在该阶段,红外热波无损检测技术的优势并没有完全体现出来,与其他检测手段(如涡流、X-射线、超声检测等)相比它仅处于探讨阶段。而后红外热波技术迎来了快速发展的春天,尤其是在法国、美国、加拿大、英国、日本、瑞典等国发展非常快,并大大地拓展了红外热波检测的应用领域,其被广泛应用于航空、航天、电力、机械、冶金、化工等部门。

红外热波检测的热激励源是多种多样的,主要分为光激励、机械能激励和电磁激励等三类。光激励是将高能可见光照射到试件表面,热量以热波的形式传递到试件内部而后又被返射回试件表面;机械能激励最常用的是超声波,超声波使得试件内部裂纹处产生热量并传递到试件表面;电磁激励是给被测试件(导体)通电,通过电流产生热量。按检测方式不同可以分为同侧检测和异侧检测,热像仪和热激励源在被检测试件的同一侧的是同侧检测,热激励源和热像仪在被检测试件的两侧的是异侧检测。图 8-59 为红外热波检测技术的分类。

根据热激励形式不同,红外热波无损检测技术又可以分为脉冲法、锁相法和超声热像法等。

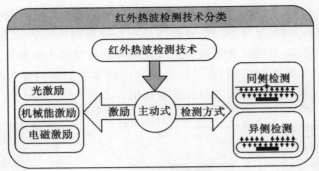

图 8-59　红外热波检测技术分类

2. 红外脉冲热波检测技术

(1)闪光脉冲热波检测原理。红外脉冲法是目前研究最深入、技术最成熟的一种红外热波无损检测技术,该方法已经广泛应用于检测各种材料的缺陷,如金属、陶瓷、合金、塑料及复合材料等。在美国,该技术已经广泛应用于航空航天和国防领域,如波音公司用于检测蒙皮内部的加强筋开裂和锈蚀,美国航空宇航局检测飞机蒙皮的缺陷。该检测方法最大优势就是其检测周期短、检测速度快,非常适合现场和在线在役检测。但其检测能力与脉冲激励源的强度有关,且对加热的均匀性要求高,对试件表面防反射处理要求高,试验时多数情况下要在试件表面涂上黑漆,以达到降低噪声提高热波图像检测的目的。

图 8-60 是带有平底孔缺陷的试件的脉冲热波检测不同时刻的热波图像,由图可知,直径较大、深度较浅的缺陷最先出现,随着时间的推移,直径较小、深度较深的缺陷也开始显现出来,并且越来越清晰,大约在 1.54 s,热斑与周围环境的对比度达到最大,而后对比度开始逐渐降低,最终到 1.96 s 时,直径最小的缺陷热斑首先消失,然后是 3 s 左右时,深度最深的缺陷热斑消失,其余各缺陷的热斑也逐渐变得模糊,原因是随着热波在试件内部的横向传播,表面温度场趋于均匀。

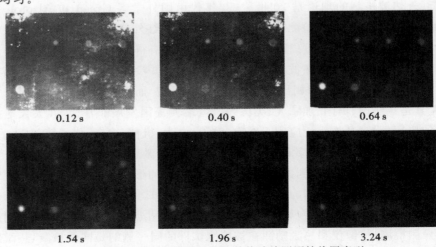

图 8-60　平底洞脱黏缺陷红外热波检测原始热图序列

显然,热波图像及其序列中包含了缺陷的各种信息,关键是如何处理与提取这些特征信息,实现准确的检测与诊断。通过分析,不难知道热波图像序列中帧与帧之间的变化关系直接对应着物体表面不同时刻的温度分布变化关系,而这种变化关系的根源就在于物体内部存在的异常结构(缺陷),因而不同时刻采集到的热波图像之间的变化关系,直接反映了物件内部的结构特征(也即缺陷信息)。显然,多帧图像包含了更丰富的信息,其处理技术的效果应该优于单帧图像处理技术。通过多帧图像处理,可以获得和利用更多、更全面的表征缺陷的信息,保证检测的准确性、科学性和完整性,有利于制定更优的维修解决方案,提高检测效率和检测质量。同时由于对不同时刻的信息(包括缺陷信息和背景噪声信息)进行了综合利用和信息互补,还能够显著降低热噪声、加热不均等不利因素的影响,增强缺陷特别是微弱缺陷的显示效果。因此可以说,基于多帧图像的分析和处理是热波无损检测技术当中最重要,也是最有效的处理方法。

大量研究表明,基于多帧的热波图像序列处理方法是热波无损检测技术当中最重要,也是最有效的方法。通过对多帧热波图像进行处理,能够获取缺陷的各方面信息,保证检测的准确性、科学性和完整性;同时由于对不同时刻的有用信息(缺陷信息)进行了综合利用和互补,还能有效地降低热噪声、加热不均等因素对缺陷识别的不利影响,增强缺陷的显示效果,达到提高图像对比度的目的。

(2)脉冲热波图像处理方法。

1)多帧累加平均法。多帧累加平均法(帧积分法)是通过增加积分时间,将不同时刻两帧或多帧图像对应像素点的灰度值相加,求取它们的时间均值图像,提高图像信噪比。

经过 m 帧累加后,图像的电压信噪比提高了 $\sqrt{M}$ 倍。

显然多帧累加平均能够大大提高热波图像的信噪比,从而有效地增强热图像的质量,但是无法消除加热不均匀的影响,甚至强化加热不均匀的效果。

多帧累加平均后,得到的是丢失了时间信息的间断不连续的图像序列,为了恢复时间信息,并实现图像的连续显示,常采用帧重复的方法,即用均值图像内插为缺省帧图像。显然,这种方法将导致图像发生跳跃,图像显示不连续,与热波理论的分析发生冲突。另外一种方法是线性内插,但对热波图像序列而言,显示某一点的灰度变化(温度变化)并不满足线性关系,这样将导致缺陷显示的不精确。

2)正则化方法。正则化方法的基本思想是将待处理的热波图像序列的所有帧进行累加平均(或者累加求和),再除以在原始图像序列中能看到缺陷的若干帧的均值。

图像的信噪比显著提高,改善了缺陷的对比度,同时改善了图像的视觉效果,但是对于加热不均匀的消除效果较差。

3)差分法。由于缺陷区域和正常区域的热传导特性的差异,能量在缺陷区域累积,导致缺陷区域和正常区域的温度变化情况不一样,通过差分运算可以凸显缺陷。常见的方法有帧间差分法和背景差分法。

a.帧间差分法。每一帧(幅)热波图像记录的是瞬时的温度场,而不是温度场变化情况,并且静态因素(有些是不变的或变化微小的,诸如灯光、仪器、热像仪镜头等静止稳定的辐射体)引起的温度噪声,始终是加在每一幅图像上的。要得到温度场的变化情况,可以将两幅热图的温度场对应相减,图像物体表面的温度变化情况,而且能够消除静态因素引起的噪声温度场。

在实际应用中,由于噪声不是固定不变的,一种有效的策略是将帧间差分法和累计积分法相结合,这样的帧间差分法既得到了温度场的变化情况,又抑制了静态因素的影响,处理效果十分明显,而且,能够显著消除加热不均匀的影响。

文献还提出了一种基于联合灰度级分布的求差分图像的方法来消除加热不均匀的影响。结果表明,算法的性能进一步提高,但算法较复杂,计算繁琐。

b. 背景差分法。由于获取的热波图像是由背景(非缺陷区域)和缺陷区域组合而成,如果能够消除背景的影响,必然能够显著提高缺陷的显示效果,增强对比度。最佳的消除背景的方法是对一块同样材料,同样大小,但不含有缺陷的试件在相同条件下进行热波成像,将获取的两组热波图像序列的对应帧进行差分,由于正常区域在两次实验中变换很小,而缺陷区域变换很大,因而这种方法的效果是十分显著的,但是工程实用性不高,因为在很多场合下无法获得无缺陷的试件,也无法模拟含缺陷试件的工作状态。

另一种方法是假定热波图像的某一区域作为背景,如果试件比较规则,即各部分都一样,采用这种方法的效果十分明显。但是,对于不是规则的物体,无法用某一区域来代表整个背景区域,因而背景的拟合方法就比较困难。

差分法能得到较好的处理结果,但是图像序列经过差分后,会丢失时间信息,从而影响确定缺陷深度信息的精度。因此,在经过差分处理后,需要通过内插来还原时间信息,进行图像序列的重建。一般步骤为:①将图像序列中的每几帧划为一组,进行加权平均,消除噪声;②进行差分运算,去除背景,提高图像对比度;③进行内插,补进时间信息。

这样获取的图像序列不仅对比度较高,而且包含了缺陷的时间信息,更利于后续的分析处理。

4)多项式拟合法。多项式拟合法是指将每帧图像上各个像素点的离散时间灰度值用二次多项式拟合,得到每个拟合多项式的系数,再将此系数值映射成强度图。即在整个采样周期内,对每一帧热波图像在空间位置(x, y)的温度值(灰度值)组成的离散数据集合$\{(t_i, T_i),i=1, 2, \cdots, N\}$,用形如:

$$T = a_0 + a_1 t + \cdots + a_n t^{n-1} + a_n t^n$$

的多项式进行拟合,并将系数值映射为强度图或者在拟合的基础上再进行后续处理。

Shepard 等人对基于对数多项式拟合的热像序列数据处理做过深入研究,并将多项式系数作为热像序列的压缩与还原的基本参数,实现热像序列的高效压缩和重建,也可得到非常好的效果。此外,还可以将多项式拟合法和去除背景法进行结合,可以很好地消除加热不均的影响。因此,该方法是目前热波检测的主流方法。

5)脉冲相位法。脉冲相位法,又叫傅里叶变换法,是综合了脉冲热波检测技术和调制热波检测技术而发展起来的一种热波图像处理方法。由于在脉冲热波检测中激励热波包含许多不同频率成分,而在调制热波检测中一次只有一种热激励频率,将二者结合起来,即通过傅里叶变换对热激励脉冲不同频率下物件的频谱响应进行分析,形成的 PPT 算法,既有脉冲热波检测速度快的特点,又有调制热波检测抗干扰能力强、信号分析简单的优点。

此方法对缺陷形状有较好的检测结果,对材料热导率要求不高。因此,很多相关研究已从脉冲热像幅值研究转向脉冲相位研究。

实际研究结果表明，PPT 法能显著提高热像的信噪比，同时能增加图像的对比度，显示较小的缺陷，对一定范围内用于计算的图像帧数的选择也不敏感，而且离散傅里叶变换存在快速算法（FFT），可以提高算法的运算速度。另外，PPT 方法不仅具有快速获取原始热像、对表面加热不均不敏感、无须预先知道无缺陷区的位置的优点，而且对随机噪声有较好的抗干扰能力，所得的相位图像有较高的信噪比。因此，该方法是一种效果较好的热波图像序列处理方法。

6）比值热图法。将热像仪采集的各个像素点的不同时间的信号相除得到信号比值的图像成为比值热图。该方法的步骤是将实验结果的 N 帧热图取一定帧列间隔 m，第 n 帧热波信号除以第 $(n+m)$ 帧热波信号，得到 $(N-m)$ 帧比值热图序列，根据一帧图像上每点的比值数值大小定义 256 级灰度。取相隔 m 帧的热图上各像素点的幅值之比，即

$$T'(t) = \frac{T(t+mt)}{T(t)}$$

式中，$T(t)$ 表示 t 时刻的信号幅值，mt 表示相邻 m 帧的时间间隔，$T(t+mt)$ 表示 $(t+mt)$ 时刻的信号幅值。

根据不同材料的热扩散的快慢不同，热扩散慢的材料宜取间隔长，热扩散快的材料宜取间隔短。比值热图法对热波图像的非均匀加热有一定的抑制作用，对检测内部缺陷有一定参考价值。但是得到的图像的信噪比比较差，同时丢失了缺陷的时间信息。

3．红外锁相热波检测技术

（1）锁相法热波检测原理。红外锁相热波检测是采用正弦调制的热激励源对试件进行外部激励，被测试件表面的温度信号也是正弦变化的，且表面温度信号变化的频率与热源加载频率相同，幅值和相位与被测试件材料的热传导性有关，当被测试件内部存在缺陷时，则有缺陷处与无缺陷处的表面温度信号的幅值和相位将会存在差异，其测试原理如图 8-61 所示。

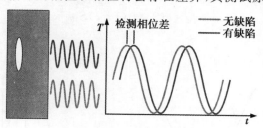

图 8-61　红外锁相法检测的原理

与脉冲式热波检测相比，锁相式具有对光源强度要求低、受光照不均性影响小和对表面发射率变化不敏感、对曲面适应性较好、相位图信噪比高、抗环境干扰能力强、对试件表面的防反射处理要求低等优点，不足之处是检测时间比脉冲法长。

（2）热波信号相位提取方法。红外锁相法热波检测的关键是获得试件表面各点温度信号的幅值图和相位图。在处理热波信号之前需要将红外热波信号中趋势项剔除，然后再对相位和幅值信息进行提取，具体可用周期性信号提取相位和幅值的方法。根据傅立叶变换的思想，如果得到了每个点的热波信号的幅值和相位，则可以完全确定原始信号的波形，而相位信息则

能更敏锐地反映缺陷的位置信息,因此,下面重点探讨一下相位提取方法。

1)四点平均法。四点平均算法是由德国 G. Busse 教授首次提出的,用于稳态正弦信号的处理,是最早的信号处理方式。它是通过一个整周期热波信号上的四个点来确定热波信号的幅值和相位的。为了得到试件表面温度信号的幅值图和相位图,必须对每一个像素点上的温度-时间信号进行处理。其原理如下:

经过预处理的试件表面上某一像素点的表面温度曲线基本满足标准的正弦规律变化,在一个整周期内等间隔的取 4 个点,如图 8-62 所示,其温度值分别为 S_1,S_2,S_3,S_4,知道这四个点的温度值就可以得到该像素点温度变化的幅值和相位,其原理如图 8-63 所示,由图中的三角关系式很容易得到式(8.2)和式(8.3)。很显然,该方法默认取第一个点 S_1 所在位置的相位为该像素点温度信号的相位,所以用该方法求表面温度信号的相位时,第一个点必须取在温度信号的起始点处,以便求得的相位就是温度信号的相位,则有

$$\varphi = \arctan \frac{S_1 - S_3}{S_2 - S_4} \tag{8.2}$$

$$A = \sqrt{(S_1 - S_3)^2 + (S_2 - S_4)^2} \tag{8.3}$$

考虑到所测到的信号 S_M 是发自试件的辐射 S_T 和来自周围环境物体的反射 S_R 所组成,即热波信号受到物体辐射率 ε 和激励照度系数 i 的影响,则有

$$S_M = \varepsilon i S_T + (1 - \varepsilon) S_R \tag{8.4}$$

将式(8.4)代入式(8.3)中,有

$$A = \sqrt{(S_{1M} - S_{3M})^2 + (S_{2M} - S_{4M})^2} \tag{8.5}$$

式中

$$S_{1M} = \varepsilon i S_{1T} + (1 - \varepsilon) S_{1R}$$
$$S_{2M} = \varepsilon i S_{2T} + (1 - \varepsilon) S_{2R}$$
$$S_{3M} = \varepsilon i S_{3T} + (1 - \varepsilon) S_{3R}$$
$$S_{4M} = \varepsilon i S_{4T} + (1 - \varepsilon) S_{4R}$$

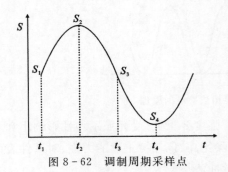

图 8-62　调制周期采样点

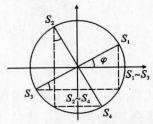

8-63　四点法求相位原理

通常辐射率 ε 和激励照度系数 i 随着在物体上的位置变化也发生变化,如果这些系数在测温中保持不变(如 $S_{1R} = S_{3R}$),那么式(8.5)可以进一步简化为式(8.6),所以幅值 A 与外部反射无关,则有

$$A = \varepsilon i \sqrt{(S_{1T} - S_{3T})^2 + (S_{2T} - S_{4T})^2} \tag{8.6}$$

将式(8.5)代入相位计算式(4.3)中可得

$$\varphi = \arctan \frac{S_1 - S_3}{S_2 - S_4} = \arctan \frac{\varepsilon i (S_{1T} - S_{3T})}{\varepsilon i (S_{2T} - S_{4T})} = \arctan \frac{S_{1T} - S_{3T}}{S_{2T} - S_{4T}} \tag{8.7}$$

结果表明该方法计算得到的相位与外部的反射、非均匀照明及辐射率无关。以上公式不仅适用于单个像素点的计算,也适用于整个图像。

2)相关算法。相关算法是利用噪声信号与参考信号不相关的原理,从复杂信号中有效地提取微弱的被测信号,对于周期信号它可以有效抑制噪声和其他直流分量。其原理如下:

假设被测信号为 $s(t) = U_s \cos(\omega t + \varphi)$,参考信号为 $r(t) = U_r \cos(\omega t)$ 和 $r'(t) = U_r \cos(\omega t + 90°)$,输入信号为 $x(t) = s(t) + n(t)$,其中,$n(t)$ 是噪声信号。对输入信号和参考信号经过采样得到有限长序列 $x(n)$、$r(n)$ 和 $r'(n)$,两两分别进行相关运算,可得

$$U_{01} = \frac{1}{N} \sum_{i=0}^{N-1} x(i) r(i) = \frac{U_s U_r}{2} \cos\varphi \tag{8.8}$$

$$U_{02} = \frac{1}{N} \sum_{i=0}^{N-1} x(i) r'(i) = \frac{U_s U_r}{2} \cos(\varphi + 90°) \tag{8.9}$$

$$U = \frac{1}{N} \sum_{i=0}^{N-1} r(i) r(i) = \frac{U_r^2}{2} \tag{8.10}$$

通过求解式(8.8)~式(8.10),可得

$$U_r = \sqrt{2U}$$

$$\varphi = \arctan \frac{U_{02}}{U_{01}}$$

$$U_s = \frac{2}{U_r} \sqrt{U_{01}^2 + U_{02}^2}$$

3)快速傅里叶法。红外图像序列 $T(n)$ 的离散傅里叶变换(DFT):

$$F(k) = \text{DFT}[T(n)] = \sum_{n=0}^{N-1} T(n) e^{-j2\pi nk/N} = \sum_{n=0}^{N-1} T(n) W_N^{nk} \tag{8.11}$$

式中,W_N 为 N 点 DFT 的变换核函数,$W_N = e^{-j2\pi/N}$。

快速傅里叶变换法(FFT)是离散傅里叶变换法(DFT)的快速算法。采用 FFT 法对试件表面温度信号序列进行频谱分析,由式(8.11)可知,当红外图像序列长度为 N,即时间 $t_0 = N/f_s$ 时,FFT 法可以提取以 $f_0 = 1/t_0 = f_s/N$ 为基频的倍频分量信号,从而得到频率为 $k f_0$ 谐波分量的幅值和相位信息为

$$A(k) = |F(k)|$$

$$\varphi(k) = \arctan\left(\frac{I_m[F(k)]}{R_e[F(k)]}\right)$$

白噪声的频谱分布比较均匀,经过 FFT 变换之后,白噪声在频谱上的分量对频率为 f_L 的信号影响十分有限,所以快速傅里叶变换可以很好地抑制噪声。FFT 变换是对整个温度信号进行计算,单个点的噪声也不会对计算结果产生明显影响,所以 FFT 算法处理含有噪声信号效果也比较好。

4)数据拟合法。数据拟合是指在已知自变量 x 与因变量 y 之间的一些实验数据 (x_i, y_i) $(i = 1, 2, \cdots, n)$ 情况下,寻找一个函数 $\varphi(x)$,使得函数 $\varphi(x)$ 在 $x_i (i = 1, 2, \cdots, n)$ 处的函数值

$\varphi(x_i)$ 与数据 y_i 充分接近。

在锁相法热波检测中可以得到的是试件表面各点的时间 t_i 与之对应的温度 $T_i(i=1,2,\cdots,n)$。锁相加载的热流密度为 $q(t)=P[1-\cos(2\pi ft)]$，是由一个常数项和一个余弦函数项组成的。瞬态过程中，常数项热流密度使试件产生热量积累，表面温度升高，对于涂层结构在加热的前几个周期，其表面温升满足 $At+B$ 形式；余弦函数项使表面温度产生振荡，且振荡频率为 f，表面温度满足 $C\cdot\cos(2\pi ft+\varphi)$ 形式。所以，在瞬态过程中试件表面的温度-时间函数满足函数 $T(t)=At+B+C\cdot\cos(2\pi ft+\varphi)$，其中 A、B、C、φ 均为未知量。将 $t_i(i=1,2,\cdots,n)$ 代入到函数 $T(t)$ 中得到 $T(t_i)$，使得

$$\sum_{i=1}^{i=n}[T_i-T(t_i)]^2=\min$$

可以得到函数 $T(t)$ 的数学表达式，从而得到 A,B,C,φ 得值，φ 就是试件表面温度信号的相位。

(3)锁相热波检测的应用。实际工程应用研究表明锁相热波检测的效果与热激励频率有较大关系，加载频率的选取对检测效果有很大影响，因此接下来对不同加载频率下两种常见材料试件的检测效果进行检测与分析。分别选取 0.01 Hz，0.05 Hz，0.1 Hz，0.125 Hz 等 4 种频率的热激励对带缺陷涂层表面进行加热，用锁相法提取其热波相位图。相位大小用灰度图表示，亮度越大，表示相位越大。两个试件的相位图分别如图 8-64 和图 8-65 所示。

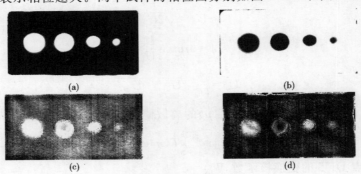

图 8-64 玻璃纤维试件相位图

(a)0.01 Hz；(b) 0.05 Hz；(c) 0.1 Hz；(d) 0.125 Hz

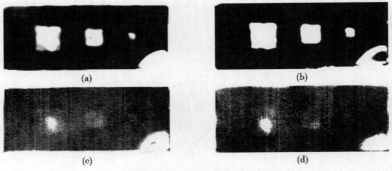

图 8-65 铝试件相位图

(a)0.01 Hz；(b)0.05 Hz；(c)0.1 Hz；(d)0.125 Hz

比较并分析图 8-64 和图 8-65,不难得出以下结论:

1)两种试件都是在加载频率为 0.01 Hz 和 0.05 Hz 时检测效果最好,加载高频率时效果不太好。

2)图 8-64 的玻璃纤维试件相位图中,0.01 Hz 和 0.05 Hz 检测效果都比较好,但是区别是频率 0.01 Hz 时缺陷处相位大于无缺陷处,频率 0.05 Hz 时缺陷处相位小于无缺陷处,这是由于相位提取算法中相位范围是 $[-\pi,\pi]$,当缺陷处和无缺陷处相位差 $\varphi(\varphi>0)$ 大于 π 时,会对其减去 2π,使其数值控制在 $[-\pi,\pi]$ 内。比如缺陷处相位超前无缺陷处 φ,如果 φ 大于 π,那么经相位提取算法后,情况变为缺陷处相位滞后无缺陷处 $2\pi-\varphi$。

3)对比图 8-64 和图 8-65,在加载频率相同时,玻璃纤维试件检测效果好于铝试件,这是由于铝的导热性强于玻璃纤维,因此铝试件内无缺陷处热流经基体反射回涂层表面耗时更短,因此缺陷处与无缺陷处相位差更小,因此铝试件检测效果低于玻璃纤维试件。

4.超声激励热波检测技术

(1)超声热像检测原理。超声红外热波(Ultrasonic Thermal Wave)检测技术,又称为超声激励热成像(Ultrasonic Excited Thermography)技术、热超声(Thermosonics)技术或振动热成像(Vibrothermography)技术,采用短脉冲、低频率的超声波作为激励源,利用超声波在传播过程中,当遇到裂纹、应力集中及声阻明显变化的区域时,由于裂纹接触面间的摩擦、塑性变形或声阻抗骤增而导致超声波能量衰减释放热量,利用红外热像仪获取红外热图,采用图像处理的方法对红外热图进行处理,可以实现对材料缺陷的检测、识别和定量分析,该技术是对材料表面、浅表面及内部的裂纹、分层等损伤有较好的检测效果。

超声红外热波检测系统的组成如图 8-66 所示。主要包括超声激励源、红外热成像仪和计算机控制与处理系统等三部分。其中,超声激励源是关键,用于产生超声波并传输到被检测对象内部,激发构件内部的损伤信息;红外热像仪是核心设备,实时监测构件表面的温度分布并记录数据;计算机的功能是控制超声激励源和热像仪,调整采集频率等,同时对热像仪采集的温度数据进行处理和分析,提高图像质量,增强损伤的对比度,实现对损伤的定量识别等。超声红外热波技术实质上是对被检构件进行振动加载,超声波通过激励头注入被测试件,并在试件内传播。超声波是一种以振动形式传输能量的机械波,在试件中传播的过程中,引起被测试件中损伤接触面的相互碰撞与摩擦,引起超声波的衰减,从而产生热流。

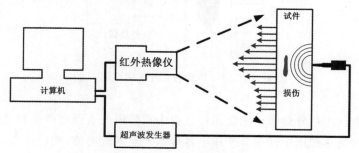

图 8-66 超声红外热波检测系统的组成

(2)检测实例。超声激振器的功率一般为 300~1 000 W,频率为 10~50 kHz,通过换能器或耦合剂与试件接触,可以对垂直裂纹、分层、腐蚀进行检测。图 8-67 所示是对含裂纹的试件进行实验的结果。从图中可以明显看出,试件中的裂纹存在。如图 8-68 所示为复合材料分层损伤在热图中的形貌,可以发现超声热波方法得到的热斑是连续的,且与周围无损伤区域界线分明。

图 8-67 贯穿裂纹的超声红外热图

1"正面   4"正面   5"正面

图 8-68 超声法热波方法检测出的分层损伤

四、红外无损检测技术的应用

红外无损检测在军事和工业生产中有广泛的应用。

1.普通被动式红外无损检测在热加工中的应用

在与热加工相关的工程中被动式红外无损检测技术的应用场合比较多。

(1)点焊焊点质量的无损检测。采用外部热源给焊点加热,利用红外热像仪检测焊点的红外热图及其变化情况来判断焊点的质量。图 8-69 是点焊质量的红外无损检测示意图。

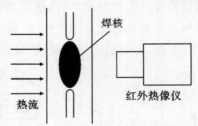

图 8-69 点焊质量的红外无损检测示意图

(2)铸模检测。用红外热像仪测定压铸过程中压铸模外表面温度分布及其变化,并进行计算机图像处理,得到热像图中任意分割线上各像素元点的温度值,然后结合有限元或有限差分方法,用计算机数值模拟压铸模内部的温度场,可给出直观的压铸过程温度场的动态图像。

(3)压力容器衬套检测。利用红外成像技术进行压力容器村里脱落或缺陷检测的方法是,利用红外热像仪从容器表面温度场数据的传热理论分析和用计算机程序的实例计算,推算出容器内衬里层的变化,从而达到对容器内衬里缺陷的定量诊断。

(4)焊接过程检测。采用红外热像仪检测焊接过程中的熔池及其附近区域的红外图像,经过分析处理,获得焊缝宽度、焊道的熔透情况等信息,实现焊接过程的质量与焊缝尺寸的实时控制。在自动焊管生产线上采用红外线阵CCD实时检测焊接区的一维温度分布,通过控制焊接电流的大小,保证获得均匀的焊缝成形。

(5)轴承质量检测。被测轴瓦是由两层金属压碾而成的,可能存在中间层或大的体积状、面状缺陷。由于内部有缺陷处与无缺陷部分传热速度不同,采用对工件反面加热,导致有缺陷处温度低于无缺陷处的表面温度,通过红外摄像可获得缺陷的图像和尺寸。用类似方法也可进行轴承滚子表面裂纹的检测。

2.普通被动式红外热像在故障诊断中的应用

(1)机械设备热像检测与诊断。炼钢高炉、锅炉、核电站等与高温相关的工业生产过程中需要十分关注隔热层的安全,普通的设备和住房等有保温需求的场合也关注热量的损失,红外热像的温度场图像可以快速直观地判断出温度异常点,进而采取必要的应对措施。

各种发动机、旋转机械、液压系统等在工作过程中难免会产生温度变化与异常,这些信息包含着丰富的设备状态信息,对保障设备高精度和可靠稳定运行具有重要意义。如火车车轮轴承座如果出现缺陷(例如轴承中有裂纹或润滑不足等),在列车运行中其相关部位的温度会迅速升高而过热,如不能及时发现,可能导致车轮卡住或轴承损坏,有可能使列车出轨。

解决的办法是在指定地点的钢轨两侧安装红外辐射探测器,使过往列车车轮轴承发射的红外辐射恰好入射至红外探测器的物镜上,监测轮轴超过规定温度标准的过热情况。

(2)电气设备热像检测与诊断。电气设备和其他机械设备的红外检测一样,无论在运行或停止状态,都具有一定的温度,即处于一定的热状态中。设备在运行中处于何种热状态,直接反映了设备工作是否正常,运行状态是否稳定良好,是否存在安全隐患。

电气设备中的电路主板、配电箱、输配电设备、变压器以及传输线路等在工作过程的温度的变化或异常,肉眼难以发现,可以用红外热像仪准确检测与快速识别,还可以配合检测机器人、无人机红外热像设备实现危险环境、空中、水下等人员难以到达的场合进行故障检测与诊断,发现暗电弧或潜在的危险。

(3)泄漏检测。在实际生产中,管束振动、腐蚀、疲劳、断裂等原因将导致换热器壳内或管内介质发生泄漏,从而降低产品质量和生产能力,影响生产的正常运行。热量泄漏的发生以及程度的判定,对于保证换热器安全运转、节约能源、充分发挥其传热性能及提高经济效益具有重要意义。除了可根据生产工艺参数进行工况分析外,还可以采用红外测温技术监测换热器的运行情况,及时发现其泄漏的性质和部位。另外,一般气体的泄露也会导致局部温度异常,红外热像也能很好地进行检测与识别。

3.主动式红外热波无损检测的应用

主动式红外热波无损检测技术通常被应用在以下几方面。

(1)检测航空、航天器铝蒙皮加强筋开裂与锈蚀,机身蜂窝结构材料。

(2)碳纤维和玻璃纤维增强多层复合材料缺陷的检测、表征、损伤判别与评估。

(3)火箭液体燃料发动机和固体燃料发动机的喷口绝热层附着检测,涡轮发动机和喷气发动机叶片的检测。

（4）新材料特别是新型复合结构材料的研究。对其从原材料到工艺制造、在役使用研究的整个过程中进行无损检测和评估。

（5）材料加载、冲击损伤或破坏性试验过程及其破坏后的评估。

（6）多层结构和复合材料结构中，脱粘、分层、开裂等损伤的检测与评估。

（7）各种压力容器、承载装置表面及表面下疲劳裂纹的探测。

（8）各种黏结、焊接质量检测，涂层质量检测，各种镀膜、夹层的探伤。

（9）检测装备各种特种功能涂层、夹层的厚度与涂覆质量。

（10）表面下材料和结构特征识别与表征。

（11）运转设备的在线、在役检测。

4. 红外无损检测技术的发展

红外理论的实际应用是从军事方面开始的。应用红外物理理论和红外技术成果对材料、装置和工程结构等进行无损检测与诊断，首先是从电力部门开始的。20 世纪 60 年代中期，瑞典国家电力局和 AGA 公司合作，把红外前视系统加以改进，用于运行中电力设备热状态的诊断，开发出了第一代工业用红外热像仪。与此同时，各种各样的用于无损检测与诊断的红外测温装置也相继出现。这些红外测温仪不仅可以进行温度测量，更重要的是可以应用于设备与构件等的热状态诊断。目前红外无损检测技术正在和计算机技术、图像处理技术相结合，以期在设备、结构等的无损检测中发挥更大的作用。

第三部分　典型设备的故障诊断与排除

第九章　旋转机械的监测与诊断

第一节　旋转机械基础知识

旋转机械是指鼓风机、压缩机、汽轮机、发电机、电动机、离心机和泵等机械设备,它们广泛应用于电力、石化、冶金、机械、航空以及一些军事工业部门。旋转机械的振动测试有其特殊性,一是其振动一般呈现很强的周期性,二是对大型设备来讲,其振动测试的主要对象是转动部件,即转轴。旋转机械的状态监测主要是针对这些特点来进行。本章介绍旋转机械典型故障的机理和特征,以及利用征兆进行故障诊断的一般方法,并列举若干诊断实例。

一、旋转机械的分类

绝大多数机械都有旋转件,所谓的旋转机械是指那些主要功能是由旋转动作来完成的机械,尤其是指转速较高的机械。这类机械大致可分为以下几种类型:

1. 动力机械

(1)原动机。如蒸汽涡轮机、燃气涡轮机(包括回收能量用的涡轮膨胀机及废气涡轮机)等,都是利用高压蒸汽或气体的压力能膨胀做功推动转子旋转。

(2)流体输送机械。这类机械的转子被上述原动机拖动,通过转子的叶片将能量传输给被输送的流体,提高其压力。可分为:

1)涡轮机械。它包括离心式及轴流式压缩机、风机及泵,包括制冷机(氨或氟利昂压缩机)。

2)容积式机械。它包括螺杆压缩机、螺杆泵、刮板式压缩机、真空泵、罗茨鼓风机、齿轮泵等。

2. 过程机械

它包括离心式分离机(过滤式、沉降式、气-气分离、气-液分离、气-固分离、液-液分离及液-固分离等)。离心式萃取机、离心式蒸馏器、涡轮式搅拌器、高速转盘喷雾器(干燥器、吸收器等)、胶体磨等。

3. 加工机械

加工机械如磨床、车床等。

二、旋转机械的特征参量

当设备发生异常或出现故障时,一般情况下其振动情况都会发生变化,如振动幅值变化、振动频率变化、振动相位变化、振动方向变化等,经过多年的试验和研究,人们发现旋转机械的这一特征尤为明显,因此与振动有关的参数被广泛的作为表征旋转机械的状态特征参量。

1.振幅

振幅是描述设备振动大小的一个重要参数。运行正常的设备,其振动幅值通常稳定在一个允许的范围内,如果振幅发生了变化,便意味着设备的状态有了改变。因此对振幅的监测可以用来判断设备的运行状态。振幅可以分为位移振幅、速度振幅、加速度振幅。

2.振动频率

振动频率可分为基频(周期的倒数)和倍频(各次谐波频率),它是描述机器状态的另一个特征参量,也是测量和分析的主要参数。因为特定的振动频率往往对应一定的故障,所以对振动频率的监测和分析在评定设备状态过程中是必不可少的。

3.相位

许多设备故障单从幅值谱图上判断是不易区分的,这时需要对相位信息进行进一步的分析,以做出正确判断。

例如,对于转子临时弓形弯曲、转子缺损和滑动轴承故障,其频谱都以一倍频为主,不易区分。若进一步对其相位进行监测分析,则可以比较容易地将它们区分开:转子临时弓形弯曲时相位比较稳定地变化;转子缺损时相位会发生突变,然后保持稳定;轴承故障时相位在一定范围内不稳定地变化。

4.转速

旋转机械的转速变化与设备的运行状态有着非常密切的关系,它不仅表明了设备的负荷,而且当设备发生故障时,通常转速也会有相应的变化。

5.时域波形

时域波形实际上综合反映了振动信号的振幅、频率和相位。用时域波形来表示振动情况最简单、直观,并且通过对时域波形的观察,可以判断出一些常见的故障,例如不对中、碰摩故障,其时域波形就有明显的特征。

6.轴心轨迹

轴心轨迹实际上是轴心上一点相对于轴承座的运动轨迹,它形象、直观地反映了转子的实际运动情况。通过对轴心轨迹的观察,也可以判断出一些常见的故障,例如油膜涡动、油膜振荡,其轴心轨迹反映就非常明显。

7.轴向位置

轴向位置(轴位移)是止推盘和止推轴承之间的相对位置。对于发电机组、离心式压缩机、蒸汽透平、鼓风机等设备,其轴向位置是最重要的监测参量之一,因为转子系统动静件之间的轴向摩擦是旋转机械常见的故障之一,同时也是最严重的故障之一。

8.轴心位置

轴心位置是描述安装在轴承中的转轴平均位置的特征参量。大多数机器的转轴会在油压阻尼的作用下,在设计确定的位置浮动。但当轴瓦磨损或转轴受到某种内部或外部的预加负荷时,轴承内的轴颈便会出现偏心。因此,轴心位置是轴承磨损或预负荷的一种指示。

9.差胀、机壳膨胀

对于大型旋转机械,如汽轮发电机组,由于转子较长,在启动过程中转子受热快,沿轴向膨胀量比汽缸大,二者的热膨胀差称为"差胀"。当转子的热膨胀量大于汽缸的热膨胀量时,称为"正差胀";当汽缸的热膨胀量大于转子的热膨胀时,称为"负差胀"。

10.慢旋偏心距

慢旋偏心距也称峰-峰偏心距,它是指机器静止时的弯曲量。在大型汽轮发电机组和其他大型工业汽轮机中,由于轴系较长,所以经常需要测量峰-峰偏心距。如果峰-峰偏心距在允许的范围内,机器可以顺利启动,否则残留的弯曲和相应不平衡量会引起密封件与转轴之间的摩擦。

11.工艺参数

润滑油温度及介质温度、压力、流量等参数通常被称为工艺参数,这些参数都是非常有用的辅助诊断参数,因为这些参数的变化,通常是故障的征兆,是判断故障的主要敏感参数。对温度、压力与流量的监测有助于判断机器运行状态(温度、压力、流量等工艺参数)与机组运行状态的关系,有助于对故障做出更准确地综合判断,及时排除故障。

三、旋转机械的监测诊断系统

1.传统的振幅监测系统

在以计算机为中心的转子监测和诊断系统出现以前,一些工厂对重要的转子机器已经配置了监测手段。许多转子都安装了测量径向振动和轴向振动的探头,通过二次仪表显示振幅,并由操作人员每隔一段时间记录一次,同时,设置连停车装置使在振幅超限时能自动停车,其过程如图 9-1 所示,这样虽然能在一定范围内避免恶性事故的发生,但是也有一些难以克服的缺点。

(1)转子振幅增大时,估计不出振动发展趋势,没有恰当的对策。

(2)转子发生故障或停车以后,由于没有故障过程的动态记录,不能准确、迅速地做出事后分析,难以迅速恢复生产,也不利于积累运行经验,以避免同类事故的发生。

(3)因为对转子运行状态的性能变化知之不多,维修计划的制订有较大的盲目性。维修费用大,时间长。

(4)振幅对某些转子振动分量的变化并不敏感,监测振幅不容易在早期发现故障征兆,以便预防故障的发生。

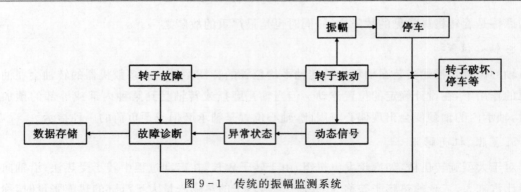

图 9-1　传统的振幅监测系统

2.基于计算机的监测与诊断系统

在致力于克服这些缺点的过程中,出现了以计算机为中心的监测和诊断系统,如图 9-2 所示。这里,我们取转子振动的动态信号进行分析,不仅同样可以完成振幅监测工作,而且通过对信号的处理,可以大大丰富对转子运行状态和故障过程的了解。随着故障诊断技术和计算机技术的不断发展,基于计算机的转子监测和诊断系统已经取代传统的振幅监测方法,成为现代先进管理水平的一个标志。图 9-2 为转子监测和诊断系统的硬件组成示意图。用振动传感器测取转子运行中所产生的振动信号,如径向振动、轴向振动等。通过振动传感器,将机械振动的位移量或加速度量转换为连续变化的电压信号。为了使微型计算机能够接收和处理这些信号,必须用 A/D 接口板将连续变化的电压信号变为离散的数据信号(见图 9-3),这叫作采样过程。用计算机对采样得到的数据信号进行运算和处理,结果由打印机或显示屏输出,喇叭可发生报警或提示声音。

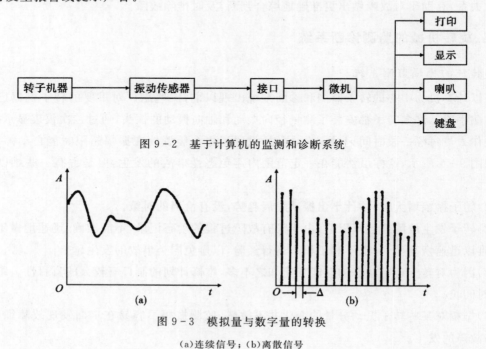

图 9-2　基于计算机的监测和诊断系统

图 9-3　模拟量与数字量的转换

(a)连续信号；(b)离散信号

第二节 转子系统的状态分析

在现场实际中,转子监测系统提供振动信号结果以及现场其他信息,那么如何来发现、分析、监测和诊断转子机器故障呢? 本小节将讨论转子故障信息的主要来源。

转子发生故障会引起转子振动的异常变化,我们通过对振动信号的分析会发现这种异常变化。但是,这还不够,只有在对转子机器的结构、特性、运行记录等都有详细了解的情况下,才有把握根据振动的异常变化来推断故障原因。图 9-4 是故障诊断过程的示意图,可见,在事前调查阶段,就要掌握与转子机器有关的丰富信息。机器设计、制造人员和现场操作维修人员常常会给我们提供十分有用的信息。我国现有生产管理水平,转子监测系统的引入并不排斥和取代现场操作人员的经验和智慧。相反,二者有机结合,信息共享才能做好这项工作。

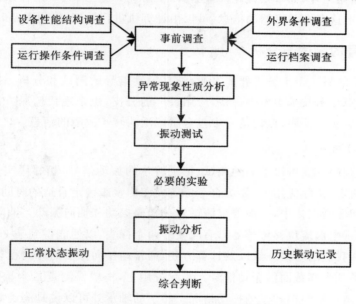

图 9-4 转子振动故障诊断流程图

一、机器现场情况

机器现场情况包括机器的结构性能、操作运行情况、外界环境的影响、机器维修使用记录等。

(1)机器的结构性能。主要的内容有:①机器的工作原理,机器在整个生产过程中是如何工作的。②机器的重要动态参量,主要指机器设计的额定运行指标和工艺参数范围,如驱动机功率、各工艺段的流量、压力、温度、转子转速及变化范围、机器的工作介质等。③机器的结构组成和参数,例如轴承形式,密封结构,机器转子与其他机器之间的联轴节结构,如果是齿轮联轴节则还需知道其齿数、转子工艺段数、转子上叶片的数目及其共振频率、转子临界转速等等。

(2)操作运行情况。它是指机器运行时工艺参数的大小和变化,机器输入产生的变化,是否感觉到性能的变化和故障征兆,对故障过程的现场描述;等等。例如对于压缩机,需要了解:①各工艺段的吸入压力和排出压力,压缩机的压缩性能如何,由于在叶片上附有聚合物等异物时,可能使压缩比发生变化。②各工艺段的吸入温度,排出温度,判断吸入温度过高是否吸入冷却液,排出温度过高有无聚合物生成的可能性。③各工艺段的流量,流量决定了机器的负荷。超负荷会造成转子振动性能的劣化,而低负荷则可能使机器处于喘振区。④润滑油条件,包括进入轴承的油温、油压、流量、轴承内的油温等,它决定着滑动轴承动压油膜的形成,与转子运行的稳定性有密切关系。

(3)外界环境的影响。它包括:①环境温度、湿度等的影响。②周围其他机器、管道振动造成的影响。③地基沉降、变形对机器性能的影响。④输入电压波动的影响。

(4)机器维修使用记录。它包括:①机器运转以来发生过的故障及处理情况。②上次大修日期。③大修时对机器作过哪些调整,调整量各为多少。④对本机器来说,发生什么样的故障可能性最大或哪些部件容易发生故障及机器的薄弱环节。⑤机器使用以来发现了哪些设计和制造上的不足。除此之外,如果条件允许,还可以了解同一型号、同一工作条件下其他机器的故障发生情况,以上这些有关机器的信息,可以由计算机进行管理,以便需要时随时调用。

二、振动信号的测试与分析

转子故障信息的另一个十分重要的来源,就是振动信号的测试和分析。振动信号的测试和分析,是当前故障诊断技术中发展最快,应用最广的分支,也是现代监测方法区别于传统监测方法的一个标志,实践证明,振动信号中包含了广泛的转子故障的信息。

1.振动信号的测试

安装了转子监测系统,可以不断地测试、记录转子的振动信号,相邻两次记录之间的时间间隔可以依需要而定,实际应用中,要综合考虑各方面因素来确定合适的时间间隔。

在转子监测和诊断工作中,一般要求测试转子径向振动和轴向振动。轴向根据实际需要,有时安装一个探头(电涡流位移传感器),有时安装两个探头,以便能得到某一横截面上振动的全部信息。为了和我们的习惯一致以及计算方便,通常两径向探头的方向相互垂直,如图9-5所示。这只是转子一个横截面的振动信号。实际应用上,一般要测量几个重要横截面的径向振动信号,以便大体了解整根转子的振动情况。转子的轴承处可以说是测量截面的理想选择。这里,探头安装方便,转子此时的振动对机器总体振动影响最大,振动信号还反映出轴承的某些状态变化。

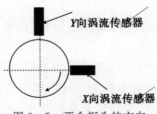

图9-5 两个探头的方向

以上叙述的都是针对转子本身振动的测量,此外,为了分析机器的某些特性,确定或排除一些可能的振动原因,还要进行一些辅助的测试,以取得机壳、基础或管道某些部件的振动信号。

2.振动信号分析

振动信号分析是我们识别故障性质、寻找故障源的关键手段,通过振动分析,可以得到大量的机组振动状态信息。振动分析要运用多种分析手段,比如说小波分析、时域分析、神经网络分析等等一些重要的分析手段。此外,对故障诊断来说,通过比较,更能说明问题。例如,无论哪一台机组不平衡总是存在的,基频分量总是占有相当大的比重,不能因为基频占有相当大的比重就认为机组出了问题,再如有的基频轴心轨迹是圆,工作正常;有的转子振动基频轴心轨迹是椭圆,人们也认为转子运行正常。通过振动分析我们只能得到当前转子轴心轨迹是椭圆或者是近似圆这样的信息,而不能做出转子发出故障或者是某种故障的判别。

为了能比较全面地了解转子振动状态的变化,一般应从以下几方面去分析和观察转子振动信号。

(1)研究和获得转子正常运行状态下的振动参数/包括基频的幅值、相位,2倍频等高次谐波的幅值、相位;次谐波、半频的幅值、相位;正常运行振动谱上的其他重要成分的频率、幅值;时域波形形状,统计特性;轴心轨迹的形状、大小、旋转方向。

(2)对当前转子振动信号进行频谱分析、相位分析、轴心轨迹和时域波形的观察、统计分析等各种分析。

(3)进行机组各个探头振动状况的联合分析,包括哪些探头振动的变化是相似的,哪些探头振动是不变的或与其他探头的不同,哪些探头(水平、垂直、轴向、机壳)变化明显,例如对于喘振来说,轴向振动变化明显,而不平衡增大则引起水平方向和垂直方向振动的同步增长等。

(4)进行趋势分析,在进行趋势分析中,不但要分析峰-峰值的变化趋势,而且要分析基频、1/2倍频、2倍频等的变化趋势,不但要分析幅值的变化趋势,而且要分析相位的变化趋势,并且要将它们联系起来分析它们之间的相互关系。要从趋势图上得到,振动是稳定不变,逐渐上升,逐渐下降,或升或降还是突然增大等信息。例如对于转子结垢引起的不平衡增加,在趋势图上,其振动幅值一般呈现为随时间的增加而缓慢稳定的上升,而如有叶片等从转子上脱落,则引起振动的突然上升。

(5)对于一些特殊情况,为了进一步说明问题,得到更多的有用信息,有必要做进一步的试验。当然试验要在允许的范围内进行,主要包括:调节转速实验,得到有关转速与振动变化的关系;改变工艺参数,得到振动与负荷变化的关系;改变润滑系统的参数如油温、油压等。

三、其他故障信息来源

除了振动监测和分析方法以外,人们还提出了其他一些监测和诊断方法,他们都是故障信息的来源,是辅助故障诊断的参考因素。噪声监测和分析、声发射监测、红外分析、油样分析等就是其中的几种。

转子监测和诊断工作中,最好是将各种方法,各方信息汇集起来,综合运用,以期准确、及时地发现故障,这和医院对疾病的诊断一样,但是相应的仪器的费用,投入的人力也随之增加。

第三节　旋转机械的常见故障

设备故障是指机器的功能失常。振动是设备故障的一种主要形式。故障诊断的实质是故障类别的识别。为了寻找机组振动过大的原因,并对症处理,首先应对振动故障的类型区分清楚,对不同类型故障的内涵有明确的概念。在监测信号的基础上,根据故障机理从中取出故障特征进行周密的诊断和分析。

一、故障诊断的层次性

鉴于故障诊断基本上是逆向推理的过程,从振动信号出发找到具体的诊断根源,具有许多不确定的因素,很难做到一蹴而就,因而故障诊断是分层次进行的。与此相应,故障原因或诊断结论也就有了层次性。

二、故障的分类

故障的分类,常取决于所欲强调的内容。它包括故障的性质(突发性、渐进性)、程度(轻微、一般、严重、恶化)、历程(暂时、继续)、部位(转子、轴承、齿轮、基础)、责任(人为、自然)等等。

从振动角度上看,比较合理的分类法是按故障机理分类,即从激励源及机械阻抗加以细分,现场常遇到的振强类型有不平衡惯性力、不对中约束力、电磁力、构件共振、油膜力、流体激振力、摩擦冲击力、松动、裂纹等,内中还可以细分成若干小类。

1. 强度不足

强度不足造成断裂破坏事故,其原因有以下几种:

(1)腐蚀。使机械的材料变质(如脱碳、晶间腐蚀等),或使零件尺寸变小(厚度、直径等)。腐蚀种类有化学介质、大气腐蚀及电化学腐蚀等,有机材料还有老化问题。

(2)冲蚀或磨损。由工作介质对零件表面的冲刷撞击而造成的零件尺寸减小、减薄称为冲蚀,而接触零件工作表面间有相对滑动造成磨损使零件表面层的脱落称为磨损。

(3)设计应力过大或结构形状不恰当,有很大的应力集中,在应力变化的情况下产生破坏或疲劳破坏。

(4)零件的材料由于铸、锻、焊等工艺不合适造成局部缺陷(如缩孔、裂纹、晶粒粗大等)。

2. 产生振动

很多故障的表现形式是机组有较大的振动,其原因如下:

(1)不平衡。由于静、动平衡不好,或在工作中产生新的不平衡。不平衡产生的可能原因有:结构设计不合理,制造和安装误差,质材不均匀,受热不均匀,运行中转子的腐蚀、磨损、结垢、零部件的松动和脱落等。产生不平衡故障有转子质量不平衡、转子初始弯曲、转子热态不平衡、转子部件脱落、转子部件结垢和联轴器不平衡。

1)转子质量不平衡:转子质量有偏心。

2)转子初始弯曲:转子的各横截面的几何中心与旋转轴线不重合。

3)转子热态不平衡:转子在启停过程中,由于热交换的差异,转子横截面温度分布不均匀,产生瞬时热弯曲,引起不平衡和振动。

4)转子部件脱落:运行中转子部件的脱落引起转子不平衡,此时脱落部件在惯性力的作用下飞出会产生二次事故,故必要时需要及时停机检查。

5)转子部件结垢:由于工质不合格,随着时间的推移,在转子的动叶和静叶表面形成尘垢,使转子平衡破坏。

6)联轴器不平衡：在设计时没有考虑联轴器的影响，或者制造安装存在误差，使转子产生质量不平衡。

（2）转子不对中。不平衡与不对中是造成机组强烈振动最常见的原因。不对中通常指的是相邻两转子轴心线与轴承中心线的倾斜或存在偏移。不对中一般是由安装不良造成的。有的冷态对中不良，有的未考虑热态时的变形差异，内应力未消除导致机壳扭曲，或管道对中不好，对机壳产生过大的作用力使其变位。也可能是由于机器基础不均匀下沉，或由于零件加工质量不高而引起的（如高速齿轮，滚珠轴承等零件的精度不高产生周期性的激励）。转子不对中可以分为联轴器不对中和轴承不对中。联轴器不对中又可分为平行不对中、偏角不对中、平行偏角不对中。

1)平行不对中：转子轴线之间存在径向位移。

2)偏角不对中：转子轴线之间存在偏角。

3)平行偏角不对中：两者都有。

轴承不对中是指轴承座标高和左右位置的偏差

（3）转子碰摩等。碰摩可以分为：①转子外缘与静止件而引起的摩擦——径向摩擦；②转子轴向与静止件的摩擦——轴向摩擦。

（4）机组产生自激振动。有一些情况即使没有外界周期性干扰力，也可能由于某种机制，振动系统会因振动过程本身不断地吸收外界能量而使系统的振幅增大，这类振动激励源有流体力、材料内摩擦、紧配合的摩擦、传动件的纵向摩擦以及不对称性等。

（5）工作介质引起的振动。如往压缩机由于配管不恰当，气流脉冲可引起机组及管道较大的振动，离心压缩机在小流量时引起的气流旋转失速、喘振、离心泵的吸入压头不足时引起的空穴现象等。

三、常见故障的故障机理

振动发生频率的分析是诊断转子故障的基本手段，每一种诱发转子异常振动的故障源，总是以一定的频率方式作用在转子上。这种方式可以是单一频率、一组频率或某一频段。

（1）强迫振动。不平衡（叶片脱落、结垢、质量不平衡、弯曲等）、不对中（平行、角度、平行角度不对中等）、碰摩、裂纹、管道激振。

（2）自激振动。油膜涡动、振荡、旋转脱离、喘振，轴承座松动、流体激励。

1.转子不平衡故障

机组 1/3 以上的故障是由转子失衡引起的，造成失衡的具体原因很多。机组不平衡按发生过程可分为原始不平衡、渐发性不平衡和突发性不平衡等几种情况。

（1）转子不平衡故障的机理。由于质心偏离转子轴心线或转子质量对轴心线成不均匀分布，转子转动时将产生离心力、离心力矩或两者兼而有之。离心惯性力的大小与偏心质量、偏心距及旋转角加速度有关，即 $F = Me\omega^2$。众所周知，交变的力会引起振动，这就是不平衡引起振动的原因。转子转动一周，离心力方向改变一次，因此不平衡振动的频率与转速相一致，振值的大小符合转子动力学原理。

（2）转子不平衡故障的信号特征。

1)主要特征:①时域波形为近似的等幅正弦波;②轴心轨迹为一个比较稳定的圆或偏心较小的椭圆;③频谱成分以转子工频为主,由于非线性关系,常伴有部分倍频谐波成分,形成纵树形;④全息谱上,工频椭圆较大,其他成分均较小。

2)其他相关特征:①具有方向性;②不平衡振动是由离心惯性力引起的横向振动,径向振动较大;③在小于临界转速下运行时,振动随转速变化明显;④转子部件缺损时,振幅突然变化。

(3)转子不平衡故障的实例。某离心式压缩机的不平衡响应谱如图9-6所示。

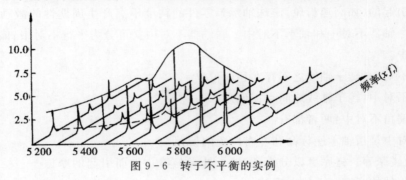

图9-6 转子不平衡的实例

2.转子弯曲故障

设备停用一段较长时间后重新开机时,常常会遇到振动过大甚至无法开机的情况。这多半是设备停用后产生了转子弯曲的故障。转子弯曲有永久性弯曲和暂时性弯曲两种情况。

(1)转子弯曲故障的机理。轴弯曲振动的机理与转子偏心类似,因而都要产生与质量偏心类似的旋转矢量激振力,与质心偏离的不同点是轴弯曲会使轴两端产生锥形运动,因而在轴向上还会产生较大的工频振动。

除此以外,轴弯曲时,由弯曲产生的弹性力和转子不平衡所产生的离心力相位不同,两者之间相互作用会有所抵消,在某个转速上,转轴的振幅将会有所下降,使转子动力特性产生一个"凹谷",与不平衡转子动力特性有所不同。当弯曲的作用小于不平衡时,振幅的减少发生在临界转速以下;当弯曲的作用大于不平衡时,振幅的减少就发生在临界转速以上。

(2)转子弯曲的信号特征。

1)主要特征:①时域波形为近似的等幅正弦波;②轴心轨迹为一个比较稳定的圆或偏心率较小的椭圆,由于轴弯曲常伴随某种程度的轴瓦摩擦,故轨迹有时会有摩擦的特征;③频谱成分以工频为主,伴有倍频谐波成分。

2)其他相关特征:①径向和轴向均有较大的响应;②敏感性:振动对转速敏感,升速过程中,在某转速下,振值会降低成一凹谷。

3.转子偏心故障

偏心是指定子与转子之间不同心的一种故障,和质量偏心概念不同,但症状则极为相似。电动机转子、风机转子、泵叶轮、汽轮机转子、压缩机转子和其他转子对定子的偏心都会产生类似于不平衡的工频振动(对电动机而言振动频率还与磁极对数有关)。由偏心造成的激振力与负荷有关,而与转速没有直接的联系,因此,对偏心故障的诊断,一般需改变负荷情况,进行对比测试才可肯定。

4.转子不对中故障

转子不对中包括轴承不对中和轴系不对中两种情况。轴颈在轴承中偏斜称为轴承不对中。轴承不对中本身不会产生振动,它主要影响油膜性能的破坏。在转子不平衡情况下,由于轴承不对中对不平衡力的反作用,可出现工频径向和轴向振动。机组各转子之间用联轴器连接时,如不处于同一直线上,就称为轴系不对中。通常说不对中多指轴系不对中。造成轴系不对中的原因有安装误差、管道应变影响、温度变化热变形、基础沉降不均匀等。由于不对中,将导致轴向、径向交变力,引起轴向振动和径向振动。

轴系不对中又分为三种情况:①轴线平行位移,称为平行不对中;②轴线交叉成一角度,称为角度不对中;③轴线平行且交叉,称为综合不对中。

(1)转子不对中故障的机理。大型高速旋转机械常用齿式联轴器,中小设备多用固定式刚性联轴器。不同类型联轴器及不同对中情况,振动特征不尽相同。如齿式联轴器由两个具有外齿环的半联轴器和具有内齿环的中间齿套组成。半联轴器分别与主动轴和被动轴连接。这种联轴器允许转轴间有综合的位移,具有适当的对中调解能力,为一般大型设备所采用。在对中状态良好的情况下,内外齿之间只有传递矩的轴向力。当轴系对中超差时,齿式联轴器内外齿面的接触情况发生变化,从而使中间齿套发生相对倾斜,在传递运动和转矩时,将会产生附加的径向力和轴向力,引发相应的振动,这就是不对中故障振动的原因。

(2)转子不对中故障的信号特征。

1)主要特征:①波形在基频正弦波上存在两倍频次峰;②提纯轴心轨迹呈香蕉形或 8 字形;③频谱特征。对齿式联轴器,主要表现为径向 2 倍频成分,存在角度不对中时,轴向还有工频振动。对刚性联轴器,一般表现为 2 倍频成分,当主要是角度不对中时,则表现为工频成分;当不对中比较严重时,可能产生较强的非线性;全息谱上 2、4 倍频椭圆较扁,且两者长轴近似垂直。

2)其他相关特征:①径向和轴向均有反映,平行不对中主要反映在径向方向上,角度不对中,轴向振值可能明显大于径向振值,主振方向与不对中方向相应;②敏感性,随转速变化明显,随负荷增大而增大,靠近联轴器的轴承处振动较大。

5.转轴横向裂纹故障

相对而言,转轴横向裂纹比其他故障少得多,但是因为能造成轴裂纹的潜在因素很多,如各种因素造成的应力集中、复杂的受力状态、恶劣的工作条件和环境等等,加之裂纹对振动响应不够敏感(深度达 1/4 直径的裂纹,轴刚度变化仅 10% 左右,临界转速的变化也只有 5%),有可能发展为断轴事故,危害很大。所以,轴裂纹诊断工作是一项不容忽视的工作。

(1)转轴横向裂纹故障的机理。轴承裂纹振动响应与裂纹所在的轴向位置、裂纹深度及受力情况有关。视裂纹所处部位应力状态的不同,裂纹会呈现出 3 种不同的形态。

1)闭裂纹。轴在压应力情况下旋转时,裂纹总是呈现闭合状态。例如,转子重量不大、不平衡离心力较小或不平衡力正好处于裂纹对侧就是这种情况。闭裂纹对轴振动影响不大,难以察觉。

2)开裂纹。裂纹区处于拉应力状态时,轴裂纹总是呈张开状态。开裂纹造成轴刚度不对称,使振动带有非线性性质,轴旋转时将出现等 $2\times,3\times,\cdots$ 高频成分,随着裂纹的扩展,$1\times,2\times,\cdots$ 等频率的幅值也随之增大。

3)开闭裂纹。当裂纹区起作用的应力自重或其他轻载荷时,轴旋转一周,裂纹开闭一次,对振动的影响比较复杂。理论分析表明,裂纹转子振动响应可按偏心及重力两种因素分别考虑,再作线性叠加求得。对偏心情况,振动峰值出现在与两个不对称刚度相应的临界转速之间,而对重力的影响情况是在转速约为无裂纹转轴的临界转速处时,会出现较大峰值。

在一般情况下转轴每转一周,裂纹总是有张有合的。不对称引发的非线性振动,高阶振幅衰减极快,能识别的振动值主要是 $1\times$、$2\times$、$3\times$分量。

(2)转轴横向裂纹故障的信号特征。

1)主要特征:①振动带有非线性性质,出现转频的高倍分量,随裂纹扩展,刚度进一步下降,幅值随之增大,相位角则发生不规则波动,与不平衡相角稳定有差别;②开停机过程中,由于非线性谐频关系,会出现分频共振;裂纹的扩展速度随深度的增大而加速;全息谱表现为 2 倍频椭圆,与不对中的扁圆有明显的差别。

2)其他相关特征:振动随转速变化而变化,负荷的影响没有规律。

6. 转子支撑系统连接松动故障

转子支撑系统连接松动是指系统结合面存在间隙或连接刚度不足,造成机械阻抗偏低、机组运行振动过大的一种故障类型。支撑系统配合面间隙过大、紧力不够、在外力或温升作用下产生间隙,固定螺栓强度不足、断裂或缺乏防松措施造成部件松动,基础施工质量欠佳等是造成松动的常见原因。由于松动,极小的不平衡或者不对中都会导致支撑系统很大的振动。

(1)转子支撑系统连接松动故障的机理。振动幅值由激振力和机械阻抗共同决定。松动使连接刚度下降,这是松动振动异常的基本原因。支撑系统松动引起异常振动的机理可从两个侧面加以说明:当轴承套与轴承座配合具有较大间隙或紧力不足时,轴承套受转子离心力作用,沿圆周方向发生周期性变形,改变轴承的几何参数,进而影响油膜的稳定性;当轴承座螺栓紧固不劳时,由于结合面上存在间隙,使系统发生不连续的位移。上述两项改变,都属于非线性刚度改变,变化程度与激振力相联系,因而使松动振动显示出非线性特征。松动的典型特征是产生 2 倍频振动,可能还有 $3\times$,$4\times$,$5\times$,$6\times$高频振动。

(2)转子支撑系统连接松动故障的信号特征。

1)主要特征:①轴心轨迹混乱,重心漂移;②频谱除基频外,尚有 $2\times$,$3\times$等高频成分及偶次分频。

2)其他相关特征:①松动方向振动大;②振动随转速变化很明显,当转速达到某阈值时,振幅会突然变大或变小,对负荷也有一定的敏感性。

7. 动静碰磨故障

大型机组动静碰磨的概率比一般设备要大得多。据某厂统计,动静碰磨发生的概率仅低于不平衡,达 14%。由于种种原因导致振动变大时,动静之间的碰磨就极难避免。转轴挠曲、转子不平衡、转子不对中等,都是动静碰磨的诱因,一旦发生动静碰磨,又会反过来加剧由这些诱因引起的故障程度,使机组故障显得十分复杂。

(1)动静碰摩故障的机理。动静碰磨与部件松动具有类似特点。动静碰磨是当间隙过小时发生动静件接触再弹开,改变构件的动态刚度;松动是连接件紧固不牢、受交变力(不平衡力、对中不良激励等)的作用,周期性地脱离再接触,同样是改变构件的动态刚度。不同点是,前者还有一个切向的摩擦力,使转子产生涡动。转子强迫振动、碰摩自由振动和摩擦涡动运动叠加到一起,产生出复杂的特有的振动响应频率。由于摩擦力是不稳定的接触正压力,时间上和空间上都是变化的,因而摩擦力具有明显的非线性特征(一般表现为丰富的超谐波)。因此,动静摩擦与松动相比,振动成分的周期性相对性较弱,而非线性更为突出。

轴向动静摩擦比较简单,由于轴向摩擦除增大运动阻尼外,振动形式没有大的变化,故很难通过振动分析法加以识别,必须采用其他的方法诊断,如噪声、温度、油液分析法。

(2)动静碰摩故障的信号特征。

1)主要特征:①时域波形存在"削顶"现象,或振动远离振动平衡位置时出现小幅高频振荡;②频谱上除了工频外,还存在非常丰富的高次谐波成分(经常出现在气封摩擦时);③全息谱上出现较多、较大的高频椭圆,且偏心率较大;④提纯轴心轨迹(如 $1\times$, $2\times$, $3\times$, $4\times$)存在"尖角"。

轴瓦磨损时,还伴有轴温度升高、油温上升等特镇;气封摩擦时,在机组起停过程中,可听到金属摩擦时的噪声。

轴瓦磨损时,对润滑油样进行铁谱分析,可发现如下特征:谱片上磁性磨粒在谱片入口沿磁力线方向呈长链密集状态排列,且存在超过 $20~\mu m$ 的金属磨粒;非磁性磨粒随机的分布在谱片上,其尺寸超过 $20~\mu m$;谱片上测试的光密度值较正常值有明显的增大。

2)其他相关特征:①径向特征明显,轴向无特征;②碰摩与间隙大小直接有关,没有特别敏感的参数。

8. 油膜涡动与油膜振荡

大型机组一般采用润滑轴承来支撑转子系统,机组运行稳定与否和所选用滑动轴承的类型及性能有很大的关系。随着高稳定性滑动轴承的普遍使用,轴承的故障已大为减少。尽管如此,油膜轴承的油膜涡动和油膜振荡仍是常见的故障,即便是稳定性很好的可倾瓦轴承,由于轴承工作状态的复杂性,如工作时改变了设定条件和设计要求(例如轴瓦断裂、支撑点有摩擦力瓦隙过大等)仍然会像其他类型滑动轴承一样发生油膜涡动或油膜振荡,使系统不能正常工作。因此,掌握油膜轴承故障的机理,对破坏力巨大的油膜振荡做出及时准确的诊断,仍是一个不容忽视的问题。

(1)油膜涡动故障的机理。大型机组基本上均采用动压滑动轴承来支撑转子系统。动压轴承的工作原理是基于油楔的承载机理,即依靠油的黏性,在轴颈旋转时将润滑油连续带入由轴颈和轴承表面之间所形成的收敛型油楔之中;油流在截面逐渐缩小的油楔中受到挤压作用,产生油膜压力;油膜压力对轴颈反作用,将轴颈和轴承面隔开,达到润滑的目的。动压轴承具有结构简单、制造方便、寿命长、工作平稳等优点,但也常因动压建立的原理,在一定条件下会由于动力失稳而产生油膜涡动和油膜振荡故障。

1)油膜涡动。涡动是转子绕自身轴线旋转的同时,其轴心又绕轴承中心连线回转的一种运动形式。油膜涡动是由油膜力产生的一种涡动。当转子轴颈在动压轴承中稳定运转时,油膜压力的合力和载荷力是相互平衡的,轴颈中心处在一定的位置上,此位置即静平衡点。静平衡点随轴的转速或载荷的不同而不同,其移动轨迹即轴颈中心的静平衡线。假若转子运转中受到某种干扰作用,使轴颈偏离其平衡位置,则油膜力将产生相应的变化。

2)油膜振荡。涡动是一种自激振动,当半速涡动的频率小于转子的一阶固有频率时,由于油膜具有非线性特性,转子轴心轨迹为一稳定的封闭图形,转子仍能平稳的工作。但当转子在2倍第一临界转速附近工作时,由于涡动转速和第一临界转速相重合,转子系统将发生强烈的共振,此时,轴心轨迹突然变成扩散的不规则的曲线,谱图中的半频谐波振幅增加到接近或超过基频振幅,轴在轴承中就像一艘船被水波推动一样振荡,轴颈与轴承表面接触、撞击,油膜破裂,这就是油膜振荡。油膜振荡时,转子的涡动频率始终等于转子的固有频率。

(2)油膜涡动故障的信号特征。

1)主要特征:①半速涡动的主要特征是频谱中半频处有峰值,轴心轨迹为有基频和半频叠加而成的较为稳定的双椭圆,正进动;②油膜振荡的主要特征是谱中转子第一临界转速成分为主峰,存在非线性振动成分(基频和涡动频频的组合频率成分),轴心轨迹扩散、不规则,波形幅度不稳,相位突变(大幅振荡、碰撞的结果)。

2)其他相关特征:①均发生在径向方向;②涡动频率随转速变化,保持半频涡动关系;③失稳频率和载荷类型关系密切,轻载瓦涡动发生在临界转速前,中载瓦涡动发生在第一临界转速之后,重载瓦无涡动;④振动随温度变化明显。油膜振荡只在工作转速为2倍临界转速及以上才可突然出现,振动随油温变化明显;⑤油膜振荡具有惯性效应,一旦发生,就在较宽转速范围内继续存在。

9. 电磁力引起的振动

引起旋转机械振动的因素除机械力外还有电磁力,电磁力作用下产生的振动,其基本频率就是电源的频率。其振动特性见表 9-1。

表 9-1 电磁力引起的振动

异常部位	异常现象	振动特点
定子系统	电源电压不平衡(包括线圈不平衡)	①频率为 $2Pf$ 及其高次谐波的振动模式; ②$2f$、kf 频率成分的振动大; ③与负载无关
	磁隙不平衡	①频率为 $(2P\pm1)f$ 及其高次谐波的振动模式; ②$2f$、kf 频率成分的振动大; ③与负载无关
	磁力中心不正常	与上述相同,再加上: ①频率为 $2f$ 的轴向振动大; ②$2f\pm f_r$ 频率成分的振动大
转子系统	二次线圈不平衡	①$2f$、kf 频率成分的振动大; ②$2f$、kf 频率成分以 $2Sf$ 和 f_r 进行脉动; ③负载或启动时振幅大
	轴弯曲	除与二次线圈不平衡的情形相同外,再加上:$2f\pm nf_r$、$2f\pm nf_r\pm 2msf$、f_r 各频率成分的振动大

以上 5 种典型故障形式的特征频率一般都处于小于 1 kHz 的低频段。

10.喘振

喘振是一种很危险的振动,常常导致设备内部密封件、叶轮导流板、轴承等损坏,甚至导致转子弯曲、联轴器及齿轮箱损坏,它也是流体机械特有的振动故障之一。

(1)喘振故障的机理。喘振是压缩机机组严重失速和管网相互作用的结果。当进入叶轮的气体流量减少到某一最小值时,气流的分离区扩大到整个叶道,使气流无法通过,这时叶轮没有气量甩出,压缩机出口压力突然下降。由于压缩机总是和管网连在一起的,具有较高背压的管网气体就会倒流到叶轮里来。瞬间倒流来的气流使叶轮暂时弥补了气体流量的不足,叶轮因而恢复正常工作,重新又把倒回来的气流压出去,但过后又使叶轮流量减少,气流分离又重新发生。如此周而复始,压缩机和其连接的管路中便产生出一种低频率高振幅的压力脉动,机组强烈振动,强烈振动伴随着异常的吼叫声,入口管线上的压力和流量大幅度摆动,出口单向阀处发生周期性的开闭撞击声响,这就是喘振的发展过程。

在扩压器中也会出现类似现象,而且在用叶片扩压器时,喘振一般先由扩压器引起。

喘振的强度和频率不但和压缩机中严重的旋转脱离有关,还和管网容量有关。管网容量越大,则喘振振幅愈大、频率愈低;管网容量小,则喘振振幅小,喘振频率也愈高,一般为 $0.5\sim20\,Hz$。

(2)喘振故障的信号特征。

1)主要特征:①时域波形存在低频分量调幅现象;②振动信号上低频非常突出。

2)其他相关特征:机组、管道强烈振动并伴有低频吼叫声。

(3)喘振故障的注意点。发生喘振的根本原因是离心压缩机产生严重旋转失速。具体原因有实际运行流量小于喘振流量、管道堵塞、背压过高、进气温度或气体相对分子质量变化大等。

第四节　旋转机械的常用诊断方法

一、旋转机械诊断故障的困难

从上述故障类型分析中,可以知道,对于一个单一的类型故障,可以从故障机理上找出故障发生时的各种征兆。这是通常所说的从已知故障到征兆的研究方法,这是一个正向思维的研究方法,而在机械诊断故障时,人们则是根据获得的各种征兆,去反向推理可能是何种故障,这是反向思维问题,通常反向思维要比正向思维困难。

利用征兆故障诊断方法的困难原因在于:①故障与各征兆之间并不存在一一对应的关系,一个故障可能与若干征兆相关联,而一个征兆可能同时与若干不同的故障相关联。②故障征兆的多义性。由于机组制造、安装、运行上的差别,同类故障呈现的征兆存在差异,难以用某种确定的模式作为比较、鉴别的标准。③机组可能同时存在若干种故障,从而使征兆表现出复杂的现象。因此,利用征兆进行故障诊断,要注意下面两个问题。

1. 选择特征突出的故障征兆参数

所谓选择特征突出的具有代表性的征兆参数，就是找出最能判别故障类别独特的征兆参数。寻找到这一独特征兆参数即可判明故障直接原因应归结为哪一类，从而可以从诸多的可能原因中排除部分或大部分故障的直接原因，使故障原因的范围缩小，通过这些独特的、有代表性的故障征兆参数可以大大缩小寻找直接故障原因的范围，提高诊断效率。

2. 直接主导原因

所谓直接主导原因，是指能与征兆参数直接相关联的故障原因，并且如果原因是多个时，则其中占主导地位、起决定作用的原因，称为直接原因。

例如，轴弯曲、不对中和轴承偏心是产生同频振动及倍频振动的直接原因，转子碰摩和偏隙是产生分频振动的直接原因，而壳体扭曲和基础不均匀沉降则是产生轴曲、不对中和轴承偏心的直接原因，或者说是产生同频及倍频振动的间接原因。

通过故障与征兆关系的分析，在故障诊断策略上可遵循以下三点：①从征兆参数去判断故障直接原因，而不是间接原。②从判断出的直接原因再去直接原因的可能原因，即间接原因。例如，上述关系中的分频振动的直接原因是碰摩，而碰摩是由不对中引起的，不对中是由基础不均匀下沉引起的。③要从占主导地位的征兆参数判别故障。例如，不对中既可以产生一阶、二阶谐波振动，也可能由于不对中造成碰摩产生分频振动，最终按照占主导地位的信号去找直接故障原因。

二、旋转机械振动分析方法

旋转机械振动分析方法的一般可分为：稳态频域分析，包括振动频率、多重频率、脉冲激发、拍、频率和差规律、轴心轨迹等；暂态（起停车）频域分析，包括波德图、极坐标图和瀑布图；趋势分析；基于频谱插值技术的全息谱分析。

1. 稳态频域分析

(1) 振动频率。线性系统中振动的频率应等于激振力的频率，而激振力又是零部件故障产生的，因此，测量了转轴组件的振动频率，就可以找到激励源。当转轴组件对中不良、松动或过载时，系统出现非线性刚度，振动频率中会包含有激振频率的高次谐波。一台在管道共振区附近运行的汽轮机，由于内部质量不平衡造成过载，从而迫使轴承在非线性区域工作，出现了激振频率的高次谐波（见图 9-7）。

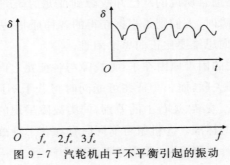

图 9-7　汽轮机由于不平衡引起的振动

（2）多重频率。如果振动传感器测量的信号是两个信号的叠加,则此两个信号的频率可以在谱图上区分取来。转速为 800 r/min 的大型水泵振动频谱,由于水泵的叶轮上有 4 个叶片,每个叶片上的水量不等(不平稳)而产生基频信号,频率 54.4 Hz(4×13.6)是叶片与水撞击形成的,如图 9-8 所示。

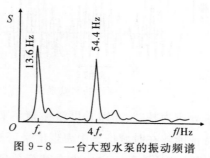

图 9-8　一台大型水泵的振动频谱

（3）脉冲激发。当机器受到冲击载荷时,机器就会按其固有频率进行振动。如图 9-9 所示的功率谱中有一谱峰位于机器的固有频率处。若机器中零件的缺陷比较严重,则此固有频率还将被缺陷的频率 f_1 所调制而产生边频,这方面典型的例子是齿轮传动系统。

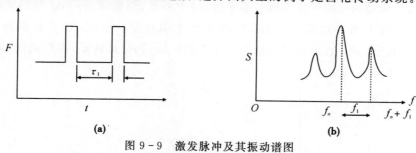

图 9-9　激发脉冲及其振动谱图

（a）激发脉冲；（b）振动谱图

（4）拍。拍的现象在旋转机械振动中经常出现,当两种振动频率相近且幅值相等时,叠加起来就会产生拍。时域信号的包络相当于频率等于$(\omega_1 - \omega_2)/2$的缓慢波动。在功率谱上,可以分辩处两个频率十分接近,高度又接近相等的谱峰,如图 9-10 所示。

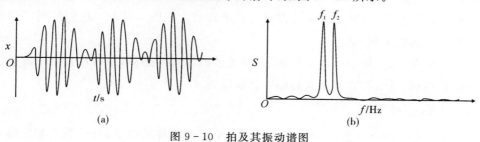

图 9-10　拍及其振动谱图

（a）拍；（b）振动谱图

（5）频率和差规律。频率和差规律是指设备功率谱图上各个谱峰的中心频率等于两个频率的和或差值,如图 9-11 所示,如$(\omega_2 - \omega_1)$,$(\omega_1 + \omega_2)$,$(\omega_1 + 2\omega_2)$,$(2\omega_2 - \omega_1)$,$(2\omega_1 - \omega_2)$等。这种

现象是当时域信号形成拍并且单边削平时经频域变换得到的(频率分量的多少,取决于削平的程度)。故障原因:故障(对中、松动、刚度)使得振动幅值增加和输入激励不是线性关系,即突变增加,导致转子的振动与定子的振动发生干涉。

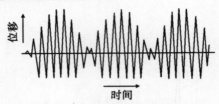

图 9-11 频谱的和差现象

上述 5 种情况都是以频域分析为基础,亦即是以激振频率来查找激振原因。但有些不能在频谱中明显地反映出来的特征能够在时域信息中表现出来。如轴弯曲和不对中的削波频谱中有基频分量和高次谐波,而线性和的波形频谱中也有基频分量和高次谐波。频域分析必须和时域识别密切结合。

(6)轴心轨迹。转子在轴承中高速旋转时不只围绕自身中心旋转,还环绕某一中心作涡动运行。产生涡动运动的原因可能是转子不平衡、对中不良、动静碰磨等,这种涡动运动的轨迹称为轴心轨迹。由于离心惯性力的作用,转子产生动挠度。此时,转子有两种运动(见图9-12):①转子自身的转动,即圆盘挠轴线 $AO'B$ 的转动;②弓形转动,即弯曲的轴心线 $AO'B$ 与 AOB 组成的平面绕 AB 转动。

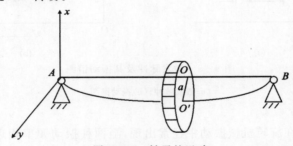

图 9-12 转子的运动

进动方向:通过分析轴心轨迹的运行方向和转轴的旋转方向,可以确定转轴的进动方向(正进动或反进动)正进动:转子的涡动方向与转子转动角速度 ω 同向;反进动:转子的涡动方向与转子转动角速度 ω 反向。

轴心轨迹的获取:一般采用两个互成 90° 安置的涡流式传感器,在各自方向上测量转轴组件相对机座的振动,并去除直流分量后加以合成得到。

2.暂态频域分析

将机械系统的启停车过程称为暂态过程。由于转轴组件从启动、升速到达额定转速的过程经历了全部各种转速,在各个转速下的振动状态可以用来对临界转速、固有频率、阻尼系数各个参数进行辨识。因此,启车和停车过程包含了丰富的信息,是稳态运行状态下所无法获得的,对暂态过程进行频域分析常采用以下 3 种图形分析法:①波德图,幅频和相频的关系曲线;②极坐标图,幅频和相频的综合表现;③瀑布图,各频率成分的幅值-频率变化关系。

（1）波德图。波德（Bode）图（见图9-13）是机器振幅与频率（转速）、相位与频率（转速）的关系曲线。波德图上的幅值是将信号经过同步跟踪数字式滤波器过滤得到的，只包含与转速相同的一个基频分量，其他高次谐波均已滤除。由于基频分量主要是由转子失衡引起的，因此，波德图也称为失衡响应图。

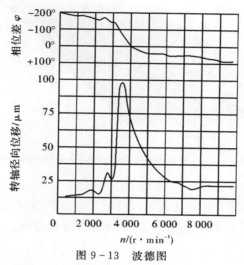

图9-13 波德图

从波德图上可以得到如下的信息：①转子系统在各个转速下的振幅和相位；②振幅峰值和相位偏移时的转速，可以判断共振频率（临界转速）；③确定出阻尼系数。

（2）极坐标图。极坐标图（见图9-14）是把波德图中的幅频特性曲线和相频特性曲线综合在极坐标上表示出来。即在转轴组件启动过程中，当转速增加时，将不同转速下的幅值和相位作在极坐标平面上所连成的曲线。

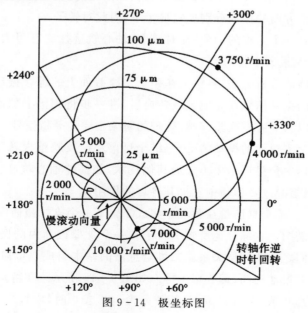

图9-14 极坐标图

从极坐标图上可以得到转轴在整个运行范围内对失衡的响应和共振频率。一般来说，极坐标图比较直观地反映出轴心的暂态位置，使用也比较方便，因此较波德图更常用。

（3）瀑布图。瀑布图的实质是在启停车过程中，在不同转速下振动的功率谱图的迭置，即由不同转速下的多个功率谱形成的三维瀑布图（见图9-15）。

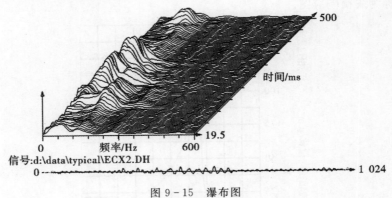

信号:d:\data\typical\ECX2.DH

图9-15　瀑布图

瀑布图反映的信息：①回转频率及其各次谐波下谱峰的高度；②判断临界转速；③看到转子零件的自振频率（不随转速改变的谱峰）；④判断转子失衡情况。

3.趋势分析

把所测得的特征数据值和预报值按时间顺序列起来进行分析。特征数据可以是通频、1X振幅、轴心位置等。顺序可以按采样前后、按小时、按天等。

4.全息谱分析

大型旋转机械故障诊断应用广泛的方法是 FFT 幅值谱、轴心轨迹、瀑布图、趋势图等，这些方法的主要缺点是：分析结果不直观，幅值谱和相位谱分离；相位谱由于误差太大基本不用；转子在垂直和水平两个方向的振动分别孤立地考虑，因此对转子在一个支撑截面内的振动，很难根据分析的结果得到一个完整的印象；在时域中，轴心轨迹往往有很大的噪声干扰，对于复杂的轨迹，不能提取故障特征。

全息诊断是一种新的分析方法，将转子在一个支撑截面上的综合振动情况既精确又直观地表达出来。将机组的振动信号在完成频域转换后，进一步将频谱上的谱线加以集成而形成的谱图或轴心轨迹。以傅立叶变换为基础，处理的对象主要是平稳信号。其中，二维全息谱就能很好地反映转子一个支撑面的振动情况；三维全息谱还能反映整根转子的振动情况和在任意转速下的振形；最后，由全息谱衍生出来地其他技术，如提纯轴心轨迹、合成轴心轨迹、滤波轴心轨迹等，也在大机组的故障诊断中发挥其各自的作用。

（1）二维全息谱。二维全息谱是在频域中集成了转子一个支撑截面内 X,Y 两个方向信号的幅值谱和相位谱的谱图。它综合地反映了转子在一个支撑截面内的振动情况，及在两个方向上振动的幅值和它们之间的相位关系。二维全息谱的基本组成是以阶次（频率）为横坐标，在横坐标上排列各阶的振动椭圆（偏心率不等），如图9-16所示。在特殊情况下，椭圆可退化为直线或圆；相位差为90°或270°时，成圆；相位差为180°或0°时，成直线。

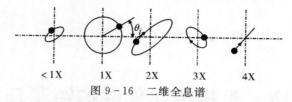

图 9 - 16　二维全息谱

与时域中的轴心轨迹一样,在频域中,二维全息谱上椭圆的形状与传感器安装的位置无关。传感器的测点位置不同,但椭圆的形状,各个椭圆的相对位置不变,反映的是转子在一个支撑面上的各阶振动在频域的变换。

(2)三维全息谱。三维全息谱的构成是把一根轴系上全部支撑处的转频椭圆串起来所形成的全息谱。因此,其基本组成是转频椭圆、转频椭圆上的初相点和连接个转频椭圆的创成线,如图 9 - 17 所示。(因为椭圆运动不是等速运动,所以在绘制创成线时必须按顺序将相应的采样点连接起来。)

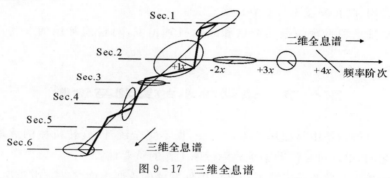

图 9 - 17　三维全息谱

第十章　机械传动部件的监测与诊断

　　滚动轴承和齿轮是机械设备中最常见的两种部件,它们的运行状态直接影响整台机器的功能。据统计,在旋转机械中,由于滚动轴承损坏而引起的故障约占 70%。因此,对滚动轴承的运动状态进行监测和诊断具有十分重要的意义。齿轮传动是机械设备中最常见的传动方式,齿轮失效又是诱发机器故障的重要因素,开展齿轮运行状态的在线监测和故障诊断,对于降低设备维修费用、防止突发事故具有现实意义。

　　本章从滚动轴承和齿轮的振动特点和故障机理出发,对目前常用的一些诊断方法进行介绍。

第一节　滚动轴承的监测与诊断

　　滚动轴承是机械设备中易损坏的零件之一,据不完全统计,旋转机械的故障约有 30% 是因滚动轴承引起的,由此可见滚动轴承故障诊断工作的重要性。

　　滚动轴承的故障及监测技术是近年来国内外发展的重要方面之一。由于滚动轴承破坏形式复杂,且还夹有如安装等方面的因素影响,工作中轴承的运转信息甚为复杂,且反映运转状态信息的能量也往往很微弱,常常也被其他信号所淹没。因此,给故障的诊断也带来了一定的困难。目前用于滚动轴承监测和诊断的方法很多,如振动监测法、温度监测法、声强分析法、油样分析法、接触电阻法等。由于滚动轴承直接接触旋转部分,经长时间使用后必然产生振动和噪声。因此,滚动轴承的振动和噪声也就成为其故障诊断的重要依据。本节主要讲述滚动轴承通过振动信号进行故障诊断的原理,同时对滚动轴承进行故障诊断的其他方法也作了简单介绍。

　　旋转机械是设备状态监测与故障诊断工作的重点,而旋转机械的故障有相当大比例与滚动轴承有关。滚动轴承是机器的易损件之一。

一、滚动轴承失效的基本形式

　　典型的滚动轴承的结构如图 10-1 所示。它由内圈、外圈、滚动体和保持架四种元素组成。内圈、外圈分别与轴颈及轴承座孔装配在一起,多数情况是内圈随转轴旋转而外圈不动,也有外圈旋转、内圈不转或内、外圈分别按不同转速旋转等情况。滚动体是滚动轴承中的核心元件,它使相对运动表面间的滑动摩擦变为滚动摩擦。滚动体的形状可分为球形、圆柱形、锥柱形、鼓形等。球轴承的内、外圈上都有凹槽滚道,它起着降低接触应力和限制滚动体轴向移动的作用。保持架的作用是使滚动体等距离分布并减少滚动体间的摩擦和磨损。滚动轴承有很多种损坏形式,常见的有磨损失效、疲劳失效、腐蚀失效、压痕失效、断裂失效和胶合失效。

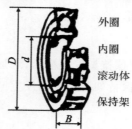

图 10-1　滚动轴承(球轴承)的结构

1.磨损失效

磨损是滚动轴承最常见的一种失效形式。在滚动轴承运转中,滚动体和套圈之间均存在滑动,这些滑动会引起元件接触面的磨损,尤其在轴承中侵入金属粉末、氧化物以及其他硬质颗粒时,则形成严重的磨料磨损,使之更为加剧。另外,由于振动和磨料的共同作用,对于处在非旋转状态的滚动轴承,会在套圈上形成与钢球节距相同的凹坑,即为摩擦腐蚀现象。如果轴承与座孔或轴颈配合太松,在运行中引起的相对运动,又会造成轴承座孔或轴径的磨损。当磨损量较大时,轴承便产生游隙噪声,振动增大。

2.疲劳失效

在滚动轴承中,滚动体或套圈滚动表面由于接触负荷的反复作用,从表面下形成细小裂纹,随着以后的待续负荷运转,裂纹逐步发展到表面,致使材料像岩块一样裂开,直至金属表层产生片状或点坑状剥落。轴承的这种失效形式称为疲劳失效。其主要原因是疲劳应力,有时是由于润滑不良或强迫安装所至。随着滚动轴承的继续运转,损坏逐步增大。因为脱落的碎片被滚压在其余部分滚道上,给那里造成局部超负荷而进一步使滚道损坏。轴承运转时,一旦发生疲劳剥落,其振动和噪声会急剧恶化。

3.腐蚀失效

轴承零件表面的腐蚀分为 3 种类型:①化学腐蚀,当水、酸等进入轴承或者使用含酸的润滑剂,都会产生这种腐蚀;②电腐蚀,由于轴承表面间有较大电流通过时产生电火花而使表面产生点蚀;③微振腐蚀,由轴承套圈在座孔中或轴颈上的微小相对运动所至。结果使套圈表面产生红色或黑色的锈斑,轴承的腐蚀斑则是以后损坏的起点。

4.压痕失效

压痕主要是由于滚动轴承受负荷后,在滚动体和滚道接触处产生塑性变形。负荷过量时会在滚道表面形成塑性变形凹坑。另外,若装配不当,也会由于过载或撞击造成大面积局部凹陷。或者由于装配敲击,而在滚道上造成压痕。

5.断裂失效

造成轴承零件的破断和裂纹的重要原因是运行时载荷过大、转速过高、润滑不良或装配不善而产生过大的热应力,也有的是由于磨削或热处理不当而导致的。

6.胶合失效

滑动接触的两表面,一个表面上的金属黏附到另一个表面上的现象称为胶合。滚动轴承,当滚动体在保持架内卡住,或者润滑下足、速度过高造成摩擦热过大,使保持架的材料黏附到滚子上而形成胶合,其胶合状为螺旋形污斑状。

7.保持架损坏

由于装配或使用不当可能会引起保持架发生变形,增加它与滚动体之间的摩擦,甚至使某些滚动体卡死不能滚动,也可能造成保持架与内外圈发生摩擦等。这一损伤会进一步使振动、噪声以及发热加剧,导致轴承损坏。

二、滚动轴承的振动诊断

引起滚动轴承振动的因素很多。有与部件有关的振动,有与制造质量有关的振动,还有与轴承装配以及工作状态有关的振动,所不同的是,当滚动轴承运动时,出现随机性的机械故障时,运转所产生的随机振动的振幅相应增加。我们通过对轴承振动的剖析,找出激励特点,并通过不同的检测分析方法的研究,从振动信号中获取根源的可靠信息,以进行滚动轴承的故障诊断。

1.滚动轴承的基本参数

(1)几何参数。滚动轴承由内圈、外圈、滚动体和保持架四部分组成,它的主要几何参数如图 10-2 所示。

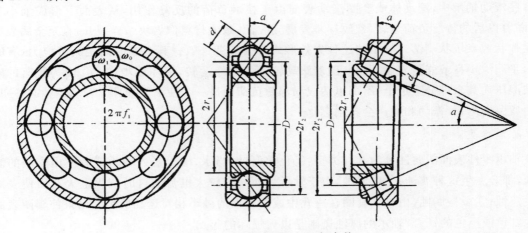

图 10-2 滚动轴承的几何参数

图 10-2 的滚动轴承的几何参数主要有以下几个。

1)轴承节径 D:轴承滚动体中心所在的圆的直径。

2)滚动体直径 d:滚动体的平均直径。

3)内圈滚道半径 r_1:内圈滚道的平均半径。

4)外圈滚道半径 r_2:外圈滚道的平均半径。

5)接触角 α:滚动体受力方向与内外滚道垂直线的夹角。

6)滚动体个数 z:滚珠或滚珠的数目。

(2)滚动轴承振动的频率结构。在工作过程中滚动轴承造成的振动通常分为两类:①与轴承的弹性有关的振动;②与轴承滚动表面的状况(波纹、伤痕等)有关的振动。前者与轴承的异常状态无关,而后者反映了轴承的损伤情况。

2.正常轴承的振动信号特征

正常的轴承也有相当复杂的振动和噪声,有些是由轴承本省结构特点引起的,有些和制造装配有关,如滚动体和滚道的表面纹波、表面粗糙度以及几何精度不够高,在运转中都会引起振动和噪声。

(1)轴承结构特点引起的振动。滚动轴承在承载时,由于在不同位置承载的滚子数目不同,因而承载刚度会有所变化,引起轴心的起伏波动,如图10-3所示。要减少这种振动的振幅可以采用游隙小的轴承或加预紧力去除游隙。

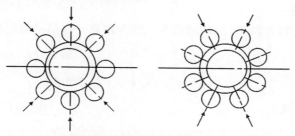

图10-3　滚动轴承的承载刚度随滚动体位置而变化

(2)轴承刚度非线性引起的振动。滚动轴承的轴向刚度呈非线性,特别是当润滑不良时,容易产生异常的轴向振动,如图10-4所示。在刚度呈对称非线性时,振动频率为 $f_r,2f_r,$ $3f_r,\cdots$ 倍频;在刚度呈非对称非线性时,振动频率为 $f_r,\frac{1}{2}f_r,\frac{1}{3}f_r,\cdots$ 分数谐频。这样在滚动轴承运转时,由于刚度参数形成的周期变化和滚动体产生的激振力及系统存在非线性,便产生多次谐波振动并含有分谐波成分,不管滚动轴承正常与否,这种振动都要发生。

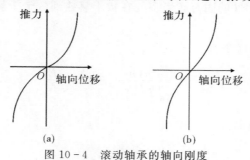

图10-4　滚动轴承的轴向刚度

(a)对称非线性弹性;(b)非对称非线性弹性

(3)滚动轴承制造装配的原因。由轴承零件的加工面(内圈、外圈滚道面及滚动体面)的波纹度引起的振动和噪声在轴承中比较常见,这些缺陷引起的振动为高频振动,比滚动体在滚道上的通过频率高很多倍,高频振动及轴心的振摆不仅会引起轴承的径向振动,在一定条件下还会引起轴向振动。

轴承游隙过大或滚道偏心时都会引起轴承振动,振动频率为转频的倍数。滚动体大小不均匀也会导致轴心摆动,还会引起支撑刚性的变化,振动频率与保持架频率以及转频有关。另外,安装滚动轴承的旋转轴系弯曲,或者不慎将滚动轴承装歪,使保持架座孔和引导面偏载,轴运转时则引起振动,振动频率也与保持架频率以及转频有关。

3. 故障轴承的振动信号特征

根据所监测频带的不同,可将滚动轴承故障的振动诊断划分为低频诊断和高频诊断,其中低频诊断主要是针对轴承中各元件缺陷的旋转特征频率进行的;而高频诊断则着眼于滚动轴承因存在缺陷时所激发的各元件的固有频率振动。它们在原理上没有太大的差别,都要通过频谱分析等手段,找出不同元件(内滚道、外滚道、滚动体等)的故障特征频率,以此判断滚动轴承的故障部位及其故障严重程度。因此,要实现对故障特征频率的定位,首先就必须计算出各个元件的理论特征频率。

(1) 低频段的旋转特征频率,滚动轴承各元件存在单一缺陷时的振动特征频率如下:

1) 滚动体缺陷:

$$f_b = \frac{D}{2d} | f_a - f_r | \left(1 - \frac{d^2}{D^2} \cos^2 \alpha \right) \tag{10.1}$$

2) 内滚道(外环)缺陷:

$$f_i = \frac{z}{2} | f_a - f_r | \left(1 - \frac{d}{D} \cos \alpha \right) \tag{10.2}$$

3) 外滚道(内环)缺陷:

$$f_o = \frac{z}{2} | f_r - f_a | \left(1 + \frac{d}{D} \cos \alpha \right) \tag{10.3}$$

式中,z 为滚动体个数;d 为滚动体直径;D 为轴承节经;f_r 为内环的旋转频率;f_a 为外环的旋转频率。

(2) 高频段的固有特征频率,滚动轴承中的各元件因受到冲击而作自由振动时是以各自的固有频率进行的,轴承元件的固有频率多处在数千赫兹到数十千赫兹的高频段,且受轴承装配状态的影响。

1) 内外环的固有振动频率为

$$f_{nr} = \frac{n(n^2 - 1)}{2\pi \left(\frac{D}{2} \right)^2 \sqrt{n^2 + 1}} \sqrt{\frac{EI}{M}} \tag{10.4}$$

2) 钢球的固有振动频率为

$$f_{nb} = \frac{0.848}{d} \sqrt{\frac{E}{2\rho}} \tag{10.5}$$

式中,I 为内外环截面绕中心轴的惯性矩;D 为圆环中心轴的直径;M 为圆环单位长度的质量;E 为圆环材料的弹性模量;n 为变形系数;d 为钢球直径;ρ 为材料的密度。

从时域波形上,我们还可以进一步分析有故障滚动轴承的特点。正常的轴承的时域波形如图 10-5 所示,没有冲击尖峰,没有高频率的变化,杂乱无章,没有规律。

图 10-5 正常轴承的振动

（1）固定外圈有损伤点的振动。若载荷的作用方向不变，则损伤点和载荷的相对位置关系固定不变，每次碰撞有相同的强度，振动波形如图 10-6 所示。

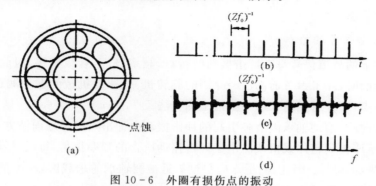

图 10-6　外圈有损伤点的振动

(a)外圈的点蚀；(b)冲击脉冲；(c)振动情况；(d)频谱特征

（2）转动内圈有损伤点的振动。若载荷的作用方向不变，当滚动轴承内圈转动时，则损伤点和载荷的相对位置关系呈周期变化。每次碰撞有不同的强度，振动幅值发生周期性的强弱变化，呈现调幅现象，周期取决于内圈的转频，如图 10-7 所示。

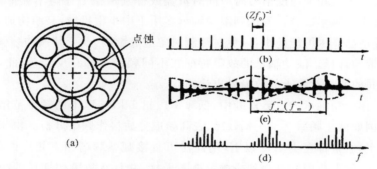

图 10-7　内圈有损伤点的振动

(a)内圈的点蚀；(b)冲击脉冲；(c)振动调制情况；(d)频谱特征

（3）滚动体有损伤点的振动。若载荷的作用方向不变，当滚动体上有损伤点时，则发生的振动如图 10-8 所示，这种情况和内圈有损伤点相似，振动幅值呈周期性强弱变化，周期取决于滚动体的公转频率。

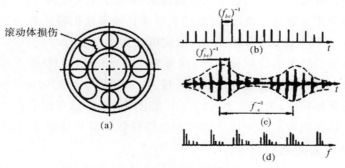

图 10-8　滚动体有损伤点的振动

(a)滚动体损伤；(b)冲击脉冲；(c)振动情况；(d)频谱特征

(4)分布故障(均匀磨损)。轴承工作表面有均匀磨损时,振动性质与正常轴承相似,杂乱无章、没有规律,故障的特征频率不明显,只是幅值明显变大。因此,只可根据振动的均方根值变化判别轴承的状态。

4.动轴承振动信号的拾取

由于滚动轴承的故障信号具有冲击振动的特点,频率极高,衰减较快,因此利用振动信号对其进行监测诊断时,除了参考前面已经介绍的旋转机械、往复机械的振动测试方法以外,还应根据其振动特点,有针对性地采取一些措施和方法。

(1)测点的选择。滚动轴承因故障引起的冲击振动由冲击点以半球面波方式向外传播,通过轴承零件、轴承座传到箱体或机架。由于冲击振动所含的频率很高,每通过零件的界面传递一次,其能量损失约 80%。因此,测量点应尽量靠近被测轴承的承载区,应尽量减少中间传递环节,探测点离轴承外圈的距离越近越直接越好。

(2)传感器的选择与固定方式。根据滚动轴承的结构特点,使用条件不同,它所引起的振动可能是频率约为 1 kHz 以下的低频脉动(通过振动),也可能是频率在 1 kHz 以上,数千赫兹乃至数十千赫兹的高频振动(固有振动),通常情况下是同时包含了上述两种振动成分。因此,检测滚动轴承振动速度和加速度信号时应同时覆盖或分别覆盖上述两个频带,必要时可以采用滤波器取出需要的频率成分。考虑到滚动轴承多用于中小型机械,其结构通常比较轻薄,传感器的尺寸和重量都应尽可能地小,以免对被测对象造成影响,改变其振动频率和振幅大小。

(3)分析谱带的选择。滚动轴承的故障特征在不同频带上都有反映,因此,可以利用不同的频带,采用不同的方法对轴承的故障做出诊断。

1)低频段。在滚动轴承的故障诊断中,低频率段指 1 kHz 以下的频率范围。一般可以采用低通滤波器(例如截止频率 $f_b \leqslant 1$ kHz)滤去高频成分后再作频谱分析。由于轴承的故障特征频率(通过频率)通常都在 1 kHz 以下,用此法可直接观察频谱图上相应的特征谱线,作出判断。由于在这个频率范围容易受到机械及电源干扰,并且在故障初期反映故障的频率成分在低频段的能量很小,因此,信噪比低,故障检测灵敏度差,目前已较少采用。

2)中频段。在滚动轴承的故障诊断中,中频段指 1~20 kHz 频率范围。同样,利用该频率时也可以使用滤坡器。使用截止频率为 1 kHz 的高通滤波器滤去 1 kHz 以下的低频成分,以消除机械干扰;然后用信号的峰值、RMS 值或峭度系数作为监测参数。许多简易的轴承监测仪器仪表都采用这种方式。使用带通滤波器提取轴承零件或结构零件的共振频率成分,用通带内的信号总功率作为监测参数,滤波器的通带截止频率根据轴承类型及尺寸选择,例如对 309 球轴承,通带中心频率为 2.2 kHz 左右,带宽可选为 1~2 kHz。

3)高频段。在滚动轴承的故障诊断中,高频率段指 20~80 kHz 频率范围。由于轴承故障引起的冲击有很大部分冲击能量分布在高频段,如果采用合适的加速度传感器和固定方式保证传感器较高的谐振频率,利用传感器的谐振或电路的谐振增强所得到衰减振动信号,对故障诊断非常有效。瑞典的冲击脉冲计(SPM)和美国首创的 IFD 法就是利用这个频段。

5.滚动轴承的振动故障识别

滚动轴承的故障现象种类很多,下面从简易诊断方法与精密诊断方法的角度,介绍几种常用的滚动轴承的故障诊断法。

（1）滚动轴承的简易诊断。简易诊断的目的是初步判断被列为诊断对象的滚动轴承是否出现了故障；精密诊断的目的是要判断在简易诊断中被认为出现了故障的轴承的故障类别及原因。

（2）滚动轴承的精密诊断。简易诊断有比较好的一面，但也存在许多的不足之处，当对轴承进行简易诊断时，会出现以下几种情况：①轴承参数超值有故障，但不能确定其故障部位；②轴承本身无故障而是由于在组装时造成的故障（如转子动不平衡、轴不对中碰磨等）；③传感器置于机座时，测得的故障信号有强有弱（内圈最小、滚子较强、外圈较大），这样按参数判会产生误差。通过以上 3 种情况分析，简易诊断没有判定轴承组件故障的方法，不能解决"视情维修"的问题，因此轴承诊断仅通过简易诊断判断有无故障是不够的，必须进行精密诊断。

1）低频分析法。有损伤的轴承元件在运行中产生具有特征频率的振动，直接监测特征频率分量的幅值变化是诊断轴承故障部位最直接的方法。由于轴承的特征频率低，所以这种方法通常称为低频分析法。一种低频分析法的信号处理过程如图 10 - 9 所示，加速度传感器拾取的振动信号经电荷放大器放大、积分器转换为速度信号（低频振动一般用振动速度作诊断参数），经低通滤波器去掉高频分量，然后送入分析仪中进行频谱分析。在频谱图上根据故障的特征频率的峰值就能确定故障的大小和部位。

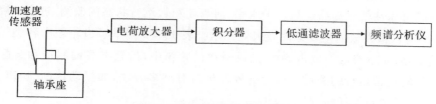

图 10 - 9　低频分析法原理框图

2）高频分析法。轴承局部故障激发的高频固有振动具有振幅较大、持续时间较长、重复频率与冲击的重复频率（故障特征频率）相同等优点外，而且可以避开低频干扰，有较高的信噪比，其可以不受转速变化的影响，有较高的稳定性，所以根据这个频段的幅值变化判别轴承的早期故障有较好的效果，是当前使用较普遍的方法。

三、滚动轴承的其他监测诊断方法

1.光纤监测技术

上述介绍的滚动轴承故障的诊断方法，通常是在轴承座上安装传感器，即用传感器测量轴承盖的振动信号。这样所检测的信号中完全接收了外界干扰，而轴承的故障信号可能因为较弱而被淹没。近年来发展的光导纤维技术，为直接接近轴承，并从轴承表面提取有用信息创造了条件。

2.接触电阻法

接触电阻法所依据的基本原理和振动测量完全不同。它是与振动监测法相互补充的一种监测诊断技术，振动监测和接触电阻监测对于不同的轴承缺陷敏感程度不一样，振动监测法对剥落、凹坑比较敏感，而接触电阻法对磨损、腐蚀等这一类缺陷比较敏感。

3.声学诊断法

声学诊断法包括声音和声发射两种。声音诊断是用一根听音棒直接听取轴承中传送的声音以判断异常。因其不受外部杂音影响，所以被广泛利用。声发射诊断法是利用轴承元件有剥落、裂纹或在运行中由于润滑不足或工作表面咬合时，就会产生不同类型的声发射现象而对其故障进行诊断。

4.温度诊断法

轴承若发生某种损伤，温度便会发生变化。因此，利用温度也可以诊断轴承异常情况，但其效果较差，因为当温度明显上升时，异常已相当严重。所以该方法常用来监视轴承是否超过某个温度限，用来防止轴承产生损伤。

第二节　齿轮的监测与诊断

齿轮箱是许多机械的变速传动部件。齿轮箱的运行是否正常对整台机器或机组的工作有较大影响。设计不当、制造不良和维护、操作不善是引起齿轮箱故障的主要原因。因此，提高齿轮箱运行的可靠性就要提高运行维护水平，对齿轮箱做运行状态的监测，进行故障诊断。表10-1列出了齿轮箱失效的主要原因及失效比重。表10-2列举了齿轮箱中各类零件损坏的百分比。其中，齿轮本身的失效占60%。说明在齿轮箱中，齿轮本身的制造和装配质量及其维护是保证齿轮正常运行的关键。齿轮的故障诊断有许多方法，如振动诊断、噪声分析、油液分析、声发射和温度及能耗检测等。

表 10-1　齿轮箱失效原因及失效比重

失效原因		失效比重/(%)	
齿轮箱缺陷	设计	12	40
	装配	9	
	制造	8	
	材料	7	
	修理	4	
运行缺陷	维护	24	43
	操作	19	
相邻部件(联轴器、电动机)缺陷		17	

表 10-2　齿轮箱的失效零件及失效比重

失效零件	失效比重/(%)	失效零件	失效比重/(%)
齿轮	60	箱体	7
轴承	19	紧固件	3
轴	10	密封件	1

一、齿轮的常见故障及原因

1. 齿轮的常见故障

齿轮由于结构形式、材料与热处理、操作运行环境与条件等因素不同,发生故障的形式也不同,常见的齿轮故障有以下几类。

(1)齿面磨损。润滑油不足或油质不清洁会造成齿面磨粒磨损,使齿廓改变,侧隙加大,以至由于齿轮过度减薄导致断齿。一般情况下,只有在润滑油中夹杂有磨粒时,才会在运行中引起齿面磨粒磨损。

(2)齿面胶合和擦伤。对于重载和高速齿轮的传动,齿面工作区温度很高,一旦润滑条件不良,齿面间的油膜便会消失,一个齿面的金属会熔焊在与之啮合的另一个齿面上,在齿面上形成垂直于节线的划痕状胶合。新齿轮未经磨合便投入使用时,常在某一局部产生这种现象,使齿轮擦伤。

(3)齿面接触疲劳。齿轮在实际啮合过程中,既有相对滚动,又有相对滑动,而且相对滑动的摩擦力在节点两侧的方向相反,从而产生脉动载荷。载荷和脉动力的作用使齿轮表面层深处产生脉动循环变化的剪应力,当这种剪应力超过齿轮材料的疲劳极限时,接触表面将产生疲劳裂纹,随着裂纹的扩展,最终使齿面剥落小片金属,在齿面上形成小坑,称之为点蚀。当点蚀扩大连成片时,形成齿面上金属块剥落。此外,材质不均匀或局部擦伤,也容易在某一齿上首先出现接触疲劳,产生剥落。

(4)弯曲疲劳与断齿。在运行过程中承受载荷的轮齿,如同悬臂梁,其根部受到脉冲循环的弯曲应力作用最大,当这种周期性应力超过齿轮材料的疲劳极限时,会在根部产生裂纹,并逐步扩展,当剩余部分无法承受传动载荷时就会发生断齿现象。齿轮由于工作中严重的冲击、偏载以及材质不均匀也可能会引起断齿。断齿和点蚀是齿轮故障的主要形式。

2. 齿轮故障的原因

产生上述齿轮故障的原因较多,但从大量故障的分析统计结果来看,主要原因有以下几种。

(1)制造误差。齿轮制造误差主要有偏心、齿距偏差和齿形误差等。偏心是指齿轮(一般为旋转体)的几何中心和旋转中心不重合。齿距偏差是指齿轮的实际齿距与公称齿距有较大误差而齿形误差是指渐开线齿廓有误差。

(2)装配不良。齿轮装配不当会造成工作状态劣化。如图 10-10(a)所示,当一对互相啮合的齿轮轴不平行时,会在齿宽方向只有一端接触,或者出现齿轮的直线性偏差等,使齿轮所承受的载荷在齿宽方向不均匀,不能平稳地传递动扭矩。如图 10-10(b)所示这种情况称为"一端接触",会使齿的局部承受过大的载荷,有可能造成断齿。

(3)润滑不良。对于高速重载齿轮,润滑不良会导致齿面局部过热,造成色变、胶合等故障。导致润滑不良的原因是多方面的,除了油路堵塞、喷油孔堵塞外,润滑油中进水、润滑油变质、油温过高等都会造成齿面润滑不良。

(4)超载。对于工作负荷不平稳的齿轮驱动装置(例如矿石破碎机、采掘机等),经常会出现过载现象,如果没有适当的保护措施,就会造成轮齿过载断裂,或者长期过载导致大量轮齿根部疲劳裂纹、断裂。

（5）操作失误。操作失误通常包括缺油、超载和长期超速等，都会造成齿轮损伤、损坏。

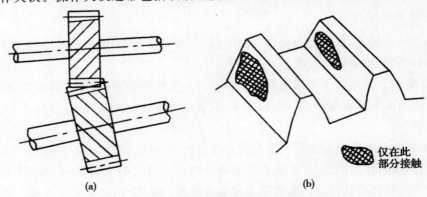

图 10-10　两齿轮轴不平行导致的啮合不良

(a)齿轮轴不平行；(b)齿轮的"一端接触"

3.齿轮损伤形式及原因

根据上述分析，结合故障损坏的实例，齿轮常见的损坏形式及产生原因见表 10-3。

表 10-3　齿轮常见损伤形式及其产生的原因

损伤形式	损伤特征	损伤原因	损伤结果
齿面烧伤	有腐蚀性点蚀的特征	①齿面剧烈磨损；②有磨损引起的局部高温；③齿隙不足；④齿面加工精度达不到要求；⑤润滑不良；⑥超负荷，超速运行	齿面局部软化，疲劳寿命随之降低
变色	齿面有变色现象	①齿面硬度低，温度高；②润滑状态劣化	产生胶合的前兆
初期点蚀	发生在齿轮节线附近的齿根表面上，具有点蚀形貌	①齿面局部凸起，局部承受较大负荷；②受交变应力作用	对齿轮损坏影响不大
破坏性点蚀	蚀点尺寸大，齿形被破坏	①由于局部点蚀，引起动态负荷加大；②齿面硬度低；③表面质量差；④润滑油不良	蚀坑往往成为疲劳源，最终导致轮齿疲劳断裂
剥落	凹坑比破坏性点蚀大而深，断面较为光滑，多发生在齿顶或齿端部	①齿轮的表层和层次缺陷；②热处理产生过大的内应力	产生范围较大的齿面疲劳损坏

损伤形式	损伤特征	损伤原因	损伤结果
滚扎和锤击	齿顶或齿端部产生飞边或齿顶揉圆,主动轮在齿面节线附近出现凹坑,从动轮产生凸起	①受冲击负荷作用;②啮合不良致使齿面屈服和变形;③齿面硬度低;④润滑不良	通常在齿面上产生,局部完全被破坏,然后轮齿其余部分产生严重的塑性变形,进而齿轮报废
中等磨损	主动轮发生在齿顶,从动轮发生在齿根	①齿轮承受过高载荷;②润滑不良	使用寿命降低,噪声变大
破坏性磨损	工作恶化,齿形改变	①齿轮啮合节圆的滑动受阻;②润滑不良	可能导致点蚀和塑性变形,寿命显著降低
磨料磨损	齿面滑动方向上出现彼此独立的沟纹	①外界的微粒进入轮齿啮合面;②润滑油过滤网损坏	使用寿命降低,条件进一步劣化
胶合撕伤	沿齿面的滑动方向形成沟槽,在齿根和节线附近被挖成凹坑,使齿形破坏	①负荷集中于局部的接触齿面上;②油膜破坏;③单位接触负荷过大	导致齿轮早期损坏
干涉磨损	主动齿轮的齿根被挖伤,从动齿轮顶严重破坏	①设计,制造不当;②组装不良	噪声增大,最终导致一对啮合齿轮完全报废
腐蚀磨损	在齿面上产生腐蚀斑点	①由于空气中的潮湿气体,酸或碱性物质造成润滑油的污染;②润滑油中的极压剂添加不当	降低使用寿命
剥片	小而薄的金属片从齿面剥下,严重时可在润滑油中看到大量的金属剥片	①齿面硬化层过薄或心部硬度低;②热处理工艺不当	噪声增大,导致齿轮损坏
波纹	齿面产生波纹状损伤,以渗碳的双曲线小齿轮最为常见	①润滑不当;②高频振动及滑动摩擦促使齿面屈服	噪声增大
隆起	通常以横贯齿面的斜线或隆起的形式出现,也有像鲱鱼背脊或鱼尾的形状,常见于渗碳的双曲线小齿轮或青铜齿轮	①负荷过大;②润滑不良	产生塑性变形,若齿面加工硬化不良,齿面会完全破坏

损伤形式	损伤特征	损伤原因	损伤结果
疲劳断裂	部分齿轮或整齿折断,在断面上可见一连串的贝壳状轮廓线,在其中心有一个清晰的"眼"	①设计不当; ②负荷过大; ③组装不良,偏载; ④轮齿表层下的缺陷引起应力集中	引起齿轮早期损坏,报废
过载断裂	硬、脆材料断口为丝状,韧性材料断口模糊,纤维状材料断口呈撕拉状	①组装不当,负荷集中于轮齿一端; ②突然停止或换向; ③轴承损坏,轴弯曲或啮合面咬死,冲击过载	瞬发性严重故障,齿轮报废
淬火裂纹	沿齿顶或齿根的径向发生,轮齿端部有时也有不规则裂纹	①热处理不当; ②齿根曲率半径过小; ③加工过程中刀具在齿根残留有痕迹	疲劳源,会引起疲劳断裂
磨屑裂纹	裂纹形如网状	①磨削不当; ②热处理不当	疲劳源,会引起疲劳断裂
裂痕	齿面在滑动方向出现断裂的裂纹或呈田垄状的外观	①局部接触应力集中; ②油膜破坏	降低使用寿命,增加噪声

二、齿轮的振动机理

1.齿轮振动分析

若以一对齿轮作为研究对象,忽略齿面上摩擦力的影响,则其力学模型如图 10-11 所示,其振动方程为

$$M_r\ddot{x} + C\dot{x} + K(t)x = K(t)E_1 + K(t)E_2(t) \tag{10.6}$$

式中,x 为沿作用线上齿轮的相对位移;C 为齿轮啮合阻尼;$K(t)$ 为齿轮啮合刚度;M_r 为齿轮副的等效质量,$M_r = m_1 \cdot m_2/(m_1 + m_2)$;$E_1$ 为齿轮受载后的平均静弹性变形;$E_2(t)$ 为齿轮的误差和异常造成的两个齿轮间的相对位移(亦称故障函数)。

由式(10.6)可见,齿轮在无异常的理想情况下亦存在振动,且其振源来自两部分:一部分为 $K(t) \cdot E_1$,它与齿轮的误差和故障无关,称为常规啮合振动;另一部分为 $K(t) \cdot E_2(t)$,它取决于齿轮的啮合刚度 $K(t)$ 和故障函数 $E_2(t)$。啮合刚度 $K(t)$ 为周期性的变量,可以说齿轮的振动主要是由 $K(t)$ 的这种周期变化引起的。

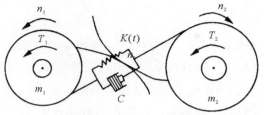

图 10-11　齿轮副力学模型

$K(t)$ 的变化可由两点来说明：一是随着啮合点位置的变化，参加啮合的单一轮齿的刚度发生了变化；二是随参加啮合的齿数在变化。

每当一个轮齿开始进入啮合到下一个轮齿进入啮合，齿轮的啮合刚度就变化一次。变化曲线如图 10-12 所示。可见直齿轮刚度变化较为陡峭，斜齿轮或人字齿轮刚度变化较为平缓。

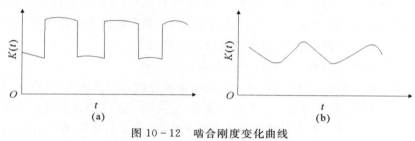

图 10-12　啮合刚度变化曲线

（a）直齿轮；（b）斜齿轮

若齿轮副主动轮转速为 n_1，齿数为 z_1，从动轮相应为 n_2、z_2，则齿轮啮合刚度的变化频率（啮合频率）及它们的谐频为齿轮处于正常或异常状态下，啮合频率振动成分及其谐波总是存在的，但两种状态下的振动水平是有差异的。从此意义上讲，根据齿轮振动信号啮合频率及其谐波成分诊断故障是可行的。但仅是这些还不够，因为故障对振动信号的影响是多方面的，这就是后面提出的幅值调制、频率调制以及其他振动成分问题。

下述讨论齿轮产生的几种振动机理。

（1）轮齿的啮合振动。众所周知，在齿轮传动过程中，每个轮齿周期地进入和退出啮合。对于直齿圆柱齿轮，其啮合区分为单齿啮合区和双齿啮合区，在单齿啮合区内，全部载荷由一对齿副承担；一旦进入双齿啮合区，则载荷分别由两对齿副按其啮合刚度的大小承担（啮合刚度是指啮合齿副在其啮合点处抵抗挠曲变形和接触变形的能力）。很显然，在单、双齿啮合区的交变位置，每对齿副所承受的载荷将发生突变，这必将激发齿轮的振动；同时，在传动过程中，每个轮齿的啮合点均从齿根向齿顶（主动齿轮）或从齿顶向齿根（从动齿轮）逐渐移动，由于啮合点沿齿高方向不断变化，各啮合点处齿副的啮合刚度也随之改变，相当于变刚度弹簧，这也是齿轮产生振动的一个原因。此外，由于轮齿的受载变形，其基节发生变化，在轮齿进入啮合和退出啮合时，将产生啮入冲击和啮出冲击，这更加剧了齿轮的振动。综上所述，在齿轮啮合过程中，由于单、双齿啮合区的交替变换、轮齿啮合刚度的周期性变化，以及啮入啮出冲击，即使齿轮系统制造得绝对准确，也会产生振动，这种振动是以每齿啮合为基本频率进行的，该频率称为啮合频率 f_m，其计算公式为

$$f_m = \frac{Z_1 N_1}{60} = \frac{Z_2 N_2}{60} \tag{10.7}$$

式中，Z_1，Z_2 为主、从动齿轮的齿数；N_1，N_2 为主、从动齿轮的转速，r/min。

对于斜齿圆柱齿轮，产生啮合振动的原因与直齿圆柱齿轮基本相同，但由于同时啮合的齿数较多，传动较平稳，所产生的啮合振动的幅值相对较低。

（2）齿轮的制造和装配误差引起振动。齿轮在制造过程中，由于机床、刀具、夹具、齿坯等方面的误差，以及操作不当、工艺不良等原因，均会使齿轮产生各种加工误差，如齿距累积误差、基节偏差、齿形误差、齿向误差等；在装配过程中，由于箱体、轴等零件的加工误差、装配不当等因素，也会使齿轮传动精度恶化。上述误差将对齿轮的运动准确性、传动平稳性和载荷分布的均匀性产生影响，引起齿轮在传动过程中产生旋转频率的振动和啮合振动。

（3）齿轮在使用过程中出现损伤引起振动。齿轮由于制造误差、装配不良或在不适当的运行条件（载荷、润滑状态等）下使用时，会使齿轮产生各种损伤，常见的损伤形式有以下几种：

1）磨损。它是广义的磨损概念，但主要指磨粒磨损、黏着磨损和由此引起的擦伤和胶合。

2）表面疲劳。它包括初期点蚀、破坏性点蚀和最终剥落。

3）塑性变形。它包括压痕、起皱、隆起和犁沟等。

4）断裂。齿轮最严重的损伤形式，常常因此而造成停机。究其原因，可将断裂分为疲劳折断、磨损折断、过载折断等，其中疲劳折断最为常见，它是由于承受超过材料疲劳极限的反复弯曲应力而发生的。通常首先沿受力侧齿根角内部产生裂纹，此后逐渐沿齿根或向斜上方发展而致折断。折断的断面一般呈成串的贝壳状轮廓线，其中可以见到比较光滑部分的汇聚点。有的淬火裂纹和磨削裂纹也会成为疲劳折断的起因。

5）气蚀。它主要由于润滑油中析出的气泡被压溃破裂，产生瞬时冲击力和高温，使齿面产生冲蚀麻点。

6）电蚀。由于电气设备传导至啮合齿廓的漏电流，产生火花放电，侵蚀齿面，产生电弧坑点。

（4）冲击载荷引起的自由衰减振动。上述各种因素在引起齿轮强迫振动的同时，还经常产生周期的冲击载荷。由于冲击脉冲具有较宽的频谱，容易激发起齿轮系统按其相关的固有频率作自由衰减振动，这也是研究齿轮振动应该考虑的一个重要问题。

2. 幅值调制与频率调制

齿轮振动信号的调制现象中包含很多故障信息，所以研究信号调制对齿轮故障诊断是非常重要的。从频域上看，信号调制的结果是使齿轮啮合频率周围出现边频带成分。信号调制可分为幅值调制和频率调制两种。

（1）幅值调制。幅值调制是由齿面载荷波动对振动幅值的影响而造成的。比较典型的例子是齿轮的偏心使齿轮啮合时一边紧一边松，从而产生载荷波动，使振幅按此规律周期性地变化。齿轮的加工误差（例如节距不匀）及齿轮故障使齿轮在啮合中产生短暂的"加载"和"卸载"效应，也会产生幅值调制。在齿轮信号中，啮合频率成分通常是载波成分，齿轮轴旋转频率成分通常是调制波成分。

（2）频率调制。齿轮载荷不均匀、齿距不均匀及故障造成的载荷波动，除了对振动幅值产生影响外,同时也必然产生扭矩波动,使齿轮转速产生波动。这种波动表现在振动上即为频率调制(也可以认为是相位调制)。对于齿轮传动,任何导致产生幅值调制的因素也同时会导致频率调制,两种调制总是同时存在的。对于质量较小的齿轮副,频率调制现象尤为突出。

(3)齿轮振动信号调制特点。齿轮振动信号的频率调制和幅值调制的共同点在于:①载波频率相等;②边带频率对应相等;③边带对称于载波频率。

在实际的齿轮系统中,调幅效应和调频效应总是同时存在的,所以,频谱上的边频成分为两种调制的叠加。虽然这两种调制中的任何一种单独作用时所产生的边频都是对称于载波频率的,但两者叠加时,由于边频成分具有不同的相位,所以是向量相加。叠加后有的边频幅值增加了,有的反而下降了,这就破坏了原有的对称性。

边频具有不稳定性。幅值调制与频率调制的相对相位关系会受随机因素影响而变化,所以在同样的调制指数下,边频带的形状会有所改变,但其总体水平不变。因此在齿轮故障诊断中,只监测某几个边频得到的信息往往是不全面的,据此做出的诊断结论有时是不可靠的。

3.齿轮振动的其他成分

齿轮振动信号中除了存在啮合频率、边频成分外,还存在其他振动成分,为了有效地识别齿轮故障,需要对这些成分加以识别和区分。

(1)附加脉冲。齿轮信号的调制所产生的信号大体上都是对称于零电平的。但由于附加脉冲的影响,实际上测到的信号不一定对称于零线。附加脉冲直接叠加在齿轮的常规振动上,而不是以调制的形式出现,在时域上比较容易区分。

(2)隐含谱线。隐含谱线是功率谱上的一种频率分量,产生的原因是加工过程中带来的周期性缺陷。滚齿机工作台的分度蜗轮蜗杆及齿轮的误差。隐含谱线具有如下特点:①隐含谱线一般对应于某个分度蜗轮的整齿数,因此,必然表现为一个特定旋转频率的谐波;②隐含谱线是由几何误差产生的,齿轮工作载荷对它影响很小,随着齿轮的跑合和磨损它会逐渐降低。

(3)轴承振动。由于测量齿轮振动时测点位置通常都选在轴承座上,测得的信号中必然会包含轴承振动的成分。正常轴承的振动水平明显低于齿轮振动,一般要小一个数量级,所以在齿轮振动频率范围内,轴承振动的频率成分很不明显。滑动轴承的振动信号往往在低频段,即旋转频率及其低次谐波频率范围内可以找到其特征频率成分。而滚动轴承特征频率范围比齿轮要宽,所以,滚动轴承的诊断不宜在齿轮振动范围内进行,而应在高频段或采用其他方法进行。

三、齿轮的振动测量与简易诊断

1.齿轮的振动测量

由上述介绍,齿轮振动的频带很宽,而且低频和高频振动中均包含诊断各种异常振动非常有用的信息,因此对齿轮振动的测量要求比一般机械的振动测量要高。在对齿轮振动进行测量时,应重点注意以下事项。

(1)测点选择。实际进行齿轮振动测量时,传感器的安装位置(测点)不同,所得到的测定值会有较大的差异。因此,最好的办法是对各测点做出标记,以保证每次测定的部位不变。另外,还应注意测定部位的表面应是光滑洁净的,避免脏物对振动传递造成衰减。

（2）测量参数。齿轮发生的振动中，包含固有频率、齿轮轴的旋转频率及轮齿啮合频率等成分，其频带较宽。对这种宽带频率成分的振动进行监测与诊断时，一般情况下应将所测的振动按频带分级，然后根据不同的频率范围选择相应的测量参数。

（3）传感器的安装方法。加速度传感器可测定频率范围较宽的振动，它最终能测定的范围取决于安装方法。关于加速度传感器的安装方法，参见相关资料。

（4）测定周期。定期测定是为了能够发现处于初期状态的异常，所以需要对齿轮的检测规定合适的周期。周期太长，不利于及时发现问题；周期太短，浪费人力物力，很不经济。比较好的办法是在设备正常时保持一定的周期，而在振动增大，达到"注意"范围内时，缩短监测周期。

2. 齿轮的简易诊断方法

进行简易诊断的目的是迅速判断齿轮是否处于正常工作状态，对处于异常工作状态的齿轮进一步进行精密诊断分析或采取其他措施。当然，在许多情况下，根据对振动的简单分析，也可诊断出一些明显的故障。齿轮的简易诊断包括噪声诊断法、振平诊断法以及冲击脉冲（SPM）诊断法等，最常用的是振平诊断法。

（1）绝对值判定法。绝对值判定法是利用在齿轮箱上同一测点部位测得的振幅值直接作为评价运行状态的指标。用绝对值判定法进行齿轮状态识别，必须根据不同的齿轮箱、不同的使用要求制定相应的判定标准。

（2）相对值判定法。在实际应用中，对于尚未制定出绝对值判定标准的齿轮，可以充分利用现场测量的数据进行统计平均，制定适当的相对判定标准，采用这种标准进行判定称为相对值判定法。

相对值判定标准要求将在齿轮箱同一部位测点在不同时刻测得的振幅与正常状态下的振幅相比较，当测量值和正常值相比达到一定程度时，判定为某一状态。比如，相对值判定标准规定实际值达到正常值的 1.6～2 倍时要引起注意，达到 2.56～4 倍时则表示危险等。至于具体使用时是按照 1.6 倍进行分级还是按照 2 倍进行分级，则视齿轮箱的使用要求而定，比较粗糙的设备（例如矿山机械）一般使用倍数较高的分级。

3. 测定参数法进行齿轮的简易诊断

衡量设备振动值大小最直接的方法是计算振动速度或加速度信号的均方根值，它能反映出设备的振动水平。

表 10-4 为一个用无量纲参数诊断齿轮故障的实例，新齿轮经过运行产生了疲劳剥落故障，振动信号中有明显的冲击脉冲，除波形参数外，各参数指标均有明显上升。

表 10-4　齿轮振动信号无量纲参数诊断实例

齿轮类型	裕度指标	峭度指标	脉冲指标	峰值指标	波形参数
新齿轮	4.143	2.659	3.536	2.867	1.233
坏齿轮	7.246	4.335	6.122	4.797	1.276

四、齿轮故障诊断常用信号分析处理方法

振动和噪声信号是齿轮故障特征信息，目前能够通过各种信号传感器、放大器及其他测量

仪器,很方便地测量出齿轮箱的振动和噪声信号,通过各种分析和处理,提取其故障特征信息,从而诊断出齿轮的故障。

下述主要介绍频域分析方法和时域分析方法。

1. 频域诊断

(1)频谱分析。振动信号的频谱分析是齿轮故障信息的最基本的研究方法。齿轮的制造与安装误差、剥落和裂纹等故障会直接成为振动的激励源,这些激励源以齿轮轴的旋转为周期,齿轮振动信号中含有轴的旋转频率及其倍频。故障齿轮的振动信号往往表现为旋转频率对啮合频率及其倍频的调制,在谱图上形成以啮合频率为中心、两个等间隔分布的边频带。由于调频和调幅的共同作用,最后形成的频谱表现为以啮合频率及其各次谐波为中心的一系列边频带群,边频带反映了故障源的信息,边频带的间隔反映了故障源的频率,幅值的变化反映了故障的程度。因此,齿轮故障诊断实质上是对边频带的识别。

(2)功率谱啮合频率及其倍频分量分析。齿轮均匀磨损产生的作用与齿轮小周期误差相同,使常规振动的幅值受到调制,在谱图上产生边频,但边频成分与常规振动的啮合频率及其各次倍频成分重合,故使啮合频率及其各次倍频成分的幅值增加,而且高次成分增加较多。因此,根据啮合频率及其高次倍频成分的振幅变化(至少取高、中、低 3 个频率成分)可以诊断齿轮的磨损程度。图 10-13 是齿轮磨损前后幅值的变化情况,实线是磨损前的振动分量,虚线是磨损后的增量。

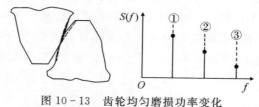

图 10-13 齿轮均匀磨损功率变化

(3)功率谱边频带分析。啮合频率振动分析主要用来诊断齿轮的分布故障(如轮齿的均匀磨损),对齿轮早期局部损伤不敏感,应用面窄。大部分齿轮故障是局部故障,它使常规振动受到调制,呈现明显的边频带。根据边频带的形状和谱线的间隔可以得到许多故障信息,所以功率谱边频带分析是普遍采用的诊断方法。

(4)高频分析法。齿轮齿面有局部损伤时,在啮合过程中就要产生碰撞,激发齿轮以其固有频率作高频自由衰减振动。采用固有频率振动为分析对象,诊断齿轮状态的方法叫作高频分析法。这种方法的主要过程是先用电谐振器从振动信号中排除干扰,分离并放大与谐振频率相同的高频成分,经检波器进行包络检波得到低频包络信号后,进行频谱分析就可得到频谱图。在谱图上,基频谱线的频率就是故障冲击的重复频率,根据此频率值即可诊断出有故障的齿轮及故障的严重程度。这种方法虽然与滚动轴承的高频包络分析原理一致,但难度要大得多,因为齿轮的高频振动信息在传感器的测点处异常微弱,需要使用非常精密的仪器与技术。

(5)倒频谱分析法。有一对齿轮啮合的齿轮箱,在振动频谱图上,啮合频率分量及其倍频分量两侧有两个系列边频谱线,一个是边频谱线的相互间隔为主动齿轮的转频,另一个是边频谱线的相互间隔为被动齿轮的转频。如果两齿轮的转频相差不多,这两个系列的边频谱线就靠得非常近,即使采用频率细化技术也很难加以区别。有数对齿轮啮合的齿轮箱,在振动频谱图上,边频带的数量就更多,分布更加复杂,要识别它们就更加困难了。比较好的识别方法是倒频谱分析法,因为边频带具有明显的周期性,倒频谱分析法能将谱图上同一系列的边频谱线简化为倒频谱图上的单根或几根谱线,谱线的位置是原谱图上边频的频率间隔,谱线的高度反映了这一系列边频成分的强度,因此使监测者便于识别有故障的是哪个齿轮及故障的严重程度。

(6)瀑布图法。在频域故障诊断中,除上述几种方法外,瀑布图也可用于齿轮箱的故障诊断。改变齿轮箱输入轴的转速并作出相应的振动功率谱,就可以得到瀑布图。在瀑布图上可以发现,有些谱峰位置随输入轴转速的变化而偏移,这一般是由齿轮强迫振动所引起的。相反,有些峰的位置始终不变,这种峰由共振引起。通过增加系统阻尼,就可使上述问题得到解决。

2.时域平均诊断

时域波形对故障反映直观、敏感,特别是局部损伤最为明显,因为局部损伤在时域中为短促陡峭的幅值变化,容易识别。但在频域中由于能量十分分散、幅值变化很小,却不易识别。因此,时域平均法诊断,近年来有很大发展。时域平均法诊断首先要采用时域平均技术,排除各种干扰,分离出所需齿轮的振动信号,然后才可根据分离出来的信号直接观察波形,确定齿轮的损伤。当然必要时也可进行频谱分析或其他分析。

图10-14是用时域平均法对不同状态下的齿轮检测所得到的信号。图10-14(a)是正常齿轮的时域平均信号。信号由均匀的啮合频率分量组成,没有明显的高次谐波。整个信号长度相当于齿轮一转的时间。图10-14(b)是齿轮安装错位的情况,信号的啮合频率分量受到幅值调制。调制信号的频率比较低,相当于齿轮转速及其倍频。图10-14(c)是齿轮的齿面严重磨损情况。啮合频率分量出现较大的高次谐波分量。但由图中可见,磨损仍然是均匀磨损。图10-14(d)的情况不同于前3种,在齿轮一转的信号中,有突跳现象,这种情况是在个别齿断裂时出现的。

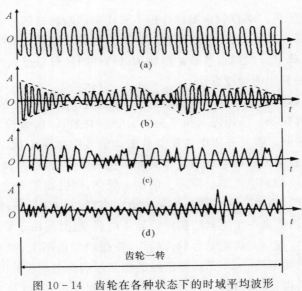

图10-14 齿轮在各种状态下的时域平均波形

(a)正常;(b)错位;(c)严重磨损;(d)个别齿断裂

五、齿轮常见故障信号特征与精密诊断

齿轮故障比较复杂,上节所述的几种信号分析处理方法针对齿轮故障诊断是非常有效的,但在实际工作中,通常是先利用常规的时域分析、频谱分析方法对齿轮故障做出诊断,这种诊断结果有时就是精密诊断结果,有时还需要利用前文所述的分析处理方法进行进一步的识别和确认,最终得出精密诊断结果。

1.正常齿轮的时域特征与频域特征

没有缺陷的正常齿轮,其振动主要是由齿轮自身的刚度等引起的。正常齿轮由于刚度的影响,其波形为周期性的衰减波形。其低频信号具有近似正弦波的啮合波形,如图 10-15 所示。正常齿轮的信号反映在功率上,有啮合频率及其谐波分量,即有 $nf_c(n=1,2,\cdots)$,且以啮合频率成分为主,其高次谐波依次减小;同时,在低频处有齿轮轴旋转频率及其高次谐波,mf_r $(m=1,2,\cdots)$。

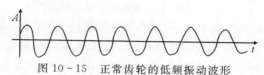

图 10-15 正常齿轮的低频振动波形

2.故障情况下振动信号的时域特征与频域特征

(1)均匀磨损。齿轮均匀磨损是指由于齿轮的材料、润滑等方面的原因或者长期在高负荷下工作造成大部分齿面磨损。齿轮发生均匀磨损时,导致齿侧间隙增大,通常会使其正弦波式的啮合波形遭到破坏,图 10-16 为齿轮发生磨损后引起的高频及低频振动。

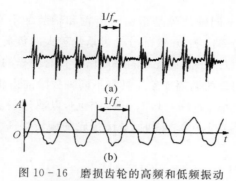

图 10-16 磨损齿轮的高频和低频振动

(a)高频振动;(b)低频振动

齿面均匀磨损时,啮合频率及其谐波分量 $nf_c(n=1,2,\cdots)$在频谱图上的位置保持不变,但其幅值大小发生改变,而且高次谐波幅值相对增大较多。分析时,要分析 3 个以上谐波的幅值变化才能从频谱上检测出这种特征。图 10-17 反映了磨损后齿轮的啮合频率及谐波值的变化。

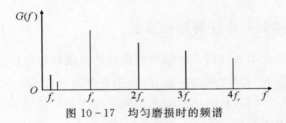

图 10－17　均匀磨损时的频谱

（2）齿轮偏心。齿轮偏心是指齿轮中心与旋转轴中心不重合,这种故障往往是由于加工造成的。当一对互相啮合的齿轮中有一个齿轮存在偏心时,其振动波形由于偏心的影响被调制,产生调幅振动,图 10－18 为齿轮有偏心时的振动波形。

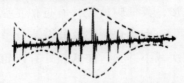

图 10－18　偏心齿轮的振动时域波形

齿轮存在偏心时,其频谱结构将在两方面有所反映:一是以齿轮的旋转频率为特征的附加脉冲幅值增大;二是以齿轮一转为周期的载荷波动,从而导致调幅现象,这时的调制频率为齿轮的旋转频率,比所调制的啮合频率要小得多。图 10－19 为具有偏心的齿轮的典型频谱的特征。

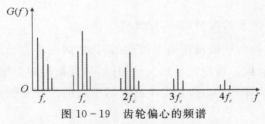

图 10－19　齿轮偏心的频谱

（3）齿轮不同轴。齿轮不同轴故障是指由于齿轮和轴装配不当造成的齿轮和轴不同轴。不同轴故障会使齿轮产生局部接触,导致部分轮齿承受较大的负荷。

当齿轮出现不同轴或不对中时,其振动的时域信号具有明显的调幅现象。如图 10－20 所示为其低频振动信号呈现明显的调幅现象。具有不同轴故障的齿轮,由于其振幅调制作用,会在频谱上产生以各阶啮合频率 $nf_c(n=1,2,\cdots)$ 为中心,以故障齿轮的旋转频率 f_r 为间隔的一阶边频族,即 $nf_c\pm f_r(n=1,2,\cdots)$。同时,故障齿轮的旋转特征频率 $mf_r(m=1,2,\cdots)$ 在频谱上有一定反映。

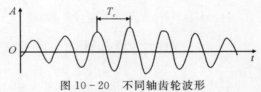

图 10－20　不同轴齿轮波形

（4）齿轮局部异常。齿轮的局部异常包括齿根部有较大裂纹、局部齿面磨损、轮齿折断、局部齿形误差等。

（5）齿距误差。齿距误差是指一个齿轮的各个齿距不相等,存在误差。齿距误差是由齿形误差造成的。几乎所有的齿轮都有微小的齿距误差。

具有齿距误差的齿轮,其振动波形理论上应具有调频特性,但由于齿距误差一般在整个齿轮上以谐波形式分布,故在低频下也可以观察到明显的调幅特征,如图 10－21 所示。

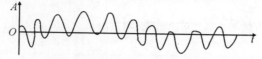

图 10－21　有齿距误差齿轮的振动波形

具有齿距误差的齿轮,由于齿距的误差影响到齿轮旋转角度的变化,在频率域表现为包含旋转频率的各次谐波 $mf_r(m＝l,2,\cdots)$、各阶啮合频率 $nf_c(n＝1,2,\cdots)$ 以及以故障齿轮的旋转频率为间隔的边频 $nf_c\pm mf_r(n,m＝l,2,\cdots)$ 等。图 10－22 表示具有齿距误差的齿轮的频谱特征。

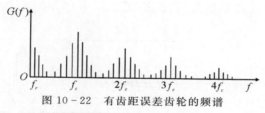

图 10－22　有齿距误差齿轮的频谱

(6)不平衡齿轮的时域特征与频域特征。齿轮的不平衡是指齿轮的质心和旋转中心不重合,从而导致齿轮副的不稳定运行和振动。

具有不平衡质量的齿轮在不平衡力的激励下会产生以调幅为主、调频为辅的振动,其振动波形如图 10－23 所示。由于齿轮自身的不平衡产生的振动,将在啮合频率及其谐波两侧产生 $nf_c\pm mf_r(m,n:l,2,3\cdots)$ 的边频族,如图 10－24 所示。常见齿轮故障的振动时域波形及频谱特征的对照见表 10－5。

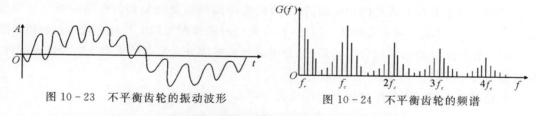

图 10－23　不平衡齿轮的振动波形　　　　图 10－24　不平衡齿轮的频谱

表 10－5　常见齿轮故障的振动时域波形及频谱特征的对照

序　号	齿轮状态	时域(低频)	频　域
1	正常		
2	磨损		

续　表

序　号	齿轮状态	时域（低频）	频　域
3	偏心	A, O, t（波形图）	$G(f)$；f_r，f_e，$2f_e$，$3f_e$，$4f_e$
4	不同轴	A, O, t（波形图）	$G(f)$；f_r，f_e，$2f_e$，$3f_e$，$4f_e$
5	局部异常	A, O, t（波形图）	$G(f)$；f_r，f_e，$2f_e$，$3f_e$，$4f_e$
6	齿距误差	A, O, t（波形图）	$G(f)$；f_r，f_e，$2f_e$，$3f_e$，$4f_e$
7	不平衡	A, O, t（波形图）	$G(f)$；f_r，f_e，$2f_e$，$3f_e$，$4f_e$

3. 齿轮箱常见故障诊断

实际工程中是没有孤立的齿轮副的，所有的齿轮副都需要安装到齿轮箱中或安装到特定的支架上，还需要配以轴承或轴瓦。因此，对齿轮的故障诊断实际上是对齿轮箱的故障诊断。

对齿轮箱的故障诊断综合了对转子（参考旋转机械部分）、滚动轴承和齿轮故障诊断内容，在此给出一个简表供参考。

齿轮箱各不同部件故障的振动特征见表 10 - 6。

表 10 - 6　齿轮箱故障的振动特征简表

部　件	失效频率	振动频率	振幅特征	振动方向	备　注
转子	失衡	f_r	随 f_r 增大，$f_r = f_n$ 时有峰值	径向	受悬臂式载荷时有轴向振动
轴	弯曲	f_r，$2f_r$ 及 nf_r	随 f_r 增大	径向最大	齿轮联轴器的振动特征基本上与齿轮相同，但 $f_r = f_c$ 时有峰值
联轴器	对中不良	f_r，$2f_r$ 及 nf_r	变化不定	轴向较大	
	配合松弛	f_r/n，f_r 及 nf_r	变化不定	径向	
	不平衡	f_r	随 f_r 增大	径向	

续　表

部　件	失效频率	振动频率	振幅特征	振动方向	备　注
齿轮	齿面损伤	操作齿数 $\times f_r$	随 f_r 增大	径向	磨损严重时出现高阶振动，f_n 的振动能量明显增大
	断齿	断齿数 $\times f_r$，f_n	随 f_r 增大	径向	
滚动轴承	内圈剥落	$0.5nZ\left(1+\dfrac{d}{D}\cos\alpha\right)f_r$	变化不定	径向	轴承的高频振动（10～60 kHz）不易传给其他部件
	外圈剥落	$0.5nZ\left(1-\dfrac{d}{D}\cos\alpha\right)f_r$	变化不定	径向	
	钢球剥落	$n\dfrac{d}{D}\left[1+\left(\dfrac{d}{D}\right)^2\cos^2\alpha\right]f_r$	变化不定	径向	
滑动轴承	润滑不良	f_r	变化不定	径向	
	油膜涡动	$(0.38\sim0.48)f_r$	突变	径向	
	滑膜振荡	f_{cr}	突变	径向	
基础	翘曲（不平）	f_r，$2f_r$，nf_r	随 f_r 增大	轴向较大	
	刚性不好	f_r	随 f_r 增大而减小	径向	
符号意义	f_r—轴的转动频率　　　　Z—轴承钢球数 f_{cr}—轴的临界转速频率　　d—轴承钢球直径 f_n—齿轮的固有频率　　　　D—轴承平均直径 α—轴承的压力角　　　　　n—自然数 $1,2,3,\cdots$				

4.齿轮箱故障的防治

定时测量齿轮箱振动的振幅、均值、峰值等数值对其进行简易检测，如果发现有异常，则需要采用精密分析的方法判定故障的具体位置，对其进行维修。同时，需要定期地对齿轮箱维修，换油，更换关键部件，以免给生产造成损失。

第十一章　往复机械的监测与诊断

第一节　往复机械概述

在机械运动中,往复式运动是一种最常见的运动,它主要通过一系列机构将往复(直线、摆动)运动转变成回转运动(例如内燃机)或者将回转运动转变成往复运动(例如往复压缩机)。往复机械遍及工业部门与日常生活中,应用十分广泛。

一、往复机械故障诊断的意义

大型往复机械是电力、石油化工、冶金、机械、航空及一些军事工业部门的关键设备。随着现代工业和科学技术的发展以及自动化程度的进一步提高,往复机械正朝着大型化、高速化、连续化、集中化、自动化的方向发展。生产系统中各设备之间的联系也越来越紧密。由于各种因素的影响,这些设备(部件或整体)难免出现一些故障现象,即降低或失去一定的功能。这些故障可能引起连锁反应,导致整个设备损坏甚至整个生产过程无法正常进行,造成巨大的经济损失,甚至有的还会引起严重的灾难性人员伤亡事故。如上海第一钢铁厂1993年由于上半年往复空压机出现了故障,设备部件损坏,导致了非计划停机,影响供气系统设备正常运行,给企业造成了巨大的经济损失。

因此人们对往复机械设备的安全、稳定、长周期、满负荷运行的要求也越来越高,希望能及时了解设备运行状态,预防故障,杜绝事故延长设备运行周期,缩短维修时间,最大限度地发挥设备的生产潜力。实践证明,坚持开展往复机械设备的状态监测、有效地实施故障诊断技术是保障机械设备安全正常运行的重要措施。

大型往复机械运行中的绝大多数信号是非平稳、非线性的。这些非平稳、非线性信号中包含着丰富的故障信息,研究、发展并应用先进的状态监测与故障诊断技术,可以保证大型往复机械设备的安全而高效地运行,避免巨额的经济损失和灾难性事故发生,将为国民经济创造巨大财富,对于提高经济效益和社会效益具有重大的意义。

二、往复机械的分类

往复机械的种类很多,常见的往复机械有往复内燃机、往复压缩机和往复泵等。

1.往复内燃机

内燃机是一种动力机械,它通过在机器内部燃烧燃料,产生热能并直接把热能转换为机械能的热力发动机。常见的有柴油机和汽油机,通过做功将热能转化为机械能。

2.往复压缩机

往复压缩机通过活塞在汽缸内作往复运动来压缩和输送气体。往复活塞压缩机是各类压缩机中发展最早的一种,公元 1500 年中国发明的木风箱为往复活塞压缩机的雏型。18 世纪末,英国制成第一台工业用往复活塞压缩机。20 世纪 30 年代开始出现迷宫压缩机,随后又出现各种无油润滑压缩机和隔膜压缩机。

3.往复泵

往复泵是依靠活塞、柱塞或隔膜在泵缸内往复运动使缸内工作容积交替增大和缩小来输送液体或使之增压的容积式泵。往复泵按往复元件不同分为活塞泵、柱塞泵和隔膜泵三类。

往复泵的主要特点是:①效率高而且高效区宽;②能达到很高压力,压力变化几乎不影响流量,因而能提供恒定的流量;③具有自吸能力,可输送液、气混合物,特殊设计的还能输送泥浆、混凝土等;④流量和压力有较大的脉动。

三、往复机械的故障类型

从往复机械的故障现象来看,其故障主要有两类:①结构性故障主要包括零件磨损、裂纹、装配不当、动静部件间的碰磨、油路堵塞等,如往复式活塞压缩机典型故障有阀片碎裂、十字头及活塞杆断裂、活塞环断裂、汽缸开裂、汽缸和汽缸盖破裂、曲轴断裂、连杆断裂和变形、连杆螺栓断裂、活塞卡住与开裂、机身断裂和烧瓦以及电机故障等;②往复泵典型故障,有烧瓦、曲轴磨伤、十字头磨损、轴承磨损、滑道拉伤、柱塞-缸套磨损、连杆及套筒磨损等,其中轴承损坏及十字头的磨损是其主要故障所在,另外泵阀组件作为其液力端关键部件也经常发生失效。另一类是性能方面的故障,主要表现在机器性能指标达不到要求,例如功率不足、耗油量大、转速波动较大等。

结构性故障会反映到机器的性能指标,而通过对机器性能指标的评定,又可以反映机器存在着的结构性的故障及其严重程度。这二者是相互联系的。但在实际工作中,由于采用性能分析方法诊断故障属于间接诊断,一方面不直接影响因素较多,另一方面采用性能分析方法难度也比较大,所用的传感器价格昂贵,寿命较短,因此往复式机械对于性能方面的诊断比较少。

下述介绍几种比较常见的重要故障:

(1)拉缸。拉缸是柴油机工作十分严重的故障,它是指汽缸套表面与活塞表面相互作用而造成的严重损伤。柴油机工作主要靠汽缸与活塞组的工作,如果汽缸与活塞组发生故障将会导致柴油机不能正常工作,甚至会损坏柴油机,造成严重的后果。所以说拉缸对柴油机来说是一件非常严重不能故障。产生拉缸的原因如下:①汽缸与活塞之间的间隙不正常,其中过小容易黏合在一起,过大活塞环会因为位置的偏斜而黏牢咬死在环槽内;②活塞与汽缸之间的润滑不良;③活塞环的断裂;④活塞环装配过紧。

(2)气阀的损坏。气阀机构是往复机械的重要部位之一,也是易损部件之一。进排气阀的主要故障有气阀与气阀座的配合部件磨损,烧坏,气阀间隙过大或过小,气阀杆弯曲变形,气阀弹簧的折断等。

（3）敲缸。敲缸是内燃机常见的故障之一，是指曲柄机构振动与气体波动撞击汽缸壁的异常现象，常伴随着噪声和剧烈的振动，同时零件受力增加，严重影响内燃机的正常工作，造成机器使用寿命缩短。内燃机敲缸的主要原因有：喷油提前角不正确、喷油雾化不良、给油量过大。

（4）主轴瓦拉伤。活塞式压缩机或内燃机的曲轴和主轴瓦之间不能形成良好油膜时就会出现干摩擦，造成拉瓦故障。轻则造成主轴瓦局部表面的合金层被磨掉，重则会使合金局部过热、变色甚至会使主轴瓦烧损、变形、碾片、合金层大片脱落，以致将曲轴主轴颈咬死。造成严重事故。其主要原因有：①设计瓦片过小或轴瓦刮研不好，配合接触不良；②油路部分堵塞，供油不足；③润滑油进水；④油温过高，润滑油黏度降低；⑤机油滤清不良，有尘或其他异物。

（5）管网振动。活塞式压缩机由于吸排气的间断性会产生严重的气脉流动，由此所引起机组和网管震动所造成的故障是石油化工行业常见的。网管振动会使管道及与之相连的设备发生疲劳破坏、紧固件断裂、管道破裂、容器爆炸，同时也会造成压缩机损坏，危害极大。网管系统振动破坏绝大数是由于气流脉动引起的，解决方法有：合理地设计网管系统，现场采取适当措施，消除气流脉动。

表 11-1 是根据某工业用柴油机 400 多次停机故障的分类统计，这些统计数字反映了往复机械故障的一个侧面。

表 11-1　柴油机故障统计

故障分类	故障发生率/（%）	故障分类	故障发生率/（%）
喷油设备及供油系统故障	27.0	调速器齿轮故障	3.0
漏水故障	17.2	燃油泄漏	3.5
气门及气门座故障	11.9	漏气	3.2
轴承故障	7.0	机座故障	0.9
活塞组件故障	6.6	曲轴故障	0.2
漏油及润滑系统故障	5.2	其他故障	6.0
涡轮增压器故障	4.4	齿轮及传动装置故障	3.9
总计		100.0	

四、往复机械故障诊断研究面临的问题

由于往复机械结构复杂，振动激励源较多，信号复杂，各部件的运行信号相互干扰，导致非平稳信号的产生，并且振动信号常常被其他振动信号和大量的随机噪声所淹没，特别是早期故障时故障特征信息很脆弱，并且故障原因与故障表现形式之间没有很清楚的对应关系。因此对其实施故障诊断比旋转机械困难，主要体现在以下几方面：

（1）运动形式复杂。运动部分（活塞-曲轴机构）既有旋转运动引起的振动，又有往复运动产生的振动，还有燃烧时冲击造成的振动，众多的频率范围、广阔的激励力等都比较难以识别。

（2）激励源较多。往复机械可能同时发生多种振动，如气体压力引起燃烧室组件的振动、

活塞撞击连杆引起的振动、活塞撞击汽缸引起的振动等几乎在同一时刻发生,因此相互干扰大,当往复机械出现不同程度的机械故障时,难以从振动信号中检出相应的激励力变化情况。

(3)在往复机械的不同部件中,各种激励力大小都具有不稳定性,并且各承力部件受力复杂,呈现动态的、交变的、非均匀的状态,激励力的传递途径及其对表面振动的响应不同。

(4)结构复杂,各运动件都在机身里面,在安装、使用的过程中,往往无法对其关键零件的技术状态直接诊断,用这些间接测量所得到的信息作为判断机械运行状况的特征会带有某些不确定性。

(5)对于多缸系统,各缸之间互相耦合,相互干扰,邻缸对本缸以及本缸中各运动部件之间的互相干扰不易区分。

(6)振动随负荷变化,且转速一定时,其负荷又随外界情况变化,在恶劣工作环境中,外载荷变化会很大,从而会影响各运动部件的振动响应。

(7)敏感测点的选择及判断依据的确定比较困难。

上述原因使得往复机械的振动十分复杂,从技术上给故障诊断带来较大的困难,致使往复机械故障诊断主要存在以下问题:

(1)往复机械多源振动信号混合的问题。往复机械结构复杂,运动件多且形状复杂,同时各运动都在机身里面,测得的振动信号非常复杂,各部件的振动信号相互干扰,阻碍了信号的进一步分析处理,因此也成为往复机械的状态监测和故障诊断的"瓶颈"。以活塞式压缩机气阀的振动为例,吸气阀和排气阀的距离非常近,即振源位置靠近,互相影响较大,在每一个阀盖上由传感器测得的振动信号非常复杂,都含有其他阀的振动分量,因此很难对每个阀进行准确的振动监测。

(2)往复机械非平稳信号故障特征难以提取的问题。在往复机械中,存在着多种振动激励源(既有旋转运动的振源,又有往复运动的振源),并且部件内部还存在冲击作用(比如阀对阀座的冲击),同时流体物理特性(如阻尼等)常有变化,因此,往复机械中的振动信号从本质说是一种非平稳、非周期信号。特别是在某些部件出现故障时,信号的瞬变特性会更加明显,采用常规的信号分析方法,即仅在频域或仅在时域上对振动信号进行分析,都不能反映其中的时变或非平稳特性,因此需要一种不仅能够准确提取故障特征而且便于后续智能诊断的新的分析方法。

(3)故障诊断知识难以自动获取的问题。目前,故障诊断的知识获取工作目前还停留在人工获取阶段,但是由于客观不确定因素的影响,人工总结的知识具有模糊和不确定性。往复机械的结构及运动形式复杂,对其故障机理和诊断方法的研究刚刚起步。与经过多年研究的旋转机械故障诊断方法相比,还没有积累足够的诊断经验建立诊断专家规则库,这给往复机械故障诊断的准确智能诊断设置了障碍。因此,如何从往复机械的测试数据中直接挖掘故障诊断规则,是解决诊断专家系统的知识"瓶颈"问题的关键技术。

往复机械故障诊断的注意事项:①合理的设备运行管理制度,避免或减少故障的发生概率;②准确、合理的测量仪器,保证信号的采集精度,以确保采集信号与真实信号间的误差在允许的范围之内;③注意检测方法的多样化和监测参数的多样化,从机器的不同角度分析故障,从信号的不同角度提取信号特征;④培养熟练的分析人员,要求分析人员对于设备在运行时的动力特性有较深的掌握,同时要熟悉设备发生故障的机理,掌握相关的信号分析方法;⑤注意选择合理的特征参数,选择对振动故障敏感的测点,以及合适的传感器。

五、往复机械故障诊断的方法

对于往复式机械如何进行切实、有效的故障诊断,国内外的专家学者以及从事设备维护的科研人员都进行了深入的研究,采用了多种的测试手段和不同信号处理方法,对故障的特征提取、故障分类和故障程度判定等综合运了大量相关学科的知识。主要的诊断方法有以下几种:

(1)直接观察法。传统的直接观察法如"听、摸、看、闻"是早已存在的古老方法,并一直沿用到现在,在一些情况下仍然十分有效。但因其主要依靠人的感觉和经验,故有较大的局限性。随着技术的发展和进步,目前出现的光纤内窥镜、电子听诊仪、红外热像仪、激光全息摄影等现代手段,大大延长了人的感觉器官,使这种传统方法恢复了青春活力,成为一种有效的诊断方法。

(2)参数监测。通过监测往复式机械在运行中的参数来进行故障诊断。以活塞式压缩机为例,参数主要包括排气量、排气压力、排气温度、润滑油温度、润滑油压力。这些参数可以及时、有效地判断出压缩机在工作中出现的问题,为故障诊断提供了有力的依据。但是这些参数无法对故障进行精确定位,而且在故障的早期阶段,这些参数也是不敏感的。例如,某汽缸的排气压力异常,基本可以断定是排气阀出现了问题,但是该段具有多个气阀的时候,很难仅仅通过该段总的排气压力来断定具体哪一个气阀出现了故障。在气阀弹簧失效的初期,从进、排气压力参数中也很难看出端倪。

(3)振动信号分析。往复式机械在工作过程中,不同部件的工作状态总是可以通过振动形式表现出来,因此,振动信号中含有丰富的信息。各个运动部件对系统施加的冲击相互之间有一定的相位差,因此在时域上表现为一系列具有一定时间间隔的冲击响应波形,每一个冲击响应与某个特定运动部件相对应。例如通过实验观察一台单缸活塞式压缩机在正常状态下的振动信号,可明显看出两个往复周期的振动波形。在每个周期中都存在着一系列冲击响应波形,这些波形对应着不同的运动部件或机械的冲击激励。如果将这些单个冲击响应波形分离出来并分别将冲击响应的特征参数提取出来,即可对往复机械中某些运动部件或机构的状态分别进行分析和诊断。同时,由于振动信号的测量相对简单,仪器设备比较丰富,可以适合各种不同场合,所以基于振动信号分析的往复机械故障诊断技术一直是热点。

往复式机械不同于旋转式机械,它在工作时激励源众多,各部件之间的振动信号存在严重的相互干扰,传递到机体表面的振动信号往往十分复杂。往往一些部件的振动频率较低但冲击引起的其他部件的振动频率较高。因此,合理选择可以覆盖整个信号频带的传感器和测试设备是非常重要的。传感器的安装、振动测点的选择、信号测试条件的相对一致性,都是在进行振动测试时应该认真分析思考的问题。

(4)介质金属法。往复机械在工作时各部分之间接触部分会产生一定的损耗。例如:隔膜泵重要部件曲柄滑块机构的运动副间磨损故障是其常见故障,过大的磨损间隙会导致振动和噪声,产生巨大冲击载荷,加速运动副的磨损,甚至会导致连杆与活塞杆折断等。由于隔膜泵运动件含有多种材料的摩擦副,这些摩擦副在相对运动时必然会使微粒进入润滑液中,一些摩擦副金属材料不同或金属含量不同,因此通过定期对润滑液中金属微粒的成分及含量进行测量,就可以对机体内部磨损程度和磨损部位做出判定。目前一般采用的测试手段有油液的铁谱分析、光谱分析、红外光谱和油品理化分析等。常用的是光谱分析和铁谱分析。光谱分析技术通过监测机械设备润滑系统中润滑油所含磨损颗粒的成分及其含量的变化,来监测不同部件的磨损情况。铁谱技术利用高梯度强磁场的作用,将从设备润滑系统中采取的油样,分离出磨损颗粒,并借助不同仪器检验、分析这些磨损颗粒的形貌、大小、数量、成分,从而对设备的运转工况、关键零件的磨损状态进行分析、判断。不过,当往复式机械多个部位同时存在磨损,且摩擦副的材料相同时,通过该方法就很难精确地判断哪一部位发生了故障。油液分析缺乏定量分析的技术和理论,其分析结果只是定性的描述,存在一定的随机性,一般需要大量的样本数据进行分析,并由其统计特性给出分析结果。

(5)温度监测。一些往复式机械在工作时许多零部件,在有冲击、摩擦及磨损的状态下会表现出来特定位置的温度变化。例如:对于柱塞式压缩机的填料泄漏故障以及气阀故障,温度就是很好的诊断参数。但是,由于压缩机结构的限制,在很多对温度比较敏感的故障部件上,例如对于连杆的大、小头轴承位置,温度参数是很难测取的。在活塞式压缩机的故障诊断中,温度往往作为诊断的依据和振动分析等其他方法结合使用。

(6)示功图法。对于一些往复式机械,如活塞式压缩机、内燃机,其热力性能故障也是故障诊断的一个主要内容。同时,某些机械性能故障也会通过热力性能表现出来,而热力性能的变化又常常通过示功图的变化表现出来。因此,示功图诊断也是往复式机械一种十分有效的故障诊断方法。示功图常用示功器来测取。常用的示功器有机械式,电器式和电子式。示功器一般通过压力传感器和位移传感器测出信号,这些信号经过放大、滤波、A/D转换后送往计算机,这样就可以作图、打印和存储。然后通过比较所测取的示功图和正常示功图的差别就可以分析和诊断往复式机械的某些故障。

示功图法虽然可以直接地反映出活塞式压缩机系统的工作状态,但是,一些机械内部,如往复压缩机的汽缸的信号很难测取,对于那些出厂时没有配备相应监测系统的压缩机来说,几乎不可能将绘制示功图所须的信号全部得到。同时,示功图法对于某些机械故障的诊断还是无能为力的,因此,虽然示功图法是非常有效的检测手段,但是在生产实际中却往往没有办法实现。

(7)超声和声发射诊断技术。超声和声发射技术是无损探伤中常用的方法。应用超声技术可以监测,如活塞式压缩机汽缸内部损伤情况、重要零部件和材料内部损伤或裂纹发生与发展情况。声发射技术是利用材料内部裂纹或损伤在发生和发展过程中发射出的弹性波会急剧增加的原理,可以监测和诊断设备的技术状态、接合状态等。

以上只是对往复式机械故障诊断方法的一个概括,随着科技的发展,新的理论和方法还在不断地涌现。同时任何一种方法都有其应用的局限性,没有哪一种方法可以涵盖往复式机械故障诊断的全部内容,因此,综合应用以上各种方法才是解决问题的最好办法。

考虑到往复机械振动的复杂性,对往复机械的故障诊断不仅需要在理论上进行研究,而且需要作大量的实验研究和经验的积累,同时在检测方法上也不能单一化和简单化。对于往复机械的监测与诊断,一般应用振动诊断法是有效的,还须辅以其他的检测方法和手段,如温度监测、油样光谱和铁谱分析及性能参数的测定等。总之,应尽可能采用多种检测手段进行综合检测,并进行谨慎细致的分析,以便尽可能早地发现故障,准确地诊断故障原因,采取切实可行的处理对策。对往复机械设备进行故障诊断,首先应对设备的结构和运行的动力特性有比较全面的了解,还应掌握机械设备发生故障的机理。为了能够深入掌握整个机械设备在运行过程中出现的各种症状,有必要对各个分离部件进行故障机理的研究,在此基础上才有可能对系统的故障机理进行研究。另外,对往复机械设备进行故障诊断不仅仅是仪器设备的使用问题,因为对测试结果的分析必然要牵扯到分析人员,要求分析人员对机械设备在运行时的动力特性有较深刻的理解,同时还应通晓机械设备发生故障的机理。只有在对机械设备了解掌握得比较全面、透彻、才能在监测的基础上,才能作出比较正确的诊断结论。在往复机械的诊断中,仪器设备是重要的,但熟练人员和合理的管理制度依然是关键。

六、往复机械故障诊断的研究现状

目前,在旋转机械故障诊断方面,国内已经开发出不少成熟的系统,在实际工业生产中的应用已经取得良好效果。相比之下,以活塞式压缩机、内燃机为代表的往复机械由于结构复杂、激励源众多、易损件多、信号处理困难等原因造成该技术难度较大。虽然已对其开展了不少研究并取得了一些研究成果,但总体的诊断水平还是很低,没有一套成熟的诊断方法面世,这与其在生产中的应用现状和地位是不相符的,很有必要加强这方面的研究工作。另外,往复机械运行过程中产生的振动信号多为非平稳性信号,而目前针对非平稳信号的特征提取研究仍不成熟,加大了往复机械的诊断难度。在国外,美国 Bently 公司生产的往复机械 3300 监测系统可以用来监测机壳的振动、转速、活塞杆的下降情况以及各换气阀的温度,并通过监测机架的振动和活塞杆的下降、小波分析在往复机械特征提取中的应用研究来判断主轴连杆机构的振动状况和活塞环的磨损情况,通过监测气阀的温度变化提供早期预报,但因为成本太高而不易推广。在国内,对往复机械等的诊断研究也一直没有停止,但诊断效果不是很理想。很多厂房车间的往复机械监测和诊断仍然停留在根据耳听、手摸,凭经验判断的阶段,诊断技术非常落后,而往复机械在生产中属于关键设备,保证其可靠运转是非常重要的。

综上所述,往复机械的故障诊断虽然取得了一定的成就,但是仍然存在一些不足的因素,制约着往复机械故障诊断的进一步发展。

(1)故障机理和故障特征。往复机械故障机理的研究深度不够,往复机械故障也没有统一的表现方式。往复机械激励源多,传递路径复杂,系统故障既有纵向性,也有横向性,且各类故障所对应的振动频率无论从理论上还是实践中都较难准确确定。另外由于往复机械型号众多,结构存在差异,导致故障特征的共性较差。

(2)故障诊断方法。目前往复机械故障诊断方法比较凌乱,还不存在一种较为通用性的方法。这也是制约往复机械故障诊断技术发展的主要因素。

（3）测试方法和测试设备。在现场应用中,往复机械有效状态信息的获取面临着极大的困难。传感器性能也不能满足测试环境的要求,如汽缸压力传感器。在往复机械故障诊断的实际应用中应该充分考虑以上这些因素,使之更好地为社会化大生产服务。

七、往复机械故障诊断的发展趋势

虽然科研人员不断努力,但由于往复机械自身的复杂性,其故障诊断技术尚处于探索、发展阶段,结合我国行业具体情况,可以预见以下研究方向将会得到迅速发展。

（1）往复机械的诊断技术与设计、制造相结合。一些柴油机生产厂家,如 Cummins、Caterpillar 等在设计、制造柴油机时,将光纤传感器预埋在柴油机内部,为以后的诊断、维修提供了极大的方便,避免了因间接测量带来的误差,也省去了大量复杂的信号处理过程。

（2）往复机械共性故障诊断方法研究。目前的故障诊断大都是针对特定类型设备开发研究的,如往复泵故障诊断系统、柴油机故障诊断系统等。以后会出现共性故障诊断方法,其基本思想是:不论在何种设备中,只要结构特点和运行参数相似的零部件,其故障的机理和表现形式也应该相似,信号采集和处理方法也应基本相同。因此,对于某种零部件,只要建立 1 个诊断模块,就可以用在不同的设备上。而建立好各种零部件的诊断模块后,不管遇到多复杂的设备,只要把相应零部件的诊断模块"搭积木",就可以得到复杂设备的诊断系统。该方法能够减少重复研究的内容、缩短研制周期,使研究成果尽早推广应用。

（3）各种信息处理与分析技术的综合应用。充分利用现代信号处理技术,提高信噪比,增强模式识别的能力。以快速傅立叶变换（FFT）为核心的经典信号处理技术在许多情况下已经不能胜任了,新兴的时频分析方法将得到充分的发展和应用。如小波技术与模糊数学、神经网络、分形分析、聚类分析、混沌理论以不同的方式相结合,形成小波神经网络、小波模糊神经网络、小波模糊聚类神经网络、小波分形分析、小波混沌神经网络等方法,是分析往复机械这类非平稳、非线性问题的理想手段。

（4）往复机械故障诊断的智能化。虽然,目前在人工智能故障诊断专家系统和神经网络的研究中取得了很大的进展,但在往复机械故障诊断领域中仍存在不少亟待解决的问题。如领域专家缺乏定量的诊断经验,故障与征兆的复杂对应关系尚需进一步了解,大量的知识获取还不能自动进行,如何寻找更有效的学习算法等,这些问题都需要在今后进行更为深入的研究。

（5）网络化是故障诊断技术新的发展方向。随着计算机网络技术的发展及通信技术的进步,利用各种通信手段将多个故障诊断系统联系起来,实现资源共享,可提高诊断的速度和精度。

第二节　往复机械故障诊断系统的实现

往复式机械故障诊断从技术上来讲,一般分为两大部分:①信号的获取,即选用适当的传感器将能反映机械状况的信号测量出来;②信号分析与数据解释,将信号中反映机械设备状况的特征突出出来,与以往值作比较,以此确定设备是否出现故障、什么类型故障以及故障的位置。大多数情况下这种工作是不断重复的,否则就不易发现正在发展中的故障以致造成事故。有的故障发生时间较短或者机器设备较多的时候由人工实现这种过程就有点不现实了。所以在当今计算机飞速发展的时代,采用以计算机为中心的设备检测和故障诊断系统是机械设备现代化管理的必然途径。

一、往复式机械监测的内容

以往复式机械中的压缩机、内燃机和往复泵为例,往复式机械监测内容主要如下:

(1)活塞式压缩机的在线监测内容。利用机器表面的一些信号来诊断活塞、汽缸磨损、气阀漏气和主轴承状态;利用润滑油管路内的压力波信号诊断活塞式压缩机轴承故障,利用汽缸头振动信号诊断缸内故障等。

(2)活塞式内燃机的在线监测内容。根据不同的活塞-缸套间隙下的频率特征,诊断活塞-缸套系统的磨损状态;根据气门漏气故障的频域特征,诊断气门的工作情况;从喷油器和高压油泵上的一些信号中,提取反映喷油过程各种参数的频域特征,据此诊断柴油机燃油系统的工作状态。

(3)往复泵的在线监测内容。如,根据泵阀反应的一些信息诊断泵阀阀芯磨损和弹簧断裂。

二、在线监测与故障诊断的目标

(1)能了解监测系统的运行状态,保证其在计划约束之内。通过监测与诊断系统对机械设备进行连续的监测可以在任何时候都了解设备的运行状态。同时对机械运行的异常,提醒人们及时补救。

(2)能提供机器状态的准确描述。为决定设备的维修和大修内容、周期提供依据,从而避免为了肉眼检查而拆卸装备,既保证了机械在满意状态下的完整性,又提高了设备的使用效率。

(3)能预报机器故障,防止大型故障的产生,保证人们生命财产安全。当设备发生故障时,检测与诊断系统可以根据预先编好的程序发出警报并对不同类型故障及性质和故障的严重程度做出相应的判别和诊断,提醒操作人员采取相应的措施,或是对设备实行某种控制,避免或减轻由此产生的损失。

三、在线监测与诊断系统的工作过程与步骤

对被监测系统运转状态的判别,是对于一个未知系统的识别过程。在多数情况下已知某些系统的特征参数通过实验方法,确定参数值,确定系统模型,从而确定了系统的状态。其步骤如下:

(1)选定敏感参数。选定对系统影响最大和最敏感的参数作为系统识别的敏感因子,建立系统的数学模型。这里可作为基本参数的有:长度、质量、时间、电流、温度及光强度等。由这些参数推导出来的参数有力、压力、功、能量、功率、电阻、电容、电感及导热等。另外一些参数,即由各个量之间的内在联系推倒出来的次要参数,有力矩等。这些参量可进行比较优选,确定并建立选定参数表征的故障档案库。

(2)信号采集。对检测系统敏感点上的敏感参数的采集。在正常情况下记录输入与输出，即激励与响应信号。而在某些特定情况下确定系统的状态可以只测取响应值。

(3)状态参数识别。通过敏感因子的识别，或经过必要的计算，将待见模式与样板模式对比，识别待检系统运转状态。

(4)诊断决策及输出监测与诊断系统。对设备当前状态，根据判别结果采取相应措施，若出现异常及时报警并对设备进行干预，或预估系统的变化趋势，并将设备状态发展趋势的具体描述以各种方式输出。

四、检测与诊断系统的组成

往复式机械状态监测与故障诊断系统可分为简易诊断系统、精密诊断系统及智能决策诊断专家系统三类。

1. 简易诊断系统

简易诊断就是利用一些便携式的故障诊断设备和工况监测仪表，通过在现场测取一些待检设备的信号，对机械系统的状态做出相对粗略的判断。它的优点是所使用的仪器重量轻、体积小、携带方便、操作简单；二是可在现场获得测结果，以便对设备及时采取措施。它的缺点是一般只能回答设备有无故障，而不能分析机械故障产生的原因、故障的部位及故障的程度。使用它进行诊断时，一般先规定一个阈值，当测取的诊断参数超过阀值时，可以认为设备出现了故障。要判断设备的运行趋势，需要通过多次测量绘制成设备状态趋势图，然后从趋势图去判断设备的未来运行状态。因此，简易诊断主要用于设备状态监测和一般趋势预报问题。简易诊断常用的仪器有以下几种：

(1)便携式测振仪。便携式测振仪一般用于测量振动位移、速度、加速度信号的有效值、单峰值、峰峰值等。

(2)温度计。在企业中，对某些设备的温度控制是非常重要的。温度的检测通常用温和温度传感器。常用的温度计有半导体点温度计、红外点温度计等。但是使用度计进行测量需依赖操作人员的经验，往往会造成人为事故，所以现在重要的设备通常都采用温度监测系统进行不间断检测。这种方法通常是将温度传感器在待检测部位，通过导线将温度信号传递到监控室中的计算机中去，当温度超过一定阈值时，计算机就会自动报警。

(3)噪声听诊器。利用噪声听诊器(声级计)可以对机器的声音进行测量，通过测量声音的化来检查机器的运行状况。但是利用声级计存在一个很大的问题，就是环境噪的干扰，声级计对环境声和机器噪声的区分是非常困难的。检测人员就是通过感官和这些简单的仪器进行测量、记录并根据自己的经验来完成对机器的简易诊断。

2. 精密诊断系统

正是由于简易诊断系统固有的缺点，所以在实际中要想使设备充分发挥功必须对设备进行不间断检测。对发生故障的设备，必须及时、迅速地诊断出故障。这就需要使用精密诊断系统并辅助其他各种分析手段进行综合分析。因此，精密诊断的最终目的是确诊设备发生了什么样的故障。精密诊断系统根据其实现功能的不同,所包括的部件也不相同。但大体都包括传感器、放大器、记录仪、信号分析仪等几个主要部分。

(1)传感器。传感器对于信号的测量至关重要,在诊断时所测得信号的精确程度取决于所选传感器的类型及其性能参数。选取传感器时要注意的参数有灵敏度、谐振频率、响频范围、测量范围、最大横向灵敏度、使用温度范围等。

(2)放大器。放大器是用来调整由传感器输出的电信号的大小和输出阻抗的,以便接入续硬件进行分析。放大器分为电压放大器和电荷放大器两种。电压放大器结构单、价钱便宜,但它的输入电压与数据传输电缆的电容有关,而电荷放大器不存在此问题,容易选择数据传输电缆。

(3)记录仪。可用于记录振动信号的仪器有光线示波器、电子示波器、笔式记录仪、磁机以及数据采集器等。目前,在机械故障诊断中应用最广泛的是数据采集器。随着计算机技术的飞速发展,基于 A/D 转换原理的数据采集器功能日益强大,性价格比越来越高,因此在实际使用中,越来越多的监测系统采用配备 A/D 板的便式计算机作信号记录和数据分析。

(4)信号分析仪。信号分析仪也是精密诊断中的重要设备,主要有滤波器、A/D 板、动态分仪和计算机。滤波器是一种能让一部分频率信号通过、其他频率成分衰减的仪器或电路。滤波器一般分四种:低通滤波器、高通滤波器、带通滤波器、阻滤波器。A/D 板又称为模数转换板,由于从传感器所传递过来的是模拟信号,而计算机所处理的是数字信号,所以要想将传感器所采集的信号计算机进行处理,必须将模拟型号转换为数字信号,此过程就需要经过 A/D 完成。A/D 板由采样和保持电路组成,其工作过程由计算机进行控制。动态分析仪和计算机数据的最后处理一般都是由动态分析仪和计算完成的,动态分析仪实际上就是硬件控制的计算机,计算速度很快,但只有固定处理功能。而计算机可以通过使用软件的升级使其数据处理功能不断扩展和完善。在目前工矿企业中,大量的重要设备需要监测和诊断,其中一些关键设备要进行不间断实时监测,在这种情况下,需要采用计算机强大的分析、计算功能完成大量的数据记录和处理。而且,随着一些数据处理方法的成熟和实用化,计算机自动精密诊断与实时状态监测系统正迅速应用到实际中来。

3.智能决策诊断专家系统

(1)专家诊断系统。专家系统故障诊断法是指计算机在诊断过程中,不断采集被诊断对象的信息并综合运用知识库中的经验规则进行推理,从而快速找到设备可能的故障。专诊诊断系统是人工智能在机械故障诊断领域中的应用。由于专家系统具有成长周期短、使用成本低、便于复制、能集中多个领域专家的智慧等诸多优点而受到各面的普遍关注,已成为机械故障诊断学科的一个研究热点和最新发展动向。

专家诊断系统是一类包含知识和推理的智能计算机程序。专家系统中,求问题的值时已不再隐含在程序和数据结构中,而是单独构成一个知识库。这种分离为问题的求解带来极大的便利和灵活性。

(2)智能决策技术。1985 年之后,智能决策技术的成熟应用给机械故障诊断技术的智能化开辟了新的领域。近几年,随着计算机技术的快速发展及数学理论、算法的丰富和完善,通过数学建模和算法编程,使基于智能决策算法的专家诊断系统被广泛应用故障诊断中,并为机械故障在线诊断与预测提供了可能。智能决策技术的发展主要是针对被监测系统的高度复杂性、不确定性及要求越来越高的控制性能提来的,它具有如下一些功能:①学习功能。系统对一个未知环境提供的信息进行识别、记忆、学习并利用积累的经验进一步改善自身性能的能力,即在经历某种变化后,系统性能优于变化前的系统性能。这种功能类似于人的学习过程。②适应性。系统具有适应受控对象动力学特性变化、环境变化和运行条变化的能力。这种智能行为实质上是一种从输入到输出之间的映射关系,可看作不依赖于模型的自适应估计,较传统的自适应性控制中的适应功能具有更广的意义。③错容性。系统对各类故障用已有学习规则模式实现诊断、屏蔽和自恢复实现对偶然信号或干扰的过滤功能;④鲁棒性。系统应对环境干扰和不确定性因素不敏感;⑤实时性。系统应具有相当大的在线实时响应能力。由于人工智能模的思维模式,可根据规则实时决策。

五、实施往复机械监测诊断时的注意点

由于往复机械结构复杂,运动件多、形状复杂且各运动件都在机身里面,工作状态下难于接近,信号不易提取等等特点,所以在往复机械监测诊断时需要注意的方面更多,主要包含以下几方面:

(1)定性检测与定量检测的关系。定性检测通常是指使用简易诊断仪器在现场发现设备有无异常现象,有时也可以发现故障的部位以及严重程度;定量检测是指使用具有较多功能的分析诊断仪器在现场对设备的各测点参数给出一定量值,并从量值的变化中判断设备是否异常、异常程度以及发展趋势。

定量检测虽然更加有说服性,但定量分析需要相对复杂的仪器,相对专业的知识,必须由具有一定技术、技能的人员完成。定性与定量相比,定性检测对人员和设备费用要求都更低,容易实施。在实际工作中,必须把这两种分析方法集合起来,在定性的基础上逐步开展定量测量工作。

(2)简易诊断与精密诊断的关系。一般将直接测量并显示数据的仪器称为简易诊断仪器,而能对信号做出不同的分析处理和复杂变换,显示出图像和数据的仪器称为复杂仪器。目前的大量状态检测仪器都介于二者之间,无论是简易诊断还是精密诊断,最终必然涉及图像和数据的识别问题,都需要数据积累,在同类设备间做横向比较,对同一设备做纵向的趋势分析比较,也就是类比判断和相对判断。总的来看,简易诊断是精密诊断的基础,精密诊断应该在简易诊断的基础上进行,这样才可以有的放矢,收到良好效果。

(3)模糊与精确的关系。有时我们会遇到一些用模糊状态描述的问题,例如正常、还允许、严重磨损、剧烈振动及运转不正常等。事实上,即使经过精密诊断给出的结论有时也是模糊的,如"振动剧烈、加强监测,监护运行"。这是由于定性的指出故障属于模糊范围,虽然对故障部位可以精确的测量、计算,但由于设备的复杂性最终也只能得出无法精密计算的结论,这就又回到了模糊的范畴。因此判断标准应当根据实际情况来定制,应当采用模糊数学的有关理论和概念去正确描述设备诊断中遇到的各种现象。

在实际工作中除了正确处理好以上几个问题外,由于诊断结论是根据测试数据得出的,而影响测试数据的因素又很多,为了保证数据可比性,在测试过程中因该尽量保持其相对稳定。

第三节　基于柴油机振动信号的故障诊断方法

往复机械的振动特性比较复杂,虽然其绝大部分故障可以从振动信号中反映出来,利用振动监测与诊断技术可以有效地对往复机械的故障进行监测和诊断,但由其对振动响应的复杂性,在监测与诊断过程中应考虑一些主要因素对振动响应的影响。以下以内燃机为例介绍往复机械常见故障与振动响应的关系。

一、影响振动响应的主要因素

1. 转速与负荷对振动响应的影响

一般情况下,随着转速的增加,测点的振动响应功率谱也增加。但是,由于各种激励受转速影响的程度不同,各频带内功率谱增加的程度也不同,甚至有时会出现一些频带内的功率谱随转速的增加而增加,而另一些频带内功率谱反而随转速的增加而减小的现象,如图 11 - 1 所示。这主要是因为不同的激励源的频率响应的范围不同。

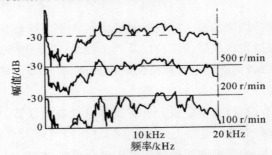

图 11 - 1　转速变化对缸盖测点功率谱的影响

负荷是对振动响应影响最大的因素之一,也是最复杂的因素之一,因为负荷变化对振动响应的影响与各机件的材料、负荷变化的快慢等许多因素有关:①负荷增加会使机件振动增加;②负荷的增加会使各部件的温度增加,这样活塞与汽缸之间的缝隙以及与其他运动连接件间的间隙会相应减小,因撞击引起的振动响应会有所减小。因此,在同一工作状态下,机件振动响应的变化不一样,有的可能使振动相应变大,有的可能使振动响应变小,如图 11 - 2 所示。

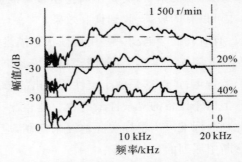

图 11 - 2　负荷变化对缸盖测点响应功率谱的影响

2.传递函数的周期对振动响应的影响

在内燃机的工作过程中,活塞连杆的位置是周期性变化的,在不同的曲柄转角下,活塞作用在汽缸上的力和位置也是不同的,传递函数也是周期性变化的。因此活塞在不同位置,其振动响应是不同的。

3.阻尼对振动响应的影响

内燃机的主轴与轴瓦之间,活塞与汽缸之间以及活塞、连杆和轴承之间都存在油膜,油膜的阻尼对振动传递的影响是不可忽略的。对于主轴承,如果油压过高,油膜类似于一个硬弹簧;如果油压过低,油膜起不到阻尼的作用;冲击量的大小取决于油量。活塞与汽缸之间的油膜阻尼对振动响应的影响也比较大,其大小取决于二者之间的间隙。

由于油膜的状态不稳定,所以由于油膜阻尼的作用,振动响应是变化的。

4.冲击对振动响应的影响

内燃机工作过程中存在各种各样的冲击激励,如气阀与阀座之间的撞击,包含气体爆压冲击,进气阀开启、关闭冲击,排气阀开启、关闭冲击,而活塞与汽缸之间存在着气体压力冲击、活塞横向的撞击等。由于每次撞击力的大小都具有不稳定性,所以引起的振动瞬态响应的幅值和持续时间也不相同。

5.各种激励相互作用对振动响应的影响

柴油机工作中承受的各种各样的激励力几乎都是同时发生的,如活塞对汽缸的撞击、活塞对连杆的撞击,以及喷油系统引起的撞击。这些同时发生的撞击在时域上的持续时间不同;在频域上,其谱结构和相位也不同。它们互相干扰对振动响应的影响非常大,有的使总的振动烈度加大,有的可能使振动烈度减小。而监测一般是在机身表面上进行的,因此,监测时应考虑测点布置的相对固定问题。在分析处理前,应明确激励时间,如气阀开关时间、喷油开始时间、燃烧爆炸时间等,同时应从多侧面、用多种方法进行识别。

6.辅助机械对振动响应的影响

内燃机一般都带有许多辅助机械,如高压泵、润滑油泵、冷却水泵、增压器、齿轮箱等。这些辅助机械在工作过程中产生的振动和结构噪声必然会从不同的路径传递到测点,干扰被测信号,有时甚至淹没所要提取的有用信号。

影响内燃机振动响应的因素是多方面的,在不同情况下各个因素对振动响应的影响也是不同的,在实际应用中应根据实际测得的信号采用不同的分析处理方法进行识别,以达到有效监测与准确诊断目的。

二、常用的振动诊断方法

1.能量谱及其谱带分析法

当发动机某部件发生故障时,其能量谱会发生变化。将实测的能量谱值与正常工作状态下的参考谱值进行比较,即可判别汽缸活塞组的工作状态如何,这种方法一般称为总振级分析法(见图 11-3)。或者将谱图中振动能量化分为几个主要频带,比较各频带的带中功率,求得带中功率比,称为谱带分析法(见图 11-4)。

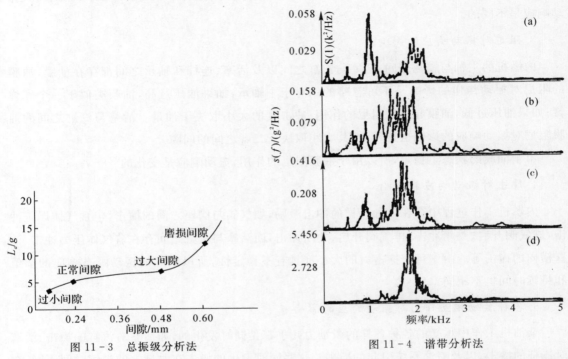

图 11-3 总振级分析法

图 11-4 谱带分析法

(a)过小间隙状态;(b)正常间隙状态;(c)过大间隙状态;(d)磨损状态

2.时域特征量法

利用时域信号波形特征或者时域特征量来判断柴油机故障也是十分有效的方法。

从图 11-5 中可见,时域波形(活塞最大撞击响应幅值)随间隙增大而发生滞后。

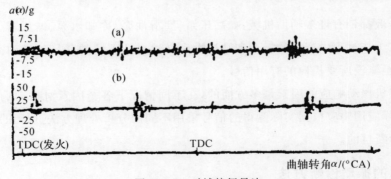

图 11-5 时域特征量法

(a)正常状态;(b)磨损状态

三、柴油机常见故障的振动诊断

1. 气阀故障

(1)故障机理与故障特征。气阀机构是往复机械的重要部件之一,也是易损件之一。进排气阀的主要故障有气阀与气阀座的配合部件磨损、烧坏,气阀间隙过大或过小,气阀杆弯曲变形,气阀弹簧的折断等。如前所述,这些故障可以通过对振动信号检测、分析处理进行识别。

由于结构条件的限制,在气阀机构故障的监测中很难将传感器安装在反映故障最敏感的位置,一般只能安装在附近的汽缸盖上。从缸盖上测得的振动信号同时包含气体爆压冲击信号、排气阀开启时气体节流产生的冲击信号和进、排气阀落座冲击信号。应该根据上止点信号和气阀机构正常工作的规律,通过分析处理,找出信号的频率特征,进而对气阀机构各种故障的性质、原因进行判断。

在柴油机运转过程中,气阀的落座、开启是一个较小的瞬态冲击力,混杂于各种振动信号中,实际应用中很难提取。图 11-6 为试验获得的气阀落座、开启的实际信号,从图 11-6 中可以看出,气阀落座冲击主要引起高频振动。从图 11-7 中缸盖振动和气体压力的相干分析可以看出,缸内气体压力主要产生低频振动能量。

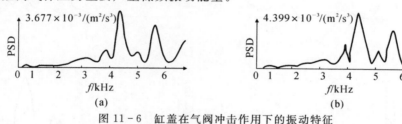

图 11-6　缸盖在气阀冲击作用下的振动特征

(a)缸盖外表面;(b)缸盖内表面

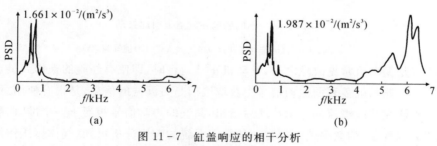

图 11-7　缸盖响应的相干分析

(a)缸盖振动-气体压力相干谱;(b)自功率谱

由于气体压力和气阀落座力在频率域上有明显不同的特征,很容易将它们分离开来。但是,频率域上是采用功率谱分析,失去了相位信息,很难从频率域上区别进、排气阀落座冲击特征。所以,还必须从时域上分离这些激励源,根据不同的激励力作用于缸盖的相位不同,分离出这些激励力。图 11-8 是一个周期内缸盖振动的时域波形,说明缸盖的振动具有瞬态冲击响应的特点。根据上止点信号和内燃机配气定时规律,可以识别这些信号。

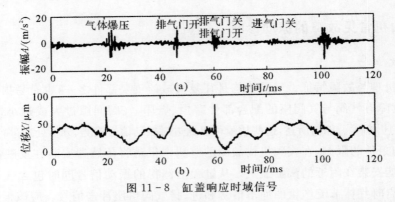

图 11-8 缸盖响应时域信号

如图 11-9 所示,利用延迟触发和瞬态窗技术,可以分析出不同激励对缸盖振动的贡献。利用进排气阀的上述信号特征(频率 4～6 kHz,不同气阀动作时产生的冲击振动信号与上止点信号有不同的相位关系),可以判断出究竟是哪个气阀出现了故障以及故障的严重程度。

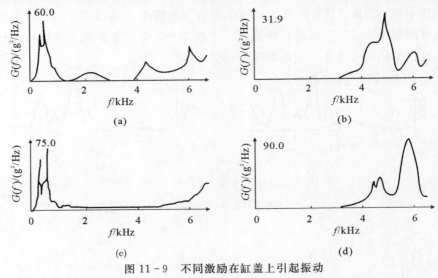

图 11-9 不同激励在缸盖上引起振动

(a)汽缸爆压;(b)排气阀开;(c)排气阀落座;(d)进气阀落座

气门漏气是发动机常见故障之一,发动机正常运行时,即使有经验的操作人员也难发现气门早期漏气。因此从缸盖表面振动信号中获取气门是否漏气的信息,是很有使用意义的。

通过试验研究狭缝喷流的声学特性后指出,漏气的声学信号相当于一个准"白噪声"信号,这就是说,"漏气现象"的频率范围很宽。从缸盖系统的响应分析可知,气体爆压作用是一个低频($f<500$ Hz)激励力。在发动机的一个循环中,汽缸内压力在燃烧初始阶段最高,因此如果气门漏气,此时在气体爆压作用力上叠加一个准"白噪声"作用力,缸盖响应高频部分能量将增加。根据这一特征,可以判别气门是否漏气。

(2)故障分析。不同的气门间隙测得的振动响应时域波形(测点在进气门底座附近)如图 11-10 所示;由图可知,气门间隙过大时,气门激励引起的缸体表面瞬态响应比较明显,并且随着气门间隙的增大而出现超前特征,响应加速度振幅随着气门间隙的增大而增大。同时从发动机缸盖系统的响应分析可知,气体爆炸是一个低频($f<500$ Hz)激励力,如果气门漏气,

则在气体爆炸作用力上增加了一个"白噪声"作用力,响应的高频部分增加。从狭缝喷流的声流特征研究表明,漏气的声学信号相当于一个频率范围很宽的准"白噪声",因此可以根据测得的高频信号特征,确定气门漏气情况。

　　针对模型柴油机模拟以下两种不同程度的排气门漏气故障:①气门密封面锉一截面积为 0.3×4 mm^2 的气门漏气故障;②一未经研磨的新气门。经过高通滤波以后的 3 种气门的振动响应如图 11-10 所示。

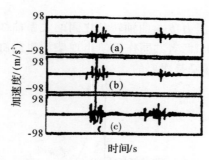

图 11-10　气阀故障的信号特征

(a)正常;(b)$0.3\times4mm^2$;(c)未研磨

三种状态下 $1\sim6.5$ kHz 频率范围内的总能量见表 11-2。

表 11-2　气阀故障时特定频带的总能量

气门状态	正常	0.3×4 mm^2	未研磨
总能量	31.1	51.9	71.3

2.敲缸故障

　　敲缸是内燃机常见故障之一,是指曲柄机构振动与气体波动撞击汽缸壁或汽缸盖的异常现象。敲缸故障发生时,伴随着噪声和剧烈的振动,同时零件受力增加,严重影响内燃机的正常工作,造成机器使用寿命缩短。

　　(1)故障机理。图 11-11 为单缸柴油机点火示意图。由于活塞与汽缸壁之间存在间隙,在推动活塞向顶部运动的力 W 和燃烧过程中气体产生的高压力 P 共同作用下,当曲轴转到使活塞刚过上止点后,便发生如图 11-11(b)所示的击缸现象。

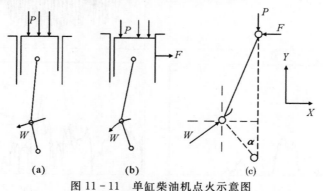

图 11-11　单缸柴油机点火示意图

(a)过上止点后情况;(b)击缸情况;(c)击缸时连杆受力情况

在活塞撞击缸壁的瞬时,如不考虑摩擦力,连杆受力情况可用图 11-11(c)表示。

由 $\sum F_y = 0$ 知，$W \sin\alpha = P$，由此可得

$$W = P/\sin\alpha$$

由 $\sum F_x = 0$ 知，$W \cos\alpha = F$，可得

$$F = \frac{P\cos\alpha}{\sin\alpha} = P\cot\alpha$$

当曲轴刚转过上止点位置时，a 角很小，而 $\cot\alpha$ 值很大，因此作用于缸壁的力 F 比气体压力 P 大得多。

图 11-12 为汽缸内气体压力 p 与曲轴转角之间的关系曲线。由图中可见活塞敲缸几乎与气体压力的最高点同时发生，两者共同作用便出现柴油机敲缸故障，但主要是活塞敲缸，而气体压力直接作用于缸盖的激励是次要的。

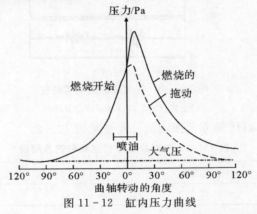

图 11-12　缸内压力曲线

(2) 故障原因。内燃机敲缸的主要原因如下：①喷油提前角不正确；②喷油雾化不良；③给油量过大。

(3) 故障特征及其分析。图 11-13 为某内燃机车活塞缸体的振动信号时域波形和功率谱图，其中图 11-13(a) 为正常情况，图 11-13(b) 为严重敲缸时。

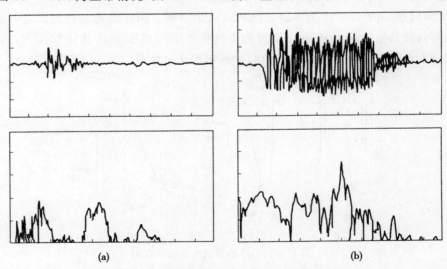

(a)　　　　　　　　　　　　　　　(b)

图 11-13　某机车内燃机敲缸故障信号与正常信号比较

(a)正常信号；(b)严重敲缸时信号

正常工作情况下,内燃机发火时的加速度响应幅值为 0.999 V,时间延迟为 7.4 ms,如图 11-13(a)所示,加速度响应的功率谱成分在 0～4.5 kHz 之间,响应的整个频率段可划为 3 个频带,即 0～1.5 kHz,1.5～3.0 kHz,3.0～4.5 kHz,而振动能量主要集中在第一、二频带。

发生轻微敲缸时,内燃机振动加速度响应幅值上升到正常状态的 1.63 倍,时间延迟为 20 ms,为正常状态的 2.70 倍。在频域内,三个频带的功率谱峰值均比正常状态有明显增加。当发生严重敲缸时,内燃机发火时的加速度响应值为 4.860 V,是正常状态的 4.9 倍,时间延迟为 22.5 ms,为正常状态的 3.04 倍。而在频域内,功率谱在 3 个频带的峰值都明显增加,特别是第一、二频带,分别比正常状态增加了 24.9 dB 和 23.9 dB,如图 11-13(b)所示。

3. 拉缸故障

正常情况下,活塞式压缩机或内燃机的曲轴和连杆轴颈等运动部件飞溅出来的润滑油落到汽缸壁上,由于活塞的"泵油"作用,在活塞环、活塞及缸套表面形成一层极薄的油膜。这层油膜一方面使运动部件之间的摩擦因数降低,另一方面使相对运动的零件间建立起流体压力,以支撑活塞环和活塞。如果油膜形成良好,便可以保证机器正常运转,否则会产生拉缸现象。

(1)故障机理。引起拉缸的原因比较多,但从拉缸的现象和机理分析,拉缸通常是由活塞与汽缸壁局部区域的油膜破坏所造成的。摩擦副表面产生的热量与其相对运动速度、作用压力和摩擦因数的乘积有关,摩擦产生的热量使局部区域温度升高,导致局部点状膨胀凸起。若这时能及时得到润滑与冷却,就能将刚出现膨胀凸起的部分磨合掉;此时若不能得到良好的润滑与冷却,摩擦热会继续增长,热量又不能及时传出,会造成汽缸与活塞过热,油膜完全破坏,使温度上升到高于金属黏附的临界温度时,凸起由点状发展成块状,硬质金属颗粒磨落成为磨料,加剧磨损的恶性循环,最终导致拉缸故障的发生。

拉缸可分为轻度拉缸和严重拉缸。轻度拉缸时,通常在汽缸壁上有几条深约 10 μm 左右的条状贯通拉伤痕迹,在排气口筋部及其上方或燃烧室附近有较大面积的拉伤痕迹,活塞环外表面只有局部拉伤条纹,在活塞裙部外表面无拉伤痕迹。严重拉缸时,在缸套工作表面会出现较大面积的拉伤痕迹,有非常明显的手触感,在活塞裙外表面有严重的较大面积的拉伤,甚至有明显的咬合痕迹,在这种情况下,很有可能发生抱缸故障,造成严重事故。

(2)故障原因。根据上述分析可知,造成拉缸故障的原因主要如下:①设计间隙过小或新缸套、新活塞、新活塞环配合间隙过小,磨合时间不够即投入使用;②材质不均匀、局部膨胀量过大;③柴油机油温过高,润滑油黏度降低;④润滑油位过低;⑤润滑油脏或主油道有异物;⑥润滑油中进水;⑦润滑油泵故障;⑧冷却机低温强迫起动;⑨活塞环折断损坏。

(3)故障特征及其分析。发生拉缸故障时,高频部分的能量变化较为显著。当内燃机活塞由下止点向上止点运动时,通过汽缸套对汽缸盖产生向上的冲击。由于在上止点处曲柄连杆机构侧压力换向,所以此时活塞对缸套的冲击最大,几乎与柴油机发火同步。柴油机出现拉缸故障后,油膜被破坏,活塞与缸套之间的摩擦比正常工作时大幅度增加,因此汽缸盖向上的冲击力也有较大的增加。

图 11-14 为某柴油机发生拉缸时的故障信号与正常信号的对比情况。正常工作时,柴油机发火时的加速度响应幅值为 0.386 0 V,如图 11-14(a)所示。发生拉缸故障时,柴油机发火时的加速度响应幅值为 0.504 2 V,为正常时的 1.31 倍,如图 11-14(b)所示。

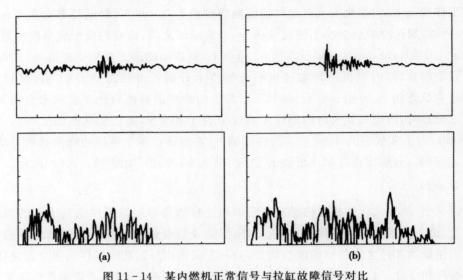

图 11-14 某内燃机正常信号与拉缸故障信号对比

(a)正常时加速度时域信号与功率谱;(b)拉缸时加速度时域信号与功率谱

内燃机的汽缸盖上振动加速度响应的频率谱分布在 0~4.5 kHz 之间,大致可划分为如下三个频带:①0~1.5 kHz;②1.5~3.0 kHz;③3.0~4.5 kHz。

正常工作情况下,能量主要均布在第一和第二个频带内,如图 8-13(a)所示。当柴油机拉缸时,第一和第二频带比正常情况下略有增加,第三频带比正常时有所拓宽,而且能量也比正常时有明显增加,如图 8-13(b)所示。发生拉缸故障后,缸套内壁油膜被破坏,活塞环与汽缸套在油膜被破坏的区域成为干摩擦,金属表面被拉伤,粗糙度大大增加,因而活塞环对汽缸套由于摩擦而产生的激励为高频激励,这就是功率谱中第三个频带比正常时有所拓宽、能量也有明显增加的原因。

1)拉缸时:当间隙过小时发生拉缸,在缸体表面测得振动信号的功率谱密度 PSD 图中的高频成分(>3 kHz)明显增加。这种与正常工作情况下不同的特征说明,此时活塞作用为宽频带激励,反映到缸体振动上是能量分布带宽增加,同时,总振级测量明显小于阈值,由此可以判定拉缸已经发生。

2)磨损时:可以利用缸体表面振动加速度总振级进行判别。对柴油机进行缸体测试时,测点应增加,若正常式作状态下各测点的振动加速度总振级为 L,实测各点的振动总振级为 L_a,比较二值的差距,可以确定汽缸磨损状态并确定磨损极限。因此,利用频域分析和时域分析进行判别,也可根据测得的振动波形,计算对应于活塞最大撞击的响应幅值和时间的滞后值,以判定磨损情况。

4.主轴瓦拉伤故障

正常工作情况下,活塞式内燃机的曲轴与轴瓦之间的整个圆周上会形成一层均匀的油膜,该油膜可以避免曲轴与轴瓦之间的直接接触摩擦。而一旦油膜被破坏,曲轴与主轴瓦之间的干摩擦作用会造成主轴瓦表面损伤。

(1)故障机理。一旦活塞式压缩机或内燃机的曲轴与主轴瓦之间不能形成良好的油膜,就会出现干摩擦,造成拉瓦故障,轻则造成主轴瓦局部表面的合金层被磨掉,重则会使合金局部过热、变色甚至会使主轴瓦烧损、变形、辗片、合金层大片脱落,以致将曲轴主轴颈咬死,造成严重事故。

(2)故障原因。发生主轴瓦拉伤的原因是多方面的,实际生产应用表明,其主要原因如下:①设计瓦量过小或轴瓦刮研不好,配合接触不良;②油路部分堵塞,供油不足;③润滑油进水;④油温过高,润滑油黏度降低;⑤机油滤清不良,有尘或其他异物。

(3)故障特征及其分析。主轴瓦拉伤是由于油膜破坏造成的,其最终结果是影响主轴的振动情况。因此,其故障信号中会在 $1\times$ 频及 $1/2\times$ 频、$2\times$ 频处有所反映。

图 11-15 为主轴瓦拉伤故障信号与正常信号的对比,正常状态下主轴瓦的加速度响应时域信号和功率谱如图 11-15(a)所示。主轴瓦拉伤后,信号的峰-峰值比正常状态明显增大,信号的功率谱在 $1/2\times$ 转速频率处和 $1\times$ 转速频率处都有明显峰值,且比正常状态下的功率谱有明显增加。

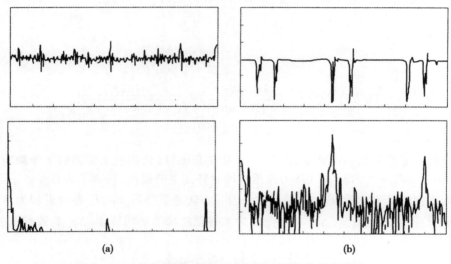

图 11-15　某内燃机正常信号与主轴瓦拉伤故障信号对比

(a)正常时加速度时域信号与功率谱;(b)主轴瓦拉伤时时域信号与功率谱

第四节　基于柴油机瞬时转速波动的故障诊断方法

造成内燃机瞬时转速波动的原因很多,其主要原因是喷油定时不正常,缸内燃油供给不足或进气压力低。而这些原因又与配气机构、燃油供给系统、气门机构、燃烧室密封性有关。因此,瞬时转速含有丰富的内燃机工作状态的信息。利用瞬时转速波动性诊断故障的方法目前主要有两种:①波形分析法,即通过波形相关分析、傅里叶变换等来提取故障特征;②扭矩分析法,即由转速计算瞬时气体扭矩进而判断故障。第一种方法简单快捷,但准确性低;第二种方法可行性高,但计算复杂。为此,这里根据内燃机动力学原理来分析气体扭矩特性,从中提取诊断特征参数,使诊断快捷,计算不太复杂。

一、瞬时转速波动用于诊断故障的机理

对于多缸内燃机，其扭矩平衡方程为

$$J\ddot{\theta} = T_e(\theta) = T_p(\theta) - T_r(\theta) - T_L$$

式中，J 为整个轴系旋转运动部分有效集总转动惯量（包括自由端、飞轮、负载机构和所有各缸曲柄连杆机构旋转运动部分转动惯量）；$T_p(\theta)$ 为各缸总的气体压力扭矩；$T_r(\theta)$ 为参缸总的往复惯性扭矩；T_L 为总的阻力扭矩；$T_e(\theta)$ 为整个轴系旋转惯性扭矩。假设曲轴飞轮系统是刚性轴，J 为常数，T_L 也视作常数，则有

$$T_p(\theta) = A_p r \sum_{k=1}^{N} \left[P_k(\theta) f(\theta - \varphi_k) \right]$$

$$T_r(\theta) = m_2 r^2 \sum_{k=1}^{N} \left\{ \left[\ddot{\theta} f(\theta - \varphi_k) + \dot{\theta}^2 g(\theta - \varphi_k) \right] f(\theta - \varphi_k) \right\}$$

式中，φ_k 为第 k 缸相对于第 1 缸的相位。角对四冲程内燃机

$$\varphi_k = \frac{4\pi}{N}(k - 1)$$

$$f(\theta) = \sin\theta + \frac{\lambda \sin 2\theta}{2\sqrt{1 - \lambda^2 \sin^2\theta}}$$

$$g(\theta) = \cos\theta + \frac{\lambda \cos 2\theta}{\sqrt{1 - \lambda^2 \sin^2\theta}} + \frac{\lambda^3 (\sin 2\theta)^2}{4\sqrt{(1 - \lambda^2 \sin^2\theta)^3}}$$

$$\ddot{\varphi} = \frac{1}{2} \frac{\mathrm{d} \left[\omega(\theta) \right]^2}{\mathrm{d}\theta}$$

因而扭矩的波动必然导致 ω 的波动。图 11-16 是在 E3L912 内燃机上实测的工作瞬时转速。图 11-16 中 $\Delta\varphi$ 表示第 k 个汽缸在气体力作用下瞬时转速上升幅度，可表示为 $\Delta\dot{\varphi}_k = \dot{\varphi}_{kj} - \dot{\varphi}_{ki}$；这时曲轴平均净扭矩可表示为 $\overline{T}_k = \overline{T}_L + \overline{T}_p - \overline{T}_r$。当转速平稳后 $\overline{T}_L$、$\overline{T}_r$ 都可近似为常数，因此 $\overline{T}_k \propto \overline{T}_p$，而 $\overline{T}_k = J\Delta\dot{\varphi}_j \cdot \dot{\varphi}_{avj} / \Delta\varphi_j$，式中 $\dot{\varphi}_{avj}$ 为波谷至波峰的平均转速，$\Delta\varphi_j$ 为波谷至波峰间的角位移。则有

$$\overline{T}_p \propto J\Delta\dot{\varphi}_j \cdot \dot{\varphi}_{avj} / \Delta\varphi_j$$

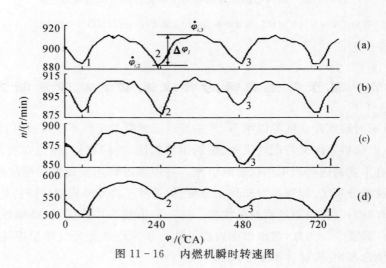

图 11-16　内燃机瞬时转速图

同样分析可得,在由波峰至波谷的减速过程中有 $\overline{T}_k \propto \overline{T}_{ri}$, $\overline{T}_{ri} \propto J\Delta\dot{\varphi}_k \cdot \dot{\varphi}_{avi}/\Delta\varphi_i$, $\dot{\varphi}_{avi}$ 为波峰至波谷的平均转速, $\Delta\varphi_i$ 为波峰至波谷的角位移。

同样分析也可得到瞬时转速的波动性也必导致扭矩的波动,其波动性又与汽缸工作状态如喷油、进气、燃烧等因素有关,因此常用这些参数的波动性来诊断汽缸漏气、燃烧状况等故障。

二、瞬时转速在柴油机检测中的应用

柴油机的瞬时转速可以定义为:柴油机飞轮两相邻轮齿间隔内的平均转速。检测时可以用磁电或涡流传感器在飞轮视孔处测量轮齿通过的信号,另一传感器安装在齿轮轴上的转轮处,作为上止点检测器确定相位。由于内燃机缸内气体压力的波动及往复惯性力的变化,其输出的扭矩是波动的,在阻力矩一定的情况下,曲轴的瞬时转速也是波动。因此,曲轴的瞬时转速在一定程度上反映了机器工作状态和工作质量。用此方法可以完成以下检测工作:

1. 汽缸的动力性能检测

如果汽缸动力性能正常,则瞬时转速波形有很好的周期性,峰谷分布均匀,当汽缸动力性能下降后,瞬时波形表现为上升沿变化较缓,峰值变低,反之则相反。瞬时转速图如图 11−17 所示。

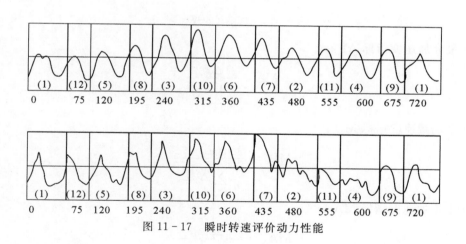

图 11−17　瞬时转速评价动力性能

2. 汽缸的气密性检测

柴油机汽缸的气密性反映了汽缸磨损、装配等状况,与其动力性能及经济性有密切关系,采用测量瞬时转速的方法来诊断汽缸气密性较其他方法更简便、实用。由图 11−18(a)可知各缸瞬时转速下降均匀,说明各缸气密性良好,图 11−18(b)表示第 2 缸有漏气,气密性较差。从图 11−18(a)(b)两图可以看出两者有很大差别,实践表明不同缸的漏气及漏气程度不同,都能从瞬时转速波形图上表示出来。

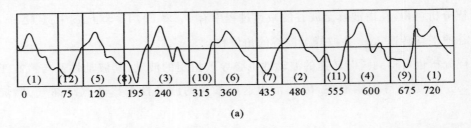

(a)

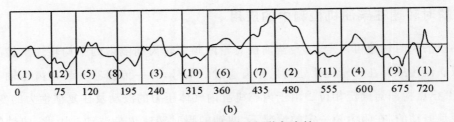

(b)

图 11-18　瞬时转速评价气密性

三、用于诊断的几种特征参数

1.基于转速波动性的特征参数

（1）最大减速度指标 DI_i：

$$DI_i = \frac{\Delta\dot{\varphi}_i}{\frac{1}{n}\sum_{i=1}^{n}\Delta\dot{\varphi}_i}$$

（2）最大加速度指标 AI_i：

$$AI_i = \frac{\Delta\dot{\varphi}_i}{\frac{1}{n}\sum_{i=1}^{n}\Delta\dot{\varphi}_i}$$

（3）平均减速度指标 MD_i：

$$MD_i = \frac{\Delta\dot{\varphi}_i\dot{\varphi}_{av}}{\frac{1}{n}\sum_{i=1}^{n}\Delta\dot{\varphi}_i\dot{\varphi}_{av}}$$

（4）平均加速度指标 MA_i：

$$MA_i = \frac{\Delta\dot{\varphi}_i\dot{\varphi}_{av}}{\frac{1}{n}\sum_{i=1}^{n}\Delta\dot{\varphi}_i\dot{\varphi}_{av}}$$

式中，n 为循环次数。

2.基于扭矩波动性的特征参数

（1）扭矩谐波分量比 TR：

$$TR = \frac{\sqrt{\sum_{n=1}^{N-1}|T_p(m\lambda_c)|^2}}{|T_p(N\lambda_c)|}$$

式中，N 为汽缸数；m 为谐波次数；λ_c 为工作循环频率，对四冲程内燃机 $\lambda_c = 0.5$。

（2）平均扭矩谐波分量比 TI：

$$TI(m) = \frac{\overline{T}_{p,m}}{\dfrac{1}{N}\displaystyle\sum_{m=1}^{N}\overline{T}_{p,m}}$$

式中，$\overline{T}_{p,m} = \dfrac{1}{k}\sqrt{\displaystyle\sum_{m=1}^{k}|T_{p,m}(m\lambda_f)|^2}$；$k$ 为利用的最高谐波分量阶数，一般取 $k = 3$，也可取为 1，$\lambda_f = N/2$，为发火频率。

3. 基于瞬时转速的特征参数

燃爆时 $P(\theta)$ 上升速率 PR，则有

$$PR = \frac{dP(\theta)}{d\theta}$$

为了验证上述各特征参数对诊断故障的可信程度，在 12 150 L 型内燃机上作了部分试验，工况为各汽缸动力性能正常，第 3 缸漏气，第 2 缸断油，第 2,3 缸油量减少，第 3 缸排气门漏气，第 2 缸失火，第 2,3 缸失火几种情况。测试信号经预处理后，提取的各特征参数见表 11-3（表中仅展示出第 1,2,3 缸工作状况）。

表 11-3 基于瞬时转速的几种特征参数（1 200 r/min）

工 况	缸号	AI	MA	DI	MD	TR	TI	PR
各缸正常	1	0.985	1.000	1.010	1.01	0.023	0.977	8.2
	2	1.025	1.050	0.980	0.99	0.024	0.988	8.5
	3	0.981	0.960	0.980	0.98	0.024	1.013	9.0
第 3 缸漏气	1	1.101	1.110	1.181	1.099	0.281	0.976	8.0
	2	1.181	1.180	1.201	1.119	0.279	0.981	8.6
	3	0.702	0.710	0.491	0.781	0.279	0.781	7.2
第 2 缸断油	1	1.232	1.230	1.192	1.189	0.289	0.979	8.1
	2	0.523	0.520	0.811	0.812	0.278	0.751	8.5
	3	1.251	1.250	1.211	1.211	0.285	1.101	8.5
第 2,3 缸油量减少	1	1.102	1.150	1.321	1.321	0.281	0.975	7.8
	2	0.643	0.630	0.812	0.891	0.279	0.751	3.5
	3	0.672	0.620	0.721	0.872	0.275	0.791	4.1
第 3 缸排气门漏气	1	1.105	1.111	1.211	1.182	0.253	0.977	7.9
	2	1.191	1.181	1.292	1.283	0.262	0.991	8.4
	3	0.691	0.701	0.511	0.531	0.269	0.711	7.5
第 2 缸失火	1	1.231	1.181	1.191	1.175	0.263	0.976	7.9
	2	0.523	0.591	0.811	0.851	0.253	0.671	3.9
	3	1.255	1.091	0.998	1.095	0.265	0.981	8.8
第 2,3 缸失火	1	1.091	1.081	1.100	1.109	0.271	1.183	7.6
	2	0.523	0.592	0.812	0.851	0.269	0.651	3.5
	3	0.492	0.551	0.798	0.798	0.275	0.651	3.1

从表 11-3 中可见,这些特征参数对上述故障均有反映。其中 TR 对汽缸工作状态极为敏感,只要有故障,其值域正常值相比要增大近 10 倍,但不能分清故障性质和部位。TI 和 AI(m)对断油和时或极敏感,且能分清故障部位;AI、MI 对油路和气路故障也极敏感,并能分清故障部位,但难以分清是气路故障还是油路故障;DI 和 MD 对漏气故障极为敏感,能分清故障部位;PR 对油路故障极敏感,对气路故障也叫敏感。因此常将上述特征参数综合用于诊断故障。

第五节　基于内燃机燃油压力波动特性的故障诊断方法

内燃机燃油供给系统主要由低压燃油泵、高压燃油泵、高压油管、喷油器等组成,是内燃机中的重要部分,也简称燃油系统。由于它决定了每循环喷油量的多少,因而直接影响燃烧过程,决定内燃机性能。但由于它结构复杂,又处于高压状态下工作,故障率也高。对装备 12 150 L 的内燃机的车辆工作 600 摩托小时(约 1.1×10^4 km)的故障统计,在造成停车的故障中,燃油系占 26.2%。根据英国柴油机工程师与用户协会提供的内燃机停机故障资料,在造成停车的故障中,燃油系统故障占 27%。因此对内燃机燃油系统及时进行性能检测和故障诊断是十分重要的。

一、燃油压力波动特性

燃油系统的故障是与其结构和燃油运动方式紧密相关的。当系统某处发生故障时,燃油压力波的参数必然发生变化。因此燃油压力波动过程蕴含了燃油系统性能及故障的许多信息。

油压测量的传统方法是用串接在高压油管中的压力传感器来测量。这种方法可靠性高,其缺点是要改装高压油路,因而极不方便,这在某些重要装备中是不允许的。近几年来采用夹持式传感器直接夹在高压油管的喷油器端进行测量,也取得了很好的效果。图 11-19 为 12 150 L 内燃机在转速为=500 r/min,采样频率为 50 kHz 时所采用夹持式压力传感器测取的燃油系统正常时的油压波形。a 点是高压油泵开始供油点。b 点为喷油器针阀开启压力点。针阀开启后,由于针阀上升及燃油开始向汽缸喷射,油管油压下降到 c 点。以后由于喷油泵压油的速度增加,管中油压继续上升到最大点 d。此后由于泵速下降,管中油压下降,当油压低于针阀关闭压力时,针阀关闭(点 e)。点 e 后,油泵仍工作,油压有所回升(点 f)。直到油泵出油阀关闭,油压下降到剩余力。

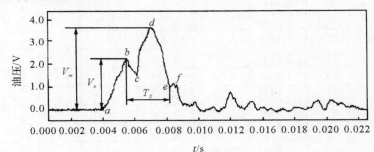

图 11-19　夹持压力传感器测取的油压波形

二、故障特征参数选取

根据油压波形结构特点,选择以下特征参数:V_m:油压波峰值与残余油压波值之差;V_o:喷油器开启压力波值与残余油压波值之差;T_a:高压油泵开始供油时间;T_d:油压波峰值对应的时间;T_s为喷射时间,$T_s = T_e - T_b$;ΔV_m为两波峰差值;I_f和C_f分别为脉冲因子与波峰因子;E:为油压波功率谱能量。

三、基于神经网络的内燃机燃油系统的故障诊断

采用燃油系统故障分析中所列出的V_m等八个故障特性。12 150 L内燃机转速为800 r/min,空载。采样频率为50 kHz,以第1缸(主缸)的油压波为采样触发信号,故障模拟在主1缸进行。故障模拟采取了以下方法:

(1)喷油器针阀开启压力高低用开启压力标定器来调节。

(2)喷油嘴喷孔积炭是用堵孔来模拟的(堵2孔)。

(3)喷油器弹簧力下降是靠调节螺栓使弹簧弹力下降。

(4)柱塞磨损(用已磨损的柱塞)。

油压采用夹持式压力传感器测试。图11-20为几种故障时的油压波形。测取的数据见表11-4。

表 11-4 几种故障模式及其油压波形特征参数

故障类别		V_m/V	V_o/V	T_d/ms	T_a/ms	$\Delta V_m/V$	T_s/ms	C_f	I_f
状态	符号								
开启压力正常(20.6 MPa)	Q_1	3.84	2.51	2.00	0.00	0.10	3.10	9.85	7.62
开启压力降低(15.6 MPa)	Q_2	3.12	1.81	2.40	0.00	0.51	4.51	8.56	6.54
喷油器喷孔积炭(堵2孔)	Q_3	4.61	2.32	1.97	0.00	0.85	3.21	38.20	28.61
针阀弹簧弹力下降	Q_4	2.71	1.41	2.45	0.00	0.53	3.72	6.11	9.12
油泵渗油	Q_5	2.42	2.31	2.41	0.00	0.75	4.12	8.99	5.31
供油角变小	Q_6	3.12	1.83	2.23	0.00	1.02	3.95	6.51	3.11
针阀卡滞	Q_7	2.31	1.15	2.44	0.00	1.50	3.55	7.89	5.32
供油量少	Q_8	2.91	1.38	2.46	0.00	1.01	3.84	6.59	7.02

由于表11-1中数据是以油压波为采样触发信号的,即以油压波的前沿约0.1 V处为采样起点,因此T_a近似为零。

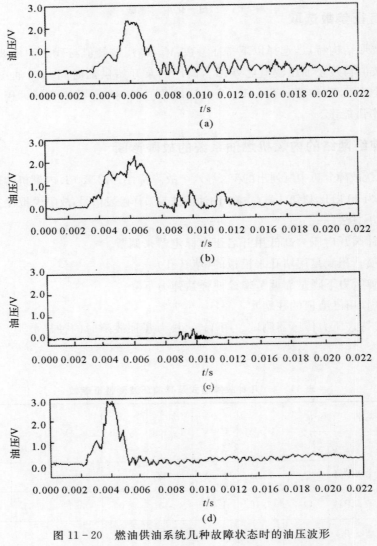

图 11-20　燃油供油系统几种故障状态时的油压波形

(a)开启压力降低；(b)喷油嘴积炭；(c)弹簧折断；(d)柱塞磨损

选取 BP 网络结构为 NN(8,8,12)，即输入单元数 8 对应 8 个故障特征参数，输出单元数 8 对应 8 种故障模式，隐层单元数为 12。将特征参数按下式进行归一化处理，其值在[0,1]：

$$\phi_i = 1 - \exp\left(\frac{-(x_i - \varphi_i)^2}{\varphi_i}\right) \tag{11.1}$$

式中，x_i 为从油压波形中提取的特征参数；φ_i 为标准特征参数，$C_i = \sigma^2/3$，σ^2 为方差。

当神经网络的输出单元 O_i 值为 1 时，表示对应的故障存在；当其值为 0 时，表示故障不存在。将燃油系统正常、故障的波形提取的特征参数经归一化处理后作为训练样本，见表11-5。采用自适应学习率训练算法经过 625 次训练，误差为 0.000 1，结果见表 11-6。

表 11-5 归一化后的数据

参数	V_m	V_o	T_d	T_a	T_s	ΔV_m	C_f	I_f
1	0.501	0.090	0.000	0.081	0.011	0.019	0.350	0.551
2	0.158	0.590	0.501	0.010	0.805	0.815	0.581	0.652
3	0.152	0.010	0.010	0.000	0.511	0.505	0.998	0.995
4	0.201	0.551	0.551	0.000	0.851	0.890	0.751	0.809
5	0.781	0.121	0.015	0.815	0.925	0.701	0.201	0.435
6	0.945	0.940	0.895	0.805	0.875	0.991	0.790	0.875
7	0.851	0.905	0.451	0.609	0.905	0.935	0.790	0.501
8	0.915	0.961	0.101	0.000	0.501	0.955	0.201	0.500

表 11-6 训练样本学习结果

状 态	Q_1	Q_2	Q_3	Q_4	Q_5	Q_6	Q_7	Q_8
1	0	0	0	0	0	0	0	0
2	0	1	0	0	0	0	0	0
3	0	0	1	0	0	0	0	0
4	0	0	0	1	0	0	0	0
5	0	0	0	0	1	0	0	0
6	0	0	0	0	0	1	0	0
7	0	0	0	0	0	0	1	0
8	0	0	0	0	0	0	0	1

在上述工作基础上,设置了供油系统的 7 种故障进行试验,测取实际运行的油压波,从中提取作为诊断用的 8 个特征参数,并按式(11.1)作归一化处理,结果见表 11-7。然后将这些特征参数输入已训练好的网络中进行故障诊断,其结果与实际故障相吻合,见表 11-8。其中第 1 组数据判定为"供油量小"。实际上,其油压波形如图 11-21(a)所示,与"油泵渗漏"波形类似[见图 11-21(b)],从油压波中提取的特征参数 2.000,1.115,6.200,4.200,0.950,0.701,7.11,5.894,介于"油泵渗漏"和"供油量小"这两种故障的特征参数之间。如仅由特征参数来判别,很难区分。但采用神经网络就识别出来了。第 2 组数据判断为"油嘴积炭",由于积炭造成堵孔,使喷油量减少,这与"开启压力高"效果类似,如图 11-20(c)所示。8 个特征参数值也相差不大,很难区分,但借助于神经网络诊断,就很好区分开了。第 3 组数据判断为"开启压力低",但油压波形与故障"针阀卡滞"的油压波形一样,这是因为"针阀卡滞"与"开启压力低"一样会造成油量过大,但"针阀卡滞"还会造成关闭不严而常流油。仅此区别造成的油压波形的微小差异,也被神经网络识别出来了。因此,神经网络的采用,使诊断模型具有智能化,识别故障的能力提高了。但在设置复合故障的试验中,其效果就不如识别单故障了。

表 11 - 7   待参数归一化后的数据

参 数	V_m	V_o	T_d	T_a	T_s	ΔV_m	C_f	I_f
1	0.851	0.915	0.560	0.510	0.915	0.987	0.711	0.489
2	0.151	0.121	0.020	0.005	0.550	0.570	0.998	0.995
3	0.159	0.560	0.501	0.000	0.815	0.565	0.651	0.701
4	0.101	0.091	0.000	0.000	0.019	0.519	0.380	0.601

表 11 - 8   诊断结果

状 态	Q_1	Q_2	Q_3	Q_4	Q_5	Q_6	Q_7	Q_8
1	0.219	0.119	0.095	0.011	0.211	0.100	0.950	0.215
2	0.225	0.223	0.960	0.121	0.156	0.182	0.301	0.315
3	0.101	0.950	0.112	0.201	0.221	0.301	0.103	0.205
4	0.025	0.081	0.192	0.998	0.098	0.115	0.401	0.111

试验中仅设置了两种单故障构成的复合故障(供油角小,油泵渗油),在重复 5 次的试验中仅两次被分清,一次不甚清楚(输出为 0.571,0.457),二次仅识别出一种故障(供油角小),因此这种方法对复合故障的识别效果是不理想的。

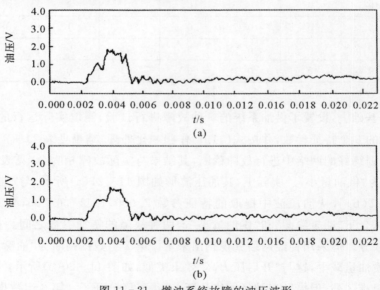

图 11 - 21   燃油系统故障的油压波形

(a)供油量少时的油压波形;(b)油泵渗漏时的油压波形

四、互相关函数检测内燃机工作过程的均衡性

互相关函数是两个信号相关性在时延域的描述,其峰值之大小表征信号之间的时延。然

而对于各汽缸工作过程调整的一致的多缸内燃机,各汽缸的压力信号之间的互相关系数的峰值应达到 1,峰值之间所对应的时延即为两个汽缸之间的发火间隔角。因此,互相关分析可以检测多缸内燃机工作过程的均衡性,互相关分析也可用来分析检测同一汽缸运行期间工作过程是否有异常变化,如图 11-22 所示。

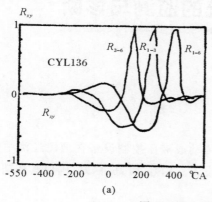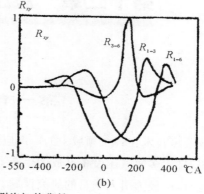

图 11-22　相关分析检测汽缸均衡性

(a)各缸均衡时;(b)1#缸不均衡时

第十二章　液压系统的监测与诊断

第一节　概　述

随着液压技术在各个领域中的广泛应用,液压传动或液压控制设备在国民经济中发挥了巨大作用,且大多数液压设备已成为生产上的关键设备。用好、管好、修好、确保其长期可靠和经济地运行,已成为引人瞩目的研究课题。

一、液压系统的特点

液压系统主要有以下优点:①液压传动装置工作较平稳;②液压传动装置的重量轻、尺寸小、功率重量比大;③液压装置的调速范围大;④液压装置其有很大的功率放大系数。

液压系统的主要缺点为:①液压装置对油温变化较敏感;②漏油现象不可避免;③极易受尘埃及污染的影响而损坏;④高压液压系统中,元件的断裂或爆破都是很危险的。

二、液压系统的故障诊断技术

液压系统的故障主要是由于构成回路的元件本身的动作不良和各子系统回路的相互干涉,以及某元件单体异常动作而产生的。图 12-1 为液压元件的故障发生率情况,其中液压泵的故障率最大,应引起足够重视。

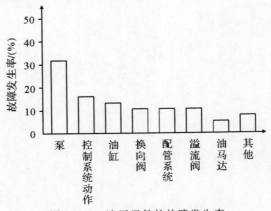

图 12-1　液压元件的故障发生率

对于液压系统,由于工作介质的选用不当和管理不善而造成故障的也非常多。液压系统的全部故障中约有 70%～80% 是由液压油的污染物引起的,而液压油的故障中有 90% 是杂质造成的,如图 12-2 所示。

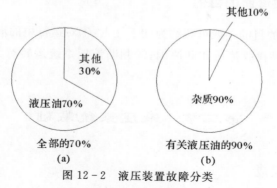

图 12-2　液压装置故障分类

(a)污染物;(b)杂质

通过设备上安装的监测仪器,可预测系统的工况,以便发现问题,采取相应的措施。定量地诊断液压设备的劣化状态,评价其性能,即液压设备诊断技术。其诊断范围、分类、方法、内容等见表 12-1。

表 12-1　液压设备诊断技术

范围	分　类	诊断手法	内　容
检查	油本身的性能诊断	油质分析	黏度、氧化度、比重、水分等在线诊断
	按分析油诊断设备的劣化	铁粉记录图分析	根据油中磨损粒子的量、形态、色等诊断设备的劣化程度及劣化原因
		N-S 等级管理	管理油中的污染粒子的总量
	测量从元件产生的应力,诊断设备的劣化	振动法	利用从元件中产生的高频振荡,诊断劣化
		压力脉动法	利用油压脉动,诊断元件的劣化
	分析控制系统的响应信号,诊断设备劣化原因、部位	阶跃响应法	把阶跃信号输入控制系统,根据系统的阶跃响应波形诊断劣化,标定异常部位(设备停止中)
		随机信号频率响应法	控制系统中附加微弱随机噪声,由 FFT 按系统的频率响应波形,诊断劣化,标定异常部位(在线诊断)
		根据模糊理论,自动故障分析	用模糊理论,根据半复数的定性的症状数据标定异常部位
	异常状态发生时,从故障症状推定原因的技术	液压诊断专家系统	由知识基、推轮机械根据定性的、定量的症状数据标定异常部位
修理	进行被修理了的液压元件的品质评价	液压缸检查	动作试验、空载动作压力、内部泄漏、耐压试验、行程测定
		液压泵检查	测定容积效率(P-Q 线图)、总效率(p-n 线图)、校验各部分泄漏油、测定脉动率
		液压阀检查	溢流阀、电磁阀、减压阀等的压力流量特性

三、液压系统故障诊断的目的

液压系统故障诊断的目的一般可归纳为如下几点：①对运行中的液压系统进行状态监测，掌握设备运转状态；②寻找故障所在和原因；③判断液压系统运转有无异常，进行早期预报；④预测液压系统运行状态。

第二节　液压系统基础

一、液压系统的组成

液压传动系统，简称液压系统，是利用密闭系统中的受压液体来传递运动和动力的一种系统。

1.基本元件

各种液压设备的液压传动系统，主要由动力元件、执行元件、控制元件、辅助装置和液压油五部分组成。

2.基本回路

所谓液压基本回路就是由有关的液压元件组成用来完成某种特定功能的典型回路。液压基本回路通常都由一些基本回路组成，一般包括速度控制回路、方向控制回路、压力控制回路、其他基本回路。

二、液压系统的原理

液压系统采用液压完成传递能量。液压传动利用动力元件完成机械能向液压能的转换，然后通过各种控制元件与辅助元件来组成所需要的各种控制回路来完成液压能的传递、转换和控制，最后利用执行元件完成液压能向机械能的转换。

1.液压系统的液体静力学基础

液体静力学主要讨论静止液体的力学规律和这些规律的实际应用。静止液体是指液体内部质点间没有相对运动而言，此时液体不显示黏性。静压力是指液体处于静止状态时，单位面积上所受的内法线方向的法向作用力。压力有两种表示方法：①以绝对零压力作为基准所表示的压力，称为绝对压力；②以当地大气压为基准所表示的压力，称为相对压力，也称为表压力。绝对压力为大气压力与表压力之和。当绝对压力小于大气压力时，表压力为负值（真空度），真空度为大气压力和绝对压力之差，如图 12-3 所示。

2.液压系统的液体动力学基础

液体动力学主要讨论液体流动时的运动规律、能量转化和流动液体对固体壁面的作用力等问题。具体主要介绍连续性方程、伯努利方程和动量方程 3 个基本方程。

流动液体的连续性方程是从质量守恒定律中演化出来的，即液体在密封管道内作恒定流动时，设液体不可压缩，则单位时间内流过每一通流截面的液体质量必然相等。伯努利方程则是表明了流动液体的能量守恒定律。动量定律指出作用在物体上的力的大小等于物体在力作用方向上的动量的变化率。

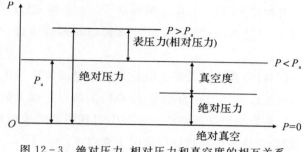

图 12 - 3　绝对压力、相对压力和真空度的相互关系

3.管路中液体压力损失的计算

实际液体在管路中流动时要损失一部分的能量,即压力损失。损失的能量转变为热能,使液压系统温度升高。所以在设计液压系统时,减小压力损失就显得极为重要。

液体在管路中流动时产生的压力损失可以分为两种:一种是沿程压力损失;另一种是局部压力损失。每一种压力损失都与管路中液体的流动状态有关。管路系统的总压力损失等于所有的沿程压力损失和所有的局部压力损失之和。

三、液压系统的分类

从不同的角度出发,可以把液压系统分成不同的形式,如按油液的循环方式、按系统中液压泵的数目、按所用液压泵形式、按执行元件供油方式。

(1)按油液的循环方式。按油液的循环方式,液压系统可分为开式系统和闭式系统。

(2)按系统中液压泵的数目。按系统中液压泵的数目,液压系统可分为单泵系统、双泵系统和多泵系统。

(3)按所用液压泵形式。按所用液压泵形式的不同,液压系统可分为定量泵系统和变量泵系统。

(4)按执行元件供油方式。按向执行元件供油方式的不同,液压系统可分为串联系统和并联系统。

第三节　液压系统与故障诊断

与一般意义上的机械故障诊断一样,液压系统的故障诊断主要包括故障机理的研究、故障信息的获取、故障信息的处理与特征提取以及故障的模式识别等 4 项。

(1)故障机理的研究。通过研究故障机理,掌握故障的形成及发展过程,了解故障的外在表现、探索故障的内在原因,提取故障信号的特征,并通过理论计算、实验分析、计算机仿真发现一般规律,建立故障产生的原因与故障征兆之间的关系,从而为状态监测和故障诊断的实现提供理论指导。

（2）故障信息的获取。获取故障信息是进行故障诊断的前提，能否采集到客观反映液压系统运行状态的故障特征信息是故障诊断的关键。信息获取的主要手段是状态监测，通过大量的传感器检测液压系统各种状态参数，其中包括振动、压力、流量、温度、噪声、油液污染程度等参数。这些状态参数携带大量的故障信息，是故障状态的客观体现，也是进行故障诊断的依据。

（3）故障信息的处理与特征提取。特征提取就是从大量的故障特征信号中提取与故障相关的信息。由于液压系统工作的环境较为恶劣，故障特征信号是和大量的噪声信号混杂在一起的，甚至被噪声所淹没，很难直接从故障特征信号中得到明显的故障特征。因此，必须对故障特征信号进行消噪处理，这也是研究特征提取的主要内容。

（4）故障的模式识别。故障诊断实质上是一个模式识别的问题。液压系统的故障模式识别首先根据提取的特征信息判断液压系统处于何种工作状态，并对异常状态进行分类。

液压系统的故障诊断，是依据液压系统运行状态提供的诊断信息，采用恰当的模式识别方法，对液压故障实现故障的检测、定位和识别。液压系统故障诊断过程如图12-4所示。

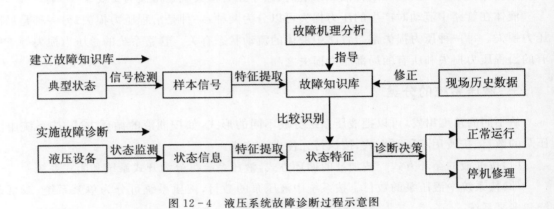

图12-4　液压系统故障诊断过程示意图

一、液压系统的故障现象

1. 振动与噪声

振动与噪声是同一物理现象的两方面。当液压系统产生振动时，除本身具有一定的振幅和频率外，还伴随着噪声。

2. 液压冲击

液压冲击会使液压系统瞬时压力比正常工作压力大好几倍，产生巨大的振动和噪声，油温升高，甚至使密封装置、管件及元件损坏，发生故障。

3. 气穴与气蚀

气穴与气蚀是液压系统中经常出现的现象，危害很大。气穴和气蚀现象使液压系统工作性能恶化、容积效率降低，损坏零件，使液压元件和管道寿命降低，影响系统的压力和流量，还会引起液压冲击、振动和噪声等有害现象，使系统发生故障。

二、液压系统的典型故障形式

液压系统的故障形式是多种多样的,不同形式的故障之间有着内在的联系,很难将它们截然分开,这里为了说明的需要,进行分类讨论。下面对液压系统中典型的、易发生的故障形式进行分析。

1. 污染失效

在污染的液压油中,金属颗粒约占 75%,尘埃约占 15%,其他杂质如氧化物、纤维、树脂等约占 10%。液压油中几乎任何一种外来物都能起污染物的作用。

2. 磨损失效

磨损是机械产品中最常见的一种失效形式,是导致机械故障的主要形式,在液压系统中因磨损引发的故障约占 20%。

3. 泄漏失效

液压系统泄漏是指液压系统的压力油,从压力较高的地方经缝隙,流向压力较低的地方或流向系统之外。

4. 气穴与气蚀

油液在液压系统中流动过程中,流速高的区域压力低,当压力低于空气分离压力时,溶解于液体中的空气大量被分离出来,以气泡的形式存在于液体中,使油液变得不连续,这种现象称为气穴(又称空穴)现象。

5. 液压冲击

在液压系统工作过程中,管道内流动的液体由于快速换向或突然关闭各类阀,液体和运动部件的惯性作用使系统压力瞬时急剧上升,产生液压冲击。

6. 疲劳老化和断裂

长时间工作使元件产生疲劳或老化而引起元件失效。在液压元件的压力腔上,某些受拉、受压、受弯矩作用的杆件或受到反复交变应力作用的板件,由于疲劳而导致材料的强度下降,使在应力高出疲劳强度的部位产生裂纹,甚至导致断裂,如轴向柱塞泵缸体及柱塞颈部的疲劳断裂、电磁换向阀复位弹簧的疲劳断裂、电液伺服阀中弹簧管破裂、密封材料出现疲劳失效等现象。

7. 液压卡紧

实际上,由于加工误差存在,在液体的压力作用下,产生很大的轴向卡紧力,需要较大的压力才能移动阀芯,有时甚至根本移不动阀芯,这种现象叫做液压卡紧。

8. 腐蚀失效

腐蚀失效是指由环境介质与液压元件表面间产生的化学反应,并在其表面形成氧化膜、硫化膜或其他化学反应产物,导致液压元件失效(包括气蚀)。

液压系统的故障通常体现在液压元件上,液压系统中的元件可以分成液压泵、执行元件、液压阀三大类。在使用过程中,齿轮泵常见的故障形式有齿轮磨损、侧板磨损、气穴故障和轴承故障等。液压缸常见的故障有:泄漏、爬行、液压卡紧、液压冲击。当液压阀出现故障时,对液压系统的稳定性、精度和可靠性均有极大的影响。其主要的故障有磨损与腐蚀失效、疲劳与变形失效、液压卡紧、液压冲击和气穴现象。

三、液压系统故障诊断的特点

一方面从结构组成看,液压设备往往是一个集机械、液压、电气于一体的复杂机电设备;从系统功能看,它又是一个多层次系统,完成不同功能的各子系统之间无论在结构上,还是在功能上都存在着一定的差异。而另一方面,统计表明,液压系统的故障和失效有 70% 与液压介质有关。第三方面,液压设备中机械故障、电气故障、液压故障几方面交织在一起时,往往一个故障可能是多个原因共同作用的结果,而且还可能是由多个小故障叠加成一个大故障。

与一般的机械与电气故障相比,液压系统故障的特点如下:

1. 故障点的隐蔽性

液压装置的损坏与失效,往往发生在深层内部,由于不便拆装,现场上的检测条件也很有限,难以直接观测,各类泵、阀、液压缸与液压马达无不如此。

2. 因素关系的复杂性

液压系统的故障,症状与原因之间存在各种各样的重叠与交叉。一个症状有多种可能原因。

3. 相关因素的随机性

液压系统在运行过程中,受到各种各样的随机性因素的影响,如环境温度的变化、设备工作任务的变化等。外界污染物的侵入也是随机性的。

4. 失效分布的分散性

由于设计加工材料及应用环境等的差异,液压元件的磨损劣化速度相差较大,液压元件的实际使用时间差别很大,一般的元件使用寿命标准在现场无法使用,只能对具体的液压设备与液压元件确定具体的磨损评价标准,这又需要积累长期的运行数据。

5. 故障的层次性和传播性

液压系统往往由子系统组成,子系统又由具体的液压元件组成,其故障具有层次纵向性,一个故障的发生往往是纵向传递的,元件的故障最终将反映到整个系统状态的异常。

四、液压系统故障诊断的方法

现在已发展到以信号分析、建模与知识处理技术为基础,以信息融合技术为核心的智能诊断技术。概括说来,用于液压系统故障诊断的方法可分为以下 3 种。

1. 简易的故障诊断方法

(1)传统的主观诊断法。传统的主观诊断法,指的是维修人员凭借个人的实践经验,通过看、听、摸、闻、问,或借助简单的仪器、仪表,判断系统故障发生的部位和原因。

（2）直接性能测试的方法。直接性能测试的方法是通过对液压元件和系统的性能测试，来评价系统的工作状态。

在液压元件和系统性能测试中，常见的测量参数有：压力、流量、温度，以及其他相应类型的参数。然而，性能测试对早期失效不很敏感，只有当系统失效发展到十分严重时，其性能指标变化才有所体现。

2. 基于信号分析的故障诊断

（1）基于油样分析的方法。液压系统中的污染物带有大量反映系统内部状态的信息。因此，通过对油液中污染物成分鉴别和含量测定，可以了解液压系统油液的污染状况以及元件的工作状况，为液压系统的故障诊断和维护提供依据。目前常用的油样分析法有黏度分析法、水分分析法、颗粒计数器、称重法、铁谱分析法和光谱法。

（2）基于振动、噪声分析的方法。目前对于利用振动、噪声分析进行设备故障诊断的研究较多，其理论和方法比较完善。

（3）基于数学模型的诊断方法。模型诊断方法是以现代控制理论和现代优化方法为指导，以系统的数学模型为基础，利用观测器（组）、等价空间方程、Kalman 滤波器、参数模型估计和辨识等方法产生残差，然后基于某种准则或阈值对该残差进行评价和决策的方法。

3. 基于人工智能的故障诊断

（1）基于专家系统的智能诊断方法。故障诊断专家系统主要由知识库、数据库、推理机制和解释机制等组成。对于在线监测或诊断系统，数据库的内容是实时检测到的工况数据；对于离线诊断，数据库中的内容可以是实际故障时检测到的数据，也可以是人为设置故障时检测到的一些样本数据。

（2）基于神经网络的智能诊断方法。神经网络由大量类似于神经元的非线性处理单元高度并联和互联而成，具有类似于大脑的某些基本特征，如学习、记忆、归纳等，还具有强大的数学模拟能力。

（3）基于模糊理论的智能诊断方法。模糊集（Fuzzy Set）理论可以有效地处理上述模糊性难题。模糊诊断方法利用模糊逻辑来描述故障原因与故障现象之间的模糊关系，通过隶属函数和模糊关系方程来解决原因与状态识别问题。

（4）基于故障树的诊断方法。故障树分析法（Fault Tree Analysis）是把系统故障与导致该故障的各种因素形象地绘成故障图表，直观地反映出故障、元部件、系统及原因之间的相互关系，是实际系统中常用的、比较有效的故障诊断方法。

（5）基于灰色理论的智能诊断方法。灰色理论是我国邓聚龙教授于 1982 年首先提出的，是控制论的观点和方法的延拓。灰色理论从系统论的角度来研究信息间的关系，即利用已知的信息来揭示未知的信息，具有自学习和预测功能。灰色理论的诊断方法利用灰色系统的建模（灰色模型）、预测和灰色关联分析等进行故障诊断。

（6）基于案例推理诊断方法。案例推理（Case-Based Reason）是人工智能中新兴的一种推理技术，它是用过去的经验案例指导解决新问题的方法。

（7）基于多智能体的智能诊断方法。近些年来，多智能体系统（Multi-Agent System）已成为分布式人工智能（DAI）研究的一个热点，主要研究的是自主的 Agent 之间智能行为的协调。

(8)基于信息融合技术的智能诊断方法。多传感器融合是提高状态监测与故障诊断可靠性的有效措施,信息融合为多传感器信息处理提供技术支持,既可以充分利用信息,又可以消除传感器相互矛盾的数据,以及不同方法的诊断结果不一致性。

五、常见元件的常见故障及排除方法

液压系统大部分故障并不是突然发生的,总有一些预兆,如振动与噪声、户击、爬行、污染、气穴和泄漏等。

液压系统出现故障大部分是由各液压元件工作性能发生异常而引起的,下面是各主要液压元件的常见故障及消除方法。

1.液压泵常见故障与消除方法

液压泵是液压系统的"心脏",它是由电能转换为液压能的能量转换装置。因此,液压泵一旦发生故障就会立即影响到液压系统的正常工作,甚至使其不能工作。目前在工厂里多数还是采用简单诊断技术,主要根据维修人员的经验、工厂条件和生产使用情况来确定(见表12-2)。

表12-2 液压泵常见故障与消除方法

故 障	原因分析	排除方法
排油量不足,执行机构动作迟缓	1.吸油管及滤油器堵塞或阻力太大; 2.油箱油面过低; 3.泵体内没有充满油,有残存空气; 4.柱塞与缸体或配油盘与缸体间磨损; 5.柱塞回程不够或不能回程,引起缸体与配油盘间失去密封; 6.变量机构失灵,达不到工作要求; 7.油温不当或有漏气	1.排除油管堵塞,清洗滤油器; 2.检查油量,适当加油; 3.排除泵内空气; 4.更换柱塞,修磨配油盘与缸体的接触面,保证接触良好; 5.检查中心弹簧,如需要则加以更换; 6.检查变量机构,如变量活塞及变量头是否灵活,并纠正其调整误差; 7.根据温升实际情况,选择合适的油液,紧固可能漏气的连接处
压力不足或压力脉动较大	1.吸油口堵塞或通道较小; 2.油温较高,油液温度下降,泄漏增加; 3.缸体与配油盘之间磨损,失去密封,泄漏增加,柱塞与缸体磨损; 4.变量机构偏角太小,流量过小,内漏相对增加; 5.变量机构不协调(如伺服活塞与变量活塞失调,使脉动增大)	1.清除堵塞现象,加大通油截面; 2.控制油温,更换黏度较大的油液; 3.修磨缸体与配油盘接触面,更换柱塞,严重者应送厂返修; 4.加大变量机构的偏角; 5.若偶而脉动,可更换新油,经常脉动,可能是配合件研伤或别劲,应拆下研修
噪声较大	1.泵内有空气; 2.滤油器被堵塞; 3.油液不干净; 4.油液黏度过大; 5.油液的油面过低或有漏气; 6.泵与电机安装不同心,使泵径向载荷增加; 7.管路振动	1.排除空气,检查可能进入空气的部位; 2.清洗滤油器; 3.抽样检查,更换干净; 4.更换黏度较小的油液; 5.按油标高度注油,并检查密封; 6.重新调整,使在允差范围内; 7.采取隔离消振措施

续　表

故　障	原因分析	排除方法
内部泄漏	1.缸体与配油盘间磨损； 2.中心弹簧损坏,使缸体与配油盘间失去密封性； 3.软向间隙过大； 4.柱塞与缸体间磨损	1.修整接触面； 2.更换弹簧； 3.重新调整轴向间隙,使符合规定； 4.更换柱塞或重新配研
外部泄漏	1.传动轴上的密封损坏； 2.各接合面及管接头的螺钉及螺母未拧紧,密封损坏	1.更换密封圈； 2.紧固并检查密封性,以便更换密封
油泵发热	1.内部漏损较大； 2.有关相对运动的配合接触面有磨损。例如,缸体与配油盘,滑靴与斜盘	1.检查和研修有关密封配合面； 2.修整或更换磨损件,如配油盘、滑靴等
变量机构失灵	1.有控制油路上,可能出现堵塞情况； 2.变量头与变量体磨损； 3.伺服活塞、变量活塞以及弹簧芯轴卡死	1.净化油,必要时冲洗； 2.刮修,使圆弧面配合良好,必要时送厂返修； 3.若为机械卡死,可用研磨方法修复,如果油液污染,则应更换
油泵不转	1.柱塞与缸体卡死(可能油污染或油温变化)； 2.柱塞球头折断(可能因柱塞卡死或有负载起动)； 3.滑靴脱落(柱塞卡死或有负荷起动所引起)	1.更换新油或更换黏度较小的机械油； 2.更换 3.更换或送制造厂维修

2.液压缸常见故障与消除对策

液压缸是把液压能转换为机械能的执行元件,液压缸的高低压两腔之间用密封件隔离,并保持密封。使用一段时间后,由于零件磨损,密封件老化失效等原因而常发生故障。比如:活塞杆移动速度和推力达不到要求数值；活塞杆运动有"爬行"；有撞缸现象,缓冲效果不良；有外泄漏和噪声以及活塞杆表面拉毛等(见表2-3)。

表12-3　液压缸常见故障与消除对策

故　障	原因分析	排除方法
准力不足,速度不够或逐渐下降	1.由于缸与活塞配合间隙过大或 O 形密封圈扣坏,使高低压腔互通； 2.工作段不均匀,造成局部几何形状误差,失去高低压腔密封性； 3.缸端活塞杆油封压得太紧或塞杆弯曲,使摩擦力或阻力增加； 4.油温太高,黏度降低,泄漏增加,致使油缸速度减慢,例如,当高低压腔相通时,速度就会减慢,甚至不动	1.更换活塞或密封圈(调整为合适的间隙)； 2.镗磨修复缸孔径,新配活塞； 3.放松油封(以不漏油为准,校直活塞杆)； 4.检查温升原因,采取散热、降温措施,若密封间隙过大,可单配活塞,或增装密封环； 5.检查油泵或流量调节阀的毛病,并加以排除

故　障	原因分析	排除方法
外泄漏	1.活塞杆处油封不严,可能是活塞杆表面损伤或密封圈有问题; 2.管接头密封不严; 3.缸盖处密封不良	1.检查活塞有无拉伤,并加以修复,密封圈磨损应更换; 2.检查密封圈及接触面有无伤痕; 3.检查,加以更换或修整

3.液压阀常见故障与消除对策

液压阀用来控制液压系统压力、流量和方向等。如果某一液压控制阀产生故障,将对液压系统的稳定性、精确性、可靠性及寿命都有极大地影响。以常用的溢流阀、流量阀和换向阀为例,分别介绍如下(见表 12－14～表 12·)。

(1)溢流阀。

表 12-4　溢流阀常见故障与消除对策

故　障	原因分析	排除方法
使用中的阀或新阀的设定压力不稳定,反复不规则变动	油污染	冲洗油箱、管路及阀,换清洁的液压油
运行中的阀的设定压力下降,即使旋入调压手轮,压力上升得也很缓慢,到一定压力后不再上升,特别在油温高时更明显	1.主阀芯阻尼小孔堵塞,先导流量变得很小,使设定压力不稳定,压力响应变慢,压力调不高; 2.油液污染,磨损增大; 3.液压泵容积效率极度下降	1.换零件或清洗; 2.检查油液污染度; 3.修理或更换液压泵
使用中的阀或新阀的压力完全调不上去	1.主阀芯阻尼小孔堵塞; 2.先导阀间隙中有污染物,使阀芯无法关闭; 3.遥控口控制阀不换向,始终通邮箱	1.换零件或清洗; 2.检查油液污染度; 3.检查控制阀
压力下不来,无法调整	1.先导阀座上的小孔堵塞; 2.主阀芯卡死在关闭位置上	1.清洗; 2.重新安装
新阀在进行遥控时发生振荡(哨叫),油温及压力越高,越容易发生	控制管道直径、长度不合适	改用内径为 8 mm 的管子或在先导式溢流阀进油口附近的遥控配管上加几毫升液容,遥控口内放入阻尼
在两重压力回路及卸荷回路中,当压力下降时,冲击声大	是受压管道及执行件中油的压缩性引起的,受压侧容积越大则冲击声也越大	降压时间应控制在 0.1 s 以上,在遥控孔内放入阻尼,以及在遥控管道上安装缓冲阀

（2）流量阀。

表 12-5　流量阀常见故障与消除对策

故　障	原因分析	排除方法
无流量通过或流量极少	1.节流口堵塞,阀芯卡住; 2.阀芯与阀孔配合间隙过大,泄漏较大	1.拆检清洗,修复、更换油液,提高过滤精度; 2.检查磨损、密封情况,并进行修复或更换
流量不稳定	1.油中杂质黏附在节流口边缘上,通流截面减小,速度减慢,当杂质被冲洗后,通流截面增大,速度又上升; 2.系统温升,油液黏度下降,流量增加,速度上升; 3.节流阀内、外漏较大,流量损失大,不能保证运动速度所需要的流量; 4.阻尼结构堵塞,系统中进入了空气,出现压力波动及跳动现象,使速度不稳定; 5.节流阀负载刚度差,负载变化时,速度也突变,负载增大,速度下降	1.拆洗节流器,清除污物,更换精滤油器(如纸芯滤油器)。若油液污染严重,应更换油液。 2.采取散热、降温措施,若温度变化范围大、稳定性要求高时,可换成带温度补偿的调整阀。 3.检查阀芯与阀体间的配合间隙及加工精度,对于超差零件进行修复或更换。检查有关连接部位的密封情况或更换密封圈。 4.对有阻尼装置的零件,进行清洗,检查排气装置是否工作正常,同时,检查油液的污染程度或换油。 5.检查系统压力和减压阀工作是否正常。同时,也要注意溢流阀的控制作用是否正常

（3）换向阀。

表 12-6　换向阀常见故障与消除对策

故　障	原因分析	排除方法
阀芯不动或不到位	1.滑阀卡住: ①滑阀(阀芯)与阀体配合间隙过小,阀芯在孔中容易卡住不能动作或动作不灵; ②阀芯(或阀体)碰伤,油液被污染; ③阀芯几何形状超差,阀芯与阀孔装配不同心,产生轴向液压卡紧现象。 2.液动换向阀控制油路有故障: ①油液控制压力不够,滑阀不动,不能换向或换向不到位; ②节流阀关闭或堵塞; ③滑阀两端泄油口没有接回油箱或泄油管堵塞。 3.电磁铁故障: ①交流电磁铁,因滑阀卡住,铁芯吸不到底而烧毁; ②漏磁、吸力不足; ③电磁铁接线焊接不良,接触不好。 4.弹簧折断、漏装、太软,都不能使滑阀恢复中位,因而不能换向。 5.电磁换向阀的推杆磨损后长度不够或行程不对,使阀芯移动过小或小大,都会引起换向不灵或不到位	1.检修滑阀: ①检查间隙情况,研修或更换阀芯; ②检查、修磨或重配阀芯。必要时,更换新油; ③检查、修正几何偏差及同心度。对液压卡紧,按第三部分《液压故障预兆》中的方法消除。 2.检查控制油路: ①提高控制油压,检查弹簧是否过硬,以便更换; ②检查、清洗节流口; ③检查,并按通回油箱,清洗回油管,使之畅通。 3.检查并修复: ①清除滑阀目卡住故障,并更换电磁铁; ②检查漏磁原因,更换电磁铁; ③检查并重新焊接。 4.检查、更换或补装。 5.检查并修复,必要时可换推杆

第四节　液压系统的状态监测技术

对液压系统的运行状态进行监测的主要目的是监测、诊断和预测。

一、监测参数的类型

一个系统或一台机器在运行过程中,必须有能量、介质、力、热等各种物理和化学参数的传递和变化,这些信息的变化直接或间接地反映出系统的运行状态。对液压系统而言,也存在许多可判断其技术状态的特征信息,这些信息可分为三类:系统或设备的输出参数、直接信息、间接信息。

1. 系统或设备的输出参数

系统或设备的输出参数如液压马达的转速、输出扭矩、液压缸的推理、拉力等,根据执行机构的输出特性。很容易确定设备的状态,但它只能判断液压设备工作能力的强弱,无法判断故障形式和故障部位。

2. 直接信息

直接信息如液压元件的磨损情况、变形量、锈蚀程度等,它们都可能是引起液压设备故障的直接原因。

3. 间接信息

间接信息如液压系统中的压力、流量、温度、油中磨屑等,它们反映了设备工作能力的变化,可以在设备运行过程中,对其状态作不拆卸检查与评价,因而间接信息是被广泛采用的特征信息。

二、常用的监测参数

任何液压设备的液压系统,其故障现象不外乎:①压力不足(机器的输出力减小,动作无力);②流量不足(导致执行结构运动失灵);③温升高(使系统工作性能变坏,加速油液、橡胶密封件、胶管等老化);④噪声和振动;⑤漏油加剧等。因此,在液压系统的状态监测中,一般选择下述信息作为特征。

1. 振动信号

任何一个液压系统都是具有一定量的弹性系统,因而系统发生振动是必然的。液压系统的振动过程,就是一种振动信号产生的过程。

2. 油液成分信息

液压系统的油样分析已被认为是极有价值的监测技术。它具有操作简单、设备低廉、准确快速等优点,具有广泛的适用性。

3. 动态压力信息

液压系统是靠压力传递工作的,而且动态压力是各种状态信息最丰富的载体(脉动分量尤其敏感)。其信号拾取比较容易,信号的信噪比高,灵敏度好,所以液压系统的动态监测与故障诊断,多以动态压力作为特征信号。如通过对液压泵进出油口、重要管道内及执行机构进出油口的压力(或压力差)的监测,可以对系统失压、压力不可调、压力波动与不稳等与压力相关的故障进行监视。

4.流量脉动信息

液压设备的状态可通过油流的脉动、紊流与涡流等反映出来,因而流量也是表征液压系统技术状态的特征信号。系统内流量的变化可以反映系统容积效率的变化,而容积效率的变化又反映了系统内元件的磨损与泄漏情况。可以通过监测重要元件流量变化状况达到对系统及元件的容积效率及元件磨损状况的监视目的。

5.温升信息

压力和流量虽是反映液压系统工况的两个主要变量,但它们的变化非常频繁,判定异常的参比依据难以确定,而温升能反映压力、流量的异常变动,且诸如油液清洁度、黏度变化、老化、密封件失效、内泄漏、运动件胶合磨损等均能在温升上体现出来。设计合理的液压系统其工作温度变化范围是有限制的,系统温度的异常升高往往意味着系统内出现故障。

6.泄漏量

泄漏量的大小直接反映了元件的磨损情况及密封性能的好坏。一般说来对于液压泵和液压马达的泄漏量的监测比较容易实现,对于其他元件泄漏量的监测则不太容易实现。

7.其他参量

除了通过监测以上工作参数达到对系统工作状态进行监视的目的外,还可以监测系统的伺服元件的工作电流与颤振信号、电磁阀的通电状况等,实现对系统工作状态的监视。

三、状态监测系统的模型

1.状态监测系统的设计原则

设计针对液压系统的监测系统时,需考虑以下 6 种因素。

(1)所采用的技术的先进性。

(2)系统实现的可能性与难易程度。

(3)是否需要实现实时、在线监测及远程监测。

(4)与相关系统(如机械、电气等监测系统)的兼容性与统一性。

(5)是否需要与控制系统形成一个监控系统等。

(6)监测系统自身的可靠性与维护难易程度。

从当前及今后的技术发展趋势看,监测系统应该优先采用基于网络的实时、在线监测与诊断技术模式。

2.基于网络的监控系统模型

基于网络的液压监控系统模型是一种分级的层次化结构形式,从下到上依次为设备层、车间级监控层、厂级监视诊断层与远程监视诊断层等,如图 12 - 5 所示。

系统操作人员通过人机交互界面(Human Machine Interface,HMI)发出的操作指令经由车间局域网送到车间级监控站,再经过现场监控站的 AO,DO 模块与设备总线对液压系统中相关元件进行调节与控制;同时液压系统运行过程中的状态参数经过设备总线与现场监控的 AI、DI 模块送到车间级监控站,再经过车间局域网送到监视站。

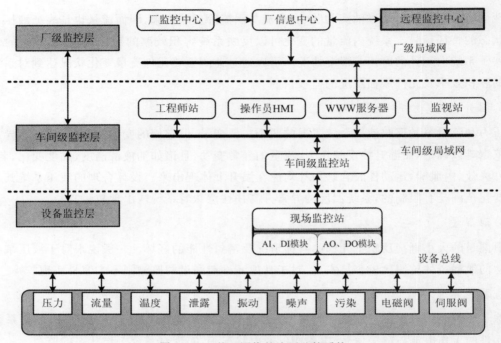

图 12-5　基于网络的液压监控系统

四、状态监测系统的实例

针对 GYJZ-Ⅰ型工程机械液压系统的具体特点,采用先进的 CAN 总线技术,采取主/从分布式的信号采集方式,硬件节点、传感器测点可根据实际需要进行增添与扩展;可以对液压系统的主要工况参数进行监测、保存与显示,监测数据库与监测运行参数均可自定义配置,状态监测报警规则也可自定义生成和设置;基于流程图知识表示的故障诊断专家系统的知识库可以根据用户需要快速、便捷地生成与更新。

1. 监测系统的硬件设计

系统主要采用分布式结构,硬件主要由中心处理单元、信号采集单元和传感器三部分组成。其系统的构成如图 12-6 所示。

中心处理单元作为整个系统的核心,主要负责数据处理及人机交互的工作。信号采集单元直接固定在工程机械液压系统的各主要部位上,主要由传感器、信号调理、A/D 转换、MCU、数字量输入模块、存储器和 CAN 总线接口组成。信号采集单元与中心处理单元之间通过四芯电缆连接,其中两芯为 CAN 总线信号线(CANH 和 CANL),两芯为电源线,为信号采集单元各部分提供电源。

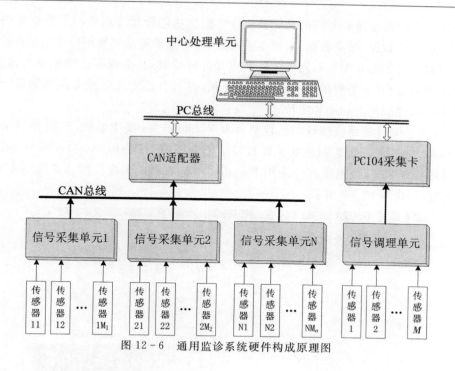

图 12-6 通用监诊系统硬件构成原理图

2. 监测系统的软件设计

软件设计是整个监测诊断系统设计的核心,状态监测与故障诊断功能的实现都要通过软件来完成,因此软件设计的好坏直接决定着整个系统性能的优劣。

GYJZ-Ⅰ型监测诊断系统采用了模块化设计,主要包括系统管理模块、状态监测模块、虚拟显示面板、故障诊断模块、数据采集模块、CAN 总线通信模块和远程数据传输模块等,其主要模块组成及数据流向如图 12-7 所示。

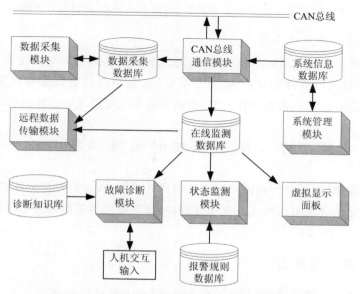

图 12-7 监诊系统软件主要模块及数据流向图

用户可以根据需要选择不同的功能模块。在模块功能设计方面使用了数据库技术,将硬件节点、测点、监测数据、采集数据、监测报警规则、诊断知识等全部使用数据库来存贮和管理,用户可以根据自己的需要配置不同的硬件节点和传感器测点,生成自己所需要的监测数据库及监测报警规则,配置所需要的工况参数显示面板,并可自己定义生成诊断知识库,利用故障诊断专家系统实现故障的诊断和定位。

GYJZ-I 型监测诊断系统软件的运行平台为 Windows 98 操作系统,采用 Borland 公司的 C++ Builder 6.0 开发而成,其中虚拟面板显示部分采用 NI 公司 Measurement Studio 中的 ActiveX 显示控件实现,数据库部分采用 Paradox 小型数据库实现。监诊系统的主程序界面(虚拟显示面板)如图 12-8 所示。

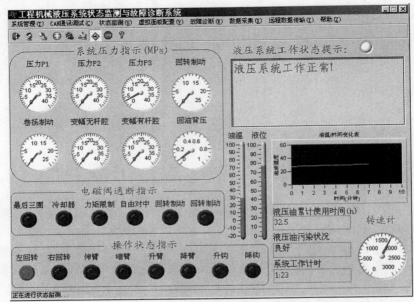

图 12-8　GYJZ-I 型监测诊断系统主程序界面(虚拟显示面板)

3. 通用监测诊断系统的工作流程

工程机械液压系统启动后,GYJZ-I 型监测诊断系统也随之启动。监测系统首先进行初始化工作,检查所连接的硬件是否正常,与各 CAN 采集节点的通信是否正常,并载入一些有关监测和显示的配置信息。若初始化正常,则监测诊断系统进入状态监测状态。

第五节　液压系统的故障诊断实例

液压装置的故障,由系统回路设计错误造成的几乎没有,多数是由元件的动作不良、噪声、振动和压力不稳定的现象引起的。在液压元件中,油泵及阀类的故障发生率最大,下面即是两则故障诊断实例。

一、油泵故障及处置实例

某数控机床使用的液压装置,开始工作 30~40 min 就从油泵部分发出了相当高的"咯吱咯吱"的噪声。

(1)故障状况。

1)油泵使用条件:50 L/min,7.0 MPa。

2)使用油:20# 机械油。

3)油温:运转初期 20℃,运转中 50℃。

4)使用时间:24 h/天(1 年)。

起动时发出"咯吱咯吱"异常声音,用简易噪声计进行测定,测定点在与泵轴垂直的方向上,距轴 1 m 处,用 A 级为 85 dB,背景噪声为 70 dB 左右。

(2)检查部位。泵的异常噪声的产生因素,可能有泵和电动机的轴心偏差超过允许值、流进了空气、泵的吸油阻力增大等情况。

(3)处置。用煤油将滤油网的网眼洗净后起动泵,这时虽然工作油温度低,可是异常噪声、压力的脉动都没有了,运转平稳。

(4)原因分析。由于滤油同的网眼堵塞,泵的吸油阻力增大了,所以泵内产生空穴作用. 引起异常噪声及压力不稳定现象。当工作油的温度上升时,黏度就变小了,吸油阻力减小,消除了空穴作用。

二、压力阀故障及处置实例

平稳回路使用的减压阀的二次侧压力(控制压力)不稳定。

(1)故障状况。

1)减压阀:10 mm 带单向阀的减压阀。

2)一次侧压力:21.0 MPa。

3)二次侧系统压力:12.0 MPa。

4)使用工作油:20# 机械油。

5)使用时间:8 h/天(2 年)。

运转中,主回路的一次侧系统压力,由于其回路的负荷变动,在 18.0～21.0 MPa 之间缓慢地变动,减压阀的二次侧压力,随着一次侧压力的变动,有 ±7 bar[①] 变化。另外,因为二次侧系统压力发生变化,故使油缸工作不平稳。

(2)检查部位。减压阀的压力不稳定现象的主要原因,多起因于先导阀的异常或主滑阀的动作不良。首先使油缸运行到行程未端. 将压力表开关转到全开,一会慢慢地转动减压阀的调压手柄,一会又迅速地转动,检查调压手柄的转动和压力表的指针是否协调一致,结果确认,迅速转动时,能协调一致,但缓慢转动时,压力表的指针动作相当迟缓。其次,使减压阀的二次侧系统压力保持恒定. 在一次侧进行上述同样操作,检查此时二次侧压力表的指针动作,自然是慢慢转动时,指针动作迟缓。

(3)措施。用砂纸打磨主滑阀和阀体的滑动部分和伤痕,使滑阀的动作平滑。先导提动阀也换成新的,采用前面用的试验方法使二次侧压力升降,结果压力变化平稳,而且滞后现象也消除了。

---

① 　1 bar＝105 Pa。

第十三章 电气设备的检测与诊断

电气设备的安全运行直接关系到供电、用电安全。一旦发生事故,则所需的修复时间较长,影响严重。电气设备种类繁多,如变压器、断路器、电动机等,故障也不尽相同,但是,由于绝缘和温升引起的故障在电气设备中占有相当的比例,因此我们着重讨论电气设备的绝缘和温度诊断。

绝缘材料在电场作用下会漏电,有能量损失,在强电场下还会击穿,丧失绝缘性能。绝缘是电气设备中的薄弱环节。电气设备的事故大部分是由绝缘损坏造成的。为了提高电气设备运行可靠性,需定期对绝缘进行预防性试验,检测其各种物理、化学性能,特别是电气性能,加强绝缘监督。

电气设备只要有电流通过就会产生热量。在温升范围内,设备能安全运行,一旦温升超限就会产生故障。电气设备温度的变化能明显反映其运行状态,所以对温度的检测是十分重要的。近年来国内外都在开展在线监测的研究,这是电气设备故障诊断技术的发展方向。

第一节 电气设备的绝缘试验

一、绝缘电阻和吸收比的测量

电气设备的绝缘电阻 R_x 反映了设备的绝缘状况。在测量 R_x 时,为了消除吸收现象对 R_x 值的影响,一般要求在加压 1 min(或 10 min)后,记下读数 R_{60}。60 s 和 15 s 绝缘电阻的比值 $K(K=R_{60}/R_{15})$ 称为吸收比,它可反映绝缘是否受潮或有缺陷,绝缘干燥时,K 大于或等于 1.3。

二、介质损失的测量

在电场作用下,电介质中有一部分电能将不可逆地转变为其他形式的能量,通常转化为热能。电场中电介质内单位时间消耗的电能称为介质损失。可以用功率因数角 φ 反映这一损失,但由于介质损失数量值不大,φ 接近 $90°$,使用上很不方便。因此工程上常用其余角 δ 的正切 $\tan\delta$ 来反映电介质的品质,δ 称为介质损失角,$\tan\delta$ 也称为介质损耗因数。

$\tan\delta$ 值可用于判断绝缘材料吸潮和老化程度。$\tan\delta$ 值的大小随绝缘结构而不同,在绝缘结构相同时,又随吸潮程度、温度和电压而变。

$\tan\delta$ 值测试可用简易式西林电桥和介质损失角测试仪。

三、局部放电的测量

测量工频电压下的局部放电可以诊断电气设备绝缘的劣化情况。可以用放电量、放电重复率、平均放电功率等量来反映局部放电的强弱。这些量可以用局部放电仪测量。常用的测量方法是"脉冲电流法",它又分为"直测法"和"平衡法"两种。

四、交流工额耐压试验

对试品施加高于其额定工作电压的工频试验电压,并持续 1 min,这就是工频耐压试验。实际上这是检验试品在运行中承受过压的能力,也即检验它的绝缘水平。

五、直流耐压和泄漏电流的测量

这也是判断绝缘品质的方法,即加上高压直流电压 1 min 后读取泄漏电流值。泄漏电流会随绝缘不断地老化而增加。一般采用测量绝缘电阻用的高阻计进行测量,但测量时必须注意排除外界感应之类的干扰。

第二节　电气设备绝缘诊断

一、绝缘诊断的任务

1. 绝缘故障的原因

电气设备绝缘性能发生不可逆的劣化和绝缘结构逐渐损坏的过程称为绝缘老化,绝缘老化是引起绝缘故障的主要原因。老化的速度与生产工艺、运行环境、负荷情况、绝缘结构设计和材料使用是否合理有密切关系。绝缘老化的原因大致可归结为以下几类:

(1)化学作用。绝缘材料在潮气、酸、臭氧、氮的氧化物等作用下,物质结构和化学性能会改变,以至电气和机械性能下降。

(2)机械力的作用。在机械负荷、自重、振动、撞击、短路电流电动力的作用下,绝缘会破裂,机械强度下降。

(3)热的作用。在高温和温度剧变,以及由于介质损失而局部过热的情况下,材料很容易发生变化。

(4)电的作用。在长期工作电压的作用下,绝缘中的局部放电会使绝缘逐渐损坏。若泄漏电流和介质损失过大,也会使绝缘过热而使性能下降。在操作过电压或雷电过电压的作用下,绝缘中可能产生局部损坏,以后再遭受过电压作用时,缺陷逐步扩大,最终也会导致设备丧失绝缘性能。

(5)受潮。这是绝缘性能劣化最常见的原因,受潮后有些绝缘虽然可以设法干燥,但受潮会使其老化过程加剧,以至绝缘完全损坏。

上述几种因素,有时是单独存在,有时是几种因素同时存在,相互影响,从而加速了老化过程。

2. 电气设备绝缘诊断的任务

运行中电气设备的绝缘老化,会影响设备的正常运行。当绝缘中的缺陷发展较严重时,在操作过电压或雷电过电压的作用下,有时甚至在正常工作电压的作用下,绝缘会发生击穿或闪络,使设备严重损坏,并造成停电事故。

对电气设备的绝缘状况进行诊断，可以掌握设备绝缘的情况，及时发现缺陷，判断、估计绝缘中缺陷的发展程度。通过绝缘诊断，可以对设备采取必要的措施防止缺陷继续发展，或对设备进行检修，更换零件、进行处理，恢复绝缘的原来性能。

3. 电气设备预防性试验方法

(1)直接的破坏性试验。这种方法是提高电压试验，如工频耐压、直流耐压等。它能直接发现薄弱绝缘，比较可靠。其缺点是：①原来经过维修可以重新使用的电气设备，若试验时绝缘击穿，则设备损坏；②提高电压试验时，绝缘虽未发生击穿，但缺陷进一步发展，有可能在以后运行时发展为绝缘事故；③试验设备笨重。

(2)间接的非破坏性试验。它是用测量绝缘电介质性能的方法去估计、判断绝缘缺陷发展的程度。测量时外加电压比较低，对绝缘没有破坏危险。试验的内容有绝缘电阻、漏泄电流、$\tan\delta$、电容量、局部放电量等，根据这些被测量的数值、变化情况，它们与电压值、电压作用时间、温度及其因素的关系，来估计和判断电气设备绝缘的性能和质量。

实际试验时，这种方法是配合使用的，先进行间接试验，诊断绝缘性能基本完好，再进行直接试验，直接判断电气设备的绝缘水平。这样既可靠，又可以避免绝缘不必要的损坏。

4. 电气设备预防性试验规程

电气设备种类繁多，对每种设备进行绝缘诊断时，试验项目和测试周期，以及判断标准，是影响诊断的重要因素。我国水利电力部于 1985 年 1 月颁布的《电气设备预防性试验规程》中，对电机、变压器、断路器、绝缘子、电缆等类设备规定了各自的试验项目、周期及标准。

限于篇幅，我们只能对主要电气设备的绝缘诊断作一粗略介绍，对于电气设备的巡检和详细的试验内容请参考《电气设备预防性试验规程》和其他有关书籍。

二、电力变压器的绝缘诊断

《电气设备预防性试验规程》(以下简称《规程》)对电力变压器的绝缘诊断规定了很多试验项目，具体内容见表 13－1～表 13－4。

表 13－1　变压器预防性试验项目及试验周期

序 号	项 目	要 求	时间间隔	注意事项
1	测量线圈绝缘电阻和吸收比： ①高压对低压及地； ②低压对高压及地； ③高压对低压	①$\dfrac{R_{60}}{R_{15}}>1.3$； ②与生产厂绝缘电阻相比不下降 30%（在同温度状况下），见表 13－2	1～2 年	①采用 2 500 V 兆欧表测量； ②测量时非被测线圈应接地； ③变压器油受潮，影响绝缘电阻值
2	测量高压低压的直流电阻	630 kVA 以上的变压器三相的相电阻与其三相平均值之比相差不超过 2%，630 kVA 以下的不超过 4%，线电阻则不超过 2%	1～2 年	应采用较精密的双臂电桥停止接线及接触电阻的误差影响测量值

序 号	项 目	要 求	时间间隔	注意事项
3	直流泄漏试验	额定电压 10 kVA 直流，试验电压 10 kV	1～3 年	现在一般情况下不做此试验
4	交流工作耐压试验	交接预防试验额定电压 10 kV 的试验电压为 30 kV 试验 1 min	1～2 年	变压器油变质或有水均会影响耐压试验合格
5	变压器油的试验	作简化试验	每年一次	取样时要注意放油阀及装样容器的绝对清洁,从而防止试验误差
6	变压器工作接地电阻测量	测量值应<4 Ω	每年一次	应在雷雨季节前测量

注:若试验发现同题时,可根据缺陷不同情况决定增傲空载、短路、温升、变比等试验项目,以确定故障点。

表 13-2 变压器的绝缘电阻

10 kV 以下变压器		线圈温度/℃									
		0	10	20	30	40	50	60	70	80	90
允许值/MΩ	一次对地 一次对二次	1 500	450	300	200	130	90	60	40	25	5
	二次对地	80	40	20	10	5	3	2	1	1	1
良好值/MΩ	一次对地 一次对二次	2 400	900	450	450	120	64	36	19	12	8
	二次对地	60	60	30	30	8	5	4	2	2	2

表 13-3 油浸电力变压器绕组泄漏电流允许值

额 定 电压/kV	试验电压 (峰值)/kV	温度/℃							
		10	20	30	40	50	60	70	80
2～3	5	11	17	25	39	55	83	125	170
6～15	10	22	33	50	77	112	166	250	240
20～30	33	33	50	74	111	167	250	400	570

表 13-4 绝缘油试验指标（简化试验）

序号	项目	标准	说明
1	5℃时的透明度	透明	
2	酸值	不应大于 0.1 mg(KOH)/g（油）	试验方法按国家标准 GB 264—1983《石油产品酸值测定法》
3	水溶性酸和碱	pH 值大于和等于 4.2	试验方法按国家标准 GB 259—1988《石油产品水溶酸及碱试验法》
4	闪点	①比新油标准降低 5℃；②不比前次测得值降低 5℃	试验方法按国家标准 GBT 261—1983《石油产品闪点测定法》
5	机械杂质	无	试验方法按国家标准 GBT 511—2010《石油产品和添加剂机械杂质测定法》
6	水分	无	试验方法按国家标准 GB 260—2016《石油产品水分测定法》
7	游离碳	无	外观目测
8	电气强度	①用于 15 kV 级以下，不小于 20 kV；②用于 20～35 kV，不小于 30 kV	①试验方法按国家标准 GB 507—1977《电气油绝缘强度测定法》；②油样应自设备中取出
9	运动黏度（必要时测试）	不应大于下列值： 温度/℃：20，50 运动黏度/cst：38，36 注：1 cst＝10^{-6} m²/s	①试验方法按国家标准 GB 263—1975《石油产品运动黏度测定法》；②20℃测量有困难时，可只作 50℃的测量

三、交流电动机的绝缘诊断

交流电动机分为同步及异步电动机两类。异步电动机在工农业生产中应用广泛，所以本小节仅介绍异步电机的绝缘诊断。诊断试验项目有绝缘电阻及吸收比、泄漏电流及直流耐压、交流耐压试验等。以下分别介绍各项目的诊断标准。

1. 绝缘电阻和吸收比测量

对额定电压为 1 000 V 以下的电动机，用 1 000 V 的兆欧表测量，常温下的绝缘电阻值不应低于 0.5 MΩ。对额定电压为 1 000 V 及以上的电动机，用 2 500 V 兆欧表测量，常温下定子绕组的绝缘电阻值不低于 1 MΩ/kV，转子绕组不低于 0.5 MΩ/kV。

对容量为 500 kW 以上的电动机，应测量吸收比。根据经验，吸收比大于 1.3 时，可以不经干燥投入运行。

2. 泄漏电流及直流耐压试验

对于额定电压为 1 000 V 以上、容量为 500 kV 以上的电动机,对定子绕组应进行直流耐压试验并测量泄漏电流。试验电压的标准为:大修或局部更换绕组时,3 倍额定电压,全部更换绕组时,2.5 倍额定电压。泄漏电流无统一标准,但各相间差别一般不大于 100%;20 μA 以下者,各相间应无显著差别。

3. 交流耐压试验

对交流电动机的定子绕组,交流耐压试验时的电压值为:大修或局部更换绕组时,1.5 倍额定电压,但不低于 1 000 V,全部更换绕组时,2 倍额定电压再加上 1 000 V,但不低于 1 500 V。

四、油断路器的绝缘诊断

油断路器的规格很多,这里仅介绍 35 kV 及以下油断路器的绝缘诊断。诊断时的试验项目有绝缘电阻、泄漏电流、tanδ、交流耐压试验等,通过这些试验可以对断路器导电部分对地绝缘和断口间灭弧室的绝缘作出诊断。

1. 绝缘电阻测量

使用 2 500 V 兆欧表测量绝缘电阻。应分别测量合闸状态下导电部分对地和分闸状态下断口之间的绝缘电阻。合闸状态下测量主要用以诊断绝缘拉杆,分闸状态下测量主要用以诊断消弧结构。

《规程》中仅对有机物绝缘拉杆的绝缘电阻允许值做了规定(见表 13-5),此外无统一规定。可按断路器实际情况,自行定出判断标准。

表 13-5　有机物绝缘拉杆绝缘电阻允许值/MΩ

试验类别	额定电压/kV	
	3～15	20～35
大修后	1 000	2 500
运行中	300	1 000

2. 泄漏电流测量

测量泄漏电流是 35 kV 及以上少油断路器的重要试验项目,能比较灵敏地发现绝缘杆、灭弧室、绝缘油的受潮,以及油中碳化物过多、油质劣化等缺陷。

测量泄漏电流时,对 35 kV 断路器应施加直流试验电压 20 kV,对 35 kV 以上的断路器施加 40 kV 直流电压。断路器每一元件的泄漏电流不应大于 10 μA。各相数值应相互比较。

3. 介质损耗因数测量

仅对 35 kV 及以上的多油断路器进行介质损耗因数的测量。先在分闸状态下测量 tanδ,若某值偏大,则应分解试验,以确定究竟是套管,还是油箱绝缘或灭弧室性能不良。由于各种套管 tanδ 的允许值不同,所以《规程》规定,对 35 kV 及使用非纯瓷套管的多油断路器,20℃时 tanδ 的允许值比所用套管的 tanδ 值可高 2%～3%(视断路器型号而异)。

4. 交流耐压试验

交流耐压试验是鉴定断路绝缘强度最有效和最直接的方法,应在其他绝缘试验项目合格之后进行。《规程》中规定了耐压试验电压标准,见表 13-6。

表 13-6 油断路器交流耐压试验电压标准

额定电压/kV	8	6	10	15	20	35
出厂试验电压/kV	24	32	42	55	65	95
交接及大修试验电压/kV	22	28	38	50	59	85

油断路器耐压试验前、后绝缘电阻应无明显变化。试验中若有异常情况出现,则应查明原因,检修后再试。

五、电力电缆绝缘诊断

电缆线路的薄弱环节是电缆终端头和中间接头,其原因是现场制作工艺不良,除电缆头外,电缆本身也会有一些故障,如机械损伤、铅包腐蚀、过热老化、制造缺陷等。电缆埋设在地下,寻找故障点也是十分重要的工作。下面介绍电缆绝缘诊断试验项目及故障点距离的测定方法。

1. 绝缘电阻测量

从电缆绝缘电阻的数值可初步诊断绝缘是否受潮、老化,由耐压试验前、后的绝缘电阻数值可诊断耐压绝缘故障。

对单芯电缆,测量芯级对外皮的绝缘电阻;对三芯电缆,测量每相芯线对其他两相及外皮间的绝缘电阻。对额定电压 1 000 V 以下的电力电缆,使用 1 000 V 的兆欧表,对 1 000 V 及以上的电缆,则使用 2 500 V 的兆欧表。

电缆绝缘电阻的数值随电缆的温度和长度而变化。为便于比较,应按下述公式换算为 20℃时 1 km 长电缆的绝缘电阻值 R_{20},即

$$R_{20} = \frac{R_{Lt} K_t}{L}$$

式中,L 为电缆长度,km;R_{Lt} 为长度为 L(km),温度为 t(℃)时电缆的绝缘电阻,Ω;K_t 为温度换算系数。

对浸渍纸绝缘电缆,K_t 值可由表 13-7 选取。

《规程》没有对电缆绝缘电阻给出诊断标准,一般可按制造厂规定的最低数值考虑:油浸纸绝缘电缆,每一缆芯对外皮的绝缘电阻(20℃时 1 km 的数值),额定电压 6 kV 以上的不小于 100 MΩ,额定电压为 1～3 kV 的不小于 50 MΩ。

表 13-7 纸绝缘电缆绝缘的温度换算系数 K_t

温度 t/℃	0	5	10	15	20	25	30	35	40
K_t	0.48	0.57	0.70	0.85	1.0	1.18	1.41	1.66	1.92

对多芯电缆,其不平衡系数(同一电缆各芯线绝缘电阻最大值与最小值之比)不应大于 2。

2.泄漏电流及直流耐压试验

对长电缆线路,因其电容器较大,所以用直流耐压来代替交流耐压。试验中同时测量泄漏电流,有助于对电缆绝缘状况作出诊断。

《规程》规定了电缆直流耐压试验的试验电压标准(见表 13-8)。试验持续时间为 5 min。直流耐压试验时,应分段提高电压,在每一电压值(0.25,0.5,0.75,1.0 倍试验电压)下停留 1 min读取泄漏电流值。

《规程》规定了油浸纸绝缘电力电缆泄漏电流的参考值(见表 13-9),当长度超过 250 m 时,泄漏电流允许值可按长度比例适当增加。

表 13-8　电力电缆直流耐压试验电压标准

电缆类型	额定电压/kV	试验电压与额定电压之比
油浸纸绝缘电缆	2~10	5
	15~35	4
	63~110	2.6
	220	2.3
	330	2
橡塑绝缘电缆	2~35	2.5
塑料绝缘电缆	2~35	2.5

表 13-9　油浸纸绝缘电力电缆长度为 250 m 及以下时的泄漏电流参考值

电缆类型	额定电压/kV	试验电压/kV	泄漏电流/μA
三芯电缆	35	140	35
	20	80	80
	10	50	50
	6	30	30
	8	15	20
单芯电缆	10	50	70
	6	30	45
	8	15	30

相间泄漏电流值相差较大,说明可能存在缺陷。《规程》规定,除塑料电缆外,三相不平衡系数应不大于 2。

泄漏电流随电压值上升而不成比例地急剧增加,说明电缆绝缘存在缺陷。

3.电缆故障点距离的测量

测量电缆故障点距离的一种方法是直流电桥,以下分 3 种情况讨论。

(1)单相接地故障,如图 6-1(a)所示,电缆长度为 L,C 相接地,故障点距离为 X。参照图 13-1(a)接线,且调节电桥平衡后,若电缆单位长度电阻为 r,则

$$MXr = (2L-Xr)R$$

故得

$$X = 2L\frac{R}{R+M}$$

(2)两相接地故障,如图 13-1(b)所示,设电缆 B、C 相短路接地,按图 13-1(b)接线,调节电桥平衡后,故障点距离 X 的计算公式同上。

(3)三相短路接地,如图 13-1(c)所示,此时应设置两根辅助线,且按图 13-1(c)接线。

设辅助线(一根)的电阻为 r_L,调节电桥平衡后,则

$$(M+r_L)Xr = (L-Xr)R$$

故得

$$X = \frac{R}{M+r_L+R}L$$

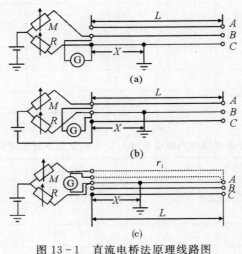

图 13-1 直流电桥法原理线路图

(a)单相接地;(b)两相短路接地;(c)三相短路接地

六、电气设备绝缘在线诊断

如前所述,绝缘在线诊断是一种预知性的绝缘诊断体系,对提高电力系统可靠性有重要意义。在线监测的内容主要为电流、$\tan\delta$、局部放电、绝缘油中含有的气体等。

1.流过绝缘的电流的监测

电容式套管、电容式互感器等电力设备具有电容式绝缘,其等值电路如图 13-2(a)所示,绝缘完好时,R 极大,于是可简化为图 13-2(b)(c)。

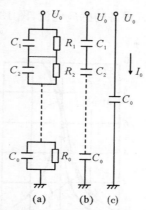

图 13 - 2　电容式绝缘等值电路

(a)电容式绝缘等值电路；(b)绝缘完好时的简化等值电中路(一)；

(c)绝缘完好时的简化等值电路(二)

　　绝缘有局部缺陷时，缺陷部分出现较大损失，于是其等值电路由缺陷部分的 C_d、R_d 和其余完好部分的 C 串联组成，如图 13 - 3(a)所示，其电流电压矢量图见图 13 - 3(b)。通过计算，可得设备由于局部缺陷引起的电流、电容和 $\tan\delta$ 的变化为

$$\frac{\Delta I}{I_0} = \frac{\tan\delta_d}{K} \frac{1}{\left[\tan^2\delta_d + \left(\dfrac{K+1}{K}\right)^2\right]}$$

$$\frac{\Delta C}{C_0} = \frac{\tan^2\delta_d}{K} \frac{1}{\tan^2\delta_d + \left(\dfrac{K+1}{K}\right)^2}$$

$$\Delta\tan\delta = \frac{\tan\delta_d}{K} \frac{1}{\tan^2\delta_d + \dfrac{K+1}{K}}$$

式中，$\tan\delta_d$ 为缺陷部分的介质损失角正切；K 为反映缺陷部分所占比例的系数，$K = \dfrac{C_d}{C_0}$。

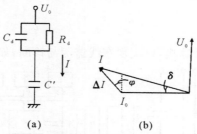

图 13 - 3　电容式绝缘有局部缺陷时的等值电路及矢量图

(a)等值电路图；(b)矢量图

　　这些参数变化的一般规律如图 13 - 4 所示。由图可知，无论局部缺陷处于发展早期或已充分发展，电流的变化总能灵敏地反映出来，于是选择电流作为监测对象。

　　测量三相系统中 3 个同类设备的电流总和，可以将流过正常绝缘的电流补偿掉，从而提高

测量的灵敏度，还需设法补偿掉邻近设备的感应电流，图 13-5 为具体测量电路的一例。

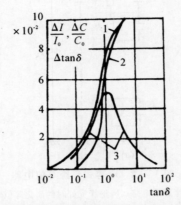

图 13-4　试品介电特性和绝缘缺陷部分，介质损失角正切的变化关系（$C_d = 10\,C_0$）

$$1—\frac{\Delta I}{I_0}；2—\frac{\Delta C}{C_0}；3—\Delta\tan\delta$$

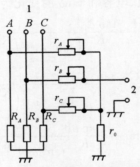

图 13-5　采用电阻的测量变换器的电路图

1—去被测试品；2—去测量仪表

测得的信号可送入微型计算机，以实现在线监测与诊断，如图 13-6 所示。

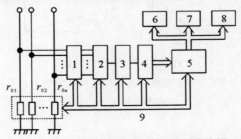

图 13-6　电流监测微机系统原理方块图

l—隔离装置；2—多路转换；3—采样保持；4—A/D 转换；5—微型计算机；

6—显示；7—打印；8—超限报警；9—控制信号

2. tanδ 的监测

(1)电桥法。在预防性试验中常采用西林电桥检测 tanδ。照通常的试验接线,需要停电试验。带电检测比较费事,不易推广。

利用电桥也可实现对 tanδ 在线监测,图 13-7 所示电路即是其一例。图 13-7 中作为标准电容的 C_0 是低电压电容,通过电压互感器与电力系统相连。互感器的误差和 C_0 的损耗属于系统误差,可以校正。测量时电桥需要人工调节。采用微处理器,可以实现电桥调节平衡自动化、数据定时采集等功能。但由于需要经常调节电触点,作为长期监测,其可靠性还要在试运行中考验。

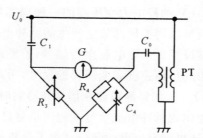

图 13-7　电桥法监测 tanδ 的电路图

C—被试设备;C_0—低压标准电容;PT—电压互感器;R_3,R_4,C_4—桥臂元件;G—指零仪

(2)数字化测量法。还可采用数字化测量方法监测 tanδ。数字化测量仪的原理和西林电桥完全不同,避免了调节平衡的复杂过程,图 13-8 是其原理图。基本原理是通过相位比较器利用脉冲计数直接求得两个正弦电信号之间的相位差。被测设备的电流信号容易取得。电压信号是由高压标准电容器取得的。设计了特殊的自动平衡电路以减少相位比较器的漂移。通过相位比较器测得数据后采用脉宽调制转换为光脉冲,再经过光导纤维传送到接收部分,然后又还原为电信号,最后数字显示。采用光导纤维后,可以避免电磁干扰,并且接收部分可以处于高电位。

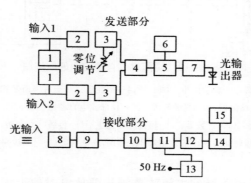

图 13-8　tanδ 数字化测量仪的原理图

1—过电压保护;2—阴抗选择器;3—低通滤波器;4—相位比较赛;5—A/D 转换和功率放大;6—同步信号发生器;

7—发光二极管驱动器;8—光脉冲检测器;9—脉冲解码器;10—脉冲积分器;11—脉冲计数器;12—BCD 解码器;

13—时钟脉冲发生器;14—7 位解码和驱动器;15—3 比位显示器

（3）局部放电的监测。局部放电是导致设备绝缘损坏的主要原因之一，所以是绝缘事故重要的前期征兆，各国对局部放电的监测都非常重视。

检测局部放电有两类方法：脉冲电流法和超声法。前者检测放电造成的电流脉冲，后者检测放电造成的超声压力波。脉冲电流法灵敏度高，但不易和设备外部电晕等放电现象造成的电磁干扰相区别。超声法抗电磁干扰性能好，采用几个超声传感器后还能对放电定位。但由于声波在设备内部绝缘中的吸收和散射，灵敏度不如脉冲电流法高，并且机械振动如风沙敲击设备外壳、铁芯电磁振动等也会造成干扰。由于变电站现场外界干扰强烈，而局部放电信号又很微弱，所以排除干扰是局部放电在线监测的主要难点。

综合采用脉冲电流法和超声法并采用光纤传输信号可以克服干扰影响，提高监测的灵敏度和可靠性。图 13-9 为 500 kV 油浸电力变压器的一种局部放电监测系统的原理图。从电容套管末端和中性点接地引线可以测得局部放电产生的脉冲电流信号。电信号的传播时间可以忽略不计。紧贴油箱外壁装设了 5 个压电超声传感器，检测局部放电造成的超声信号。根据超声波在变压器内部绝缘中的传播速度和变压器的尺寸，可以算得超声信号比电流信号滞后的最小时间 $t_{\min}$ 和最大时间 $t_{\max}$。如果测得超声信号和滞后时间 $t_{\min}<t<t_{\max}$，则可以判定确为内部绝缘的局部放电。单独出现脉冲电流信号或超声信号显然均系外部干扰。根据 5 个超声传感器测得信号的时间差，还可确定放电的部位。为了防止电磁干扰，传感器测得的信号经过光电转换，采用光导纤维传送到自动监测仪，再经光电转换后进入微计算机系统。自动监测仪还定期发出模拟局部放电的信号，送回传感器，以检查传感器及传输系统工作是否正常。这是提高监测系统可靠性的有效措施。

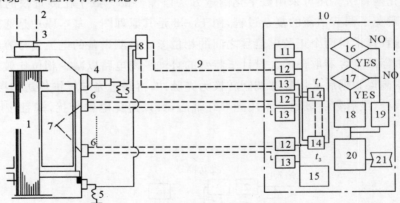

图 13-9　局部放电自动监测的原理图

1—变压器；2—高压套管；3—套管的电压抽取蛸；4—中性点；5—茹可夫斯基线图；6—压电超声传感器；

7—局部放电；8—脉冲电流检测器；9—光导纤维；10—局部放电自动监测仪；11—脉冲发生器；12—光接收器；

13—光发送器；14—计数器；15—模拟脉冲发生；16—传播时间判断（$t_{\min}<t<t_{\max}$）；

17—传播时间判断（传播时间 $t_1 \sim t_5$ 的差别）；18—局部放电判定；19—干扰判定 ；20—显示；21—打印

还可采用另一种方法消除脉冲电流法监测局部放电时的干扰，其原理图如图 13-10 所示。单相变压器绕组中性点和油箱接地点各设置一个宽频带电流互感器以检测局部放电信号。变压器内部放电，这两个电流脉冲是反向的。变压器外部放电，则这两个信号的波形很不相同，难以直接相比。但实验结果表明，其中有适当的频谱分量符合上述原则，可用于互相比较。这个分量的频率随变压器而异,要根据实验确定。在检测回路中串连接入频带可调的滤波器,校验时加以调整确定。叠加和选频后的信号送入峰值检测仪。每个工频半周,峰值仪测得的最大值转换成数字量,送入微机暂存;随后峰值仪清零,读取下半周中的局部放电值。每10 s 将测得值平均一次,暂存 RAM,读取后按其强度分 10 组计数。分组后的局部放电数每24 n 累计一次,打印并存入软盘。每天的放电次数特别是放电量超过 1 000 pC 的数目迅速增加,就意味着绝缘在快速劣化。

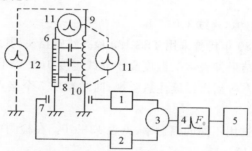

图 13-10　变压器局部放电监测原理图

1—反相器;2—衰减器;3—相加器;4—滤波器;5—峰值检测仪;6—变压器;7—电流互感;8—绕组对铁芯及油箱的电容;9—高压端;10—中性点;11—内部局部放电电流脉冲;12—外部干扰电流脉冲

　　在线监测时放电的标定可采用如图 13-11 所示的电路,在回路中串入电阻 r,电阻并接开关 K。根据 K 开合时检测仪器指示的改变进行标定。

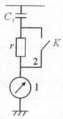

图 13-11　局部放电在线标定的原理图

1—检测装置;2—标定电压脉冲发生器;C—被试设备

第三节　电气设备温度诊断

　　在电气设备检测中温度量约占需要检测量的 50%,这主要是在电气故障中有很多同时伴随温度的变化。目前虽有众多常规测温仪器,但大都难以解决处于高压、强电磁干扰等恶劣环境中的高压电力设备内部温度的测试。由于篇幅所限,本节不讨论常规测温仪器,仅简略地讨论红外测温技术在电气设备温度故障检测中的应用。

一、红外点温仪检测电气设备故障

　　红外测温仪以轻便、直观、快速、价廉而著称,是电气设备温度检测的一种安全、成熟的方法,无论在测试技术和故障判别方面都积累了许多经验,下面介绍少量应用实例。

1. 日本电力用 TSS-180 型测温仪的应用

TSS-180 型测温仪技术特性如下：

(1)测定温度范围及测定精度：0~300℃，±(0.5%K+1℃)。

(2)测定距离及视野：3 m，ϕ15 mm。

(3)辐射率校正范围：0.3~1.0 可变。

(4)重量：1.2 kg。

(5)电源：DC9.6 V 电池，连续工作 7 h。

日本九州在 20 世纪 80 年代曾采用 TSS-180 检查线路接头，其中包括跳线线夹、T 型线夹及爆压管总共 5 774 个，结果发现接头温度高于导线温度 10℃ 以上的为 125 个，占 4.3%，这种接头被称为"可能异常"，今后需继续注意监视；同时发现 7 个接点异常，经停电后检测也确属异常，占 0.2%。

检测中，对不同导线选用不同的辐射率，见表 13-10。在检测中，对选用的辐射率应予以校正，校正试验记录见表 13-11。

表 13-10 导线、管线测试时选用辐射率

钢芯铝绞线		铜 线		铝管母线	
材料状况	辐射率	材料状况	辐射率	材料状况	辐射率
新线	0.3	新线	0.7	新线	0
氧化	0.7	氧化	0.8	氧化	0.45
变黑	0.95	变黑	0.95	变黑	0.9

表 13-11 辐射率选择校正试验记录(试品：铝管母线)

辐射率设定值	No1 温度计			No2 温度计		
	真温度 t_1/℃	温度计指示 t_2/℃	$\dfrac{t_1}{t_2}$	真温度 t_1/℃	温度计指示 t_2/℃	$\dfrac{t_1}{t_2}$
0.3	78	94	0.83	93	103	0.89
0.4	77	81	0.95	92	97	0.95
0.5	76	70	1.09	91	83	1.10
0.6	75	61	1.23	88	69	1.28
0.7	75	55	1.36	87	61	1.43
0.8	74	55	1.35	85	52	1.63
0.9	73	44	1.66	84	48	1.75
1.0	73	43	1.70	84	44	1.91
0.45	78	79	0.99	80	76	1.05

2. 支架式点温仪的应用

我国华北电网石家庄及北京供电局近几年采用 HCW-2 型红外测温仪对变电站和线路工区的接头进行了检测，取得较好效果。

HCW-2 型测温仪技术特性如下。

(1)测温范围:较宽。

(2)最小可检测温差:1℃。

(3)距离系数:750 或更大。

(4)辐射率校正:0.6～1.0。

(5)测量误差:5%。

(6)重量:接收器 5 kg,测量箱 1.5 kg。

检测对象有变压器套管引线夹子、变压器散热器、隔离开关动触头及套管上端引线压紧螺母、耐张压接头、耐张杆过线巴掌、阻波器螺杆顶端等等。通过对设备接头的大量现场检测,发现了隐患,避免了一些接头过热的停电事故。据 1985 年石家庄供电局的不完全统计,发现准确的异常接点 13 处,对供电系统的安全运行起了很好的作用。

石家庄供电局规定:母线接头、T 型线夹和爆压耐胀线夹接管为两年一次;变压器断路器、电流互感器的端部引线接头,隔离开关触头每年检测一次,时间为 6～8 个月。

检测结果判定分为正常、异常、危险等三级:①正常:接头温度<60 ℃或温升<40 ℃;②异常:温度在 60～70 ℃之间,且与相邻比较的温度比>1.5 的,应加强监视;③危险:温度>80 ℃,或与相邻及相间比较的温度比>2 的应及时处理。

使用 HCW-2 型测温仪时,发现未经及时校验的可能发生较大误差,可能达 20%以上;经及时校验的,虽然误差仍然超差,但对于现场判断温度的高低尚可使用,一般来说,对 100 ℃之内的温度,误差小一些,对 100 ℃以上的误差更大些。测量距离较厂家给出的 100 m 要低,但50 m 时还可用。

3. 手持式点温仪的应用

瑞典 AGEMA 公司的便携式 80 型测温仪在国内几个行业均有引进。西安光学仪器厂生产的手持式单片机红外测温仪也类似此产品,只是距离系数更小些,为 40。

80 型红外测温仪技术特性如下。

(1)测量范围:−30～1 370 ℃。

(2)辐射率设定:0.10～1.00(0.1 步进)。

(3)环境温度设定:−17～1 648 ℃。

(4)精度(在 20 ℃时):38 ℃以上为读数的±1%±1 ℃,38 ℃以下为±1.4 ℃。

(5)距离系数:60。

(6)重量:1.3 kg。

(7)电源:6 V 碱电池。

北京电力科学研究所使用点温仪对发配电设备进行了现场检测,被检测器件有发电机炭刷、35 kV 户外变压器套管接头、35 kV 及以下的设备多处接头,并采用停电后接触式温度计接触测量对比,发现了变压器及炭刷等过热隐患。事实说明,80 型适用于 35 kV 及以下,特别是户内配电设备的温度检测;而对于 35 kV 以上的,尤其是户外设备,限于 80 型距离系数较小,被测物面积在这距离测试时不能充满视场,则测试结果是不正确的,当天空占据现场较大位置时,显示温度值可达零下。

马鞍山钢铁公司应用红外点温仪在供、配电设备中,进行定期巡回检测取得了很好的效果,红外测温仪为掌握各变电所运行状态、安排维修时间提供了科学依据。

太原钢铁公司采用点温仪和热像仪配合测量设备温度,迅速、准确地找到了发电机定子铁芯的热分布图,确定了故障部位,指导大电机检修。

二、红外成像系统在电气设备温度检测中的应用

热像最早应用于电力工业大约在 1964 年,到现在有几十年,取得了显著的经济效益。红外热像仪具有非接触热图成像及温度测量的功能,它在电力系统中的应用获得了成功。然而它与红外测温仪相比并没有获得广泛的应用,其原因有以下几方面:①红外热像仪价格昂贵,目前大多数依靠进口,全国有能力购置的单位极少。②红外热像仪使用条件苛刻,需要干冰或液氮致冷。要有专门的设备才能提供致冷剂,我国中小城市不具备上述条件。③红外热像仪技术难度大,操作人员要具有相应的水平,不是所有的人都能操作使用。④热像仪用于野外巡回检测需用飞机装载,在我国目前条件下很难办到。虽然热像仪具有上述缺点,但根据热图可给电气设备故障点安全、有效地定位,防止潜在的电气故障,确定目前和未来的重点监视对象,是红外测温仪等测温设备无法替代的。因此,对于一些大型关键电气设备,其仍不失为一种可靠经济的温度检测手段。下述介绍一个红外成像微机图像处理与分析系统。图 13-12 为红外热像仪用于电气设备诊断流程图。

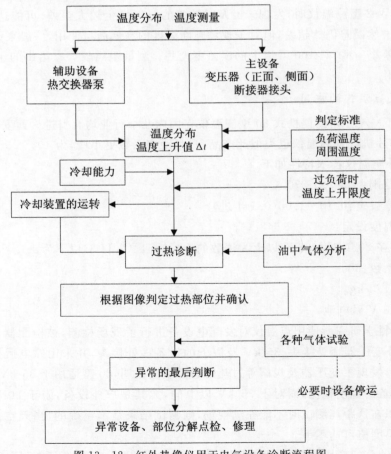

图 13-12　红外热像仪用于电气设备诊断流程图

由于红外热像仪检测所得到的是大量的热图像信息,为了恢复和发掘图像中的信息,提高人眼的分辨能力,快速、准确地对热图像信息进行分析和计算,使人们对图像信息的视觉洞察能力得到大幅延伸。随着计算机数字图像处理技术的迅速发展,使得人们有可能利用计算机特别是利用微机来进行热图像处理。因此,近年来国内外生产的红外成像仪均配备相应的计算机图像处理设备。对于那些尚未配备图像处理设备的热像仪,可以利用目前我国普遍采用的 IBM-PC,PC/XT,PC/AT 或其兼容机,配置相应的硬件和软件,即可组成红外图像微机处理与分析系统。

该系统可以与红外热成像仪联机运用,直接对被测物体进行观察、测量和分析,并可实现对热图像的采集、存储、增强、滤波去噪、伪彩显表、几何变换、图像运算等多种功能,此外还可以对热图像的录像带、电视图像、照片、底片、X 光片等实现上述处理功能。也就是说,一个热图微机处理系统不仅适用于红外热成像仪,在其他图像信息处理领域内也有着广泛的应用前景。

第十四章　车辆设备故障诊断

第一节　车辆故障诊断基础

车辆故障诊断与检测技术是指在整机不解体情况下,确定车辆的技术状况,查明故障原因和故障部位的车辆应用技术,它包括车辆故障诊断技术和检测技术,也可统称为车辆诊断技术。

车辆在使用过程中,由于某一种或几种原因的影响,其技术状况将随车辆行驶里程的增加而变化,其动力性、经济性、可靠性、安全性将逐渐或迅速地下降,排气污染和噪声加剧,故障率增加,这不仅对车辆的运行安全、运行消耗、运输效率、运输成本及环境造成极大的影响,甚至还直接影响到车辆的使用寿命,因而研究车辆故障的变化规律,定期检测车辆的使用性能,及时而准确地诊断出故障部位并排除故障,就成为车辆使用技术的一项重要内容。因此,车辆故障诊断与检测是恢复车辆使用寿命的关键,是车辆使用技术的中心环节。

一、车辆故障诊断

车辆制造出来后和在使用过程中,由于各种各样的原因不可避免地要发生故障,使车辆的动力性、经济性、操纵稳定性、使用安全性等发生变化。车辆故障有的是突发性的,有的是逐渐形成的。当车辆发生故障时,能够用经验和科学知识准确、快速地诊断出故障原因,找出损坏的零部件和部位,并尽快地排除故障,对车辆的使用和维修有利。

1.车辆故障形成原因

车辆故障形成原因主要有以下几种。

(1)车辆本身存在着易损零件。车辆设计中不可能做到车辆上所有的零件都具有同等寿命,车辆本身有些零件为易损件,如空气滤清器芯、火花塞、机油等使用寿命较短,均需定期更换,如没有及时更换或提前损坏,车辆就会发生故障。

(2)零件本身质量差异。车辆和发动机零件是大批量地由不同厂家生产的,不可避免地存在质量差异。原厂配件在使用中会出现问题,协作厂配件或不合格的配件装到车辆上更会出现问题,因此所有车辆厂家都在努力提高配件质量,消除零件本身质量缺陷。

(3)车辆消耗品质量差异。车辆上的消耗品主要有燃油和润滑油等,这些添加用品质量会严重影响车辆的使用性能和使用寿命。而这些用品的添加往往很难由用户来保证,稍不注意就会加入劣质汽油和劣质润滑油,对车辆的危害极大,可能用户还没有在意,车辆就出问题了。

（4）车辆使用环境影响。车辆为露天使用，环境影响较大。高速公路路面宽阔平坦，车辆速度高，易出故障和事故；道路不平，车辆振动颠簸严重，易受损伤。山区动力消耗大、城市等车时间长等都使车辆使用工况发生很大变化，就容易发生故障，或引起突发性损坏。

（5）驾驶技术和驾驶方法的影响。驾驶技术对车辆故障影响很大，使用方法不当影响更大。车辆使用管理不善，不能按规定进行走合和定期维护，野蛮起动和野蛮驾驶等都会使车辆早期损坏和出现故障。

（6）车辆故障诊断技术和维修技术的影响。车辆使用中要定期维修，出了故障要做出准确的诊断才能修好。在车辆使用、维护、故障诊断和维修作业中都需要有技术，特别是现代车辆，高新技术应用较多，这就要求车辆使用、维修工作人员要了解和掌握车辆技术和高深的新技术。不会修不能乱修，不懂不能乱动，以免旧病未除，新问题又出现。

因此，车辆故障广泛地存在于车辆的制造、使用、维护和修理工作的全过程，对于每一个环节都应十分注意，特别是在使用中要注意车辆的故障，有故障要及时发现、及时排除，才能使车辆在使用过程中减少出现事故的概率。

2. 车辆常见故障

车辆的常见故障，可用经验、感官和仪器进行判断。常见故障主要有以下几种。

（1）车辆性能异常。车辆性能异常就是车辆的动力性和经济性差，主要表现在车辆最高行驶速度明显低，车辆加速性能差；车辆燃油消耗量大和机油消耗量大。车辆乘坐舒适性差，车辆振动和噪声明显加大。

（2）车辆使用工况异常。车辆使用中突然出现某些不正常现象，应加以预防。如行驶中车辆突然熄火；需要制动时，车辆无制动；冬季车辆发动不起来；车辆熄火后发动不起来；行驶中转向突然失灵；更有甚者车辆爆胎和车辆自燃起火等。症状表现比较明显，发生原因比较复杂，主要是车辆内部有故障没有被注意，发展成突发性损坏。

（3）车辆异常响声。车辆使用中发生故障，往往最易以异常响声的形式表现出来。正常情况下驾驶员和乘坐者都可以听到。有经验者可以根据异响发生的部位和声音的不同频率和音色判断车辆故障，一般响声比较沉闷并且伴有较强烈的抖动时故障比较严重，应停车、降低车辆转速或关闭车辆来查找。有些声音是某些部位发生了故障，不影响车辆使用，一时查不出来时，可将车辆驶回基地或就近驶入车辆维修部门请有经验的人员查找。

（4）车辆异味。车辆行驶中最忌发生异味。有异味首先要判断是车辆异味还是周围环境异味。车辆异味主要有制动器和离合器上的非金属摩擦材料发出的焦臭味，蓄电池电解液的特殊臭味，车辆电气系统和导线烧毁的焦煳味。在某些时候能够嗅到漏机油的烧焦味和不正常的汽油味，都必须予以充分注意。

（5）车辆过热。车辆过热表现为车辆各部的温度超出了正常使用温度范围。车辆过热，以散热器开锅表现最为明显；变速器过热、后桥壳过热和制动器过热等都可以用手试或用水试法感觉出来，车辆过热要做进一步检查才能发现故障根源，如确系长时间高负荷所致，一般不影响使用。如系内部机构故障，应及时诊断和排除。

（6）车辆排气烟色异常。车辆排气烟色是车辆工作的外观表现。车辆燃烧正常时有一定的排气烟色，车辆工作不正常时，排气烟色会发生变化。车辆烧机油时，若排气呈蓝色，则表明车辆需进行维修;车辆燃烧不完全时,其排气呈黑色,应更换燃油或调整点火正时;车辆排气呈白色时,表示燃油中或汽缸中有水,应检查燃油或检查车辆。

(7)车辆渗漏。车辆渗漏表现为燃油渗漏、机油渗漏、冷却液渗漏、制动液渗漏、转向机油渗漏、润滑和制冷剂渗漏等,以及电气系统漏蓄电池液和电气系统漏电等。车辆渗漏极易引起车辆过热和机构损坏,如漏转向机油容易引起车辆转向失灵,漏制动液容易引起制动失灵等。

(8)车辆外观失常。车辆停放在平坦场地上时,检查外观有时会发现车辆纵向偏斜或横向歪斜,表现为外观失常。应注意检查车辆轮胎气压、车架和悬架损坏、车身损坏等不正常现象。

(9)车辆驾驶异常。车辆驾驶异常表现为车辆不能按驾驶员的意愿进行加速行驶、转向和制动,可以觉察到车辆操纵机构和执行机构故障,除对油门踏板、制动踏板、离合器踏板和方向盘及其传动机构进行检查和调整外,还应对车辆进行全面检查,找出故障,维修使用。

二、车辆故障诊断的基本概念

1.车辆故障

车辆故障是指车辆部分或完全丧失工作能力的现象,其实质是车辆零件本身或零件之间的配合状态发生了异常变化。

车辆工作能力是动力性、经济性、工作可靠性及安全环保等性能的总称。

车辆故障的分类如下。

(1)按丧失工作能力的程度分为局部故障和完全故障。局部故障是指车辆部分丧失了工作能力,降低了使用性能的故障。完全故障是指车辆完全丧失工作能力,不能行驶的故障。

(2)按发生的后果分为一般故障、严重故障和致命故障。一般故障是指车辆运行中能及时排除的故障或不能排除的局部故障。严重故障是指车辆运行中无法排除的完全故障。致命故障是指导致车辆造成重大损坏的故障。

三要素,即汽缸压力、燃油空燃比和点火时的火花强度。

2.车辆故障诊断

车辆故障诊断是指在不解体(或仅拆下个别小件)的情况下,确定车辆的技术状况,查明故障部位及故障原因的车辆应用技术。

车辆技术状况是指定量测得的表征某一时刻车辆外观和性能参数值的总和。

车辆技术状况的诊断是通过检查、测量、分析、判断等一系列活动完成的,其基本方法主要分为两种,即直观诊断法和现代仪器设备诊断法。

(1)直观诊断法。直观诊断法又称为人工经验诊断法,是指诊断人员凭丰富的实践经验和一定的理论知识,在车辆不解体或局部解体情况下,依靠直观的感觉印象,借助简单工具,采用眼观、耳听、手摸和鼻闻等手段,进行检查、试验、分析,确定车辆的技术状况,查明故障原因和故障部位的诊断方法。

(2)现代仪器设备诊断法。现代仪器设备诊断法是在人工经验诊断法的基础上发展起来的一种诊断方法,是指在车辆不解体情况下,利用测试仪器、检测设备和检验工具,检测整车、总成或机构的参数、曲线和波形,为分析、判断车辆技术状况提供定量依据的诊断方法。

实际上,上述两种方法往往同时综合使用,也称为综合诊断法。

3.车辆检测技术

车辆检测是指为确定车辆技术状况或工作能力所进行的检查和测量。

按车辆检测的目的可分为安全环保检测和综合性能检测两大类。

（1）安全环保检测。安全环保检测是指对车辆实行定期和不定期安全运行和环境保护方面所进行的检测。目的是在车辆不解体情况下建立安全和公害监控体系，确保车辆具有符合要求的外观和良好的安全性能，限制车辆的环境污染程度，使其在安全、高效和低污染工况下运行。

（2）综合性能检测。综合性能检测是指对车辆实行定期和不定期综合性能方面的检测。目的是在车辆不解体情况下，对运行车辆确定其工作能力和技术状况，查明故障或隐患部位及原因，对维修车辆实行质量监督，建立质量监控体系，确保车辆具有良好的安全性、可靠性、动力性、经济性、排气净化性和噪声污染性，以创造更大的经济效益和社会效益。

三、车辆故障的机理

车辆故障的产生是有一定规律的。要学习车辆故障诊断与检测技术，首先要掌握车辆故障的变化规律，而要学习车辆故障的变化规律，则需了解车辆故障产生的原因。

1.车辆故障产生的时间

车辆故障的产生主要是由零件之间的自然磨损或异常磨损、零件与有害物质接触造成的腐蚀、零件在长期交变载荷下的疲劳、在外载荷及温度残余内应力下的变形、非金属零件及电气元件的老化、偶然的损伤等原因造成的。零件的磨损律是指两个相配合零件量与车辆行驶里程的关系，又称为零件的磨损特性。零件的磨损可分为 3 个阶段。

（1）零件的磨合期。由于零件表面粗糙度的存在，在配合初期，其实际接触面积较小，比压力极高，所以初期磨损值较大，但随着行驶里程的增加，配合相应改善，磨损量的增长速度开始减慢。

（2）正常工作期。在正常工作期，由于零件已经过了初期走合阶段，零件的表面质量、配合特性均达到最佳状态，润滑条件也得到相应改善，因而磨损量较小，磨损量的增长也比较缓慢，就整个阶段的平均情况来看，其单位行驶里程的磨损量变化不大。

（3）加速磨损期。在加速磨损期，零件的配合间隙已超限，润滑条件恶化，磨损量急剧增加，若继续使用，将会由自然磨损发展为事故性磨损，使零件迅速损坏。此阶段的磨损属于异常磨损。

2.车辆故障的变化规律

车辆故障的变化规律是指车辆的故障率随行驶里程的变化规律。

车辆故障率是指使用到某行驶里程的车辆，在单位行驶里程内发生故障的概率，也称失效率或故障程度。它是度量车辆可可靠性的一个重要参数，体现了车辆在使用中工作能力的丧失程度。

故障的变化规律曲线（见图 14 - 1）就是车辆的故障率与行驶里程的关系曲线，也称为浴盆曲线。

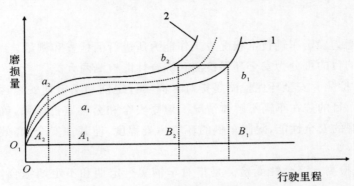

图 14-1　车辆故障的变化规律曲线

1—1# 车型；2—2# 车型

与零件的磨损规律相对应，车辆故障变化规律也分为 3 个阶段。

（1）早期故障期。早期故障期相当于车辆的走合期。因初期磨损量较大，所以故障率较高，但随行驶里程增加而逐渐下降。

（2）随机故障期或偶然故障期。在随机故障区其故障的发生是随机性的，没有一种特定故障起主导作用，多由于使用不当、润滑不良、维护欠佳及材料内部隐患、工艺和结构缺陷等偶然因素所致。

（3）耗损故障期。在耗损故障期，由于零件磨损量急剧增加，大部分零件老化耗损，特别是大多数受交变载荷作用及易磨损的零件已经老化衰竭，因而故障率急剧上升，出现大量故障，若不及时维修，将导致车辆或总成报废。因此，必须把握好耗损点，制定合适的维修周期。

由上可知，早期故障期和随机故障期所对应的行驶里程即为车辆的修理周期或称修理间隔里程。

四、车辆故障诊断与检测基础理论

车辆的故障诊断与检测是确定车辆技术状况的应用性技术，不仅要求有完善的检测、分析、判断手段和方法，而且要有正确的理论指导。为此，在诊断与检测车辆技术状况时，必须选择合适的诊断参数，确定合理的诊断参数标准和最佳诊断周期。

车辆诊断参数是指供诊断用的，表征车辆、总成及机构技术状况的量，它包括工作过程参数、伴随过程参数和几何尺寸参数。

（1）工作过程参数。工作过程参数是车辆、总成和机构在工作过程中输出的一些可供测量的物理量和化学量。工作过程参数也是深入诊断的基础。车辆不工作时，工作过程参数无法测得。

（2）伴随过程参数。伴随过程参数是伴随工作过程输出的一些可测量，如振动、噪声、异响、过热等，可提供诊断对象的局部信息，常用于复杂系统的深入诊断。

（3）几何尺寸参数。几何尺寸参数可提供总成、机构中配合零件之间或独立零件的技术状况，如配合间隙、自由行程、圆度、圆柱度、端面圆跳动、径向圆跳动等。

五、车辆故障诊断的发展历程

自 20 世纪 70 年代以来，传感器技术、微机技术、数据通信技术在车辆中的大量应用，使得车辆结构日益复杂,功能日趋先进,但诊断、维修难度也大大增加,诊断中需获取的信息量迅速膨胀。有资料表明,现代车辆维修需要 40% 的精力查阅资料、30% 的精力分析故障,拆装零件的时间由过去的 70% 降到 30% 以下。面对如此错综复杂的信息种类和庞大的信息量,如何迅速做出分析并加以综合利用,是当前及今后车辆故障诊断中亟待解决的问题,同时也对车辆的故障诊断维修技术提出了更高的要求。

现代车辆故障诊断技术起始于 20 世纪 60 年代的西方发达国家,随着车辆结构的日益复杂,必然要求有相应的诊断手段来满足其维护的需求,因此,车辆诊断技术在过去的数十年中取得了迅速地发展。综合来看,车辆诊断技术的发展经历了下述 4 个阶段。

1. 人工检验阶段

早期的车辆诊断,主要依靠有一定技术和经验的工人,凭耳听、手摸的方法来了解车辆的技术状况,再根据已掌握的实践经验进行车辆故障的诊断。该诊断方式完全靠检查者的感觉和经验进行。这种诊断方法总结起来主要是问、看、嗅、听、摸、试、断。这种方法简单、经济,但是准确性差,很大程度上依赖于操作者的经验。

2. 运用简单的仪器、仪表进行测量阶段

由于车辆结构的日趋复杂,因此一些简单测试仪器,如万用表、真空仪、油压表等用于车辆的故障诊断中,从而使诊断技术从耳听、手摸的定性阶段,逐渐发展到用仪器、仪表的定量测量阶段。这种方法为车辆故障诊断提供了客观依据。不足之处是仪器分散,对故障缺乏综合的分析和判断。

3. 利用专门设备进行综合诊断阶段

在车辆总成不解体的情况下,用先进的仪器和设备,车辆各工作系统进行精密监测,测出车辆有关数据,通过电子计算机的处理,就能显示车辆的技术状况或寻找出故障原因。

4. 人工智能诊断阶段

进入 20 世纪 90 年代,随着专家系统的发展和电子计算机智能化的提高,用计算机储存专家知识,建立车辆故障诊断专家系统,把车辆故障诊断推向了更加智能化的阶段。

六、国内外车辆故障诊断技术的研究现状

20 世纪 60 年代,发达国家相继研制开发了各种独立于车辆的车外诊断设备。1972 年德国大众车辆公司率先推出了他们研制的国民牌车外诊断装置。随后,美国和日本也开发出了类似装置,但因为当时技术水平有限,这些车外诊断装置的诊断效果并不理想。为了克服车外诊断装置的局限性,1979 年,美国通用公司在其所生产车辆的电控汽油喷射系统中,正式采用了车载诊断系统,也称车载诊断系统。在随后的几年中,欧、美、日等国的车辆生产厂商陆续在各自生产的车辆上配备了车载诊断系统。到了 20 世纪 80 年代末期,随着人工智能技术的迅速发展,特别是专家系统、人工神经网络在故障诊断领域的进一步应用,故障诊断技术向信息化和智能化方向不断前进。

1989 年美国 Venkat 等人首次将神经网络用于故障诊断中,并与基于知识的专家系统进行了比较,克服了传统诊断推理速度慢、不适应在线诊断的缺陷,获得了理想的结果。此后,

Madco 等人把神经网络引入到柴油发动机的故障诊断中,利用神经网络的学习功能和强大的非线性映射特性和很强的容错性能,实现故障的快速分类。Sharky 等人在对柴油发动机的故障推理进一步研究的基础上,提出了多神经网络的诊断策略,与单一策略专家诊断系统相比,多神经网络诊断系统体现出了强大的诊断功能。

到了 20 世纪 90 年代末期,具有诊断复杂故障能力的专家系统和车辆自身诊断功能密切相连,构成新的车外诊断系统。这些车外诊断系统采用了微电子技术、计算机技术、先进的传感器技术,并结合人工智能技术,将车辆自身的诊断结果、车辆的运行状态参数输出到车外诊断系统中,进而综合分析做出相应的判断和处理。维修中心的主机通过串行通信与在维修点的终端机相连,相互之间可以交换信息,维修人员在专家故障诊断系统上,可以方便地查所需的资料,得到检测故障的步骤和排除故障的方法。

我国的车辆故障诊断技术的研究起始于 20 世纪 70 年代后期,1977 年国家为了改变车辆维修技术落后的局面,下达了"车辆不解体检验研究"的课题,它标志着我国车辆故障诊断技术研究的开始。20 世纪 80 年代初,一汽奥迪与北京切诺基车辆率先在其电喷发动机中采用了车载诊断系统,开始了车载诊断系统在我国的推广。现在,在我国生产的各类轿车中,都已配备了车载诊断系统。自 20 世纪 90 年代以来,我国出现了企业自行研制开发的车外诊断系统,如深圳元征计算机公司生产的"电眼睛"车辆电控系统检测仪,适用于亚、欧、美各大车系 2 000 多种车型的发动机、变速箱、防抱刹车、防撞气囊等系统的故障检测,可进行数据流、故障码及发动机动态测试,并具备直接打印以及与 PC 联机打印等功能。此外,还有深圳金德、北京金奔腾等企业。20 世纪 80 年代末,国内部分高校和科研机构对车辆故障诊断专家系统进行研究,并相继发表了一些研究文献。例如,1988 年解放军运输工程学院在扣上用 dBase 语言开发,以 Turbe-Prolog 语言改写的车辆故障诊断专家系统,该系统以 CA141 汽油车为研究对象;1990 年华中理工大学在 PC 上用 IQLISP 语言和汇编语言开发的汽油发动机故障诊断专家系统,约有 200 条规则、90 多个框架和 100 多个过程,能对 10 多个故障做出比较完整地判断。

20 世纪 90 年代中期后,国内的研究进入快速发展期,南京大学在 1998 年开发的车辆故障维修专家系统的 ABDES 基础上运用基于 CASE 的推理模式,采用可视化编程手段,提供了一个可视化的知识获取工具,可以完成基本的发动机故障诊断。进入 21 世纪后,国内的研究进入快速发展期,许多高等院校做了大量的研究工作,部分研究已达到国外同等水平。

七、车辆故障诊断技术的发展趋势

车载诊断的优点是:可以减少专业仪器的使用,降低维修费用;查找故障及时,可以有效地避免二次故障的产生;应用广泛。其缺点是:诊断范围有限,诊断精度不高,对较复杂故障如传感器特性变化及 ECU 故障不能诊断;适应性差,车型不同或控制系统作相应的改动情况下需要重新设计新的诊断系统。而车外诊断的优点是:诊断功能可以及时扩充,提高诊断的效率和精度;扩大了诊断范围;增强了适应性,缩短了诊断设备和车辆的开发周期。其缺点是:没有车载诊断系统那样及时、方便。可见,只有把车载诊断和车外诊断结合起来,互相渗透、补充,才能达到既实用又方便的诊断效果。因此,车载诊断和车外诊断相结合的诊断策略是车辆故障诊断发展的一个重要方向,这样可以充分利用在线运行时积累的故障信息为离线故障确认和检修提供方便。

国内外的研究表明,车辆故障的诊断方式已由车载诊断与车外诊断的相互独立走向相互结合。将电控系统检测仪完善的数据通信功能与专家系统强大的分析判断功能相结合,并充分运用现代计算机技术在人工智能、神经网络、模糊诊断以及基于决策的数据仓库的最新成果,将是新一代车辆诊断技术的发展方向。

八、车辆故障诊断方法

1. 车辆故障诊断的 4 项基本原则

(1)先简后繁、先易后难的原则。

(2)先思后行、先熟后生的原则。

(3)先上后下、先外后里的原则。

(4)先备后用、代码优先的原则。

2. 车辆故障诊断过程

(1)询问用户。故障产生的时间、现象、当时的情况,发生故障时的原因以及是否经过检修、拆卸等。

(2)初步确定出故障范围及部位。

(3)调出故障码,并查出故障的内容。

(4)按故障码显示的故障范围进行检修,尤其注意接头是否松动、脱落,导线连接是否正确。

(5)检修完毕,应验证故障是否确已排除。

(6)如调不出故障码,或者调出后查不出故障内容,则根据故障现象,大致判断出故障范围,采用逐个检查元件工作性能的方法加以排除。

3. 车辆故障诊断的方法

车辆故障诊断的方法基本上可以归纳为望问法、经验法、观察法、听觉法、试验法、触摸法、嗅觉法、替换法、仪表法、度量法、分段检查法和局部拆装法等 12 种。

应用这些方法,要有理论做指导;充分了解车辆的使用和维修情况,充分了解故障的发生情况。对于车辆上出现的比较简单的故障,只凭经验和感官即可找到原因和所发部位;对于疑难故障,只能凭仪器和应用专门的故障诊断设备才能找到,有了仪器和设备,也要会用,使用中还要结合维修经验,灵活地运用这些故障诊断方法,对故障做出综合评价。在诊断中不断实践,不断总结和积累经验,就会应用自如。

(1)用望问法诊断故障。医生看病需要"望、闻、问、切",车辆故障诊断也是一样,其中望和问是快速诊断车辆故障的有效方法。

一辆车辆需要修理,维修人员一定要向使用者和车主询问,其中包括车辆型号、使用年限、修理情况、使用情况、发生故障的部位和现象,以及发生故障后做了哪些检查和修理,尽可能深入地了解故障,这是一个捷径。

通过了解形式,可以反映出车辆的基本构造和性能,如果对车辆形式和结构了解,维修经验丰富,诊断就较容易;如果了解不够,查一查书和资料,也能掌握。

通过深入的询问,基本上可以了解到故障所发生的部位。例如,可以询问到故障发生在车辆还是变速器;如果是车辆,还能进一步了解到是电气故障还是机械故障;如果是机械故障还能了解到是曲柄连杆机构还是配气机构等,再进一步做出诊断就容易多了。故障确定后,排除与维修就容易了。

如果用户要求对车辆进行大修,还应问清是修车辆动力总成,还是修车辆底盘、修车辆驾驶室和车身、修车辆电气和车辆空调等,哪些部分和总成是维修重点等,以便定出维修方案。

(2)用经验法诊断故障。顾名思义,经验法诊断故障,是凭驾驶员和维修人员的基本素质和丰富经验,快速、准确地对车辆故障做出诊断。

无论是驾驶员还是车辆维修人员,都必须向书本学习,并在实践中提高,从而获得基本的车辆知识和维修经验,这是非常重要的。车辆技术是国民经济发展的综合体现,车辆技术的发展越来越快,新的技术越来越多,因此,不努力向书本学习、不努力向实践学习是不行的。例如,对柴油车辆的单体泵供油和调速技术以及国外新型柴油机新技术,都需要在原有知识的基础上,向书本学习、向资料学习,而后才能进行维修的实践工作。只有在理论指导下的实践,才是正确的实践,才能在实践中总结和积累经验。

维修经验也是十分重要的,有了车辆维修的经验,再遇到相同的故障和类似的故障即可解决。经验有个人经历的,经过总结和积累的经验;还有的是从书本上和其他途径学习来的经验。只有将二者结合起来,才能不断积累经验,比较顺利地对车辆故障做出判断。

(3)用观察法诊断故障。观察法就是车辆修理工按照车辆使用者指出的故障发生的部位进行仔细观察故障现象,而后对故障做出判断,这是一种应用最多的最基本的也是最有效的故障诊断法。例如,对发动机排气管冒蓝色烟雾的故障,可以通过冒蓝烟的现象来判断,如在使用过程中长期冒蓝烟,车辆使用里程又很长,一般可以判断为汽缸或活塞环磨损,致使配合间隙过大,由于机油盘中的机油通过活塞环与缸壁之间的间隙窜入燃烧室引起的;如果只是在车辆刚一发动时冒出一股蓝烟,以后冒蓝烟现象又逐渐变得比较轻微时,一般可以判断为车辆气门杆上的挡油罩老化或内孔磨损使挡油功能失效,而有少量机油沿着气门杆漏入汽缸引起的。有经验者可以准确判断,经验不足者还应进一步观察。

(4)用听觉法诊断故障。用听觉诊断车辆和车辆故障是常用和简便的方法。当车辆运行时,车辆以不同的工况运转,车辆这个整体发出一种嘈杂的但又是有规律的声音。当某一个部位发生故障时就会出现异常响声,有经验者可以根据发出的异常响声,立即判断车辆故障。例如,车辆曲轴和连杆机构响、主传动器响、传动轴响,都可以轻易地判断出来。好的驾驶员应在行车中锻炼听觉,听清车辆各部位发出的声音,并从中判断出异响和故障。

车辆出现故障送修时,车辆维修人员往往在停车状态下起动车辆,让车辆以不同的转速运转,以听觉检查和诊断车辆的故障;对于底盘和传动器的故障,往往以路试的方法,让车辆以不同工况行驶,检查和听诊车辆故障;对于车辆的疑难故障,还可以借助听诊器和简单的器具进行听诊。例如,可用一个长杆听诊棒听诊曲轴和连杆机构的响声,可以听到配气机构的响声;可用一个胶管,插进量油尺孔中,下端在机油盘油面之上可听清曲轴响声,可以听到活塞环对口处窜气的响声。

　　车辆只要运转就有响声,首先应有好的听觉,在车辆运行过程中随时监听车辆和车辆各零部件发出的声音,随着车速的变化,各处噪声各有不同,能够听清正常的声音,在正常声音中判断出异响,在异响中判断出故障,当然要有理论和经验做指导了。

　　(5)用试验法诊断故障。用试验法诊断车辆和车辆各零部件故障是常用方法之一,可用试验法在车辆不解体或少解体的情况下检查车辆和车辆各零部件的功能,以达到诊断故障的目的。

　　试验就是以试来验证。判断不清就来试一试。

　　对于车辆的故障,就要检查车辆的运转情况,试验者以不同的转速或加减速运转车辆,凭经验来观察车辆的运转情况,凭经验来听诊车辆的响声,一般可以找到故障。

　　某个照灯不亮,怀疑电路无电时,可用一根导线对地端短路试划火检查,有火时可以判断为电路有电,无火时再查。但是电路上多装有保险丝盒继电器,试火时要慎重。车辆正常运转有一定规律,不正常就是发生了故障,不正常是可以试验出来的,对于正常和不正常的判断,要有理论和经验做指导。

　　(6)用触摸法诊断故障。人体和人的手脚都是灵敏的感觉器官,可凭感觉来诊断车辆和车辆各零部件故障,就像中医切脉一样。以车辆传到人体上的感觉来判断。

　　人们乘坐车辆,可凭行车中车辆的振动情况判断悬挂系统和减振器的损坏情况,一般驾驶员最敏感,常开一辆车,减振器失效后驾驶员都能感觉到。

　　车辆若要上公路或高速行驶,通常驾驶员都要检查4个车轮,用脚踹车轮轮胎,可凭轮胎的弹力判断出轮胎的气压,可凭轮胎的偏斜和摆振情况判断轮毂轴承的紧固情况,就是典型的用脚触摸法。

　　当发现车辆过热而冷却系统中有冷却液时,可用手摸一摸散热器的上部和下部,可以判断是节温器损坏还是散热器进水口堵塞;摸一摸水泵出水口胶管可以感到水流压力波动情况,从而判断水泵工作是否正常。

　　用手指的压力检查皮带的松紧度,用手指感觉燃油泵的工作,以及用手触摸检查高压油管的供油情况等,都是经常遇到的。

　　在维修中,用手触摸检查摩擦面的磨损情况,用手感觉摩擦副配合的松紧度等,都是经常使用的。

　　总之,手是人体的重要器官,活是用手干的,在干活中就有感觉,而这个感觉就是故障诊断的最佳器具。

　　(7)用嗅觉法诊断故障。嗅觉是人的灵敏的感觉器官,有人说较少乘坐车辆的人的嗅觉要比驾驶员的嗅觉更灵敏,其实驾驶员的嗅觉往往被车辆的异味淡化了,正所谓"久居腐市不闻其臭"。虽然在仪表板前台上摆放香水,以抵消车辆中的臭气,但驾驶员只要稍加注意,车辆上的各种异味都是能够嗅到的。

柴油味是车辆常见异味之加柴油时都有泄漏,人们都能嗅到,这是不奇怪的。奇怪的是若在车辆行进中有柴油味,就是有柴油管漏油了,或者车辆燃烧不完全要认真对待。

车辆漏机油,若漏到运转的车辆上,车辆温度高,会发出异味机油滴在排气管上发生更强烈的异味;车辆的异味容易从空调中进入车室中,可以明显嗅到。

车辆用蓄电池泄漏电池水(电解液)会发出难闻的臭味;如果电池水消耗过多,车辆运行时发电机强行向蓄电池充电,会使蓄电池充电过热,使蓄电池冒白烟,臭味更大,甚至可以把人熏晕,任何人都能判断。

(8)用替换法诊断故障。替换法就是车辆修理工按照车辆使用者指出的可能发生故障的部位用合格的总成和零部件试替换可能损坏的总成和零部件,这是一种故障诊断过程简化的和有效的方法。值得指出的是,替换用的备品备件应是试验过的、可靠的,或者新件也必须是合格品,如果不慎将坏件替换了坏件,不但找不到故障,反而会使故障发生部位虚假化,增加诊断的难度。

例如车辆的机油压力指示系统发生故障,当怀疑压力感应塞损坏时,可将备用的好的压力感应塞替换原车上的压力感应塞,再试车。如果换件前不好,换后立即解决了问题,明摆着就是这个部位发生了故障,而且即时修好了。修好后可以把备品备件拆下来,再换上去一个新的。如果换上去的好件在试车时仍然不好,那么故障可能不在这里,再想别的方法查找。

对于疑难故障,可以替换的部位很多。例如,对于车辆动力性不足的故障,可以替换一个新的空气滤清器,再重新试车;对于供油系统的故障,如果怀疑泵油压力不足时,可以替换一个新的燃油泵等。

(9)用仪表法诊断故障。仪器仪表是诊断车辆故障不可缺少的工具,有条件时应尽量使用。

车装仪器仪表和指示器可以有效地指示出车辆发生的故障。例如,燃油量表指示燃油量的油量,当车辆开不动且燃油表指示为零时,表明车辆没有油了,而不是发生了故障。制动警告灯发亮,说明制动系统有故障,应进一步查找。

车辆用电压表,指示车辆电气系统的电压值,在行车中也可以准确判断发电机的发电和蓄电池的充电情况;每当使用一个电气设备开关的时候,电压表都有反应,即可以判断用电设备工作是否正常。

车辆用非接触式转速表,可以比较准确地测取车辆的即时转速,行车中指示车辆转速,换挡时指示车辆转速的变化情况,有了车辆转速表,车辆的一些故障也能由转速表反映出来。

维修用汽缸压力表可以测得汽缸压力和各缸的压力差别以及各缸的漏气情况等,万用表可以容易地判断车辆电气系统的故障等。

(10)用度量法诊断故障。应用量器和仪器仪表按照国家标准对车辆上各有效部位和各种参数进行度量是故障诊断和调试的不可缺少的方法。

长度的度量要用到米尺,与长度有关的度量(包括直径、间隙和位移等度量)要用到千分尺、测微计、塞规、塞尺和卷尺等,力和重力的测量要用到测力计和测重器等,压力和真空度的测量要用到压力表和真空度表等。车辆用各种测量仪表也都有测量单位,如对于声压的测量要用声压级的分贝值。

对于车辆的故障,要在车辆解体后测量汽缸筒的直径,测量活塞环的直径、厚度和开口间隙等,找出发生故障的确切原因,才能修复车辆;即使在修复中也要重新测量汽缸筒直径,并按照分组的要求,选配活塞和活塞环,才能修好车辆

诊断电控系统的故障时,更是离不开度量。例如,车辆工作不稳或功率低下时,怀疑供油压力不足,就要用压力表测系统压力;怀疑电控系统电控有问题时,就要用到数字万用表测量电压和电阻值;用频率计和示波器测量频率和波形幅值等。

因此,各种量仪和量表是维修人员眼睛和手的延伸,只有正确度量才能准确判断,而凭感觉只是表面的,度量法与仪表法结合起来,使用的度量器具越多应该诊断越准确。

(11)用分段检查法诊断故障。分段检查法就是车辆修理工按照车辆上的线路、管路和带有系统性质的工作路线检查故障,检查可以按照系统从动力源开始沿着系统到执行机构的路线查找,也可以从后到前的次序查找,也可以从中间查找,要看检查者的经验了。如能从执行机构一下子就找到当然好;否则还得返回来从前向后查找。

对于照明和指示系统的故障,原理上应从电源—开关—保险丝—继电器—电线—电灯泡的线路开始从前到后查找,有经验者可先查保险丝,有的人可能先查灯泡,有的人可能先查继电器,当由前向后或由后向前查不到时,可能问题发生在中间,可能是组合开关坏了,还有可能是某处电线坏了。

(12)用局部拆装法诊断故障。局部拆装法就是车辆修理工已经判明故障发生在某个总成上以后,一时还不能准确判断具体是哪一部分发生的故障的时候,可以按照总成的工作原理,拆掉某一部分功能进行检查,而后再装上去。如果方法运用得当,立即可以判断故障发生的部位,因此,局部拆装法不失为一种简便易行的快速诊断车辆故障的方法。

局部拆装法与试验法有许多相近之处,所不同的是局部拆装法以拆卸为主,拆卸后再试的一种诊断故障方法。

怀疑车辆的某一缸不工作时,可用单缸断油拆卸法来检查,局部拆卸这个缸的高压油管接头,如果车辆运转中的转速和响声均发生变化就是表示这个缸工作正常;而无反应就是工作不正常。

当车辆动力性不足怀疑空气滤清器堵塞时,可以拆下空气滤清器芯再试车辆,如动力性在无空气滤清器情况下恢复,说明故障就在这里。

局部拆装法实际上是使正常工作的车辆或电路系统失去了原来的功能,而在非正常工况下动作,因此拆装一定要慎重,当涉及安全项目时要采取相应的安全措施。

所有的故障诊断方法都是相辅相成的,目的就是找到车辆发生的故障。灵活运用这些故障诊断方法,就能找到车辆故障,有针对性地对车辆进行维修,恢复正常使用功能。

第二节　车载诊断系统

车载诊断系统(On Board Diagnostics,OBD)随时监控发动机的运行状况和尾气后处理系统的工作状态,一旦发现有可能引起排放超标的情况,会马上发出警示。当系统出现故障时,故障灯(MIL)或检查发动机(Check Engine)警告灯亮,同时OBD系统会将故障信息存入

存储器,通过标准的诊断仪器和诊断接口可以以故障码的形式读取相关信息。根据故障码的提示,维修人员能迅速、准确地确定故障的性质和部位。

一、车载诊断系统的研究背景

从 20 世纪 80 年代起,美、日、欧等各大车辆制造企业开始在其生产的电喷车辆上配备 OBD,初期的 OBD 没有自检功能。比 OBD 更先进的 OBD-Ⅱ 在 20 世纪 90 年代中期产生,美国车辆工程师协会(SAE)制定了一套标准规范,要求各车辆制造企业按照 OBD-Ⅱ 的标准提供统一的诊断模式,在 20 世纪 90 年代末期,进入北美市场的车辆都按照新标准设置 OBD。

OBD-Ⅱ 与以前的所有车载自诊断系统不同之处在于有严格的排放针对性,其实质性能就是监测车辆排放。当车辆排放的一氧化碳(CO)、碳氢化合物(HC)、氮氧化合物(NO_x)或燃油蒸发污染量超过设定的标准,故障灯就会点亮报警。

虽然 OBD-Ⅱ 对监测车辆排放十分有效,但驾驶员接受不接受警告全凭“自觉”。为此,比 OBD-Ⅱ 更先进的 OBD-Ⅲ 产生了。OBD-Ⅲ 的主要目的是使车辆的检测、维护和管理合为一体,以满足环境保护的要求。OBD-Ⅲ 系统会分别进入发动机、变速箱、ABS 等系统 ECU(电脑)中去读取故障码和其他相关数据,并利用小型车载通信系统,如 GPS 导航系统或无线通信方式将车辆的身份代码、故障码及所在位置等信息自动通告管理部门,管理部门根据该车辆排放问题的等级对其发出指令,包括去哪里维修的建议、解决排放问题的时限等,还可对超出时限的违规者的车辆发出禁行指令。因此,OBD-Ⅲ 系统不仅能对车辆排放问题向驾驶者发出警告,而且还能对违规者进行惩罚。

据了解,国内合资车辆厂近年来引进的一些车型在欧洲也有生产销售,它们本身就配备有 OBD 并达到了欧Ⅲ甚至欧Ⅳ标准,国产后往往会减去或关闭 OBD,一方面是节约成本,另一方面是为了避免在油品质量不达标的情况下因 OBD 报警而引发麻烦。

1. 车载诊断系统在国外的发展

车载诊断系统最早起源于 20 世纪 80 年代的美国,初期的 OBD 技术,是通过恰当的技术方式提醒驾驶员发生的失效或故障。欧盟和日本在 2000 年以后引入 OBD 技术,2004 年之后,车辆发达国家的 OBD 技术进入第三个阶段。

欧洲与美国在 OBD 检测的项目和限值方面存在一定差别,具体差别内容不再详述。美国的 OBD 监控的目的在于成为高排放标准车辆之前发现故障,欧洲 OBD 监控的目的在于发现高排放车辆。我国导入 OBD 技术,在 3 个阶段以后等效采用欧洲 OBD 系统的相关规定。

欧Ⅲ排放标准并不等于 OBD,2006 年 12 月 1 日北京实施的加装 OBD 强制政策后,车辆为欧Ⅲ＋OBD 的标准。

OBD 需要申报,车辆加装 OBD,需要一个系统的申请过程,而且需要企业对加装 OBD 的车辆进行多项试验,向相关部门提供达标的数据(目前 3 个必检项目为氧传感器失效验证、催化转化器失效验证、失火验证),周期一般为 10 个月。加装 OBD 的车辆,需要重新申请车辆的公告。OBD 的研发费用很高,只有实现规模化生产后,单台分担的技术成本才会降低。

2. 车载诊断系统在国内的发展

(1)车载珍断系统发展概况。

2005 年 4 月 5 日,国家环境保护总局公告(2005) 14 号颁布《轻型车辆污染物排放限 值及测量方法(中国Ⅲ、Ⅳ阶段)》(GB 18352.3—2005),正式明确了我国对 OBD 系统的技术要求。

2008 年 1 月 24 日,生态环境部办公厅(2008) 35 号函发布,征求对《轻型车辆车 载诊断(OBD)系统管理技术规范》的意见。

2008 年 4 月 8 日,生态环境部办公厅(2008) 57 号函发布,征求对《车用压燃式、气 体燃料点燃式发动机与车辆车载诊断(OBD)系统技术要求》(征求意见稿)等 3 项国家环境保护标准的意见。

2008 年 6 月 24 日,生态环境部发布《车用压燃式、气体燃料点燃式发动机与车辆车载诊断(OBD)系统技术要求》,并宣布此要求从 2008 年 7 月 1 日起实施。

(2)北京、广州、深圳车载诊断系统发展状况

北京。2005 年 12 月 23 日,北京环保局和北京市质量技术监督局发布公告【京环发(2005) 214 号】,宣布自 2005 年 12 月 30 日起,在北京市销售新定型车型(包括全新产品及产品扩展与更改)须安装车载诊断(OBD)系统,2005 年 12 月 30 日前已定型上市销售并通过国家第三阶段排放标准审核的车型可延迟安装 OBD 系统;2005 年 12 月 31 日起,北京市开始提前实施国家第三阶段排放法规,并且要求新车型必须带有 OBD 系统。2006 年 12 月 1 日后,停止在北京销售未安装 OBD 系统的新车。

2006 年 1 月 12 日,北京环保局公布了【京环发(2006) 4 号】第一批达到国Ⅲ排放标准,且带 OBD 功能的轻型车目录。

2006 年 11 月 15 日,北京环保局再次发布公告【京环发(2006) 214 号】,重申半个月 后的 12 月 1 日起,北京市将停止销售未安装车载诊断系统(OBD)的国Ⅲ轻型车辆。

广州。2006 年 8 月 31 日,广州环保局随后发布公告【穗环(2006)81 号】,规定自 2006 年 9 月 1 日起,在市行政区域内登记的轻型车辆和重型车辆,应当符合《排放标准》(GB 18352.3—2005)、《车用压燃式、气体燃料点燃式发动机与汽车排气污染物排放限值及测量方法》(GB 17691—2005)中的第三阶段排放控制要求,列入国家环境保护总局发布的达标公告的轻型车辆车型(包括全新产品及产品扩展与更改)需安装车载诊断系统(OBD)。

2007 年 1 月 1 日起,广州要求所有新上牌轻型车辆必须加装 OBD。

深圳。2007 年 5 月 24 日,深圳政府印发【深府办(2007)82 号】"关于执行国家第三阶段机动车污染物排放标准的环保车型目录的通告",规定从 2007 年 7 月 1 日起执行国Ⅲ排放法规。从 2008 年 1 月 1 日起,轻型汽油车车型(包括全新产品及产品扩展和更改)需安装车载诊断系统(OBD)。

3. 车载诊断系统的发展过程

(1)专用车辆检测仪。20 世纪 70 年代后期,为了进一步提高现代车辆使用和维修的方便,出现了专用车辆检测仪,用来检测车辆电控系统的工作状况。例如,美国福特公司研制的 EEC-Ⅰ和 EEC-Ⅱ检测仪,它可用于监控电控汽油发动机的信号,并找出故障部位。由于这种专用检测仪在诊断故障时对操作人员的技术要求较高,因而一直未能普及开来。

(2)车载诊断系统。进入 20 世纪 80 年代,一种新型诊断系统即车载诊断系统问世,它是利用微处理控制单元对电控系统各部件进行检测和诊断,自行找出故障,故也称为故障自诊断

系统。由于它可以对车辆电控系统参数实行连续监控,并能记录设备系统的间歇故障,因此查找故障及时方便,所以其使用较为广泛。但是由于微处理器内存有限,故其诊断项目受到一定的限制,而且不能诊断较为复杂的故障,因此人们又在研制和开发更新、更好的诊断系统。

(3)多功能车外诊断系统。为了扩充随车自诊断系统的诊断容量和诊断功能,20世纪80年代末,车外诊断仪 OASIS Diagmonitor 诊断系统、Consult 等相继诞生,这些系统功能较为齐全,但是价格较为昂贵,专业技术要求高,且标准不统一,因而其使用和维护也受到一定的限制。进入20世纪90年代以后,一些符合国际标准、易操作且价格较为合理的多功能诊断系统研制成功,如日本大发研制的 DOT-21 型车外诊断系统等。

现代车辆自诊断系统是自成体系,不具有通用性,因而不利于推广,给车辆的售后服务和维修造成了很大的困难。因此,诊断系统必须标准规范,这样其诊断模式和诊断接口便需统一,只用一台仪器便可对各种车辆进行诊断和检测,这必将大大推进车辆自诊断系统的发展。

4.车载诊断系统简介

一般装有微处理器控制单元的车辆,都具有故障自诊断系统。可以用它来对车辆内的传动系统、控制系统设备各部分工作状态进行自动检查和监测。当车辆出现故障时,装在仪表板上的故障指示灯就会闪亮以警告车主车辆可能出问题了,按一下按钮,故障代码就会在仪表板上显示出来。同时此故障信号将被存入存储器,即使点火开关断开、故障排除、故障示灯熄灭,故障信号仍将保留在存储器中以供维修人员来判断车辆的故障所在。故障排除后,断开 ECU 的电源30 s 后故障码将会被清除。

车辆故障自诊断系统时刻监控着车辆运行,哪怕是一个小小的螺钉松动了,也会反映出来,以便及时发现隐患,保证车辆的安全运行。特别是现代车辆的电子化程度不断提高,这在极大地优化车辆技术性能的同时,也使车辆的控制系统变得越来越复杂,这些复杂的电子装置一旦出现故障,就会带来很大的困难。为了迅速诊断故障部位,提高维修效率,世界各大车辆厂家纷纷开发车辆故障自诊断系统。

OBD 系统将通过发动机的运行状况随时监控车辆是否尾气超标,一旦超标,会马上发出警示。当系统出现故障时,故障(MIL)灯或检查发动机(Check Engine)警告灯亮,同时动力总成控制模块(PCM)将故障信息存入存储器,通过一定的程序可以将故障码从 PCM 中读出。根据故障码的提示,维修人员能迅速、准确地确定故障的性质和部位。

OBD 不仅涉及车辆技术本身,而且还会受油品等相关条件限制,同时也对驾驶者提出了更高的使用要求。OBD 对车辆是一次系统的革命。

二、车载诊断系统的原理

1.故障自诊断系统的基本组成

故障自诊断模块监测的对象是电控车辆上的各种传感器、电子控制系统本身以及各种执行元件,故障判断正是针对上述3种对象进行的。故障自诊断模块共用车辆电子控制系统的信号输入电路,在车辆运行进程中监测上述3种对象的输入信息。当某一信号超出了预设的范围值并且这一现象在一定的时间内不会消失,故障自诊断模块便判断为这一信号对应的电路或元件出现故障,并把这一故障以代码的形式存入内部存储器,同时点亮仪表盘上的故障指示灯。针对 3 种监控对象产生的故障,故障自诊断模块采取不同的应急措施,当某一传感器或电路产生了故障后,其信号就不能再作为车辆控制参数,为了维护车辆的运行,故障自诊断模块便从其程序存储器中调出预先设定的经验值,作为该电路的应急输入参数,保证车辆可以继续工作。当电子控制系统自身产生故障时,故障自诊断模块便触发备用控制回路对车辆进行应急的简单控制,使车辆可以短时运行。当某一执行元件可能导致其他元件损坏或严重后果的故障时,为了安全起见,故障自诊断模块采取一定的安全措施,自动停止某些功能的执行,这种功能称为故障保险。从上述基本工作原理分析来看,故障自诊断系统的基本组成如图14－2所示。

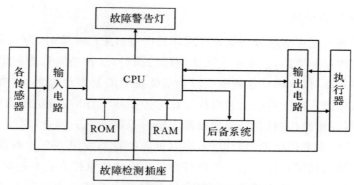

图 14－2　故障自诊断系统的基本组成

2.传感器的故障自诊断

当某一传感器或电路产生了故障后,其信号就不能再作为车辆的控制参数,为了维持车辆的运行,故障自诊断模块便从其程序存储器中调出预先设定的经验值,作为该电路的应急输入参数,保证车辆可以继续工作;微机对传感器的故障自诊断不需要专门的线路,只需在软件中编制传感器输入信号识别程序,即可实现对传感器的故障自诊断。工作时,各传感器的信号不断地进入到微机,微机根据其内部设置的传感器信号,由监测软件判别输入的信号是否有异常。如果某一传感器信号的电压超出设定的范围或信号丢失,监测软件就判定该传感器有故障或有关线路有问题,驱动故障灯闪亮,并将该故障以代码形式存储到微机内的存储器中。如水温传感器的正常输入信号电压变化范围为 0.3～4.7 V,对应的发动机冷却水温度为 －30～120℃,微机检测到的信号电压长时间超出此范围时,则传感器信号识别监测软件即判定发动机冷却水温度传感器或其电路存在故障。微机将此故障以代码的形式存入存储器中,同时点亮仪表板上的故障灯。

3.微机系统的故障自诊断

当电子控制系统自身产生故障时,故障自诊断模块便触发备用控制回路对车辆进行应急的简单控制,使车辆可以开到修理厂进行维修,这种应急功能就叫故障运行,又称跛行功能。微机内部如果发生故障,控制程序的例行程序就不可能正常运行,微机就处于异常工作状态,车辆将无法行驶。为了保证车辆在微机本身出现故障时仍能继续运行,采用后备回路系统,使车辆进入简易控制运行状态,使车辆行驶。在微机内部出现异常情况时,微机自诊断系统也能显示其故障,并记录下故障代码,将故障灯点亮。微机工作是否正常是由被称为监视回路的电路(监视器)进行监视的,监视器中安装有独立于微机系统之外的计数器。微机正常运行时,由微机的运行程序对计数器定时清零处理,这样,监视器中计数器的数值是永远不会出现计数满而溢出的现象;否则微机便不能对这个计数器进行定时清零,致使监视计数器出现溢出现象。

以电控发动机为例,当监视计数器溢出时,其输出端的电平由低电平变为高电平。计数器输出端电平的这一变化,将直接触发后备回路,后备回路根据启动信号和怠速触点闭合状态,分别按设定的喷油持续时间和点火提前角对喷油器和点火电子组件等执行元件进行控制。系统根据计数器溢出判定微机发生故障,显示其故障,储存故障代码。后备系统是根据存储于只读存储器中的基本设置对车辆进行简单控制的,基本设置固定值的大小取决于车型。

4. 执行器的故障自诊断

当某一执行元件出现可能导致其他元件损坏或严重后果的故障时,为了安全起见,故障自诊断模块采取一定的安全措施,自动停止某些功能的执行,这种功能称为故障保险。例如,当点火电子组件出现故障时,故障自诊断模块就会切断燃油喷射系统电源,使喷油器停止喷油,防止未燃烧混合气体进入排气系统引起爆炸。在电控系统工作时,微机对执行器进行的是控制操纵,微机向执行器输出控制信号,而执行器无信号返回微机。因此,对执行器的工作情况进行诊断,一般需要增设专用故障诊断电路,即微机向执行器发出一个控制信号,执行器要有一条专用电路来向微机反馈其控制信号的执行情况。发动机电控点火系统中的点火监控信号就是用来判定点火系统工作是否正常的监视信号。在点火系统正常情况下,当微机对点火电子组件进行控制时,点火电子组件每进行一次点火,便由点火监视回路将点火执行情况以电信号的形式反馈给微机。当点火线路或点火电子组件出现故障时,若微机发出点火控制命令,却得不到反馈的点火监视信号,此时微机故障自诊断系统即判定点火系统有关部位有故障,显示故障并存储故障代码。

OBD装置监测多个系统和部件,包括发动机、催化转化器、颗粒捕集器、氧传感器、排放控制系统、燃油系统和EGR等。

5. 车载诊断系统的诊断过程

OBD是通过各种与排放有关的部件信息,连接到电控单元(ECU),ECU具备检测和分析与排放相关故障的功能。当出现排放故障时,ECU记录故障信息和相关代码,并通过故障灯发出警告,告知驾驶员。ECU通过标准数据接口,保证对故障信息的访问和处理。

(1)车辆控制系统异常情况。车辆控制系统在正常工作时,电控单元ECU的输入和输出信号都是在一个规定的范围内运行的,当控制电路的信号出现异常时,ECU中的诊断系统就判定该电路信号系统出现故障。电路的异常情况分为以下3种。

1)电路的信号超出规定范围。例如,冷却液温度传感器(CTS)在正常工作时,其输出电压在 $0.1\sim4.8$ V内,如超出这一范围,诊断系统判定为故障信号。

2)电控单元ECU在一段时间内接收不到传感器的信号或接收到的信号在一段时间内不变,诊断系统也会判定为故障信号。例如,氧传感器在正常工作时,其输入电压应在 $0.1\sim0.9$ V内,波动不少于8次/10 s。

3)电控单元ECU中的诊断系统偶然发现一次不正常的输入信号时,不会诊断为故障信号,只有不正常的输入信号多次出现或持续一定时间,才会判定为故障信号。例如,转速信号

(Ne)是一个脉冲信号,发动机转速在 100 r/min 以上时,丢失几个信号,ECU 不会判定为故障。

(2)车辆自诊断系统对故障的确认方法。

1)值域判定法。当电控单元接收到的输入信号超出规定的数值范围时,自诊断系统就确认该输入信号出现故障。例如,某车水温传感器设计在正常使用温度范围－30～ 120 ℃ (或范围更大些)内,输出电压为 0.30～4.70 V,所以当电控单元检测出信号电压小于 0.15 V 或大于 4.85 V 时,就判定水温传感器信号系统发生短路或短路故障。

2)时域判定法。当电控单元检测时发现某一输入信号在一定的时间内没有发生变化或变化没有达到预先规定的次数时,自诊断系统就确定该信号系统出现故障。例如,氧传感器在发动机达到正常工作温度,控制系统进入闭环后,若电控单元检测不到氧传感器的输出信号超过一定时间或者氧传感器信号在 0.45 V 上下的情况已超过一定时间,自诊断系统就判定氧传感器信号系统出现故障。

3)功能判定法。当电控单元给执行器发出动作指令后,检测相应传感器的输出参数是否发生变化,若传感器输出信号没有按照程序规定的参数变化,就确认执行器或电路出现故障。例如,一般车辆 EGR 系统装有 EGR 阀高度传感器,用以检测 EGR 阀是否正常工作。但有的车辆并没设置 EGR 阀高度传感器,当电控单元发出开启 EGR 阀命令后,通过检测进气压力传感器 MAP 输出信号是否有相应变化,也可以确定 EGR 阀有无动作,若没有变化,则确认 EGR 阀及电路有故障。

4)逻辑判定法。电控单元对两个具有相互联系的传感器进行数据比较,当发现两个传感器信号之间的逻辑关系违反设定条件时,就断定其一定有故障。例如,电控单元检测到发动机转速大于某个转速时,节气门位置传感器输出信号小于某个值,则判定节气门位置传感器出现故障。

当电控单元 ECU 中的诊断系统检测到故障信号后,便立刻将故障信息以故障代码的形式存储到储存器中,同时点亮故障警告灯,以显示故障信息。电控系统在提高车辆性能的同时,也使车辆的故障诊断变得复杂起来。车辆维修人员通过读故障码,大多数情况下都可以诊断出故障以及故障可能发生的原因和部位。在对车辆进行维修时,若一味依靠故障码诊断故障,往往会出现判断上的失误造成不必要的损失。故障码仅仅是电控单元(ECU)程式的界定系统是否"正常"的结论,在复杂多变的情况下,电控单元(ECU)不一定能够真正地判明故障所在部位。因此,在对电控车辆进行维修时应综合分析判断,结合车辆自诊断结果、车辆故障的现象来寻找故障部位。

6.车辆故障自诊断系统的异常诊断

车辆故障自诊断系统诊断出的故障码存储在随机存储器(RAM)中,故障码可长期保存,清除故障码需要断开专门的随机存储器连接电路或者直接断开蓄电池。车辆故障自诊断系统记录和存储错误的故障码,会对电控车辆维修带来许多不便。在以下 3 种情况时,故障码容易出现错误信息。

(1)车辆运行时故障明显,传感器有故障而自诊断系统没有监测到。车辆电控单元(ECU)对传感器信号进行检测时,只能接收其设定范围之内的传感器非正常信号,从而判别传感器的好坏,记录或不记录故障码,一旦解读故障码后,只要对相应的传感器、导线连接器、导线进行检查,找到并排除短路、断路的故障即可。但是,若因某种原因致使传感器灵敏度下降、反应迟钝、输出特性偏移时(也就是说传感器没有完全失效时),自诊断系统就不能检测出来。尽管车辆确有故障现象表现出来,但是车辆自诊断系统却输出了"系统正常"的代码(故障指示灯不闪烁)。这种情况下维修人员会对检测设备或车辆产生怀疑。维修人员应该依据车辆的故障征兆进行分析、判断,继而对传感器单体进行针对性检测(数据流等),以便找到并排除传感器故障。例如,当发动机转速失速并伴有行驶中发动机怠速不稳,但自诊断系统又没有故障码输出时,首先值得考虑和怀疑的便是空气流量传感器或者进气压力传感器出了故障,因为这两者性能的好坏,直接影响 ECU 所控制的发动机基本的燃油喷射量。尽管此时没有显示相应的故障码,也应该对它们进行检查。例如,当空气流量壳体产生裂纹漏气时,便会导致空气流量传感器计量不准,使发动机转速失调,而电控单元 ECU 的自诊断系统并不能检测到这种故障现象,没有故障码输出。

(2)发动机故障现象相似,ECU 监测失误,自诊断系统可能显示错误的故障码。大众车辆的节气门传感器灵敏度下降、反应迟钝等情况导致发动机的空燃比失调与空气流量计灵敏度下降造成空燃比失调的故障现象类似,自诊断系统会显示"节气门传感器"或者"空气流量计"的故障码。对于装有三元催化转换器的电控车辆,一旦使用过含铅汽油,这类故障特性有时较为明显。在车辆进行检测时,经常会发现故障码显示的是"水温传感器断路或短路"故障,而发动机不能提速。显然这些故障与水温传感器的关系不大,在对水温传感器进行测量后并未发现任何故障。但是,当从车辆上拆下三元催化转换器并打开后发现,三元催化转换器内部堵塞严重,因此可以断定发动机故障是由此引起的。因此当自诊断系统出现故障码以后,还应该与发动机的实际故障症状进行分析比较,以得到正确、合理的判断,不应该将故障码当作排除故障的唯一依据。

(3)车辆电控系统维修不当也可能引发错误的故障码。在对电控车辆实施维修时,由于维修人员维修不当或者操作失误,也会导致自诊断系统输出错误的故障码。例如,在发动机运转过程中,无意把传感器插头拔下,每拔一次传感器插头,自诊断系统就会记录一次故障码。另外,若在上一次车辆维修时,由于操作不当未能完全清除掉旧的故障码,那么电控单元也同样将原来旧的故障码保存其内,因此在对电控车辆维修时要加以注意,不应造成不必要的人为故障码,给维修工作带来混乱和困难。

对于电控单元诊断仪器的使用仅仅限于读码、清码,忽略了数据流检测这一最重要的检测方法。其实对于车辆故障的诊断,有时候出现故障并不一定有故障码出现(如上所述)。这时就可以借助数据流分析的方法进行判断。此时则需要维修人员灵活运用车辆专业基础和理论知识。通过对数据流的分析,会很容易地判断出故障所在部件。

7. 自诊断系统与跛行系统

车辆正常运行时,电控单元 ECU 的输入、输出信号的电压值都有一定的变化范围。当某一信号的电压值超出这一范围,并且这一现象在一段时间内不会消失,ECU 便判断为这一部分出现故障。ECU 把这一故障以代码的形式存入内部随机存储器(RAM),同时点亮故障检查灯。当某电路产生故障后,其信号就不能作为发动机的控制参数使用了。为了维持发动机的运转,ECU 便从其程序存储器(ROM)中调出某一固定值,作为发动机的应急参数,保证发动机可以继续运转。当 ECU 中的电控单元出现故障时，ECU 自动启用后备控制回路对发动机进行简单控制，使车辆可以开回家或是到附近的汽修厂进行修理，这样的功能就是故障运行，即跛行模式。另外，当 ECU 检测到某一执行器出现故障时，为了安全起见，采取一些安全措施。这种功能叫作故障保险。

ECU 故障诊断是针对系统中的传感器、电控单元和执行器进行的。当传感器和电控单元发生故障时，往往采取故障运行方式；而当执行器发生故障时，往往采取故障保险措施。

（1）传感器的故障自诊断与故障运行。由于传感器本身就是产生电信号的，因此，对传感器的故障诊断不需要专门的线路，而只需要在软件中编制传感器输入信号识别程序，即可实现对传感器的故障诊断。水温传感器的正常输入电压值为 0.3～4.7 V，对应的发动机冷却水温度为 -30～120 ℃。所以，当 ECU 检测到的电压信号超出此范围，如果是偶尔一次，ECU 的诊断程序不认为是故障。但如果不正常信号持续一段时间，则诊断程序即判定冷却水温传感器或其电路存在故障。ECU 将此情况以代码（此代码为设计时已经约定好的代表水温传感器信号异常故障的数字码）的形式存入随机存储器中。同时，通过检查故障警告灯，通知驾驶员和维修人员发动机电控系统中出现故障。当 ECU 发现水温传感器不正常后，便采用一个事先设定的常数来作为水温信号的代用值，使系统处于运行状态。

（2）电控单元的故障自诊断与后备回路。电控单元如果发生故障，控制程序就不可能正常运行，电控单元处于异常工作状态。这样便会使车辆因发动机控制系统故障而无法行驶。为了保证车辆在电控单元出现故障时仍能继续运行，在控制系统工程中，设计有后备回路（备用集成电路系统）。当 ECU 的电控单元发生故障时，ECU 自动调用后备回路完成控制任务，进入简易控制运行状态，用固定的控制信号，使车辆继续行驶。由于该系统只具备维持发动机运转的简单功能而不能代替电控单元的全部工作，所以此后备回路的工作又称为跛行模式。采用备用系统工作时，故障指示灯亮。电控单元工作是否正常是由被称为监视回路的电路进行监视的。监视电路中安装有独立于电控单元之外的计数器。电控单元正常运行时，由电控单元的运行程序对计数器定时进行清零处理。这样，监视电路中计数器的数值是永远不会出现溢出现象的。当电控单元出现不正常运行现象时，电控单元不能对这个计数器进行定时清零，致使此监视计数器发生溢出现象。监视计数器溢出时输出的电平由低电平变为高电平输出一般为计数器的进位标志。当计数器达到其最大值时，再增加一个计数脉冲，计数器便出现溢出现象。此时，计数器的溢出端的电平将由低电平变为高电平；同时，将计数器清零。计数器输出电平的这一变化，将直接触发备用回路，备用回路只按照启动信号和怠速触点闭合状态，以恒定的喷油持续时间和点火提前角对喷油器和点火器进行控制。

（3）执行器的故障诊断和故障保险。车辆电子控制系统中，执行器是决定发动机运行和车辆行驶安全的主要器件，当执行器发生故障时，往往会对车辆的行驶造成一定的影响。因此，对于执行器故障的处理方法通常是：当确认为执行器故障时，由 ECU 根据故障的严重程度采取相应的安全措施，在控制系统中，又专门设计了故障保险系统。

由于 ECU 对执行器进行的是控制操作，控制信号是输出信号。因此，要想对各执行器的工作情况进行诊断，一般要增设故障诊断电路，即 ECU 向执行器发出一个控制信号，执行器要有一条专用回路来向 ECU 反馈其执行情况。发动机电子控制系统中，对执行器进行故障诊断的典型部件是点火器。正常情况下,当 ECU 对点火器进行控制时,点火器每进行一次点火,便由点火器内的点火确认电路将点火执行情况以电信号的形式反馈给 ECU。当点火线路或点火器出现故障时,ECU 发出点火控制命令后,得不到反馈信号,此时 ECU 便认为点火器已经不能正常工作。由于发动机工作时,如果点火系统发生故障,便会使未燃烧的混合气进入排气装置和排气管道。排气净化装置中的催化剂温度就会大大超过允许值。同时,未燃烧的混合气在排气管内聚集过多,还会引起排气系统的爆炸。为此,采用故障保险系统,当 ECU 接收不到点火确认信号后,立即切断燃油喷射系统电源,停止燃油的喷射。

8. 车辆发生故障自诊断的操作技巧

众所周知,电子控制燃油喷射车辆发动机的控制计算机 ECU 设置了故障自诊断系统,它主要用来监测电子控制系统各部件的工作状态,并且根据电子控制系统的配置情况,确定诊断故障的数量多少。当电喷车辆自诊断系统监测到一个故障时,一方面,它启用故障的保护功能,对控制系统进行必要的保护;另一方面,它将该故障以故障代码的形式存储在随机存储器(RAM)中,并且同时点亮故障指示灯(Check Enging)。车辆维修人员可按照一定的操作程序,读取该故障的故障码,再通过查对有关的技术资料,将代码所示故障了解仔细,便可对车辆电控系统故障进行有目的的维修。

就目前而言,车辆用电子控制系统还没有统一的"国际标准",不同的车辆制造厂、不同的车型、同种车型的不同生产年代,其电子控制系统也是千差万别。同时,制造厂家是不提供控制计算机内部硬件线路原理和软件程序(存储在只读存储器 ROM 中)的。另外,再加上国内多数车辆维修人员,对计算机控制系统较为陌生,因此,就进一步增加了对车辆电子控制系统维修的难度和神秘感。实际上,对于车辆维修人员,了解上述问题固然重要,但如果仅从修理和维护的角度来看,由于车辆电子控制系统中的部件,大多采用更换部件的方法进行维修,因此,正确利用自诊断系统进行故障诊断与排除,使车辆尽快恢复良好的技术状态,反而显得更重要。这里将对电喷车自诊断过程中遇到的若干问题进行简要总结,以期对大家有所帮助。

(1)读取故障码的准备工作。在读取故障码之前应该做好以下准备工作。

1)检查故障指示灯。在接通点火开关但不起动发动机时,控制计算机便开始进入初始化状态,并对整个控制系统进行自我检查,此时故障指示灯也点亮。如果故障指示灯不亮,则说明故障指示灯线路有故障,应予以检查和修理。接通点火开关片刻或发动机起动后,如果故障指示灯熄灭,则说明控制计算机没有查出电控系统有故障;如果故障指示灯仍点亮不灭,则说明计算机控制系统有故障,此时方可读取故障码。

2)做好安全工作。目前,车辆电子控制器系统读取故障一般分为静态(如"KOEO"测试模式)和动态(如福特公司的"KOER"测试模式)两种测试模式。在静态测试模式状态下,只需要接通点火开关而不需要起动发动机,便可读取故障;动态测试模式是指在发动机正常运转过程中,进行故障自诊断的一种测试模式。因此,在电控车辆实施动态模式测试时,应当确认,车辆制动状态良好,变速杆置于驻车挡或空挡,必要时可用三角木块将车辆车轮塞住,以防发生不测。

3)检查机械件的连接。读码前应直观检视与电子控制系统有关的机械部件的连接是否脱落、泄漏或者阻塞,空气流量计传感器是否有漏气现象等。在此特别需要注意的是,在上述检查过程中,应关闭点火开关(OFF)以防在导线的插接过程中,因导线连接和断开时,电感器件所产生的感应电动势将控制计算机 ECU 的个别电子元件烧毁,而导致控制计算机损坏。

4)检查蓄电池电压。车辆蓄电池电压正常与否,对检测故障码至关重要。对于 12 V 系车辆蓄电池来说,其电压值不应低于 11 V;对于 24 V 系车辆蓄电池来说,其电压值不应低于 23 V。

5)关闭所有辅助电器。读码时关掉辅助电气设备(如空调、灯光、收放机等)也是很有必要的。因为辅助电气设备不仅要消耗一部分电能,而且还会干扰控制计算机的正常工作。

6)适时关闭节气门。起动发动机使其怠速运转并暖机,当冷却液温度达到正常范围(85～95℃)时,便可对电子控制系统进行自诊断监测。在暖机完成之后,开始检测之前,应完全松开加速踏板,使节气门处于全封闭状态。

(2)故障码读取工作。在对电控车辆进行了上述准备工作之后,便可读取故障码了。尽管运用控制计算机的自诊断功能,对于读码后的故障排除极为方便迅速,但如果读码过程中操作不当,或者未按特定的程序进行操作,都可能带来不必要的麻烦。例如,原排除故障后又出现新的故障码;更换有关故障部件后,故障依然存在或者出现故障越来越多的不良现象。因此,无论是采用人工读码还是采用专用仪器读码,都应确保操作的正确性,为此不妨注意以下几点。

1)正确清除故障码。车辆故障排除后,需要清除故障代码。进行故障代码清除时,应严格按照特定车型所规定的故障代码清除方法来进行,万不可简单随意地用拆除蓄电池负极搭铁线的办法来清除代码。否则,可能会造成以下两个方面的麻烦。其一,使某些车型的控制计算机失去"记忆经验"。我们知道,有些车型的控制计算机具有自动记忆功能,拆除蓄电池负极搭铁线后,便会自动清除存储在随机存储器(RAM)中发动机运行的经验数据,从而使车辆在维修后的相当长一段时间内性能不好,或行驶一段后,又重现已清除掉的故障代码。其二,还会造成某些功能的丧失,如音响锁止便是较为常见的例子之一。这时,则需要按照较为烦琐的程序对音响系统进行解密,才能恢复音响系统的正常工作。

2)控制合适的水温。读码时,发动机达到正常的工作温度后方可进行自诊断测试,特别是水温在 85～95℃时读码最为可靠;否则,在读码过程中,有时会出现一串非故障的故障码,如水温、废气再循环、怠速不良等故障码。经常会使人误以为电子控制系统故障很多或以为自诊断系统出现了故障。

3)正确的读码顺序。对具有静态读码(只打开点火开关,不起动发动机)和动态读码(需起动发动机)的电子控制系统而言,应注意二者读码的先后顺序以及有关的转换程序;否则会造成读取故障码的失败。许多车型对这两种读码转换都有严格的程序要求。首先,必须先读静态码(即 KOEO 模式),如果静态码读完后,系统未输出代码为"11"的正常故障码,就去读取动态码(即 KOER 模式),则会出现故障失真,进而造成检修时的误判。这时往往会给维修人员造成一种错觉,好像故障码派不上用场似的。同时应注意,在读动态码之前,一般需要先清除静态码。在进行动态码自诊断之前,应拆下读静态码时在诊断插座上所连接的跨接线,然后再清除静态故障码,接着起动发动机并加速到 2 000 r/min,保持 2 min 以上,以便使发动机达到正常的工作温度,然后关闭点火开关,等待 10 s 以后再将自诊断接头跨接好,并再次起动发动机,此时所显示的故障码便是动态模式下的故障码。

4)注意读码后的记忆修正。通过对电控车辆进行读码、清码和故障排除之后,如果车辆的加速性能有所下降,有时属于正常现象,但需要维修人员对控制计算机 ECU 进行正确的行车状况的记忆修正。换言之,就是要恢复控制计算机对车辆现行状况的记忆功能。只要车辆车况正常,连续重复起动、行驶、熄火,达到一定次数后,车辆的相关性能将会逐渐得到恢复。

5)不必在意的故障码。当读取故障码后,有时会发现故障码所指示的故障与车辆的实际故障完全无关,此时可以认为故障码显示有错误,不必太在意。造成这种情况的原因有:①上次维修时原故障码未能有效地清除;②在发动机再运行中,维修人员有意或无意地碰掉了有关传感器的导线连接器。

控制计算机所提供的故障代码,往往仅与所示故障部位对应的内外线路有关,一般而言,它与其他线路和该部位的机械故障无关,而造成电控车辆故障的原因是多方面的。实际上,故障代码仅仅是一个是或否的界定结论,不可能指出故障的具体原因,如需要找出具体的故障部位和原因,还需要根据发动机的故障征兆做进一步的分析和检查才能做到准确无误地排除故障。

三、车辆故障自诊断系统异常诊断的实例

1. 示例一

故障现象是桑塔纳 2000GSi 或捷达 AHP 发动机冷车不易着车,起动后怠速不稳,热车后加速不良。

(1)故障诊断分析及处理。热车加速不良,而且提速困难。进行正常保养,更换过火花塞。使用解码器读取故障码有以下故障码。

1)00561—混合气自适应超过自适应界限。

2)00553—空气流量计传感器(G70)。

(2)读取数据流显示。

1)000 组中:混合气成分测量值为 109,低于标准值 115~141(相当于$-0.64 \sim +0.64$ ms)。

2)001 组:760$-$800 1.9$-$2.00 3 8$-$9.0。

3)002 组:760$-$800 1.9$-$1.95 4.42 3.1。

4)003 组:760$-$800 13 100 80。

5)005 组:790$-$820 800 0.0$-$0.8 3.3。

6)006 组:800 $-$810$-$0.8$-$0.0 0.8$-$0.16 10。

7)007 组:9% $-$0.8$-$0.0 0 1。

8)023 组:0100$-$0000 82.7 72.2 30.6。

9)098 组:4.4 3.7 怠速,匹配错误。

(3)数据流分析。000 组中的混合气成分测量值为 109,低于标准值 115~141,表示混合比不正常,与控制单元记录的 00561 故障码相呼应;混合气超过规定数值。

1)001 组中的发动机负荷、节气门角度、点火提前角数值在规定值之内。

2)002 组中的发动机负荷、空气质量计量值在规定值之内。

3）003 组中的电瓶电压、水温、进气温度值在规定值之内。

4）005 组中的怠速控制值、进气空气量值在规定值之内。

5）006 组混合气过量空气系数控制值在规定值之内。

6）007 组中的氧传感器电压在规定值之内。

7）023 组中的状态值表示节气门匹配完成,并且调节正常。

8）098 组数据流显示节气门匹配错误;如果基本设置正常完成,098 组第四个数据应该是"匹配完成"。这一点与 023 组数据不符合。

(4)汽油机的混合气制备的分析。完全燃烧 1 kg 汽油大约需要 14.6 kg 的空气。令这个标准空燃比时的过量空气系数 $\lambda=1$。稀混合气(如 $\lambda=1.1$)时吸入的空气比较多,而浓混合气(如 $\lambda=0.9$)时吸入的空气较少。发动机最大功率和较好的工况处于浓混合气区,而从减小燃油消耗出发,希望发动机在稀混合气区工作。发动机控制器根据节气门开度和发动机转速计算出控制电压信号,此外还需要氧传感器予以精确调控。因此,空量比正常与否,依靠氧传感器的数值来评判。以下工况电控单元依靠节气门信号、空量信号、温度、转速、爆震等信号来实施。

混合气加浓,作用于冷起动、暖机运转、怠速运转和满负荷工况。

1）冷起动。冷起动时,电控单元根据水温指令喷嘴在起动时额外喷射燃油到进气总管以便冷起动。

2）暖机运转。冷起动以后,为了暖机必须供给浓混合气。暖机阀调节装置随温度、时间变化改变控侧压力。在相等的空气流量的条件下控制压力的降低使阀片有较大的行程,并获得适当的加浓混合气。

3）怠速。电控单元使节气门中的阀片发生微小偏转。通过这个微小的偏转产生一个怠速所需怠速供给的空气流量。

4）满负荷。为了在满负荷时使发动机输出最大功率,电控单元根据节气门传感器信号、转速信号来发出加浓信号使混合气变浓。

(5)理想工况分析。以上工况的主要参考信号是转速、空量计、爆震信号。转速信号提供喷油和点火的基本参考参数,爆震信号修正点火信号。假设发动机缸压完全没有问题,空量计提供的喷油量正确(达到理论空燃比),转速信号提供的点火提前角度没有问题,并且点火能量能够及时点燃可燃混合气;理论上说,可燃混合气可以完全燃烧,氧传感器检测到的废气中氧含量为零。

(6)异常工况分析。假设空气供给异常、燃油供给异常、点火供给异常,不能充分燃烧,氧传感器检测到的废气中氧含量超标。电控单元根据氧传感器检测信号调整供油量,如果减少的或者增加的供油量仍不能使发动机中可燃混合气充分燃烧,电控单元依靠氧传感器信号力图从氧含量的变化中获取信息,参与混合气的再次调节,但混合气调节超过自适应值太高或太低。MAF 值比较大,ECU 根据此信号值调节 A/F 值,由于其无法调节到理想 A/F 值,故产生调整到极限值的故障码。此种情况应检查点火系和更换 MAF。只有对电控单元的原理深刻理解和分析,才可得出正确的诊断结论。

(7)故障排除。检查电瓶的起动电压、水温感应器;有问题更换后清码再作一个基本设定。

再检测空气流量计和更换氧传感器。起动发动机,保持怠速运转状态。007 显示组,观察氧传感器 G39 反馈信号电压,该信号电压能够在 0.1～1.0 V 波动,但变化频率很慢。进行油压测试,怠速状态油压表显示为 0.25 MPa。加油门时油压表指针在 0.28～0.30 MPa 摆动。关闭点火开关 10 min 后,系统保持压力为 0.16 MPa。油压值均符合标准,可以判定燃油泵工作性能良好,油压调节器正常。

洗燃油系统、节气门体后进行基本设置,但仍不见成效。

检查并清洗空气流量计,更换氧传感器后故障依旧。

检查点火系统,发现 1,4 缸火花塞火花较弱。考虑到此车 1,4 缸共用同一点火线圈,更换点火线圈 N152 后,故障彻底排除。

(8)排除结果。由此得知,点火模块工作不良造成 1,4 缸点火能量不足,导致混合气燃烧状况变差是该故障的根本原因。造成类似故障的元件还有油压、空气流量计、节气门位置传感器、氧传感器。因此,要正确理解车辆自诊断系统,就应该正确理解诊断系统的设置条件。

最初应简单地对输出输入部件线路进行电压监测,如当监测电压在短路状态时的低电位、在断路状态时的高电位以及线路电压的突变超过自诊断系统内部设定的电压阈值时,自诊断系统根据监测电压所对应的线路端口及故障症状对应原先设定在只读存储器 ROM 中的代码序号设定相应的故障码。早期自诊断系统只能识别或者说是设置少量的故障码,而且故障码的内容也仅限于线路的开路、短路,信号的丢失、不全,工作执行元件电流的异常变化之类。

由于控制精度的要求以及各个监测诊断系统诊断要求的不同,故障码的内容再也不仅仅局限于电压过高、电压过低或者信号不存在等简单的表述了,新出现了燃油配平系统长期过浓、MAP 性能下降、EGR 系统位置偏差等粗看让人一时难以看懂的故障码。而且这些故障的设置往往随监测系统的特殊要求有其特定的条件。在调取故障诊断代码之后,仔细翻阅维修手册,查找到相应的故障信息、故障设置条件、故障设置后,采取策略显得非常重要。

2. 示例二

故障现象是桑塔纳 2000GSi 或捷达 AHP 发动机怠速不稳、加速时冒黑烟。

(1)读故障码。00561 混合气自适应超限和 00522 水温传感器断路/对正极短路,传感器断路/对地短路。记下故障码后清码,重新读码,只有"00522"水温传感器。经查水温传感器为 011,更换后发现故障照旧。至此,故障码作用已尽。

(2)不读数据流诊断方法。怠速不稳,清洗节气门体后重做基本设置;冒黑烟,查油压,正常。清洗喷油器,换汽油滤清器。再次发动,发现仍冒黑烟,但怠速已变平稳。由于还冒烟,就更换氧传感器,但无效。检查火花塞与高压线,高压线正常,火花塞间隙较大且发黑。更换火花塞,试车故障现象减弱,但加速时仍冒黑烟。怀疑 ECU 损坏;或是点火线圈损坏,气门正时不当,或是空气流量计损坏。本着从简到繁、从不换件到换件的程序,检查配气正时,良好;更换点火线圈,无效;更换空气流量计后,故障消除。

(3)读数据流诊断方法(以桑塔纳 2000GSi 为例)。对于排气管冒黑烟且怠速不稳的发动机,可读 01 组、02 组和 07 组的数据流。

1)从 07 组读到:混合气 λ 控制为 -23%(正常是 -10% ～10%),λ 传感器电压为 0.6～0.8 V(正常是 0.1～1.0 V)。这说明混合气确实过浓,已远远超过了 λ 控制的能力。

2)从 02 组读到:发动机负荷为 2.8 ms(正常是 0～2.5 ms);发动机循环喷射流量为 5.8 g/s(正常为 2.0～4.0 g/s)。

3)从 01 组读到:节气门开度角为 4°～5°(正常是 0°～5°),虽未超限,也偏大。

(4)故障排除。怠速时,由于节气门位于怠速位置,ECU 又力求按怠速来调节发动机转速,所以 λ 控制超限。而进气流量过大,ECU 认为是发动机负荷大,又不会减少喷油量(即喷射持续时间),导致怠速忽高忽低。由于怠速喷油量大,加速时喷油量更大,导致排气管冒黑烟。清洗节气门体、更换空气流量计后故障消除。读数据流,做定量分析,可以有目的地去检测、更换有关元件。使用读数据流的方法更换了火花塞和点火线圈,减少了故障诊断时间,省工省料。

四、车载诊断系统的局限性

1.电源系统产生故障时车载诊断系统的局限性

由蓄电池、保险丝、点火开关、开关信号 IGSW、主继电器、M - REL 中继信号及连接线路等组成的电源系统,因多种原因产生断路、短路故障,使发动机无法起动或车辆无法正常运行时,计算机 ECU 本身的主要工作电源往往也处于无电状态而无法取得任何传感信号与执行反馈信号,更无法利用自诊断系统判断故障的准确部位。另外,一般计算机 ECU 都有一个不受点火开关控制的常通电源 BATT 和多个由点火开关信号 IGSW 所控制的电源信号＋B,＋B1、＋B2 等,其个别分支线路因接触不良会严重影响计算机控制效能的稳定性,使其控制功能发生紊乱,虽然发动机还可以起动,但运转中却导致发动机怠速不良、加速不良、油耗高、排放严重超标,故障自诊断系统往往也不能诊断出该分电源故障的准确部位。

2.对于有故障反馈或无故障反馈的传感器与执行器,自诊断系统起不到诊断作用

产生完全或部分故障时,自诊断系统不能准确判断车辆发动机点火系统,点火模块连续 6 次没有点火反馈信号,IGF 输送到 ECU 后,通过自诊断系统可调出故障代码,它只是能反映从分电器到 ECU 之间的 IGF 线路断路或者短路,以及 ECU 对点火模块的 IGT 控制信号不正常,而点火模块因各种原因产生的对点火线圈的控制信号失常,以及与火花塞跳火有关的所有点火高压电路故障却是不能通过故障自诊断系统判断出来的。典型的部位或装置还有起动控制线路与起动机、发电机、热敏时控开关、冷起动喷油器、氧传感器、爆震传感器、怠速控制阀、电控点火系统的高压电路(点火线圈、高压线、配电器、火花塞)等。

3.对各种机械故障,自诊断系统起不到诊断作用

当车辆上各总成或机构中各种零件产生大量的自然磨损、变形、老化、损伤、疲劳、腐蚀时,自诊断系统也不能起到诊断的作用。

(1)发动机。配气相位失常、汽缸压力下降、空气与燃油供给系统密封不良等。

(2)自动变速器。行星齿轮机构工作失常;液压控制系统堵塞、渗漏、压力不正确、各种阀门工作不良、换挡执行器运动不良;液力变矩器的泵轮、涡轮和锁定离合器的故障等。

(3)电控执行器。怠速控制阀、喷油器、电动燃油泵等因机械磨损等产生的各种功能故障。

例如,由于发动机进气管路密封不良,燃油供给系统密封不良时,导致燃油压力过低,会产

生发动机"喘气"或加速不良故障,这时自诊断系统虽能检测出燃油压力过低,但不能确定进气管路与燃油管路何处密封不良。当怠速控制阀由于机械故障导致怠速运转不稳定时,故障自诊断系统也不能检测出怠速控制阀有故障。

在故障自诊断系统的输出电路产生故障时,不能通过自诊断系统调出故障码。

当线路出现以下情况时将不能通过自诊断系统调出故障码。

(1)连接点火开关、ECU、故障警示灯(CHECK)、通信接口的线路断路或短路。

(2)ECU 故障导致自诊断输出信号不正常。

(3)故障警示灯(CHECK)与通信接口损坏。

4. OBD 面临的问题

OBD 的引入,与使用环境、燃油特性、驾驶习惯和车辆状况等 4 种因素紧密相关。其中任何一个环节的短板,都会影响 OBD 的扩展和应用。OBD 技术的引入,需要以下相关的配套条件相应提高:燃油质量、车辆维修保养技能、相关零部件的一致性、驾驶者水平提高、OBD 技术本身的提高和社会各方面的支持。在一定时间内,我国对 OBD 技术是一个引进和适应、消化吸收的过程。因为 OBD 技术不仅与车辆本身相关,也与燃油和驾驶者等其他的多个环节相关,OBD 技术的引入和扩展,是对车辆产业链的一个考验和提升。

参考文献

[1] 崔俊杰.车辆故障诊断与检测[M].北京:北京理工大学出版社,2017.

[2] 何正嘉,陈进,王太勇,等.机械故障诊断理论及应用[M].北京:高等教育出版社,2010.

[3] 韩清凯,于晓光.基于振动分析的现代机械故障诊断原理及应用[M].北京:科学出版社,2010.

[4] 杨国安.机械设备故障诊断实用技术[M].北京:中国石化出版社,2007.

[5] 杨俊杰,翟月奎,李韶辉.工业润滑油脂及其应用[M].北京:石油工业出版社,2019.

[6] 孙智,江利,应鹏展.失效分析:基础与应用[M].北京:机械工业出版社,2015.

[7] 解金柱,王万友.机电设备故障诊断与维修[M].北京:化学工业出版社,2016.

[8] 杨斌,章立军,郭云.电气设备诊断现场使用技术[M].北京:机械工业出版社,2012.

[9] 钟秉林,黄仁.机械故障诊断学[M].北京:机械工业出版社,2007.

[10] 曲梁生,张西宁.机械故障诊断理论与方法[M].西安:西安交通大学出版社,2009.

[11] 杨国安.机械设备故障诊断实用技术[M].北京:中国石化出版社,2007.

[12] 李力.机械信号处理及其应用[M].武汉:华中科技大学出版社,2007.

[13] 盛兆顺,尹琦岭.设备状态监测与故障诊断技术及应用[M].北京:化学工业出版社,2004.

[14] 张安华.机电设备状态监测与故障诊断技术[M].西安:西北工业大学出版社,1995.

[15] 张正松,傅尚新.旋转机械振动监测及故障诊断[M].北京:机械工业出版社,1991.

[16] 陈则钧,龚雯.机电设备故障诊断与维修技术[M].北京:高等教育出版社,2015.

[17] 寇惠,韩庆大.故障诊断的振动测试技术[M].北京:冶金工业出版社,1989.

[18] 虞和济.故障诊断的基本原理[M].北京:冶金工业出版社,1989.

[19] 曲梁生,张西宁,沈玉娣.机械故障诊断理论与方法[M].西安:西安交通大学出版社,2009.

[20] 黄文虎.设备故障诊断原理、技术及应用[M].北京:科学出版社,1997.

[21] 王汉功,刘学元.装备维修管理[D].西安:火箭军工程大学,1996.

参考文献